JN261413

小麦粉利用ハンドブック

Handbook of Wheat Flour Utilization

長尾 精一

幸書房

発刊にあたって

　小麦粉は実に不思議な食材である．グルテンを形成できるタンパク質が含まれているからだが，原料小麦の種類や品質の多様さと加える水の量と捏ね方を変えることによって，幅広い特性を発揮し，多種類の魅力的な食品に加工でき，料理でも重要な役割を果たす．そのため，太古から今日に至るまで，小麦粉は人類にとってなくてはならない食糧であり続け，これからも重要な食材として人類の健康と幸福に貢献していくことだろう．

　この素晴らしい小麦粉に魅せられて，日清製粉の業務を通して海外の小麦生産地，製粉工場，小麦粉加工の現場などを頻繁に訪れたことや，AACC International や ICC の穀物科学技術の学会や会議での専門家の方々との交流で，多くのことを学んだ．その間の小麦や小麦粉関連の科学技術の進歩はめざましかったが，日本がこの分野で世界に肩を並べ，一部ではリードできるレベルに持っていく努力も微力ながら行ったつもりである．

　小麦粉に関心をお持ちの多くの方々とその魅力を共有したく，製粉協会と製粉振興会に勤務するようになって得た最新の知見も加えて，小麦粉のバイブルのような本を作ろうと試みた．細心の注意を払ったつもりだが，説明不足や不適切な記述の箇所があるかもしれない．悪しからずご容赦願いたい．時代は急ピッチで変化，前進している．本書をベースにして，読者諸賢が新しい知見を加えながら活用していただけたら望外の喜びである．

　おわりに，貴重な資料，写真，文献などを快くご提供くださった方々に厚く感謝申し上げるとともに，この本の出版を企画され，お骨折りいただいた幸書房の桑野社長と夏野出版部長に厚くお礼申し上げたい．

2011 年 10 月

長　尾　精　一

目　　次

第Ⅰ部　小　麦　粉

1. 小麦粉利用の歴史と広がり ——————————— 3

 1.1　小麦は粉にして食べる　3
 1.2　大麦から小麦へ　4
  1.2.1　野生の麦から栽培へ　*4*
  1.2.2　大麦のおかゆから小麦のパンへ　*4*
  1.2.3　偶然からの発酵パンはおいしかった　*5*
 1.3　石臼からロール製粉へ　6
  1.3.1　粉挽きとパンづくりが職業に　*6*
  1.3.2　奴隷や家畜から水車，風車，蒸気機関を使う製粉へ　*8*
  1.3.3　ロールによる製粉の革命　*9*
  1.3.4　明治以降発展した日本の製粉　*9*
 1.4　その土地にある小麦から　10
 1.5　日本での小麦粉食品の広がり　11
  1.5.1　古くから食べられてきためんや菓子　*11*
  1.5.2　明治以降のパン　*12*
  1.5.3　多様化した小麦粉の用途　*13*

2. 小麦粉の種類と特性 ——————————— 15

 2.1　小麦粉の種類　15
  2.1.1　うどん粉，メリケン粉から小麦粉へ　*15*
  2.1.2　日本の小麦粉の種類　*15*
  2.1.3　外国の小麦粉の種類　*19*
  2.1.4　原料小麦と製粉工程で　*24*
 2.2　小麦粉の特性　25
  2.2.1　グルテンができる　*25*

- 2.2.2 加水と混捏でさまざまな生地に　　*26*
- 2.2.3 デンプンが糊化　　*28*
- 2.2.4 淡いクリーム色　　*29*
- 2.2.5 粒子が細かい　　*30*
- 2.2.6 こんな成分が含まれる　　*30*
- 2.2.7 水と熱で化ける　　*31*
- 2.2.8 こんな性質もある　　*32*

2.3 小麦粉の熟成と貯蔵　　*32*
- 2.3.1 熟成による加工性の改良　　*32*
- 2.3.2 貯蔵中の品質変化　　*33*
- 2.3.3 保存上の注意と上手な保存法　　*34*
- 2.3.4 小麦粉の賞味期限　　*35*

3. 原料小麦の選択と配合 ───── 37

3.1 小麦の種類　　*37*
- 3.1.1 植物学的分類　　*37*
- 3.1.2 主な栽培種　　*39*
- 3.1.3 栽培時期や物理的特性による分類　　*41*
- 3.1.4 流通上の銘柄と等級　　*44*

3.2 小麦粒の物理特性と化学組成　　*46*
- 3.2.1 物理特性　　*46*
- 3.2.2 内部構造　　*49*
- 3.2.3 化学組成　　*52*

3.3 小麦の貯蔵性　　*55*
- 3.3.1 貯蔵に影響する要因　　*55*
- 3.3.2 貯蔵中の品質変化　　*57*
- 3.3.3 貯蔵条件と貯蔵可能期間　　*58*

3.4 製粉用小麦に求められる品質　　*59*
- 3.4.1 食用として安全な小麦であること　　*59*
- 3.4.2 製粉性が良い小麦であること　　*60*
- 3.4.3 二次加工性が良い小麦であること　　*62*
- 3.4.4 こんな小麦は使いにくい　　*64*

3.5 日本で使われている小麦の種類と品質　　*64*
- 3.5.1 安定確保に向けて　　*64*

    3.5.2 国内産小麦   *65*
    3.5.3 アメリカ合衆国産小麦   *69*
    3.5.4 カナダ産小麦   *74*
    3.5.5 オーストラリア産小麦   *79*
  3.6 日本で使っている以外の主な小麦   *82*
    3.6.1 アメリカ合衆国産小麦   *82*
    3.6.2 カナダ産小麦   *83*
    3.6.3 オーストラリア産小麦   *83*
    3.6.4 アルゼンチン産小麦   *84*
    3.6.5 ヨーロッパ産小麦   *85*
    3.6.6 ロシア産小麦   *86*
    3.6.7 カザフスタン産小麦   *86*
    3.6.8 中国産小麦   *87*
    3.6.9 インド産小麦   *87*

4.　製粉技術の役割　———　91

  4.1 原料小麦の前処理と配合   91
    4.1.1 小麦の買付けと選択   *91*
    4.1.2 原料の精選，調質，配合   *91*
  4.2 粉砕とふるい分け   95
    4.2.1 小麦製粉の仕組み   *95*
    4.2.2 ロールの役割   *97*
    4.2.3 挽砕工程   *98*
  4.3 仕上げと製品化   100
  4.4 工程管理と品質検査   101
  4.5 ふすま除去による製粉   101
  4.6 今後の製粉技術   102

5.　小麦・小麦粉成分の化学　———　105

  5.1 炭水化物   105
    5.1.1 デンプン   *106*
    5.1.2 単糖，二糖，およびオリゴ糖   *112*
    5.1.3 食物繊維   *112*

- 5.2 タンパク質 　　　　　　　　　　　　　　　　　　115
  - 5.2.1 タンパク質含量 　　　　　　　　　　　　　　115
  - 5.2.2 アミノ酸組成 　　　　　　　　　　　　　　　120
  - 5.2.3 分類と抽出 　　　　　　　　　　　　　　　　123
  - 5.2.4 グルテンタンパク質 　　　　　　　　　　　　126
  - 5.2.5 プロラミン関連低分子量タンパク質 　　　　　131
  - 5.2.6 機能性タンパク質 　　　　　　　　　　　　　133
  - 5.2.7 生物活性タンパク質 　　　　　　　　　　　　134
- 5.3 脂質 　　　　　　　　　　　　　　　　　　　　　134
  - 5.3.1 分類と含量 　　　　　　　　　　　　　　　　134
  - 5.3.2 機能性 　　　　　　　　　　　　　　　　　　136
  - 5.3.3 貯蔵中の変化 　　　　　　　　　　　　　　　138
- 5.4 ミネラル 　　　　　　　　　　　　　　　　　　　139
- 5.5 ビタミン 　　　　　　　　　　　　　　　　　　　140
- 5.6 水分 　　　　　　　　　　　　　　　　　　　　　141
- 5.7 酵素 　　　　　　　　　　　　　　　　　　　　　143
  - 5.7.1 デンプン分解酵素 　　　　　　　　　　　　　143
  - 5.7.2 非デンプン多糖分解酵素 　　　　　　　　　　144
  - 5.7.3 タンパク質分解酵素 　　　　　　　　　　　　145
  - 5.7.4 エステラーゼ 　　　　　　　　　　　　　　　146
  - 5.7.5 リポキシゲナーゼ 　　　　　　　　　　　　　147
  - 5.7.6 ポリフェノールオキシダーゼ 　　　　　　　　147
  - 5.7.7 ペルオキシダーゼ 　　　　　　　　　　　　　148
  - 5.7.8 その他の酸化還元酵素 　　　　　　　　　　　148
  - 5.7.9 酵素のインヒビター 　　　　　　　　　　　　149

6. 小麦粉生地の構造と性状 ── 165

- 6.1 小麦粉生地のミキシング 　　　　　　　　　　　　165
- 6.2 ミキシング中のグルテンタンパク質の変化 　　　　167
- 6.3 グルテニンタンパク質網目構造の形成 　　　　　　168
  - 6.3.1 ジスルフィド結合 　　　　　　　　　　　　　168
  - 6.3.2 ジスルフィド以外の結合 　　　　　　　　　　169
- 6.4 ミキシングにおける酸化剤の作用 　　　　　　　　169
- 6.5 生地発酵中のレオロジー 　　　　　　　　　　　　172

6.5.1	気泡の役割	*172*
6.5.2	生地のひずみ硬化	*173*
6.5.3	タンパク質の表面レオロジー特性	*174*

6.6 焼成中の生地の変化　175
  6.6.1　生地からパンへ　*175*
  6.6.2　加熱による生地のレオロジー変化　*176*
  6.6.3　加熱によるタンパク質の化学変化と抽出性変化　*177*
  6.6.4　加熱中のグルテンタンパク質の構造変化　*179*

7. 小麦粉の品質評価　185

7.1　サンプリング法，および測定項目と測定法の選択　185
7.2　成分分析　185
  7.2.1　水　分　*185*
  7.2.2　灰　分　*186*
  7.2.3　タンパク質　*186*
  7.2.4　繊　維　*187*
  7.2.5　酵素活性　*187*
  7.2.6　デンプン損傷度　*188*
7.3　物理特性の測定　188
  7.3.1　色　*188*
  7.3.2　粒　度　*189*
7.4　変質度の測定　189
  7.4.1　酸　度　*189*
  7.4.2　pH　*189*
7.5　グルテンの量と性状の測定　190
  7.5.1　グルテン量とグルテン指数　*190*
  7.5.2　沈降価　*190*
  7.5.3　スウェリング・パワー　*190*
7.6　生地のレオロジー性状の測定　191
  7.6.1　ファリノグラフ　*191*
  7.6.2　エキステンソグラフ　*192*
  7.6.3　アルベオグラフ　*193*
  7.6.4　ミキソグラフ　*195*
7.7　糊化性状の測定　196

		7.7.1 アミログラフ（ビスコグラフ）	*196*
		7.7.2 フォーリング・ナンバー	*197*
		7.7.3 ラピッド・ビスコ・アナライザー	*198*
		7.7.4 マルトース価	*199*
	7.8	加工適性の評価	199
		7.8.1 製パン試験	*199*
		7.8.2 ゆでめん試験	*201*
		7.8.3 中華めん試験	*202*
		7.8.4 スポンジケーキ試験	*202*
		7.8.5 クッキー試験	*204*

8. 小麦粉の安全性 ——— 207

8.1	微生物	207
8.2	害　虫	208
8.3	残留農薬	211
8.4	その他	213

9. 栄養源としての小麦粉 ——— 215

9.1	各成分の役割	215
	9.1.1 デンプン	*215*
	9.1.2 タンパク質	*216*
	9.1.3 脂　質	*216*
	9.1.4 ビタミンとミネラル	*217*
9.2	エネルギー源として	218
9.3	食物繊維源として	218
9.4	日本人の食生活での小麦粉の役割	218

10. 胚芽とふすまの利用 ——— 221

10.1	胚　芽	221
	10.1.1 胚芽の栄養価	*221*
	10.1.2 胚芽の利用	*222*
10.2	ふすま	222

10.2.1	ふすまの栄養価	*222*
10.2.2	ふすまの利用	*223*

第Ⅱ部　小麦粉加工品

1. パン ——————————————————— 227

- 1.1　日本人とパン　227
- 1.2　パンの分類　227
- 1.3　主なパンの種類，特徴と原材料配合　228
  - 1.3.1　食パン　*228*
  - 1.3.2　ロールパン　*232*
  - 1.3.3　硬焼きパン　*233*
  - 1.3.4　菓子パン　*236*
  - 1.3.5　調理パン　*240*
  - 1.3.6　その他のパン　*240*
- 1.4　原材料の種類と品質　245
  - 1.4.1　小麦粉　*245*
  - 1.4.2　水　*246*
  - 1.4.3　塩　*247*
  - 1.4.4　イースト　*249*
  - 1.4.5　油脂　*250*
  - 1.4.6　糖類　*251*
  - 1.4.7　乳製品　*251*
  - 1.4.8　製パン改良剤　*251*
- 1.5　パンの製法　252
  - 1.5.1　製パン法の種類　*252*
  - 1.5.2　主な製造工程と品質管理　*257*
- 1.6　品質評価　258
- 1.7　品質保証に向けて　259
- 1.8　今後の製品開発と技術　260

2. めん ——————————————————— 263

- 2.1 日本人とめん　263
- 2.2 めんの種類　265
  - 2.2.1 生めん類　*265*
  - 2.2.2 乾めん類　*265*
  - 2.2.3 即席めん類　*267*
  - 2.2.4 パスタ（マカロニ類）　*267*
  - 2.2.5 その他のめん　*268*
- 2.3 原料の種類と品質　269
  - 2.3.1 小麦粉　*269*
  - 2.3.2 ソバ粉, 穀粉, デンプン　*271*
  - 2.3.3 水　*273*
  - 2.3.4 塩　*273*
  - 2.3.5 かん水　*275*
  - 2.3.6 添加物　*275*
- 2.4 製造工程　276
  - 2.4.1 主なめんに共通の工程　*276*
  - 2.4.2 生・ゆでめん　*278*
  - 2.4.3 乾めん　*279*
  - 2.4.4 即席めん　*280*
  - 2.4.5 パスタ　*281*
  - 2.4.6 製品の安全管理　*282*
- 2.5 規格や表示制度　282
  - 2.5.1 JAS法に基づくJAS規格と品質表示基準　*282*
  - 2.5.2 公正競争規約　*282*
  - 2.5.3 消費期限と賞味期限の表示　*284*
  - 2.5.4 地域での表示への取組み　*284*
- 2.6 今後の製品開発と技術　284

3. 菓 子 ——————————————————— 287

- 3.1 日本人と小麦粉系菓子　287
- 3.2 小麦粉系菓子の種類と特徴　288
  - 3.2.1 焼きもの　*289*

3.2.2	揚げもの	*290*
3.2.3	生菓子	*291*

3.3 原材料の種類と品質　　　295
 3.3.1　小麦粉　　　*295*
 3.3.2　鶏　卵　　　*296*
 3.3.3　油　脂　　　*296*
 3.3.4　糖類と甘味料　　　*298*
3.4 菓子の製法　　　300
 3.4.1　ビスケット類　　　*300*
 3.4.2　洋生菓子　　　*302*
 3.4.3　和菓子　　　*306*
3.5 品質管理と表示　　　308
3.6 今後の製品開発と技術　　　308

4. プレミックス ──── 311

4.1 プレミックスとは　　　311
4.2 種　類　　　312
4.3 主な原料　　　313
 4.3.1　小麦粉とその他の穀粉　　　*313*
 4.3.2　油　脂　　　*313*
 4.3.3　糖　類　　　*313*
 4.3.4　その他　　　*313*
4.4 製造法　　　314
 4.4.1　配　合　　　*314*
 4.4.2　原料処理と計量　　　*315*
 4.4.3　混合とふるい分け　　　*315*
 4.4.4　計量と包装　　　*316*
 4.4.5　品質検査と衛生管理　　　*316*
4.5 今後の製品開発と技術　　　316

5. 調理における小麦粉 ──── 319

5.1 小麦粉調理の種類　　　319
5.2 主な小麦粉調理の技術　　　320

xiii

5.2.1	てんぷら	*320*
5.2.2	ムニエルとフライ	*321*
5.2.3	ルーとソース	*321*
5.2.4	クスクス	*322*

6. その他の加工品 ―― 325

6.1	麩	325
	6.1.1 焼 麩	*325*
	6.1.2 生 麩	*326*
6.2	パン粉	327
6.3	小麦デンプン	327
	6.3.1 用途と特性	*327*
	6.3.2 種類, 原料, 製法	*328*
6.4	活性グルテン	328
6.5	フラワーペースト	329
6.6	合板用接着剤	329
6.7	その他	330

付　　録

附1.	小麦・小麦粉関係主要単位換算表	333
附2.	国内の小麦・小麦粉関連主要団体・機関	335
附3.	海外の小麦・小麦粉関連主要団体・機関	338
索　引		341

第Ⅰ部　小　麦　粉

1. 小麦粉利用の歴史と広がり

1.1 小麦は粉にして食べる

　小麦粉の原料は「小麦」である．小麦は，古代から粒のまま調理して食べるのではなく，粉に挽き，さらに，パン，めん，菓子，料理などに加工されて食べられてきた．小麦から見ると，粉に挽く「製粉」は一次加工，小麦粉から加工品や料理をつくるのが「二次加工」である．
　小麦を粒食ではなく粉にして食べる理由は，次のように考えられる．
① 粒のままでは，どのように調理してもおいしくない．
② パン，めん，菓子，料理などに加工すると，おいしく食べられるだけでなく，消化率も 98％近くに上がる．
③ 小麦の成分中で最も重要で特徴的なタンパク質は，水を加えて捏ねると粘性と弾性の両方の性質を持つ「グルテン」を形成する．この性質を利用して二次加工が行われ，さまざまな食品として食べることができるが，水で捏ねるためには粉の状態にする必要がある．

　通常の小麦製粉では，初めに外皮を除くのではなく，全粒のまま粉砕してから，ふるい分けによって粉を採取する．なぜこのような製粉方法が行われてきたのだろうか．その理由として，次の2つが挙げられる．
① 米は籾の分離が容易で，ぬか層（外皮）が軟らかく，胚乳が硬い．そのため，外側から削ることができる．一方，小麦では外皮が強靭で，胚乳に密着していて離れにくく，胚乳が軟らかいので，外側から削りにくい．むしろ，砕いて粉状にし，その中から砕けにくい外皮を取り除く方がきれいな粉を採取しやすい．
② 小麦粒には中央に凹んだ粒溝（クリーズ）がある（図 I.3.6 および図 I.3.7 参照）．この部分の外皮は粒に入り込んでいるので，外側から削っても除去しにくい．

1. 小麦粉利用の歴史と広がり

1.2　大麦から小麦へ

1.2.1　野生の麦から栽培へ

　1万年ほど前の西アジア，今でいうとイラクあたりの山岳地帯の草原には，野生の小麦や大麦が他の雑草に混ざって生えていた．からっと乾燥した暑い夏の終わりのころに，わずかだがそれらに実がつく．その辺りにいた原始人たちは，それらの実がバラバラと地面に落ちる前に茎からていねいにもいだか，地面に落ちたのを一つずつ拾い集め，野生の果物，木の実，種子，草などと共に食べていた．

　雑草の中では，大麦と小麦が比較的多く生えていて，他の種子などに比べて粒が少し大きめで，集めやすかった．脂肪が多く含まれている野生の種子などと異なり，たくさん食べてもおなかに安心だった．また，野生の植物には有毒なものが多い中で，大麦や小麦がまったく無毒だったことも，これらが選ばれた大事な理由だと思われる．

　こうやって選ばれた大麦と小麦が栽培しやすかったことも，原始人たちにとっては幸せなことだった．1万～8,500年前の先土器新石器時代には，野生と栽培した麦の両方を，しかも小麦と大麦の区別なく，豆や雑穀と混ざったままで石と石の間に挟んで粗く砕き，焼いて食べていたらしい．こうして「麦の食文化」が始まった．

　土器が使われ始めた紀元前6,500年ころには，小麦よりも大麦の方が好まれて栽培されるようになった[1]．その理由は，西アジアのような乾燥していてあまり肥沃でない土地での栽培には大麦の方が向いており，収量が多かったことと，小麦より収穫が1～2週間早いので，雨が降らないうちに食糧を確保できたことが考えられる．

1.2.2　大麦のおかゆから小麦のパンへ

　大麦を臼で粗挽きし，土器で煮て「おかゆ」として食べた．小麦のおかゆはグルテ

図 I.1.1　サドルカーン

ンが固まってボタボタの感じだが，大麦はさらっとしたおいしいおかゆになった．中国でも先秦(しん)時代までは，主に大麦のおかゆが食べられていた．それまでの「麥」は，漢の時代に大麦と小麦に使い分けられるようになった．穂や粒の大きさではなく，偉い人を「大人(たいじん)」と呼んだように，主要なものを「大」，従属的なものを「小」と区別したと言われている．当時，大麦は中国でも大事な麦だったことが分かる．

紀元前3000年ころの古代エジプト時代に，「サドルカーン」(図I.1.1)と呼ばれる粉挽き専用の平らで大きな石がつくられた[2,3]．「サドル」は鞍(くら)，「カーン」は石臼のことである．このサドルカーンの上に人がひざをついて座り，全体の3分の2くらいのところに小麦粒をのせて，細長い棒状の別の石を両手で握って体重をかけながら前後運動を繰り返す．座ったところの手前の方が少し高いので，小麦に圧力を加えやすかった．すりつぶしていくと，手前にすり残しが，向こうに挽いた粉がたまる．

小麦粒に少し水を加えて湿り気を持たせてから，サドルカーンですりつぶすと，外皮は比較的粗いまま取れ，内部は細かい粉になる．ふるい分けや風選によって，外皮を大まかに分けていたと思われる．古代エジプト時代には，木の幹でつくった乳鉢と木製の乳棒を用いて粉を挽くことも行われていた[4]．

こうやって，麦の粒全部をつぶしただけの「全粒粉」ではなく，大まかだが外皮を取り除いた粉ができるようになった．こうしてできた小麦の粉に水を加えて捏ねると弾力と粘りのある塊になり，オーブンで焼くと，比較的軟らかくて，おいしいものができた．それまでおかゆと共に食べていた大麦の粉で焼いた硬いパンとは，大違いだった．

1.2.3 偶然からの発酵パンはおいしかった

石臼が次々と改良されて，外皮を除いた比較的きれいな粉ができるようになると，大麦の粉よりも小麦の粉の方がいつもおいしいパンになり，パン以外にもいろいろな食べ方ができることも分かった．エジプト，インド，中国などで，ある時期から大麦ではなく小麦を食べるようになった．おいしさを求めて，大麦と小麦の位置が逆転した．

小麦の粉を使うようになって，古代エジプトでのパンづくりは大きく進歩した．ある時，小麦の粉に水を加えて捏ねた生地をしばらく放っておいたところ，気温が高かったために大きく膨らみ，表面から泡が吹き出して腐ったようになった．いたずら心でこれをオーブンで焼くと，それまでよりも香ばしく，軟らかくておいしいパンになった．これこそが「発酵パン」の始まりである．

発酵してパンをつくるようになると，小麦の粉のよく膨らむ性質が活かされるので，小麦がだんぜん有利になって，大麦との主役の交代は決定的になった．偶然から見つかったパンの発酵は，空気中にある細菌と野生の酵母による発酵だったが，このこと

1. 小麦粉利用の歴史と広がり

を最初に発見した時,古代人たちは非常に驚き,神の贈物に違いないと信じた.

やがて人々は,食用としての発酵パンを焼くだけでなく,その発酵パンからビールをつくることも覚えた.パンをちぎって,水に浸して発酵させたものをビールとして飲み,逆に,このビールからパン種をつくり,それを使ったパン生地を発酵させて焼いた.

ドイツには,「ビールは液体のパン」という言葉がある.ビール好きのドイツ人らしい言葉だが,大昔からパンとビールはとても密接な関係にあった.その後,ビールの原料としてはナツメヤシが使われるようになり,ビール用にパンをつくることはなくなった.ちなみに,ビールの原料はその後も変化し,現在の麦芽が定着した.

発酵パンが始まってから現在まで,「小麦の時代」が続いている.パンを発酵でつくるようになってから興ったギリシア,ローマ,西ヨーロッパなどの文明には大麦の時代はなく,いきなり小麦を食べるところから始まった.

1.3 石臼からロール製粉へ

1.3.1 粉挽きとパンづくりが職業に

サドルカーンには工夫,改良が加えられたが,これで粉を挽くのは大変なことだった.たくさんの粉を簡単に挽けるようになったのは,手で回転させながら粉を挽く「石臼」が発明されてからである.今のトルコのあたりに紀元前1270〜750年ころ栄えた古代王国ウラルトゥの遺跡から,世界で最古の回転式石臼(「ロータリーカーン」と呼ぶ)が発見された.図I.1.2のような形で,円形の2つの石を上下に重ねて,中心の軸の周りに回転させるという,「回転運動」の考え方の発見から生まれた[3,5].

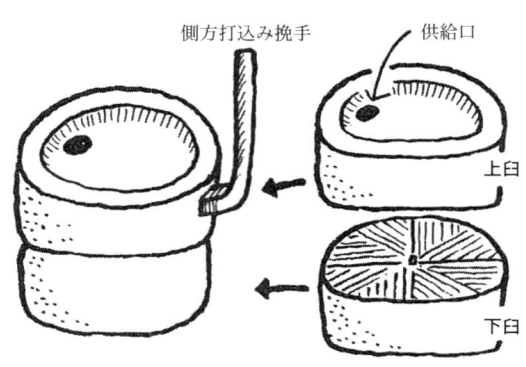

図 I.1.2 ロータリーカーン

1.3 石臼からロール製粉へ

写真 I.1.1　ポンペイのパン焼き窯

　粉挽きは，もともと家族でやっていたが，ローマ時代に職業として行われ出した．石臼にも工夫がされて，奴隷や家畜を使って粉がたくさんつくられるようになった．イタリア南部のベスビオ火山が大噴火して古代都市ポンペイが埋まったのは，紀元79年8月24日だったが，この遺跡の発掘によって，紀元前6世紀に興り，ローマ帝国の支配下で発展したこの古代都市での粉挽きとパン食生活をしのばせるものが，いくつも出土した．

　当時は，粉挽きとパン焼きの設備が同じところに，しかも町や村の中心にあるのが普通だった．この遺跡でも，二階建ての建物の一階に，馬やロバなどを使って動かしていたと思われる粉挽き用のいくつかの石臼とパン焼き用のオーブンが，同じ部屋に置かれていた．特に，固い石を積み重ねてつくったオーブンは精巧にできていて，現在のものと機能的にはほとんど差がなかったと思われる．写真 I.1.1 のように平らな火床の上に円形の屋根を組み合わせたもので，火床の上で火をたくとオーブン全体に熱がこもって，屋根も十分に熱くなるので，灰を取り出してから，この熱せられた空気でパンを焼いた．壁画には，表面に切り込みのある円形のパンを売っている様子が描かれている．パンの表面に切り込みを入れたのはこの時代の特徴である．

　紀元前5～4世紀ころ，古代ギリシアが栄え，人々が集まるようになった．初めのころは，火や灰の中に生地を直接入れてパンを焼いていたが，小麦をエジプトや黒海沿岸から買うようになると，パンの製法やオーブンもエジプトから伝えられた．その後，これらはギリシア人の手で改良され，大いに発展をとげ，後にローマ帝国に伝えられて，近代製パン法の基礎になっていった．

　古くからのワインづくりとパン焼きが結び付いて，「酵母（イースト）」がはじめて培養されたのも，この時代だった．イーストを使うことで，パン生地の発酵が安定するようになった．パン職人も厳しく訓練され，パンの品質が規制されて，大きさ，形，味も定められたものがつくられた．

1. 小麦粉利用の歴史と広がり

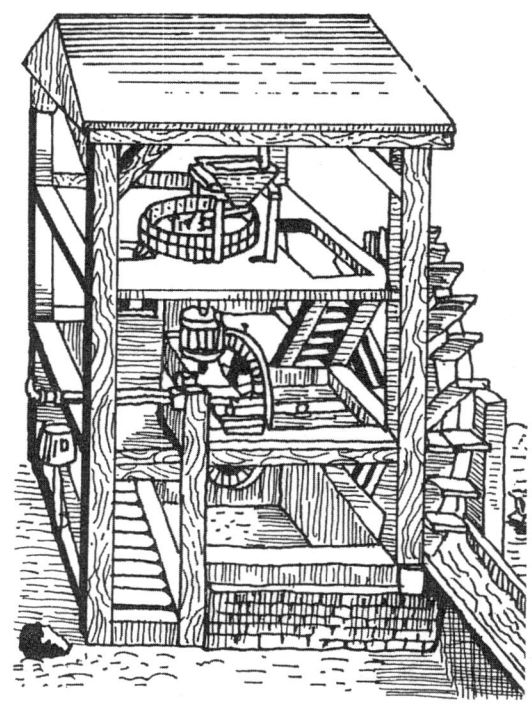

図 I.1.3　ローマ時代の水車製粉工場（製粉振興会：『小麦粉の魅力』より）

1.3.2　奴隷や家畜から水車，風車，蒸気機関を使う製粉へ

　奴隷や家畜を使っての粉挽きには，量的限界がある．紀元前400年ころには，ギリシアで「水車」を使った製粉工場がつくられた[6]．その100年後には，ローマ人も水車を利用した製粉工場をつくっている（図 I.1.3）[7]．しかし，水がないところや平らな土地では水車は使えない．600年ころ東洋で発明された「風車」がヨーロッパに伝えられ，オランダやイギリスの東海岸で風車を使った製粉工場が発達した．

　動力が水車や風車になっても，17世紀ころまでは，小麦を一回挽いて粉と外皮を分けるだけだった．17世紀のフランスで，石臼で挽いた小麦をふるいで分け，粗い部分をまた石臼で挽いてふるいで分けることを繰り返す，今日行われているのと同じ考え方の段階式製粉方法が始まった．

　イギリスのウエストミンスターに1784年につくられた製粉工場は，動力に「蒸気機関」を使い，石臼が30も並ぶ大規模なものだった．その後，労働力が不足していたアメリカでは，機械装置間の搬送にエレベーターやコンベヤを採用して，製粉工場

の「自動化」への試みが行われたが，依然として製粉そのものには石臼を使っていた．

アメリカで1854年にピュリファイヤーが考案され，細かくなったふすま片を風選で粉から分別できるようになって，品質の良い小麦粉がつくれるようになった．製粉史上での画期的な出来事であり，ピュリファイヤーを使ってできた粉を「パテント・フラワー」と呼んで珍重した．今日でも，アメリカでは標準的な小麦粉の呼称としてこの言葉が残っている．

1.3.3 ロールによる製粉の革命

「ロール式製粉機」を最初につくったのはイタリア人だったが，1820年代にハンガリーで試験的に使われ，1833年にスイスで建設された工場にはロール式製粉機が石臼と共に採用された．1870年ころにオーストリア人がロール製粉機だけを用いた製粉工場を建設したのをきっかけに，石臼に代えてロール式製粉機を用いた大規模な製粉工場が次々と建設され，品質の良い小麦粉が大量に生産できるようになった．

国によって原料事情や経済，技術の発展のスピードが違うので，製粉工場の近代化の歴史にも差があるが，ロール式製粉機以外の工程にも新しい設備や技術が順次導入されていった．現在では，コンピューター制御の自動式で，いろいろな品質の小麦粉を衛生的につくり分けることができる最新鋭の工場が多数ある．

1.3.4 明治以降発展した日本の製粉

日本でもかなり古くから製粉が行われていたが，明治の初めまでは農家や商人が副業的に行っていた人力による石臼製粉がほとんどで，そのほかに，石臼を用いた小規模な水車製粉所が少しあった程度だった．

明治5 (1872) 年に政府が石臼式製粉機をフランスから購入して，東京・浅草蔵前に水車を動力にした官営の機械製粉工場を建設した．明治26 (1893) 年と明治33 (1900) 年には，現在もある大手製粉会社の前身の会社が相次いで創立され，機械製粉時代になっていった．第一次世界大戦 (1914～1918) のころから，製粉能力が拡張され，昭和初期の不況時における生産制限などの苦境も切り抜けた．

第二次世界大戦後の製粉産業は，政府の食糧政策の影響を大きく受けながら，生活様式の洋風化，食の多様化，簡便志向，グルメ志向，健康志向などの大きな流れの中で，新しい主要食材提供産業として大きく発展した．現在では，世界でもトップレベルの高度に自動化された数多くの製粉工場が，これまで培ってきた技術力を駆使して，それぞれの用途への適性が高く，安定した品質の小麦粉を衛生的に製造している．

1. 小麦粉利用の歴史と広がり

1.4 その土地にある小麦から

　小麦粉からは非常に多種類の食品や料理がつくられている．グルテンの性質を上手に使うことによって，それが可能である．加工の仕方，食べ方，嗜好もさまざまで，国や地域によってかなりの特徴がある．

　世界の小麦生産地を見ても，タンパク質の量が多い硬質系の小麦がとれる土地では，その小麦の特性を活かしたよく膨らむパンがつくられ，食べられてきた．硬質系だがタンパク質が少なめの小麦しかとれないドイツやフランスでは，あまり膨らまなくてもよい独特の食感のパンをつくることが工夫され，今ではドイツパンやバゲットなどのフランスパンとして世界中で食べられている．また，それぞれの土地の人々の嗜好を巧みに具現化した，砂糖や油脂などを多く配合した菓子パン類も数多く生まれた．

　一方，インド，中国，日本，メキシコなどの，タンパク質の量があまり多くなくて中間質ないしは準硬質的な小麦の産地には，大きな膨らみを必要としない独特の食べ方が生まれ，チャパティ，ナン，めん，まんじゅう，クッキー，トルティーヤ（トウモロコシの粉でつくるものが多いが，小麦粉のトルティーヤもある）などの食品がある．

　同じ国の中でも地域によって収穫される小麦の品質が違うので，同じように加工しても，できる小麦粉食品の食感が微妙に異なり，長い間にそれが人々の嗜好になっている．日本の「うどん」を例にとると，関西から九州にかけては軟らかめの食感が好まれるが，北関東から東北では硬めのしっかりした食感のうどんが食べられている．これは，西日本の小麦がタンパク質の量が少なめでグルテンの質が軟らかく，北関東や東北の小麦がややタンパク質の量が多いという，かつての国内産小麦の品質分布と一致している．昔からその土地でとれた小麦の粉でつくったうどんを食べ続けているうちに，その地域の人々のうどんの食感に対する好みができ上がったようである．

　「自分たちのところにある小麦をおいしく食べる」というのは，人類に与えられた大きなテーマだった．それぞれの土地で，先祖代々人々が生活の中で工夫，努力をし，改良に改良を重ねてきた結果が，今日各地で食べられている小麦粉食品だといえる．

　小麦は世界中でつくられるようになった．その生産量も年々増えて，1年に7億トン近くになり，人類にとって最も重要な食糧と考えられている．小麦が貿易商品になり，それぞれの土地で使える小麦の種類や品質もかなり広がった．また，小麦粉食品についての情報も国際的に自由に交流されるようになって，小麦粉の利用法も幅広く研究されるようになっている．とはいえ，その土地で入手できる小麦の種類や品質は限られているので，それらでおいしく食べられる小麦粉食品はある程度決まってくる．また，生活様式や長い間につくられてきた嗜好によって，その土地で食べられている小麦粉食品の種類や品質には特徴が見られる．

1.5　日本での小麦粉食品の広がり

1.5.1　古くから食べられてきためんや菓子

　遺跡の発掘によって，弥生式文化の中末期には，小麦や大麦が畑でつくられていたことが分かっており，日本人は麦を何らかの形で食べていたことが推定される．4世紀の大和王権時代は，玄米と共に麦，粟(あわ)，稗(ひえ)なども主食にして，8世紀には，朝廷が小麦や大麦の畑作を奨励した．万葉集にも「小麦」という文字が書かれている．

　日本独特のものと思われている「うどん」や「そうめん」も，元は中国から伝来したものである．その時期は飛鳥朝時代と推定され，1,000年以上も前から日本人は「めん」と呼べるものを食べていたことになるが，当時のめんは，今のものとはかなり違うものだった．

　室町時代の『庭訓往来(ていきんおうらい)』には，饂飩(うどん)，索麺(そうめん)，棊子麺(きしめん)などの名前が出てくる．同時代の『尺素往来(せきそおうらい)』にも，棊子麺，饂飩，熱蒸の索麺，冷濯(ひやあらい)の截麺(きりめん)が料理に使われていたと記されている．当時，これらは「点心」と呼ばれて僧侶が間食として食べていたが，茶の湯の普及と共に一般の人も食べるようになった．その後，これらは南北朝，室町時代から安土，桃山時代にかけてのころに，日本の風土や人々の嗜好に合うように変化し，次第に日本独特のめん類へと育っていった．

　小麦粉菓子も歴史が古い．8世紀のころに遣唐使たちが仏教と共に中国から「唐菓子」を持ってきて，菓子が食べられ始めた．「まんじゅう」は鎌倉時代の初めに生まれた．「せんべい」は平安朝のころに弘法大師が中国から伝えたと言われているが，当時のものは米の粉や葛(くず)でつくったもので，小麦粉せんべいは江戸時代になってからである．

　室町時代に伝来したキリスト教と共に，ポルトガルやオランダから砂糖を使った菓子が入ってきた．「カステイラ」，「ボーロ」，「コンペイトウ」，「カルメラ」，「ビスカトウ」，「アルヘイトウ」などで，当時，これらは「南蛮菓子」と呼ばれた．小麦粉のほかに，砂糖，卵，牛乳などを配合してつくる点で，それまでの唐菓子の系統のものとはつくり方，味，および食感が違うものだった．キリスト教に対する弾圧があったため，これらの製法はひそかに伝えられることが多く，やがて日本人の好みに合うように少しずつ変化していった．伝来した土地名にちなんだ「長崎かすてら」とか「佐賀ボーロ」のような名前が，今でも残っている．

　庶民的な小麦粉菓子の代表ともいえる「今川焼き」や「たい焼き」は，江戸時代に登場した．

　江戸時代までは，小麦よりも大麦の方が食糧用として重要だったらしい．1695（元

禄8)年に出版された『本朝食鑑』には,「小麦は大麦と形色相似たるも,穂茎は小さく,蒔刈は大麦より遅し.そのうち早熟なるものは実り多しといへども味美ならずして粘少し,遅きものは実り少しといへども,味美にして粘多し.飯食に作るべからず,ただ粉を作り,饅頭,饂飩,索麺,麺筋に用ふ.中華蛮国の乾果にはこれを用ゐるもの多し,故に民間多く小麦を植ゆ」と書かれており,小麦の特徴がよく認識されていたことがうかがえる.

『和漢三才図会』にも小麦について次のような記述があり,当時の麦への認識度を知ることができる.「諸国皆これあり,而して讃州丸亀の産を上となす.饅頭となして色白し.関東及び越後のもの甚だ粘り,麩筋及び索麺となして佳し.肥後のものは醤油となして佳し」.

1.5.2 明治以降のパン

室町時代末期に,南蛮人宣教師が初めてパンをもたらした.江戸時代にも一部でパンがつくられていたが,一般にはあまり普及しなかった.1872(明治5)年に,東京の銀座で今の木村屋総本店の創始者,木村安兵衛が「あんパン」を売り出した.小麦粉,その他の原材料に日本古来の酒種(さかだね)を加えて捏ね,発酵して生地をつくり,あずきあんを包み,オーブンで焼いたものだった.この和洋融合の作品とも言えるあんパンは,珍しさとおいしさが大変な人気を呼び,買い求める人たちで行列ができるほどだったという.「へそパン」という愛称のように,真ん中を小さくくぼませたり,そこに塩漬けした八重桜の花をのせたりしたほか,つぶしあん入りには表面にケシをつけるなど,形や味に工夫を凝らし,特徴をもたせた.今でも,この伝統は守られている.

明治30年代の終わりころになって,同じ木村屋から「ジャムパン」が,東京・本郷に店を構えていた中村屋(現在の新宿中村屋)から「クリームパン」が登場した.今でもこれらの菓子パンは根強い人気商品である.

明治時代,外国人と接する機会が多くなった人々の間にパン食熱が高まり,東京,横浜,神戸などにパン屋が何軒か開店した.ほとんどが菓子パンで,食パンは少なかった.明治から大正,昭和へとパンの消費は少しずつ伸びたが,それでも1937(昭和12)年ころには,食パンに換算して1人当たり1年間に4斤(きん)(1斤とは,6枚か8枚にスライスして売られている四角い形のパン.本来,斤とは160匁(もんめ)のことで600gに当たるが,舶来品には120匁・450gを当てた.現在は,パン1斤が平均360gくらい)しか食べていなかった.1935(昭和10)年に日本で消費された小麦粉の量は約57万トンで,そのうちの12%に当たる約7万トンがパン用として使われていたに過ぎない.1955(昭和30)年には小麦粉の消費量は208万トンに増え,そのうちパン用に使われた小麦粉は32%に当たる約67万トンと,1935年ころの約10倍に伸びた.その後もパンの消費は伸び続け,パン用小麦粉の消費量は1975(昭和50)年には約141万トンになり,現在は180

万トンを超えている．

　パン食の習慣がなかった日本人だが，戦後の食料不足時代に食べたコッペパンや，学校給食で出されたパンによって，パンという新しい食べ物が生活の中に入ってきた．1955（昭和30）年以降の生活全体の洋風化で，パンを中心とした小麦粉食品の消費が大きく伸びた．現在，日本人1人が1年間に消費する小麦粉の量は平均で約32 kgである．パンを昔から主食にしている欧米の人たちに比べると半分強だが，米という主食がある食生活の中で確固たる地位を築いたと言えよう．

1.5.3　多様化した小麦粉の用途

　太平洋戦争前までは，日本人が食べていた小麦粉食品の種類はそれほど多くなかった．戦後約50年の間に，日本人は小麦粉の利用の仕方，食べ方を本当に知ったといってもいい．現在食べている小麦粉食品の種類は，おそらく世界でも一番多いと思われる．即席ラーメンなどの日本で開発された小麦粉の利用方法が，外国にも紹介され，好まれて食べられるようになった．

　肉，乳製品，野菜，果物……と，副食が量的にも質的にも豊かになり，これらに合う小麦粉食品への需要が高まっている．ただ食べるだけでなく，おいしくて，その上，多様性，簡便さ（即席性），ファッション性などを食事に求めるようになった．外食の機会も増えた．いろいろなタイプのパン，うどん，ラーメン，即席めん，乾めん，ケーキ，ビスケット，まんじゅうなど，非常に多種類の小麦粉食品が，日本人の食生活パターンにがっちり組み込まれたとみてよいだろう．ついこの間まで脇役だと思われていた小麦粉だが，今では，私たちの食生活を健康に貢献し，豊かにしてくれる「主役」になったと思われる．

参 考 文 献

1) 日清製粉株式会社編：小麦粉博物誌, p.75, 文化出版局 (1985)
2) 三輪茂雄：臼（うす）, p.20, 法政大学出版局 (1978)
3) 長尾精一：粉屋さんが書いた小麦粉の本, pp.23-32, 三水社 (1994)
4) Müller, H. G., 長尾精一（編訳）：ヨーロッパにおける粉挽きの歴史――水車と風車（その1）原始的な石臼から水力の利用まで, Vesta, **45**, 58-63 (2002)
5) 三輪茂雄：石臼の謎, p.64, 産業技術センター (1975)
6) 日本麦類研究会編：小麦粉―その原料と加工品 (再改訂版), p.5, 日本麦類研究会 (1981)
7) 財団法人製粉振興会編：小麦粉の魅力―豊かで健康な食生活を演出― (改訂版), p.53, 財団法人製粉振興会 (2008)

2. 小麦粉の種類と特性

2.1 小麦粉の種類

2.1.1 うどん粉，メリケン粉から小麦粉へ

　江戸時代以前から，国内産小麦から挽いた粉は主にうどんやそうめんに加工されていたので，「うどん粉」と呼ばれた．一方，明治時代になると，アメリカ産のタンパク質の量が多い小麦粉が輸入され，食パンなどの原料として使われるようになった．この粉はうどん粉とは品質や用途が異なっていたこともあって，「メリケン粉」と呼ばれて区別された．「メリケン」というのは，「メリケン波止場」などの通称が使われたのと同様に，「アメリカの」という意味の英語の American から生まれた言葉である．

　その後，国内の製粉産業が発展して，小麦粉の形で輸入することがほとんどなくなり，小麦粉の用途も多岐にわたるようになったため，これらのことばは意味がなくなって，これらすべてが「小麦粉」と呼ばれるようになった．しかし，比較的最近まで，何となくこれらのことばが愛称として使われていた．

　小麦粉の外国語は，英語では「wheat flour」，ドイツ語では「Weizenmehl」，フランス語では「farine de blé」，スペイン語では「harina de trigo」，中国語では「面粉」である．

2.1.2 日本の小麦粉の種類

1) 種類が多い

　日本では1年間に約500万トンの小麦粉が製造され，その約97％が25 kg紙袋詰めか，バラの状態で出荷される業務用で，家庭用の1 kgまたは500 g詰めの小麦粉は全体の3％ほどである．業務用小麦粉の種類は世界のどの国や地域にもないほど多い．

　日本には小麦粉からつくられる食品の種類がとても多く，それぞれをつくるのに適した小麦粉が要求される．うどんのような伝統的な小麦粉食品のほかに，世界中からいろいろな小麦粉食品が導入されてきた．本場と同じ形や食べ口のものもつくられているが，日本人の嗜好に合うようにアレンジされた独特の食品も数多く生れた．パン

2. 小麦粉の種類と特性

を例にとると，日本独特のきめが細かくソフトな食パン，イギリスパン，フランスパン，デニッシュ・ペストリー，あんパン，ナン，ベーグルなどなど，パンを昔から食べている国や地域でも見られないほどの種類の多さである．

その上，日本人の嗜好はとてもデリケートで，食品に微妙なおいしさや食感を求める．消費者の嗜好に合わせるために，食品会社は加工の仕方を工夫するが，それをつくるのに適した品質の小麦粉がなくてはならない．日本の製粉会社の多くが，技術や設備をフルに活かして食品加工業界からの複雑な要求にこまめに対応し，たくさんの小麦粉をつくってきたともいえる．

品質的に特徴ある多種類の小麦粉をつくるためには，いろいろな種類や品質の原料小麦が必要だが，その約86％に相当するいろいろな優れた品質の小麦をアメリカ，カナダ，およびオーストラリアから安定して輸入できており，国内で生産される小麦（約14％）と使い分けたり，配合することによって，それが可能になっている．

2) 種類と等級で分類

日本には，小麦粉についての定義や規格がない．一般的には，小麦を挽いて皮の部分を取り除いてできる細かい粉を，「小麦粉」と呼んでいる．また，小麦粉は化学分析値などでは分類しにくいので，分類についての定めもない．しかし，どういう品質のものかが大まかに分からないと販売や利用上不便なので，一般的には「種類」と「等級」の組合せで分類される．業務用小麦粉の場合の種類，等級，品質，および主な用途の関係を大まかにまとめたものが**表 I.2.1** である．

表 I.2.1 小麦粉の種類，等級と品質，主な用途

等　級	1 等粉	2 等粉	3 等粉	末　粉
灰分量	0.3〜0.4%	0.5%前後	1.0%前後	2〜3%
強力粉	パン (11.5〜12.5)	パン (12.0〜13.0)	グルテンおよびデンプン	合板 飼料
準強力粉	パン (11.0〜12.0) 中華めん (10.5〜11.5)	パン (11.5〜12.5)	グルテンおよびデンプン	
中力粉	ゆでめん・乾めん (8.0〜9.0) 菓子 (7.5〜8.5)	オールパーパス (9.5〜10.5) 菓子 (9.0〜10.0)		
薄力粉	菓子 (6.5〜8.0)	菓子 オールパーパス (8.0〜9.0)		

（　）内はタンパク質含有量（%）

種類は，「強力粉」，「中力粉」，および「薄力粉」という分け方で，原料小麦の使い分けや配合によってつくられる．強力粉は硬質小麦を原料とし，タンパク質の量が多く，水を加えて捏ねた時に生地の中にできるグルテンの量も多くて，力が強い小麦粉である．適量の水で捏ねた強力粉の生地はとても弾力がある．中力粉，薄力粉の順にタンパク質の量が少なくなり，グルテンの力も弱くなる．軟質小麦からつくられる薄力粉の生地を手で引っ張ると，強力粉の生地に比べて弾力が弱い．業務用小麦粉では，硬質小麦から挽いた小麦粉の中で，強力粉よりタンパク質の量が少なめのものを「準強力粉」と呼ぶ．

同じ強力粉や薄力粉に分類される小麦粉でも，いろいろなものがつくられており，品質に幅がある．タンパク質の量でその幅を示すと，強力粉では11.5〜13％，準強力粉で10.5〜12.5％，中力粉で7.5〜10.5％，薄力粉で6.5〜9％くらいである。種類の間で数値が重なっているが，タンパク質の量が同じでも使う原料小麦によってその質が違う．グルテンの力に差があるからである．

強力粉や薄力粉をつくるために配合した原料小麦を製粉工程で挽く過程で，「1等粉」，「2等粉」，「3等粉」，「末粉」のような等級に分ける．上位等級の粉ほど灰分の量が少なく，色もきれいである．いつもこの4等級に分けるわけではなく，1等粉，2等粉，および末粉に分けるとか，1等粉，3等粉，および末粉という採り分けをすることもある．いずれにしても，韓国以外でこんな細かいことをやっているのは日本の製粉会社だけである．

「等級」は便宜上のものに過ぎない．灰分量を一応の目安にしており，1等粉が0.3〜0.4％，2等粉が約0.5％，3等粉が約1.0％，末粉は2〜3％であるが，灰分量が多くても品質が良い小麦粉もあるから，灰分によらないで，その小麦粉の総合的な品質からそれに相当する等級に分類することも多い．

1等粉の中でも特別の品質のものを「特等粉」，少し灰分が多めのものを「準1等粉」と呼ぶこともある．用途によっては上位等級のものが最も適しているとは言えないこともあるので，その加工にどういう特性が必要なのかをはっきりさせてから，製粉会社やその特約店に相談して小麦粉を選びたい．このような種類と等級を組み合わせて，「強力2等粉」とか「薄力1等粉」のように呼んでいる．

家庭用の小麦粉としては，これらの中から主に強力粉，中力粉，および薄力粉の1等粉が市販されている．

3） 全粒粉とセモリナ

皮の部分を取り除かないで小麦の粒全部を粉にしたものが「全粒粉」である．全粒粉にも，粒子が細かいものと粗いものがある．また，原料小麦の種類によって硬質小麦からのパン用と軟質小麦からの菓子用の全粒粉がつくられている．通常，パン用粉

製造に使う硬質小麦のほとんどは赤小麦なので，パン用の全粒粉は褐色か，褐色のふすま片の混入が目立つものが多いが，硬質白小麦を原料にするとふすまの色が目立ちにくい全粒粉をつくることも可能である．

　小麦を挽いて皮の部分を取り除いたものでも，小麦粉のように細かくなくて，ザラメ状の粗いものを「セモリナ」という．デュラム小麦は硬いので挽いてセモリナにすることが多く，これが「デュラム・セモリナ」である．デュラム以外の小麦から得られるザラメ状の粗いものを「ファリナ」と呼ぶ国もある．

4） 用途による使い分け

　パンには強力と準強力の2等粉以上が使われる．食パン用にはグルテンの力が強い強力の2等粉以上が適しているが，菓子パンには準強力の2等粉以上も，単独または強力粉と配合して使われる．フランスパン用にはグルテンの量と力の微妙なバランスが要求されるので，「フランスパン専用粉」が多く販売されている．それらのグルテンの力は準強力粉に近いが，原料小麦の配合を工夫して本場に近い食感のパンをつくりやすくしてある．焼き立てを販売する場合と，袋に入れて少し時間をかけて販売する場合があり，それぞれに対応できる専用粉が用意されている．前者用は後者用に比べてタンパク質の含量が少なめである．

　中華めん（ラーメン）用粉は準強力1等粉クラスだが，原料小麦の配合と製粉工程での採り分けの組合せによって，変色やホシが少なく，食感も優れた中華めんを製造しやすい小麦粉になっている．うどんやそうめんなどの日本めんはグルテンの量と力が中庸な中力1等粉でつくられる．明るい冴えた外観で，モチモチした食感のめんをつくれるデンプンを持つ小麦を選んで用いる．スパゲティやマカロニなどのパスタには，デュラム・セモリナが使われる．

　ケーキのような洋菓子やてんぷらにはタンパク質が少なくてグルテンの質がソフトな薄力1等粉が適しているが，まんじゅうやたい焼きなどの一部の和菓子，およびビスケットには中力粉も使われる．ケーキ用粉，クッキー用粉などのそれぞれの用途への適性を高めた専用粉も市販されている．調理用には薄力一等粉が使われることが多い．

　小麦粉は，用途から「パン用粉」，「めん用粉」，「菓子用粉」などと呼ばれることもある．おおまかに分けると，日本の小麦粉の約41％はパン，約33％はめん，約12％は菓子に使われており，そのほかに，プレミックス，工業用途，特殊用途などにも使われる．

　家庭用粉で消費量が一番多いのは，料理，クッキー，手打ちうどんなどに幅広く使える薄力粉である．パンや餃子の皮用には，強力粉またはパン用粉と表示された製品がある．ケーキ用には用途が広い薄力粉のほかに，タンパク質の量がより少なくて

ケーキへの適性が高い特別の薄力粉か，菓子用またはケーキ用と表示された小麦粉が市販されている．

業務用の小麦粉は普通の商店の食料品売り場には並んでいない．業務用以外で25kg詰めの業務用小麦粉を必要とする場合には，製粉会社かその特約店に相談すると良い．

2.1.3　外国の小麦粉の種類

1)　アメリカ

アメリカ合衆国の食品に関する定義・規格集[1]には，「小麦粉とは，デュラム系統以外の小麦を粉砕，ふるい分けしてつくった食品」と定められている．アメリカには粒度についての規定もあって，210μmの布ふるいでふるった時，大部分が通過するものを「小麦粉」といい，それよりも粗いものは「ファリナ」とか「セモリナ」と呼ぶ．

業務用小麦粉にはパン用，菓子用，およびパスタ用がある．小麦の生産国なので，製粉工場はその土地で入手しやすい小麦を原料として使うから，地区によって小麦粉の品質に差がある．ふすまを除いただけの「ストレート粉」か，それからふすまに近

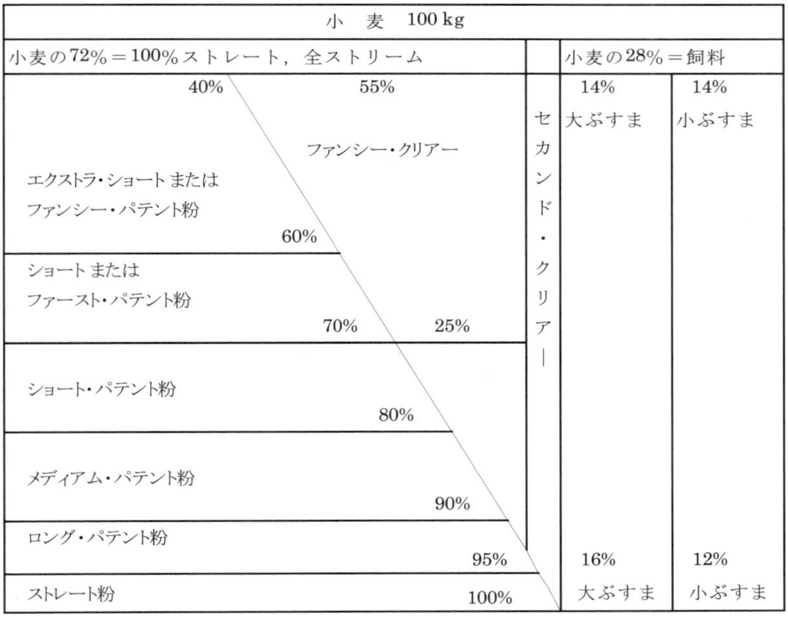

小麦 100 kg					
小麦の72%＝100%ストレート，全ストリーム				小麦の28%＝飼料	
40%	55%	セカンド・クリアー	14%　大ぶすま	14%　小ぶすま
エクストラ・ショート または　ファンシー・パテント粉	ファンシー・クリアー			
60%				
ショート または　ファースト・パテント粉				
70%	25%			
ショート・パテント粉				
80%				
メディアム・パテント粉				
90%				
ロング・パテント粉				
95%			16%　大ぶすま	12%　小ぶすま
ストレート粉	100%			

図 I.2.1　アメリカの小麦粉採り分けパターン（小麦100kgから得られる小麦粉の種類と歩留り）

い飼料用の粉を少し取り除いた「ロング・パテント粉」が主流である．灰分は0.50％以上で，高くなる傾向にある．ケーキ用には，ふすまに近い粉の部分をもっと多く除いた「ショート・パテント粉」が使われる．アメリカでの小麦粉の採り分けパターンを図 I.2.1[2]に示した．

全粒粉も多くつくられており，パン用と菓子用がある．パン用の全粒粉は硬質赤小麦を粉砕したものが多いが，パンの中に赤いふすま片が目立たないようにするために，硬質白小麦を微粉砕した全粒粉も市販されている．

家庭用小麦粉は基本的には一種類である．小麦粉をパンの材料として使うことが最も多いが，同じ粉でクッキーもつくる．地域によって差があるが，一般的には，日本の準強力粉に近いグルテンの力を持つものが売られている．おいしいケーキをつくるには，ケーキミックスを使うか，ケーキ用の小麦粉を探してこなければならない．

2）イギリス

小麦粉の約63％がパン用に，約13％がビスケット用に使われている．パン用粉の約84％が白小麦粉，約4％が褐色小麦粉，約10％が小麦全粒粉である．白小麦粉は歩留りが75％程度のストレート粉で，灰分が乾物量ベースで0.55％くらいなので，日本の2等粉クラスよりややグレードが低い．タンパク質含量も日本のパン用粉より低めである．褐色小麦粉は歩留りが85％程度で，ふすまと胚芽の一部が除かれている．小麦全粒粉は歩留り100％で，成分の添加も除去もされていない．

そのほかに，小麦胚芽を10％以上添加した胚芽入り小麦粉，褐色小麦粉または全粒粉に麦芽粉を添加した麦芽入り小麦粉，2つの石の間で昔ながらの方法で粉砕した石挽き全粒粉，有機基準で栽培した小麦を基準に合う方法で製粉した有機小麦粉も市販されている．家庭用にも，多目的小麦粉，セルフライジング粉，薄力粉，強力粉，全粒粉，褐色粉，白小麦粉，胚芽入り小麦粉，石挽き小麦粉などがある．

3）ドイツ

業務用小麦粉にはパン用，菓子用，およびパスタ用があり，パン用にも高級パン用と標準パン用がある．小麦の生産国なので，地区によって小麦粉の品質に差がある．

灰分量によって405，550，812，830，1050，1600，および1700という数字で表わすタイプと，全粒粉に分けている．数字は乾物量ベースの灰分量の目安で，550は乾物量ベースの灰分が0.55％という意味である．タイプ550の粉が最も多い．パン用粉のタンパク質の量は日本に比べて少なく，14％水分ベースで10.5〜11.5％のものが主流である．そのため，ドイツにはグルテンの力を必要とする食パンのようなパンはほとんどなく，あまり膨らまなくてもよい硬めのパンが多い．

家庭用小麦粉は基本的には1種類で，日本の準強力粉よりもやや弱めのグルテン

の力を持つものが多く売られている．

4) フランス

業務用小麦粉はパン用，菓子用，およびパスタ用があり，灰分量によって45，55，65，80，110，150というタイプに分けている．数字は乾物量ベースの灰分量の目安で，45は乾物量ベースの灰分が0.50％以下，55は0.50～0.60％，65は0.60～0.75％を意味する．生産されている小麦粉の90％以上はタイプ55の粉で，主にパン用に使われる．タイプ45の粉はケーキ用に，タイプ65の粉はビスケットの製造に使われることが多く，タイプ80，110，150の粉は灰分が多い粉か全粒粉に近いものである．

パン用粉のタンパク質の量は日本に比べて少なく，14％水分ベースで10～11％のものがほとんどである．そのため，グルテンの力を必要とする食パンタイプのパンはほとんどなく，あまり膨らまなくてもよい，バゲットなどのいわゆる「フランスパン」がつくられている．家庭用小麦粉は基本的には1種類で，日本の準強力粉よりもやや弱めのグルテンの力を持つものが売られている．

5) イタリア

用途やグルテンの力などによる小麦粉の分類はなく，精製度によって，00番，0番，1番，および2番に分けられている．00番が最も精製度が高い小麦粉だが，日本の1等粉と2等粉の中間くらいの灰分の粉である．小麦は産地によって品種が異なり，タンパク質の量や質にかなりの差があるので，同じ番号の小麦粉でも加工適性に大きな差がある．また，同じ小麦粉をパン，生パスタ，ピッツァなど幅広い用途に使うことが多い．

小麦粉の約70％がパン用で，残りがビスケットなどの菓子類，ピッツァなど幅広い用途に使われる．デュラム・セモリナはパスタに加工される．

6) 韓　国

1人当たり平均の小麦粉消費量は，日本とほぼ同じである．業務用は多用途粉，パン用粉，ケーキ用粉，配合粉，および小麦全粒粉に分類されている．また，多用途粉，パン用粉，ケーキ用粉の製造では灰分によって1～3等粉に分けているが，食用になるのは1等粉と2等粉である．原料小麦の種類は日本に似ているが，その質や配合は違う．そのため，日本の小麦粉と比較すると，タンパク質含有量は同程度でもその質は微妙に違う．灰分は特殊なものを除いて日本の1等粉や2等粉よりやや高めである．

多用途粉は中力粉とも呼ばれ，めんを中心とした幅広い用途に使われる．小麦粉全体の約2/3がこの粉である．オーストラリアの小麦やアメリカの軟質小麦が原料であ

2. 小麦粉の種類と特性

る．パン用粉は強力粉とも呼ばれ，小麦粉全体の約16％で，日本に比べると少なめである．アメリカの硬質小麦が主原料だが，品質が良いカナダの硬質小麦を配合することもある．ケーキ用粉は薄力粉とも呼ばれ，ケーキやいろいろな菓子類の製造に使われる．アメリカの軟質小麦が主原料だが，オーストラリアの小麦を配合することもある．配合粉とは，小麦粉に他の穀物の粉を混ぜたもので，量は多くないが伝統的な食べ方の一つである．小麦全粒粉の生産量はわずかである．小麦粉全体の約7％が家庭用で，消費量が増える傾向にある．内容は多用途粉である．

7) 中 国

小麦は米に次いで重要な作物で，主として黄河の北で栽培されている．政府も増産に力を入れており，1年の生産量は世界一の約1億トンである．1人当たりの小麦粉消費量はアメリカに匹敵する．

用途は75〜80％がマントウ（蒸しパン）とめん，13〜18％がケーキやクッキーを含む焼き菓子類，7〜8％がパンだと推定される．北部の小麦生産地帯ではマントウが小麦粉消費量の70％を占めるが，南部では米やめんが主食である．北部では食事の約20〜30％，南部では約15％がめんの形で食べられている．

国内産小麦の品質はあまり良くなかったが，品種改良によってタンパク質の量が多いパン用小麦や，逆に，菓子に向く軟質小麦の生産量を増やす努力がされている．北部のマントウには国内産の硬質小麦の粉を，南部のマントウにはタンパク質の量が中程度の軟質小麦の粉か，それに硬質小麦の粉を混ぜたものが使われる．南部ではオーストラリアやアメリカの小麦もごく少量だが使われている．

地域による小麦粉の品質差が大きくなった．臨海地帯の経済が発展しているところでは，輸入小麦を使って，灰分が欧米並みの0.5％程度の小麦粉を用途別に製造する会社も現れた．しかし，多くの地域では，一般粉，標準粉，1等粉，2等粉の4種類の小麦粉が製造されている．一般粉は最も品位が低くて，灰分は1.40％以下，グルテンは22.0％以上，標準粉も品位が低く，灰分は1.1％以下，グルテンは24.0％以上である．1等粉の灰分は0.70％以下，グルテンは26％以上である．1等粉からは比較的品質が良いマントウやめんをつくることができる．2等粉は標準粉と1等粉の中間の品位で，灰分は0.85％以下，グルテンは25％以上である．1等粉が手に入りにくいので，消費者は2等粉をよく使う．めん用として一番需要が多いのは標準粉である．

8) インド

食用小麦の約85％は，「チャキ」と呼ばれる石臼の小型製粉所によって「アタ」と呼ばれる全粒粉，または，ふすまを少し除いた95〜97％歩留りの全粒粉に近いもの

に加工される．小麦粒が硬いので，アタのデンプン損傷度は高く，見かけの吸水が多い．アタは伝統的にチャパティ，プーリィ，ナン，パロンサなどの平焼きパンに加工されるが，小麦粉に要求される品質は寛容なので，見かけの吸水が多い粉でも十分使える．

食用小麦の約15％だけがロール式製粉工場で製粉されて，マイダ（小麦粉），セモリナ，末粉，およびアタになる．マイダは高灰分のストリーム粉を除いた比較的色が白い粉で，型焼きパン，クッキー，ビスケット，クラッカー，ケーキ，パイ，ペストリー，伝統的な菓子類などに加工される．ロール式製粉工場のアタはマイダを採り分けた残りの粉で，ふすまが入ったチャキのアタとは品質が異なる．都会では，これにブランドを付けた包装品のアタの需要が伸びている．

9) エジプト

82％歩留りのbaladi粉と72％歩留りのfino粉の2種類がある．baladi粉は色が黒くて，粒度が粗めである．そのほとんどがbaladiパンに加工されるが，パンの色は褐色である．fino粉はbaladi粉より品質が良いので，上級粉ともいう．fino粉でつくる加工品は政府の補助金の対象外なので，baladi粉からの加工品に比べて価格が高いが，この粉からはbaladiパンなどの伝統的なパンのほかに，ヨーロッパタイプのパン，クッキー，ペストリーなどがつくられ，需要は拡大傾向である．

10) 南アフリカ

法律で3種類の小麦粉が定められている．白小麦粉（歩留り77％），褐色小麦粉（推定歩留り87％），および小麦全粒粉（歩留り100％）である．小麦粉規格によると，褐色小麦粉は白小麦粉に小ぶすまを14％混ぜてつくることになっているが，歩留りが本当に87％くらいなのかどうかは分からない．ケーキ用粉（灰分が0.55％以下）と多目的粉もあり，パン用の白小麦粉に比べて灰分が少なく，色が白い．少量だが，ハイレシオケーキ用粉やセルフライジング粉もつくられている．

小麦粉の主な用途別販売比率は，白パン用が約40％，ケーキ用が約30％，および褐色パン用が約26％である．

11) アルゼンチン

食品規格によって，小麦粉は灰分量（乾物量ベース）で次の5タイプに分類される．0000は0.492％以下，000は0.582％以下，00は0.678％以下，0は0.873％以下，1/2 0は1.35％以下である．タイプ0000の粉はセモリナと共にパスタの製造に使われることが多い．タイプ000の粉がパン用粉で，家庭用としても販売されている．

硬質小麦だけで軟質小麦がないため，タイプ0000および000の粉を分級してパン

用粉と菓子用粉に分ける場合もある．菓子用粉または菓子の製造時に還元剤かタンパク質分解酵素を添加して，グルテンを軟らかくすることも行われている．セモリナは普通小麦とデュラム小麦の双方からつくられ，粗いのと細かいのがある．

2.1.4 原料小麦と製粉工程で

1) 原料小麦の選択と配合から

日本では，強力粉，準強力粉，中力粉，および薄力粉をつくるのに適した品質の原料小麦を選び，単独またはいくつかの小麦を配合して製粉が行われている．小麦は産地，銘柄，および等級によってタンパク質の量とその質が異なり，グルテンの力に差がある．アメリカ，カナダ，およびオーストラリアからグルテンの力が異なる数種類の小麦を輸入し，国内産小麦と共に，用途に応じて図 I.2.2 に示すような使い分けをしている．使用する小麦の種類，品質，および配合率が，小麦粉の品質を決める．

2) 製粉工程での採り分けから

強力粉や薄力粉などの用途に合わせて配合された小麦は，ロール機で粉砕され，ふるい機でふるわれて，ピュリファイヤーで純化される工程などを経ると，品質が異なる 30〜40 もの粉に分かれる．

それらの粉をそれぞれの用途に必要とされる品質特性を持つように組み合わせて 3〜4 等級の粉にまとめる．まとめ方によって特徴がある小麦粉をつくることができ，一般的には，比較的色がきれいな小麦粒の中心部に近い部分の粉を集めたものが 1 等粉になる．以下，2 等粉，3 等粉，末粉などが採り分けられていくが，順次，胚乳の周辺部に近いところの粉になる．特殊な用途を除いて，2 等粉以上が食品に加工される．

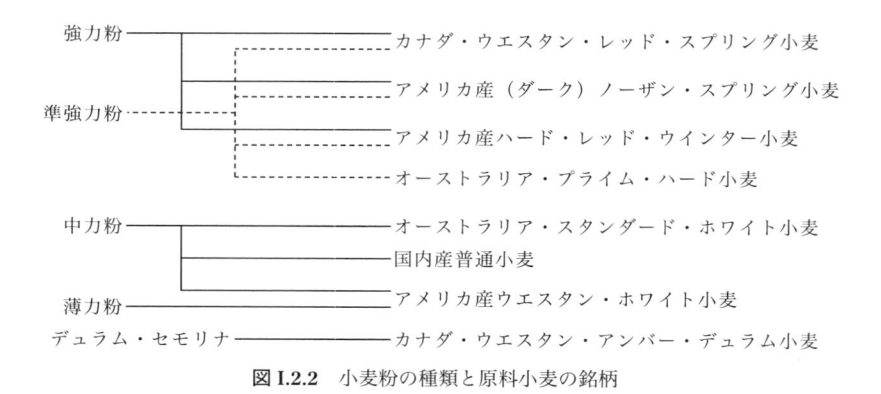

```
強力粉 ─────────── カナダ・ウエスタン・レッド・スプリング小麦
              ├─── アメリカ産（ダーク）ノーザン・スプリング小麦
準強力粉 ┄┄┄┄┤
              ├─── アメリカ産ハード・レッド・ウインター小麦
              └─── オーストラリア・プライム・ハード小麦
中力粉 ─────────── オーストラリア・スタンダード・ホワイト小麦
              └─── 国内産普通小麦
薄力粉 ─────────── アメリカ産ウエスタン・ホワイト小麦
デュラム・セモリナ ──── カナダ・ウエスタン・アンバー・デュラム小麦
```

図 I.2.2 小麦粉の種類と原料小麦の銘柄

2.2 小麦粉の特性

2.2.1 グルテンができる

　小麦粉に適量の水を加えてよく捏ねると，「小麦粉生地（ドゥ）」になる．この生地を水の中でもみほぐすと，白いデンプンが出てくる．新しい水で何回ももむように洗うと，ぶよぶよしてふやけた塊が残る．これが「グルテン」である．ふわふわしているが，引っ張るとかなりの弾力がある．てのひらに乗せて，中心部や表面の水分を搾り出すと，べたべたとくっつくようになって，チューインガムを噛んだ時のような状態になる．

　小麦粉中にはタンパク質が6〜15％含まれている．いろいろな特性を持つタンパク質が混在しているが，その約85％はグリアジンとグルテニンであり，両者はほぼ同量含まれている．小麦粉に水を加えて捏ねると，このグリアジンとグルテニンが結び付き，絡み合ってグルテンができる．

　写真 I.2.1 のように，グルテニンは弾力に富むが伸びにくい性質のタンパク質であり，逆に，グリアジンは弾力が弱くて粘着力が強く，伸びやすい性質を持っている．この性質が異なる2つのタンパク質が結びつくと，両方の性質（粘着性と弾性）を適度に兼ね備えたグルテンになる．

　小麦以外の穀物のタンパク質でグルテニンとグリアジンの両方を持つものはないので，それらの粉からはグルテンはできない．グルテンができるのは小麦粉だけが持つ特性である．

| グリアジン | グルテニン | グルテン |

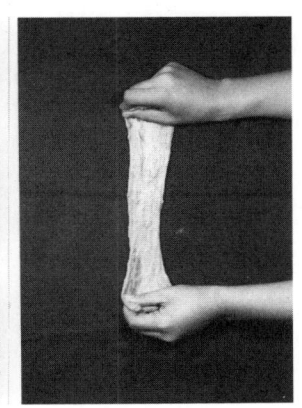

写真 I.2.1 グルテンとその成分

2. 小麦粉の種類と特性

2.2.2 加水と混捏でさまざまな生地に

原料小麦の種類や品質，加える水の量，副材料や添加物の種類や量，および捏ね方によって，できるグルテンの量と粘弾性のバランスが微妙に異なる．硬質小麦は軟質小麦よりタンパク質を多く含むから，形成されるグルテンの量が多い．グルテニンとグリアジンの比率や分子構造によって，グルテンは粘着力が強かったり，弾力が強かったりする．

その小麦粉に適した量の水を加えてよく捏ねると，グルテンがしっかり形成されて，**写真 I.2.2** の走査型電子顕微鏡写真のように網目（繊維）状の構造になるが，水が足りない場合や捏ねが不十分だと，もろくて弱いグルテンの生地になってしまう．

小麦粉に加える水の量によって，パンづくりに使うような弾力があって軟らかめの生地，うどん用のまとまっていないそぼろ状の生地，てんぷらやケーキに使うどろどろしたバッター，薄い糊状など，小麦粉はさまざまな状態に変化する．これもグルテンが形成される性質があるからで，このために小麦粉の用途は広い．小麦が穀物の中の王者と言われる所以はここにあり，それぞれの地域の人たちの嗜好に合う食べ方を可能にしている．

パンをつくる場合，小麦粉にイースト，油脂，砂糖，食塩などの材料と水（他の材料の種類や量によっても変わるが，粉 100 に対して 60〜70）を加えてよく捏ねると，軟らかい

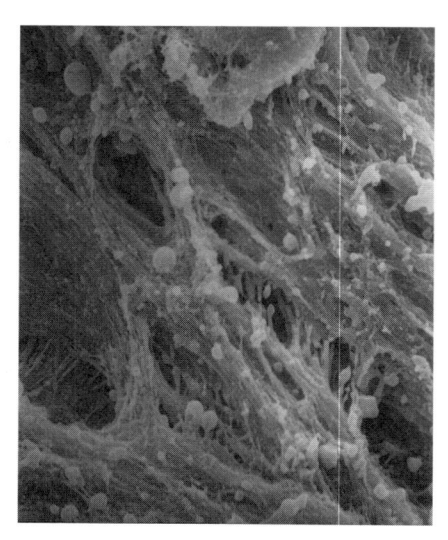

写真 I.2.2 網目（繊維）状になった小麦グルテン（白い球状のものは分離されずに残ったデンプン）（走査型電子顕微鏡による．約 800 倍）

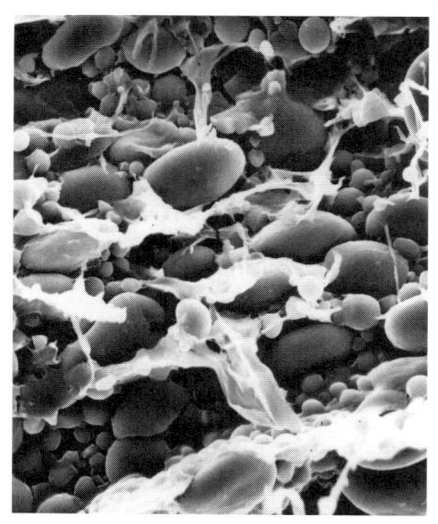

写真 I.2.3 小麦粉生地中のグルテンとデンプン（走査型電子顕微鏡による．約 800 倍）

のに弾力がある生地になる．生地中に形成されたグルテンは，よく捏ねると薄い膜になり，小麦粉中のデンプン粒や抱き込まれた気泡を包み込みながら，網目で細い繊維状になる．小麦粉生地中でのグルテンとデンプンの状態を走査型電子顕微鏡で見たのが**写真 I.2.3** である．

　生地中のイーストが働いて発酵が進むと，二酸化炭素とアルコールが発生する．二酸化炭素ガスはたくさんの小さな気泡になって生地組織中に入り込み，全体を押し広げ，大きな体積ときめが細かいすだちをつくっていく．アルコールは生地を伸びやすくし，風味や香り付けに役立つ．発酵の終りころまでに二酸化炭素を蓄えて伸びた生地は，オーブンで熱が加わると最後のガスを発生し，膨張して体積がさらに大きくなり，よく伸びたパンに仕上がっていく．生地の中心温度が 95〜97℃に上がるので，グルテンの網目状組織は熱で変性して固くなり，パン中にしっかりした骨組みができて，冷えてもその形を保つことができる．建物の鉄筋コンクリートに例えると，デンプンがコンクリート，グルテンが鉄筋の役割を果たしている．

　製パンでは，タンパク質の量が多くて，その質が良い小麦粉を使う．したがって，パン用粉の原料小麦には，タンパク質の量が多くて，粘弾性のバランスが良いグルテンを形成できる特性を持つことが要求される．同じアメリカ産の硬質小麦でも，ハード・レッド・スプリング小麦の方がハード・レッド・ウインター小麦より食パン用として優れているのは，グルテンの粘弾性のバランスが食パンに向いているからである．アルゼンチン産小麦がタンパク質の量は多いのに日本の食パンに向かないのも，グルテンが硬くて伸びにくいからである．

　軟らかいが適度のコシがあるうどんをつくれるのも，グルテンが形成されるからである．うどんには，タンパク質の量が中程度の小麦粉を使う．そういう小麦粉 100 に対して水を 30〜33 加えてめん用ミキサーで混ぜると，そぼろ状の生地になり，これを 2 本のロールに挟んで圧しながら伸ばすと，グルテンが形成される．グルテンの量が多くないし，水の量や混ぜ方が十分ではないので，パン生地のような弾力があるグルテンにはならない．グルテンの量が多くて弾力があり過ぎたら，硬いうどんになってしまう．

　手打ちうどんはコシがある．ロールで圧しながら伸ばした生地ではグルテンが一定方向に行儀よく伸びているが，手打ちでは一定の方向性がなくよく捏ねられるので，複雑に絡まりあった網目状のグルテンになり，適度の弾力（コシ）が出る．技術の進歩で，小麦粉に多めの水を加えて特殊なミキサーで捏ねることによって，機械でも手打ちに似た食感のうどんをつくれるようになった．

　ケーキがふっくら膨らむのや，花が咲いたようなてんぷらができるのも，小麦粉の主成分のデンプンと量が少なくて力が弱いグルテンの共同作用の結果である．タンパク質の量が少なく，その質が軟らかい小麦粉を使い，グルテンができ過ぎないように

2. 小麦粉の種類と特性

軽く混ぜるのがコツである．グルテンができ過ぎてボトボトの生地になると，おいしいものができない．

2.2.3 デンプンが糊化

小麦粉成分のうち約 70％はデンプンである．小麦粉を水に溶いてよく混ぜ，加熱して温度を上げていくと，**写真 I.2.4** (a) の電子顕微鏡写真のようだったデンプン粒が水を吸って膨潤して糊化が始まり，**写真 I.2.4** (b) や (c) のような状態を経て，**写真 I.2.5** のように完全に構造が破壊されて糊になる．

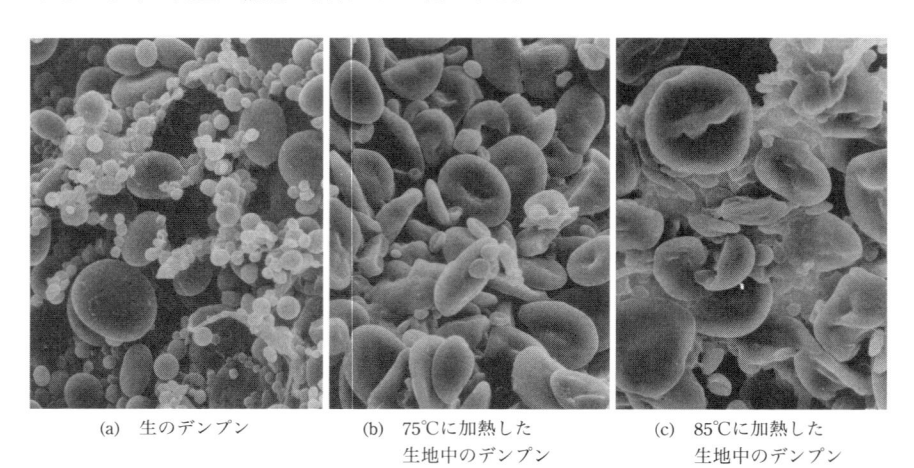

(a) 生のデンプン　　(b) 75℃に加熱した生地中のデンプン　　(c) 85℃に加熱した生地中のデンプン

写真 I.2.4　小麦デンプンとその糊化（走査型電子顕微鏡による．約 600 倍）

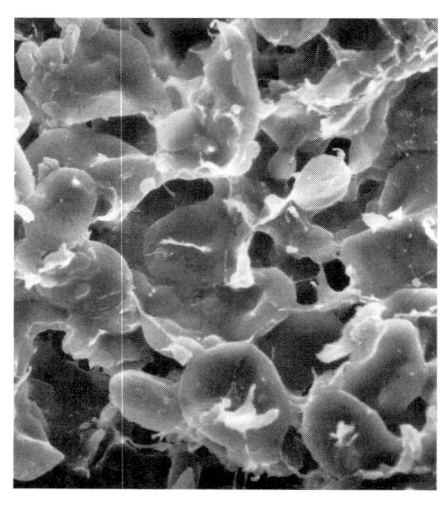

写真 I.2.5　ほぼ完全に糊化した小麦デンプン（走査型電子顕微鏡による．約 800 倍）

おいしいゆでうどんの軟らかいのに適度の弾力がある独特の食感は，主として糊化した小麦デンプンの性質によってつくられるので，適した特性を備えた小麦を選んで使う必要がある．

食パンが冷えてもその形を保つことができ，かなり長時間ふわっとした内相を維持できるのは，小麦粉中のタンパク質（グルテン）が形成した網目構造の中に糊化したデンプンがしっかり入り込んでいるためである．

ケーキがふわっと膨らみ，口の中で溶けるような食感になるのには，糊化したデンプンが大きな役割を果たしている．ケーキの構造を形づくっている一つひとつの気泡膜は，主として糊化したデンプンでできている．

2.2.4 淡いクリーム色

小麦粉は淡いクリーム色をしている．上級粉はきれいな淡いクリーム色だが，下位等級の粉ではわずかだが灰色っぽいくすみがあるか，褐色ぎみの色合いである．小麦の産地，品種，およびその年の気象条件によって，胚乳のクリーム色に微妙な濃淡がある．また，品種にはクリーム色ではなくて白っぽいものや，やや灰色がかった胚乳のものもある．そのため，それらの小麦から挽いた小麦粉の色合いも微妙な差がある．

このようないろいろな要因によって小麦粉の色合いがつくり出されるが，淡いクリーム色はカロチノイド系の色素によるものである．十分に熟成された小麦粉中ではこのカロチノイド系色素が小麦粉に含まれる少量の酸素で少し酸化されるので，挽きたての小麦粉よりクリーム色がやや淡くなる．いろいろな小麦の中でも，デュラム小麦には他の小麦よりカロチノイド系色素が多く含まれているので，デュラム・セモリナは黄色く見え，パスタの色も黄色になる．

うどん，そうめんなどの日本めんの色合いには，小麦粉の色がそのまま反映される．オーストラリア・スタンダード・ホワイト（ASW）小麦が日本めん用粉の原料として高く評価される理由の一つは，胚乳の色が淡いクリーム色で，めんにした時冴えたきれいな外観になるからである．国内産小麦の胚乳は白っぽく，ややくすみがあるものが多いが，育種によってASW小麦の胚乳並みのきれいな色にする努力が続けられており，一部に成果が出ている．

日本ではかなり以前に，小麦粉を漂白することを止めた．白さより自然の色が好まれるようになったからである．したがって，日本で製造されている小麦粉はすべて無漂白である．しかし，海外では過酸化ベンゾイルなどの漂白剤を小麦粉に少量添加して，漂白している国もまだあるので，小麦粉調製品（小麦粉に他の副材料を少量混ぜたもの）や小麦粉加工品を輸入する場合には，注意が必要である．

2. 小麦粉の種類と特性

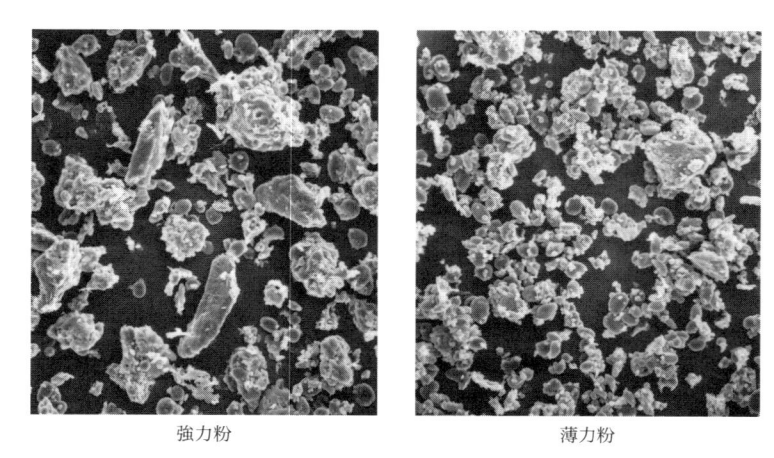

強力粉　　　　　　　　　　　薄力粉

写真 I.2.6　強力粉と薄力粉の粒度比較（走査型電子顕微鏡による．約120倍）

2.2.5　粒子が細かい

通常の小麦粉の粒子は細かくて，直径が 150 μm 以下である．大きい粒と小さい粒があり，小麦粉の種類によっても違うが，半分くらいは 35 μm より小さい．**写真 I.2.6** の電子顕微鏡写真のように，薄力粉は細かく，強力粉や準強力粉はやや粗めである．中力粉はその中間か，やや細かめである．薄力粉の原料小麦は粒が軟らかいので粉砕すると細かい粉になりやすいが，強力粉の原料小麦は硬いのでタンパク質とデンプンがばらばらになりにくく，細かくなりにくい．

粒子が細かいほど光が当たると乱反射する率が高いから，白く見える．そのため，薄力粉の方が強力粉よりも白く見えるが，加工すると粒度の影響がなくなって，小麦粉本来の色が出る．

2.2.6　こんな成分が含まれる

表 I.2.2 は，文部科学省科学技術・学術審議会資源調査分科会報告の「日本食品標準成分表2010」[3] から抜粋した小麦粉と小麦胚芽の主要栄養成分である．小麦粉は種類や等級によって成分に少し差があるが，1〜2等粉には炭水化物が70〜78％，タンパク質が6〜14％，脂質が2％前後，灰分が0.3〜0.6％，水分が14〜15％含まれている．

炭水化物の大部分はデンプンである．デンプンの量は，薄力粉が一番多く，中力粉，準強力粉，強力粉の順に少なくなる．同じ種類の小麦粉では，1等粉が最も多く，下級粉になるほど少ない．デンプンは水が十分にある状態で加熱すると，60℃くらいで糊になり始め，85℃を超えるあたりですべてのデンプンが糊になるので，加工上

2.2 小麦粉の特性

表 I.2.2　小麦粉と小麦胚芽の主要栄養成分（100g 当たり）

	エネルギー		水分	タンパク質	アミノ酸組成によるタンパク質	脂質	トリアシルグリセロール当量	炭水化物	灰分	食物繊維		
										水溶性	不溶性	総量
	kcal	kJ	g									
薄力 1 等粉	368	1540	14.0	8.0	7.3	1.7	1.5	75.9	0.4	1.2	1.3	2.5
2 等粉	369	1544	14.0	8.8	7.8	2.1	1.8	74.6	0.5	1.2	1.5	2.7
中力 1 等粉	368	1540	14.0	9.0	8.1	1.8	1.6	74.8	0.4	1.2	1.6	2.8
2 等粉	369	1544	14.0	9.7	8.7	2.1	1.8	73.7	0.5	1.2	1.7	2.9
強力 1 等粉	366	1531	14.5	11.7	10.6	1.8	1.6	71.6	0.4	1.2	1.5	2.7
2 等粉	367	1536	14.5	12.4	11.4	2.1	1.8	70.5	0.5	1.2	1.6	2.8
全粒粉	328	1372	14.5	12.8	—	2.9	2.4	68.2	1.6	1.5	9.7	11.2
小麦胚芽	426	1782	3.6	32.0	25.9	11.6	10.4	48.3	4.5	0.7	13.8	14.3

（文部科学省科学技術・学術審議会資源調査分科会報告「日本食品標準成分表 2010」から抜粋）

で重要である．栄養面でも大切な役割を果たす．食物繊維も 1 等粉クラスで 2.5～2.9％含まれ，水溶性と不溶性の比率は半々ないし水溶性が少なめである．

タンパク質はその大部分がグルテンになるので，重要である．薄力粉は少なく，中力粉，準強力粉，強力粉の順に多く含まれる．脂質は少ないが，パンや菓子づくりでは重要な働きをする．小麦粉を条件が悪いところに長く置くと，脂質が微妙に変化する．また量は多くないがビタミンやミネラル類も含まれる．

水分の量は，原料小麦の水分と製粉しやすくするために加える水の量で自然に決まる．薄力粉や中力粉の水分は，強力粉や準強力粉の水分より 0.5％ほど少なめで，季節的にも夏の方が冬より少なめである．硬い小麦や寒い季節には多めの水を含ませるのでこのような差が出る．

2.2.7　水と熱で化ける

小麦粉は，加える液体の量によって 3 つの異なる状態の生地になり，水を多く加えて加熱すると糊になるほか，バターと炒めるとルーになるので，いろいろな食品加工や調理に使える．

① 生地になる：　小麦粉 100 に対して 60～70 の水を加えてよく捏ねると，つきたての餅より少し硬めの，軟らかいのに弾力がある「生地」になる．
② そぼろ状の生地になる：　機械でうどんをつくる場合のように，小麦粉 100 に対して 30～33 の水を加えてかき混ぜるとそぼろ状の生地にもなる．

③ バッターになる： ケーキやてんぷらをつくる時には，小麦粉に対して水や卵などの液体を2倍くらい加えて，捏ね過ぎないように混ぜ，トロッとした状態の「バッター」と呼ばれる軟らかい「ねり生地」になる．
④ 糊になる： 小麦粉に対して5〜20倍の水を加えてよくかき混ぜると，バッターより粘りがなく薄くてサラッとしたものになる．鍋で混ぜながら加熱すると，薄い糊になる．
⑤ ルーになる： 小麦粉に溶かしたバターを加えてフライパンで炒ると，ルーになる．

2.2.8 こんな性質もある

① 他の粉体と混ざりやすい： 小麦粉に粉末状のものを加えてふるいで何回かふるうと，よく混ざる．他の小麦粉や違う穀物の粉をたくさん混ぜることもできるし，砂糖のような他の材料や，ビタミン，ミネラルのような微量のものも均一に添加しやすい．この性質を使うと，異なる性質の小麦粉を混ぜて特徴ある品質の小麦粉をつくったり，いろいろな原材料をすべて混ぜた「プレミックス」をつくることができる．学校給食用の小麦粉にはビタミン B_1 と B_2 が添加されている．
② 水気があるものに付着しやすい： 肉や魚のように表面に水気があるものに付着しやすいので，ムニエルをつくるのに使える．手打ちうどんの打ち粉として表面にまぶすのも，うどんの表面が湿っているからである．
③ においを吸着しやすい： 良いにおいも悪いにおいも直ぐに吸う．この性質を使ってフレーバーを付けることができる．一方で，異臭があるものを近くに置くと，それが移る危険もある．
④ 顆粒状にもなる： 特殊な加工によって，ざらざらの顆粒状にすることができる．加工コストがかかるが，細かい粉末だと使いにくい場合には，この技術を活用できる．

2.3 小麦粉の熟成と貯蔵

2.3.1 熟成による加工性の改良

米は新しい方がおいしいが，小麦では少し事情が違う．収穫直後の新しい小麦から挽いた粉はおいしいパンやケーキになりにくく，少し時間が経過した方が使いやすい．収穫直後の小麦粒では，一つひとつの細胞が生きており，酵素の活性が強く，小麦粉生地を軟らかくする還元性物質も多くて，不安定な状態である．こういう状態の小麦

粉でパンやケーキをつくっても，思うように膨らまないことがある．

小麦を収穫してから少し貯蔵しておくと，自然酸化が徐々に進んで少し安定な状態になる．こういう小麦を使い，製粉工程で小麦粉の粒子に空気が混ざり，倉庫にしばらく置くと，自然酸化が急速に進む．その結果，安定した状態になって，おいしいパンなどに加工しやすくなる．このような小麦や小麦粉の微妙な変化を「熟成（エージング）」という[4]．

小麦の熟成は，収穫した時から少しずつ進む．日本で製粉に使う小麦の8割以上が輸入品なので，どんなに早くても収穫してから数か月経ったもの，つまり，ある程度熟成が進んだものを使っている．また，空気搬送を使った製粉工程で小麦粉が製造されると，空気によく触れるので，急速に熟成が進む．

「小麦の化学と技術セミナー」（アメリカ穀物化学者協会と製粉協会共催，1979年，東京）で，カナダ国際穀物研修所技術部長のTweedは，製粉直後の24時間の変化が特に速くて大きいが，その後はそんなに大きな変化をしないと報告した．同じセミナーでオーストラリア小麦庁品質責任者のCracknelとオーストラリア連邦科学産業研究機構小麦研究室長のSimmondsは，同国では小麦粉の熟成期間は特に問題になっておらず，製粉会社のサイロや倉庫に3〜4日置いてから出荷するのが普通であると述べた[5]．原料小麦の品質や熟成条件が違うし，パンの種類や品質も異なるので，普遍的な条件を設定しにくいこともあって，共通の学問的結論は得られていない．

筆者らは，収穫してから数か月経過した小麦を原料として使用し，空気搬送システムの製粉工程で製造した小麦粉は，製粉してから3日くらいで，実際にパンをつくるのにほとんど問題がない程度に熟成が進むことを確認した．しかし，業務用の小麦粉は，従来からの商習慣や，品質検査，荷扱い上の都合などから，実際にはそれよりも少し長めに製粉工場に置かれて，出荷される．家庭用の1kgや500g詰めの小麦粉は，流通過程で十分な熟成期間が保たれているので，熟成を気にしなくてよい．

2.3.2 貯蔵中の品質変化

貯蔵条件が良ければ，小麦粉はかなりの期間，品質変化が少ない安定した状態で貯蔵可能である．しかし，貯蔵条件が適当でない場合には，品質が少しずつ変化する．小麦粉の変化は，温度，湿度，雰囲気などの貯蔵条件の影響を大きく受ける[6]．水分が多い状態で製造された粉，吸湿して水分が多くなった粉，下位等級の粉などでは製パン性の低下が速い．粒度も品質変化の速度に影響を与える．Lamourら[7]は，粒度が粗いファリナは，小麦粉より貯蔵中の品質変化が遅いことを示した．

pHの低下と微生物の増加が品質変化の指標として使える[8]．小麦粉貯蔵中にpHが低下することは古くから知られており，その低下の程度は粉の等級，水分含量，温度，湿度などによって影響される．多くの研究から得られた共通の結論は，大気の温

湿度が低く，小麦粉の水分が少なめで，上位等級ほど，pHの低下が少なくて品質の安定を保てるということである．

小麦粉のpHの低下は，脂質，タンパク質，フィチン酸などの加水分解による遊離脂肪酸，アミノ酸，リン酸などの生成によるが，貯蔵条件が適切であればアミノ酸，リン酸などの生成はない．水分含量が通常レベルの場合でも，貯蔵中に脂質が少しずつ加水分解されて遊離脂肪酸が増加し，pHが低下していく．研究者によって，遊離脂肪酸の増加と製パン性の関係についての見解には，かなりの差がある．普通の貯蔵条件では，デンプン中の内部脂質は分解されないが，吸湿したりしてかびが増殖すると，内部脂質の中でも結合極性脂質が分解されやすく，製パン性が劣化する．

2.3.3 保存上の注意と上手な保存法

小麦粉を条件が悪いところに置くと，変質したり，害虫やネズミの被害を受けやすい．また，良い条件で貯蔵しても，長い年月が経過すると，安定状態から枯れ過ぎ(過熟成)の状態になる．小麦粉は変質さえしなければ，過熟成の状態になっても食用に供してさしつかえないが，小麦粉特有の匂いはなくなり，グルテンがもろくなる傾向があるので，パンなどの用途には使いにくくなる．

小麦粉の貯蔵や保管では次の事項に注意したい．
① 倉庫内では，すのこなどの上に置く：コンクリートなどの床の上に直接置くと，一番下積みの粉が湿気を吸収しやすく，内部に塊ができて変質しやすくなる．
② できるだけ低温，低湿度で貯蔵する：温湿度を管理できる倉庫に入れられれば理想的だが，そうもいかない場合がほとんどなので，通風に配慮し，天気が良い日には空気を入れ替え，降雨時には余分な湿気が入り込まないようにこまめな管理をしたい．品温が20℃以上では変質が速い．
③ 長い間，下積みのままで放置しない：温湿度が高い状態で貯蔵した小麦粉に圧力が加わり続けると，固まりやすい．長期保管する場合には，時々上下の積み替えを行う必要がある．
④ 先に入荷したものから出庫したり，使用する：製粉工場からの出荷は，原則として製造順に行われる．流通過程の倉庫や小麦粉を使用する工場でも，古いのがいつまでも残らないようにする．
⑤ 倉庫内は常に清潔にし，衛生上の配慮を怠らない：ネズミは小麦粉を好むので，出入り口をふさいだり，小麦粉に接触しないように十分配慮をして殺鼠剤や忌避剤の散布を心がける．害虫がつきやすい他の品物，例えば米や麦などの穀類と同じ倉庫に保管しないようにする．不潔になりやすい箇所の清掃をしたり，必要に応じて小麦粉に直接触れないように配慮してくん蒸を実施する．虫がついたり，変質した小麦粉は早く処分する．

⑥ バラタンクも時々清掃する： タンク内の壁や搬送経路に小麦粉が付着したまま残っていると，かびが発生したり，固まりやすい．タンク内や搬送経路内を常時点検し，そのようなことがないよう定期的に清掃する．

2.3.4　小麦粉の賞味期限

保存または貯蔵する温度と湿度が異常に高いということがなければ，小麦粉はかなり長期間置いておくことができる保存食品である．かすてらやてんぷら用に，製造してから十分な時間が経過した，つまり熟成が十分に効いた小麦粉を使うという専門家もいるほどである．

大手や中型の会社で構成されている製粉協会の製粉研究所（東京）は，小麦粉を長期間保存して，成分や加工適性に変化が起こるかどうかを調べた．その結果，小麦粉は保存条件さえ適当ならば，かなりの期間おいしく食べられることが分かった．しかし，グルテンの特性と用途を考慮して，製粉協会は強力粉では製造後6か月，薄力・中力粉では製造後1年間という賞味期限を設定した．

参 考 文 献

1) Federal Register, National Archives and Records service : Code of Federal Regulations, title 21—Food and Drugs (1980)
2) Inglett, G. E. and Anderson, R. A. : Flour Milling, In: Wheat-Production and Utilization, Ed., G. E. Inglett, The AVI Publishing Company, Inc., CT., U.S.A. (1974)
3) 文部科学省科学技術・学術審議会資源調査分科会：日本食品標準成分表 2010，全国官報販売協同組合 (2010)
4) 長尾精一,田中健次：コムギと小麦粉の貯蔵と熟成、日食工誌，**29 (3)**, 185-193 (1982)
5) Simmonds, D. H. : 小麦の化学と技術セミナー要旨集 (Am. Assoc. Cereal Chem.／製粉協会)，p. 39, 製粉協会 (1979)
6) Cuendet, L. S., Larson, E., Norris, C.G. and Geddes, W.F. : The influence of moisture content and other factors on stability of wheat flours at 37.8℃, Cereal Chem., **31**, 362 (1954)
7) Lamour, R. K., Hulse, J.H., Anderson, J.A. and Dempster, C.J. : Effect of package type on stored flour and farina, Cereal Sci. Today, **6**, 158 (1961)
8) Yoneyama, T., Suzuki, I. and Murohashi, M. : Natural maturing of wheat flour. I. Changes in some chemical components and in Farinograph and Extensigraph properties, Cereal Chem., **47**, 19-25 (1970)

3. 原料小麦の選択と配合

3.1 小麦の種類

3.1.1 植物学的分類

1) コムギ族の麦類

植物学的には，小麦はイネ科（学名：*Gramineae*）に分類される．同じイネ科の穀物には，米，大麦，ライ麦，エンバク，ヒエ，シコクビエ，トウジンビエ，モロコシ，トウモロコシ，およびハトムギがある．科の下の分類は族，その下は属で，小麦はコムギ族（学名：*Triticeae*）の中のコムギ属（学名：*Triticum*）に分類されている．

コムギ族には，コムギ属のほかにもいくつかの属がある．日本で小麦と共に「4麦」という扱いで農林水産省の統計資料などに現れる六条大麦，二条大麦，はだか麦は，オオムギ属（学名：*Hordeum*）に属する．また，ライ麦はライムギ属（学名：*Secale*）に分類される．エンバクは同じイネ科だがコムギ族ではなく，ヌカボ族（学名：*Agrosteae*）に属しており，商品としては麦の仲間だが，植物としては相当離れた存在である．ライコムギは，属が異なるコムギ属の小麦とライムギ属のライ麦の属間交配でつくられた初の人工の穀物で，小麦とライ麦の中間ともいえる特性を備えている．これらの関係を図 I.3.1 にまとめた．

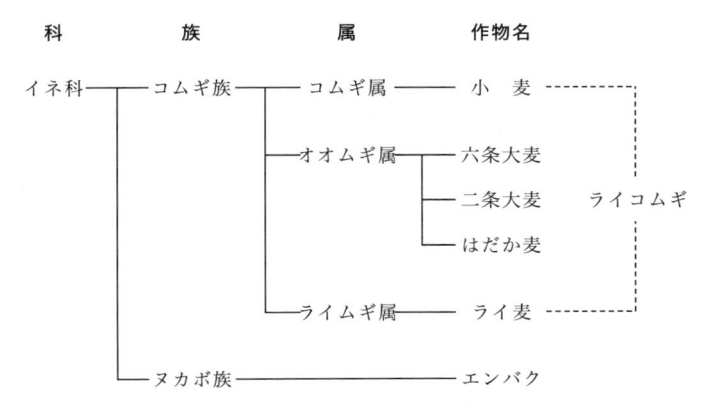

科	族	属	作物名
イネ科	コムギ族	コムギ属	小麦
		オオムギ属	六条大麦
			二条大麦
			はだか麦
		ライムギ属	ライ麦
	ヌカボ族		エンバク

（小麦—ライ麦間：ライコムギ）

図 I.3.1 コムギ族の麦類

3. 原料小麦の選択と配合

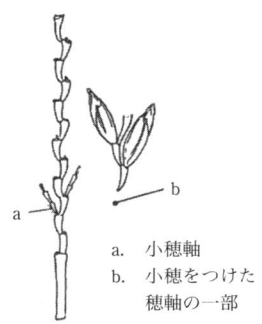

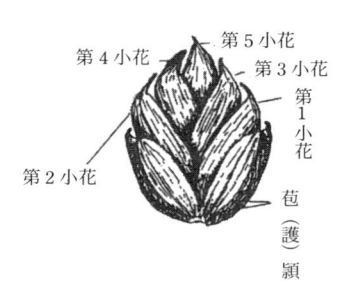

a. 小穂軸
b. 小穂をつけた穂軸の一部

図 I.3.2 小麦の穂軸と小穂軸（西川，1977 より）

第4小花／第5小花／第3小花／第1小花／第2小花／苞（護）穎

図 I.3.3 小麦の小穂（西川，1977 より）

2) 染色体による分類

小麦の場合，生物としての基本的な生命現象を営むのに最低必要な遺伝子が，7本1組の染色体に分かれて座乗している．このような7本の染色体の組合せを「ゲノム」と呼ぶ．個々の遺伝子だけでは生物体としての機能を果たすことができないで，7本1組の染色体，つまり1ゲノムにあるすべての遺伝子が働くことが必要である．小麦はゲノム（A，B，C，Dなどで表わす）の数と組合せによって4つに大別される．

図 I.3.2[1)]に示すように，小麦の穂軸には波状に約20の節があり，そのそれぞれの節に小穂が付く．小穂には根元に短い小穂軸があり，図 I.3.3[1)]のようにその上に交互に小花がいくつか付いて，その中の一部が稔実する．

1つの小穂に1粒だけ稔実するタイプの小麦は，「一粒系」と呼ばれる．一粒系はAゲノムだけを2つ（AAと表わす）持つので，「2倍体」という．同じように，1小穂に2粒稔実するタイプの小麦が「二粒系」で，AとBの2種類のゲノムをそれぞれ2つずつ（AABB）持つので，「4倍体」である．また，1小穂に3粒以上稔実するタイプが「普通系」で，A，BおよびDの3種類のゲノムを2つずつ持つ（AABBDD）ので，「6倍体」である．この3タイプが基本のものだが，木原均博士はこれらのほかにコーカサスで発見した「チモフェービ系」というタイプを分類に加えた．チモフェービ系は他の3タイプとかなり異なり，AAGGというゲノムの組合せを持つ有稃（種実がよく発達した，すなわち穎に包まれている原始的なタイプ）の4倍体である．

以上のことから，小麦の体細胞の染色体の数は，一粒系では$7 \times 2 = 14$，二粒系とチモフェービ系では$7 \times 4 = 28$，普通系が$7 \times 6 = 42$ということになる．

3) 野生型と栽培型

各系の小麦には，それぞれ野生型と栽培型がある．野生型はどれもが成熟した時に種子が外皮から離れにくい「皮性」だが，栽培型には皮性のものと外皮が離れやすい

「裸性」の両方がある．さらに，栽培型はスペルト小麦のような「有稃種」とその他大部分の小麦のような「裸種」に分けることもできる．小穂軸の下部にある外穎および内穎に沿って硬い毛が着生するが，外穎の先端に芒を生ずるものを「有芒種」と呼ぶ．芒の長さもさまざまで，普通系は有芒でも短いのが多い．小麦の進化の過程では，野生型から栽培型が分化してきた．

3.1.2 主な栽培種

現在の主な栽培種を**表 I.3.1**に示した．

1) 一粒系小麦

一粒系の小麦で現在も栽培されているものはほとんどなく，世界最古の栽培種である「一粒小麦」（学名：*Triticum monococcum*，以下，コムギ属を示す *Triticum* を *T.* と略す）が，小アジアとクリミヤ地区の一部で少量栽培されているだけである．一粒小麦はやせた土壌でも生育できるが，他の品種よりも収量が少ないために，その他の地域ではほとんど栽培されていない．

2) 二粒系小麦

a) エンマー小麦

二粒系のエンマー小麦（学名：*T. dicoccum*）は，ヨーロッパやエジプトで歴史以前から長い間栽培されていたが，現在では局地的にわずか残存するだけになった．食用としては現在ある他の小麦に比べて品質があまり良くないので，ほとんどが飼料用として使われている．

表 I.3.1　コムギ属の代表的な栽培種

	ゲノム式	染色体数	種　名	普　通　名
一粒系 (2倍体)	AA	14	*T. monococcum*	ヒトツブ小麦
二粒系 (4倍体)	AABB	28	*T. dicoccum* *T. durum* *T. polonicum* *T. turgidum*	エンマー小麦 デュラム小麦 ポーランド小麦 イギリス小麦（リベット小麦）
普通系 (6倍体)	AABBDD	42	*T. aestivum* 　(*T. vulgare*) *T. compactum* *T. spelta*	パン小麦（普通小麦） クラブ小麦 スペルト小麦

(*T.* = *Triticum*)

b) イギリス小麦

イギリス小麦 (学名：T. turgidum) は，「リベット小麦」とも呼ばれ，二粒系である．以前はイギリスでかなり栽培されていたが，収量がより良い普通小麦が登場した結果，それに置き換えられた．現在では，イベリア半島，イタリア，およびトランスコーカサスの一部に残存するだけになった．軟質の大粒の小麦で，パン用には向かない．

c) ポーランド小麦

同じ二粒系の仲間の一つであるポーランド小麦 (学名：T. polonicum) は，17世紀にポーランド地区で栽培が始まった．その当時に他の栽培種からできた新種だと考えられている．現在では，地中海沿岸諸国にわずかに残っているだけになった．肥沃な土壌での栽培に適しており，春播性である．硬質の細長い大粒だが，タンパク質の量が少なく，製パン性は良いとは言えない．

d) デュラム小麦

「マカロニ小麦」とも呼ばれることがあるデュラム小麦 (学名：T. durum) も二粒系である．乾燥した気候の土地での栽培に適している．現在では，地中海沿岸，トルコ，CIS諸国，中央アジア，アメリカ，カナダ，オーストラリア，アルゼンチンなど，世界中で広く栽培されるようになった．粒が非常に硬いので，粉にしないでセモリナを採取して，利用している．胚乳が黄色色素のキサントフィルを多く含み，他の普通小麦とは違う特有の性質のタンパク質を持っているため，マカロニやスパゲティへの加工適性が特に高い．

3) 普通系小麦

今日，世界中で栽培されている小麦のほとんどは普通系である．

a) 普通小麦

栽培されている小麦の大部分は普通系の普通小麦 (学名：T. aestivum または T. vulgare) であり，「パン小麦」とも呼ばれる．タンパク質やデンプンの量や質，その他の品質特性，収量および耐病性など，さまざまな角度からの品種改良が急速に進み，それぞれの土地に適した優れた品種が数多く生まれた．用途も，パン，めん，菓子，料理など非常に幅広い．

b) クラブ小麦

同じ普通系のクラブ小麦 (学名：T. compactum) は，小アジアかエジプトでパン小麦から突然変異によって生じたと考えられている．当初はヨーロッパで栽培されていたが，現在では，アメリカ合衆国のワシントン州とオレゴン州の東部，オーストラリアの西オーストラリア州やビクトリア州の南部で，少量だが積極的に栽培されている．クラブ小麦は軟質の白色粒で，ずんぐりした粒形に特徴がある．一般にタンパク質の量が少なくて，その質もソフトなので，ケーキやクッキーなどの菓子用としての評価が高

い．

c) スペルト小麦

スペルト小麦（学名：*T. spelta*）も普通系に属しているが，野生種に近くて，脱穀がやや面倒な小麦である．現在でもスペイン中部，フランス南部，ドイツなど，ヨーロッパの一部で少量つくられている．タンパク質の性質があまり良くなく，パンには向かないということで，主に飼料に使われていたが，有機栽培されたものが全粒粉の原料として使われるなど，健康面で注目され，生産も増える傾向にある．

3.1.3　栽培時期や物理的特性による分類

小麦を栽培する時期や，小麦粒の色，硬さなどの物理的特性によって，次のように分類することができる．

1)　冬小麦と春小麦

a)　秋播性と春播性

播種や栽培する時期によって，小麦を次のように分類することができる．秋に種子を播いて次の夏に収穫するタイプを「冬小麦」，春に播いて秋に収穫するタイプを「春小麦」という．ドイツでは，春小麦のことを「夏小麦」と呼ぶ．冬小麦は，冬までの間に適度の生長をした後，春になって急激に生育して，夏に完熟する．一方，春小麦は，春に雪が融けるのを待って播種が行われ，夏の終わりから初秋にかけて収穫される．このように冬小麦は十分に長い時間をかけて生長した後に，開花し，実がつくが，春小麦の生育期間はかなり短い．

本来，小麦の品種には秋播性のものと，春播性のものがある．生育の初期に寒冷な条件が必要なのが秋播性の小麦で，寒冷な条件には反応せず，芽も出さないのが春播性の小麦である．しかし，交配が進んできた結果として，この2つの中間的な性質を持つ品種も多くなった．これまでの育種では，秋播性の小麦と春播性の小麦とでは開花時期がかなり違うので相互間の交配ができないため，同じ播性の中だけでの遺伝子資源を用いて交配していた．しかし，春化処理（発育の初期段階で，温度の効果を利用して人為的にその生殖的性質を変化させること）や，管理された環境条件下で試験的に栽培できるようになったことで，春播性小麦と秋播性小麦の間の交配も可能になった．その結果，それぞれの自然条件に合わせた，より栽培しやすくて品質が良い品種が数多くつくり出されている．

b)　生産地域

主要生産国での小麦の播種期および収穫期を **表 I.3.2** に示した．世界の小麦の大部分が冬小麦として栽培されている．春小麦として栽培すると，畑での生育期間が短いこともあって，単位面積当たりの収穫量が冬小麦の場合の3分の2くらいになるの

3. 原料小麦の選択と配合

表 I.3.2 主要生産国での小麦の播種および収穫時期

国　名	播種期（月）		収穫期（月）
	春小麦	冬小麦	
カナダ	4～5	8～9	7～9
アメリカ合衆国	3～5	8～10	5～9
メキシコ	—	9～1	4～6
チリ	—	4～8	11～12
アルゼンチン	—	4～8	11～1
イギリス	4～5	9～11	8～9
フランス	3～4	10～12	5～7
スペイン	—	10～11	6～9
ドイツ	3～4	9～11	7～8
ギリシア	—	10～11	5～9
オーストリア	2～3	9～10	6～8
スカンジナビア	3～5	8～9	7～9
ロシア	4～6	8～12	7～9
ハンガリー	—	9～10	7～8
ルーマニア	—	9～10	5～7
イラン	—	11～12	5～9
トルコ	4～6	10～11	7～8
パキスタン	—	11～12	3～6
インド	—	10～12	3～5
中国	3～4	9～11	5～8
日本	4～5	9～11	5～9
南アフリカ	—	4～8	11～1
オーストラリア	—	4～7	11～1

で，冬季の寒さが特に厳しい地域を除いて冬小麦として栽培される．アメリカのモンタナ州の半分ぐらいの地域やワシントン州のように冬小麦としても春小麦としても栽培可能な地域では，生産者は可能な限り冬小麦をつくろうとする．こういう境界地域では，土壌水分が足りないために秋に播種ができなかったり，せっかく芽が出た小麦が寒さで冬枯れしたりした場合にだけ，春になって春小麦を播き直す．北海道のごく一部の地区を除く日本，アメリカ合衆国の大部分，アルゼンチン，オーストラリア，ヨーロッパの北部を除く大部分の地域などでは，冬小麦として栽培する．春小麦として小麦を栽培しているのは，アメリカ合衆国やヨーロッパの北部，カナダなどの限られた地域である．

アメリカのカリフォルニア州やアリゾナ州では，メキシコからきた春播性の品種を秋播きして冬小麦として栽培しているのが多い．それ以外のアメリカ小麦の品種は秋播性と春播性にはっきり分類でき，それぞれ本来の冬小麦，春小麦として栽培されている．オーストラリアでは小麦は秋に播種して冬の間に生育するが，その品種の大部分は植物学的には春播性である．

タンパク質の量が多いパン用小麦の場合，現在市場に出回っている範囲では，一般的に春小麦の方が冬小麦よりも製パン性が優れている．日本のように，小麦のグルテンが持つ力をフルに活かして製パンする場合には，その差をはっきり認識できる．この差は主として，タンパク質の一つのグリアジンの性質の違いによるものである．

2) 赤小麦と白小麦
a) 呼 称

粒の外皮の色合いの違いによって小麦を分類することも行われる．外皮が赤褐色系統に見える品種の小麦は「赤小麦」，淡黄色ないし白っぽい色合いの小麦は「白小麦」と呼ばれる．

外皮の色合いは品種由来の特性だが，雨量などの生育条件によって，同じ赤小麦でも濃い褐色のものから，色が薄くて黄色に近く見えるものまでできる．アメリカでは前者を「ダーク」，後者を「イエロー」と呼ぶことがある．一般に，硬質の赤色小麦でも，タンパク質の量が多い小麦はダークに，タンパク質の量が少ない小麦はイエローになる傾向がある．白小麦でもタンパク質の量が多いと褐色気味に見えることが多い．このように，外皮の色を見ただけでも，タンパク質の量が多いか少ないかをある程度推定できる．デュラム小麦は白小麦だが，タンパク質の量が多いとコハク色に見えるので，そのような色合いの小麦の銘柄に「アンバー」という単語を冠せることもある．

b) 生産地域

デュラム小麦と太平洋岸北西部3州およびミシガン州産の軟質白小麦を除いて，北アメリカ大陸の小麦の大部分が赤小麦である．日本では赤小麦だけが生産されている．どういう理由かは定かでないが，オーストラリア小麦はすべて白小麦である．アジア市場でのめん用原料として白小麦の評価が高いことから，今後も小麦の世界ではこの白豪主義が維持されると見られている．

アメリカ合衆国では，全粒穀物の摂取が奨励されており，小麦全粒粉パン用にふすま片が目立ちにくい硬質白小麦が好んで使われるようになった．小麦粉にする場合には，製粉しやすくて，胚乳そのものの色がきれいなら，外皮の色が赤でも白でもあまり関係ないようだが，めん用のように微妙な色合いやごく小さなスペック（外皮の切れ込み）を問題にする用途では，白小麦の方がやや有利である．パン用小麦全粒粉市場と，今後も拡大が予想されるアジアのめん市場を狙って，アメリカやカナダでも硬質系白小麦の生産が増える傾向にある．

外皮の色は誰が見ても容易に識別できるので，検査や取引で活用されている．慣れてくると外皮の色合いからタンパク質の量をある程度推定できるので，収穫期の品質調査などにも使うことができる．

3. 原料小麦の選択と配合

3) 硬質小麦と軟質小麦
a) 硬質と軟質

品種固有の性質の一つである粒の硬さによっても，小麦を分類でき，粒が硬い小麦を「硬質小麦」，軟らかいのを「軟質小麦」という．硬質小麦では粒の内部の構造がち密で，軟質小麦では粗い状態になっている．一般的に，硬質小麦は軟質小麦に比べてタンパク質の量が多いが，硬質小麦の中でもタンパク質の量があまり多くないものがあり，これらを「準硬質小麦」と呼んで区別することもある．日本の国内産小麦は軟質系統の品種のものが多いが，タンパク質の量が通常の軟質小麦よりも多めなので，「中間質小麦」と考えられている．

小麦粒のこのような硬さの違い，つまり，内部構造がち密か粗かは，何に由来するのだろうか．軟質小麦品種の胚乳細胞中のデンプン粒には表面タンパク質のフライアビリンが付着している．フライアビリンは小麦粒組織の硬度を制御する硬度 (HA) 遺伝子座の遺伝子によってコード化され，この HA 遺伝子座が小麦粒に軟らかさを与えると説明されている．硬質小麦品種にはフライアビリンが少なく，非常に硬いデュラム小麦はこの HA 遺伝子座を欠く．

硬質小麦は一般にタンパク質の量が多く，生地にした時に力が強いのでパンや中華めん用に使われ，軟質小麦はタンパク質の量が少なくその質がソフトなので，菓子やめん（うどん）用粉の原料になる．

b) 硝子質と粉状質

小麦粒の中央を短軸方向にナイフで 2 つにカットした時，切断面が半透明に見えるものを「硝子質粒」，白っぽくて不透明なものを「粉状質粒」という．小麦粒が硝子質になるか粉状質になるかは品種に由来するところが大きく，一般的には硬質小麦が硝子質粒に，軟質小麦が粉状質粒になるが，硝子質になるはずの品種でも，降雨量が多過ぎると粉状質になることがある．

穀粒切断器を使うと 100 粒を一度に切断することができるので，両者の比率を求めるのには便利である．また，粒を切断しなくても，外観で硝子質か粉状質かを大まかに見分けることもできる．

一般的に，硝子質粒は粉状質粒よりもタンパク質含量が多いので，アメリカ合衆国の場合のように硝子質粒の混入率を銘柄の仕分けに使うこともある．タンパク質の量が多い硬質小麦の場合，通常，硝子質粒の混入量が多い方がパン用としての適性が高い．

3.1.4 流通上の銘柄と等級

小麦輸出国の多くには，取引に便利なように銘柄と等級の基準がある．それらの内容は，それぞれの国の生産や国内消費の実態，および輸出先市場の状況などを考慮し

3.1 小麦の種類

て定められている．

1) 銘　柄

銘柄は，一定の地域で生産され，品質的な特徴がある範囲に入る品種の小麦の集合体に付けられる名称である．それによって，どういう品質特性の小麦か，どういう用途に向くかが，おおよそ分かる．小麦輸出国では，植物学的な分類，生産や品質上の特徴，生産地域名などを示す単語の中から2〜3語を組み合わせて，銘柄にする場合が多い．

例えば，「カナダ・ウエスタン・レッド・スプリング小麦」という銘柄は，カナダ西部地区産の赤色春小麦という意味であり，アメリカ合衆国の「ハード・レッド・スプリング小麦」という銘柄は，硬質赤色春小麦であることを，そしてその副銘柄の一つの「ダーク・ノーザン・スプリング小麦」は，暗褐色の北部地区産春小麦であることを示している．「ハード・レッド・ウインター小麦」という銘柄からは，アメリカ合衆国の中部大平原で大量に生産される硬質赤色冬小麦であることが分かる．パスタ用小麦銘柄に「デュラム」という単語が入っているが，小麦の種を表わす普通名をそのまま用いている．アメリカのワシントン州とオレゴン州で生産され，菓子用として評価が高い「ホワイト・クラブ小麦」も，同じく小麦の種を表わす普通名と白色という単語を組み合わせている．

「オーストラリア・プライム・ハード小麦」や，「カナダ・エクストラ・ストロング小麦」のように，硬質小麦の中でも特に硬質として品質的に特徴があることを示す銘柄や，「オーストラリア・ヌードル小麦」のように用途を明示している銘柄もある．銘柄ではないが，ドイツでは品質によって品種をグループ分けしている．日本では強力小麦と普通小麦の2種類に分けている．

2) 等　級

各銘柄はさらにいくつかの等級に分けられるか，一定品質基準以上か以下かに仕分けされる．等級や基準は，その小麦の品位を示すもので，小麦粒の物理的な性状がどの程度か，どの程度の被害を受けているか，小麦粒以外のものの混入量などによって格付けされる．アメリカ合衆国では5等級に，カナダでは3等級に，日本では2等級に分けているが，オーストラリアでは一定基準の上下に分けている．EUでも一定基準の上下に分ける小麦標準規格を採用している．

3. 原料小麦の選択と配合

3.2 小麦粒の物理特性と化学組成

3.2.1 物理特性

1) 形状

人類が利用している小麦の種実は、一般には「種子」と呼ばれるが、植物学的には「穎果」である。穎果の表面は密着した果皮で覆われている。

種実には片方（基部）に胚芽があり、もう一方の頂部には多数の短い頂毛が生えている。胚芽がある部分とは反対側に粒溝（クリーズ）がある。胚芽がある側を「背面」、粒溝がある側を「腹面」と呼ぶ。

種実の形態上の特徴は品種固有である。背面から見た形で、図 I.3.4 のように卵形、長いだ円形、短いだ円形の3タイプに分けることができる。小麦品種の多くは卵形をしており、胚芽のある基部が頂部よりやや太い。長いだ円形の品種では長さが幅の2倍以上ある。短いだ円形の小麦は卵形のものに一見似ているが、基部と頂部の幅がほぼ同じである。

粒の横断面の形についても、図 I.3.5 のように腎臓形、円形、三角形の3つのタイプがある。円形の品種が最も多いが、腎臓形や三角形もある。

小麦の生産地では栽培されている品種の数が限られるので、品種固有の形状によって外観で品種を判別することができ、検査などで利用される。

2) 大きさ

粒の大きさも品種に由来する特性であるが、土壌条件、生育期間の気象条件、施肥などによっても影響を受ける。生育期の後半に植物体が利用できる水分が十分にあると、小麦粒にデンプンがしっかり形成されるので、粒が大きくなる。逆に、降雨量が少なくて旱ばつ気味だと、デンプンの形成が不十分になるので、細身粒になったり、小粒になりやすい。

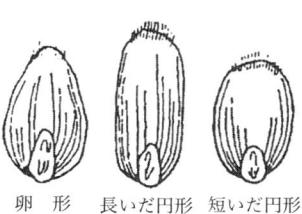

卵　形　　長いだ円形　短いだ円形　　　　腎臓形　　　円　形　　　三角形

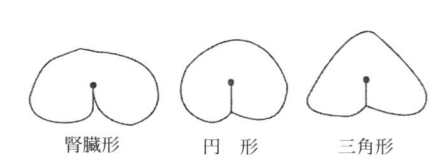

図 I.3.4　小麦粒の形　　　　　図 I.3.5　小麦粒の横断面の形

3.2 小麦粒の物理特性と化学組成

表 I.3.3　各種穀粒の物理的性状

穀物の種類	長さ (mm)	幅 (mm)	重量 (mg)	かさ比重 (kg/m³)	真比重 (kg/m³)
小麦	5～8	2.5～4.5	37	790～825	1,400～1,435
大麦	8～14	1～4.5	37	580～660	1,390～1,400
ライ麦	4.5～10	1.5～3.5	21	695	—
エンバク	6～13	1～4.5	32	356～520	1,360～1,390
もみ米	5～10	1.5～5	27	575～600	1,370～1,400
モロコシ	3～5	2.5～4.5	23	1,360	—
トウモロコシ	8～17	5～15	285	745	1,310

（Pomeranz, 1992 より抜粋）

表 I.3.4　小麦粒のふるい分け画分の物理的性状と主要部位構成割合

ふるい目の大きさ (mm)	真比重 (g/cm³)	千粒重 (g)	容積重 (kg/hl)	主要部位の構成割合（％）			
				皮	アリュー ロン層	胚乳	胚芽と 子葉盤
3.2×20	4.5～10	41.00	21	7.38	6.37	83.14	3.11
3.0×20	3～5	38.30	23	7.52	5.38	84.44	2.66
2.8×20	5～10	32.33	27	7.95	5.78	83.85	2.42
2.5×20	6～13	26.50	32	8.04	6.23	82.83	2.90
2.3×20	5～8	18.23	37	8.62	6.33	82.31	2.74
2.0×20	8～14	13.20	37	9.55	6.81	80.36	3.28
1.8×20	8～17	7.80	285	13.98	11.12	70.86	4.10

（Ljobasky, 1961 より）

表 I.3.3[2]に小麦粒と他の穀物粒の物理的性状を比較した．通常の小麦粒の長さは，5～8 mm，幅は 2.5～4.5 mm である．ライ麦，エンバク，大麦に比べると，長い粒が少ない．小麦粒を幅が異なる縦目ふるいでふるい分けた画分ごとの物理的性状および主要部位の構成割合を表 I.3.4[3]に示した．目開きが 2.5×20 mm のふるいでふるった時に上に残る大きい粒と，それを通過する小さい粒では物理的性状に差がある．小さい粒は真比重，千粒重，および容積重が極端に小さい．また，粒内では，皮の比率が多くて，胚乳が少ない．

3) 重 さ

小麦粒 1 粒の重さは 0.030～0.045 g のものが多い．各種穀粒の重量と主要部位の構成割合を比較したものを表 I.3.5[4]に示した．表 I.3.3 と表 I.3.5 から，小麦粒 1 粒の重量は大麦とほぼ同じで，エンバク，もみ米，およびライ麦よりも重いことが分かる．1 粒の重さも，品種が持つ特性のほか，土壌条件，生育期間の気象条件，および施肥によって決まる．粒の大きさと関係が深いが，同じ大きさでも，胚乳内部の組織の密度や水分量によって重さは違う．したがって，同じ銘柄や品種の小麦の場合，1 粒の

3. 原料小麦の選択と配合

表 I.3.5　各種穀粒の重量と主要部位構成割合

穀物の種類	粒重量 (mg)	胚 (mm)	盤状体 (%)	外皮 (%)	アリューロン層 (%)	胚乳 (%)
パン用小麦	30〜45（40）	1.2	1.54	7.9	6.7〜7.0	81〜84
デュラム小麦	34〜46（41）	1.6		12	86.4	
大麦	36〜45（41）	1.85	1.53	18.3	79.0	
ライ麦	15〜40（30）	1.8	1.73	12	85.1	
ライ小麦	38〜53（48）	3.7		14.4	81.9	
エンバク	15〜23（18）	1.6	2.13	28.7〜41.4	55.8〜68.3	
米	23〜27（26）	2〜3	1.5	1.5	4〜8	89〜94
モロコシ	8〜50（30）	7.8〜12.1		7.3〜9.3	80〜85	
トウモロコシ	150〜600（350）	1.15	7.25	14.4	81.9	

(注) 粒重量の（　）内は平均値　　　　　　　　　　　　　　(Simmonds, 1978 より)

平均の重さを測定することによって，気象条件からくる品質の状況をある程度推定できる．

1粒の平均の重さは，20〜25gの小麦試料の重量と粒数を測定して計算できるが，そのまま表示すると小さい数になるので，「千粒重 (1,000粒の重さ)」として表示する．ほとんどの小麦の千粒重は 30〜45g で，中でも 30〜35g のものが多い．

4) 比　　重

表 I.3.3 のデータは一例だが，ほとんどの小麦粒の比重は 1.25〜1.45 で，中でも 1.35〜1.40 のものが多い．比重から粒内部の充実度を推定することができる．しかし，流通段階での検査，製粉工場での受入れ検査，および工程管理に比重測定の導入は難しいので，測定がより簡単な容積重で代用している．容積重とは，きょう雑物を除去した小麦を一定の容量の容器に定められた方法で自然に流し入れた時の重量で，「かさ比重」と呼べるものである．表 I.3.3 から，小麦粒のかさ比重は，大麦，ライ麦，エンバク，およびもみ米より重い．

歴史的な経緯から，容積重の測定法や表示単位は何通りかあるが，ヘクトリットル重 (hl 当たりの kg) が世界の主流である．アメリカではまだウインチェスター・ブッシェル重 (Winchester ブッシェル当たりのポンド) が使われている．ヘクトリットル重で表わすと，通常の小麦は 73〜83 kg/hl で，中でも 77〜80 kg/hl ものが多い．

粒の形状とその均一性は容積重に直接影響するが，粒の大きさは関係が薄い．粒内部の密度と水分含量も容積重の値に影響を与える．水分が少ないものや硬質小麦のように粒内部の密度が高いものは，容積重が高めになる傾向がある．品種によっても容積重が違い，見た目には大粒の立派な小麦でも低い値になるものがある．トラックや貨車での輸送中，積み降ろしの荷役の際，エレベーターや製粉工場での精選工程など

で小麦の粒と粒が擦られると，表面が多少磨かれるので，容積重は高めになる．病害粒，旱ばつの被害を受けた小麦，未熟粒などは，一般に容積重が低い．

5) 色

外皮の色には，褐色系統に見えるもの（赤小麦）と，淡黄色ないし白っぽい色合いのもの（白小麦）がある．それぞれには色合いが濃いものから薄いものまである．

色は品種に由来する特性だが，生育環境，収穫時の天候，輸送や保管の条件などの影響も受ける．赤小麦，白小麦共に，タンパク質の量が多くなると，色が濃くなる傾向がある．収穫直前に多量の雨に当たると褪色するので，品種固有の色合いは消失する．収穫直前に霜にあうと，褪色するだけでなく，表面にしわが寄った粒になる．収穫の適期を待たずに早刈りしたものには，緑色粒が目立つ．収穫期近くにかびに侵されると，そのかび特有の色が付く．例えば，黒穂病菌に侵されると，小麦粒内部まで真っ黒になるし，赤かびに侵されると，粒の表面に赤い色が出る．

サイロや倉庫に保管中や貨車などでの輸送中に小麦が高温になって熱損粒が生ずると，色が黒っぽくなる．熱損の程度により，軽い褐色のものから真っ黒の重熱損粒まである．乾燥機の使い方が悪くて油煙が小麦の表面にかかると，黒っぽい色の油煙麦になることもある．

6) 硬度

粒の内部が硝子質で，強めの力を加えないと粉砕されにくいような硬い粒と，粉状質であまり力を加えなくても粉砕できる軟らかい粒がある．**写真 I.2.6** のように，同じように製粉しても，硬質小麦からの強力粉は粒度が粗く，タンパク質とデンプンがくっついたままの大きな塊状が目立つが，軟質小麦からの薄力粉ではかなりばらばらになっている．このことが，強力粉は粗く，薄力粉は細かいという粒度の差にもなる．

硬度は品種固有の性質であるが，生育環境の影響も受ける．収穫期に雨量が多いと軟らかめになり，乾燥していると硬めになる．日本に入ってくる小麦の中ではデュラム小麦が最も硬いが，西アジアやアフリカなどの雨量が少ない地域の小麦にはかなり硬いものがある．オーストラリアの小麦も一般に硬い．

3.2.2 内部構造

図 I.3.6[5]に有名な小麦粒の縦断面および横断面図を引用した．それらを分かりやすく摸式化したものが**図 I.3.7**である．小麦粒は大別すると3部位で構成される．小麦粉になる「胚乳」が，6層の「外皮」に包まれており，このほかに生命の源ともいえる「胚芽」がある．各種穀粒の主要部位の構成割合は**表 I.3.5**に示したようである．

3. 原料小麦の選択と配合

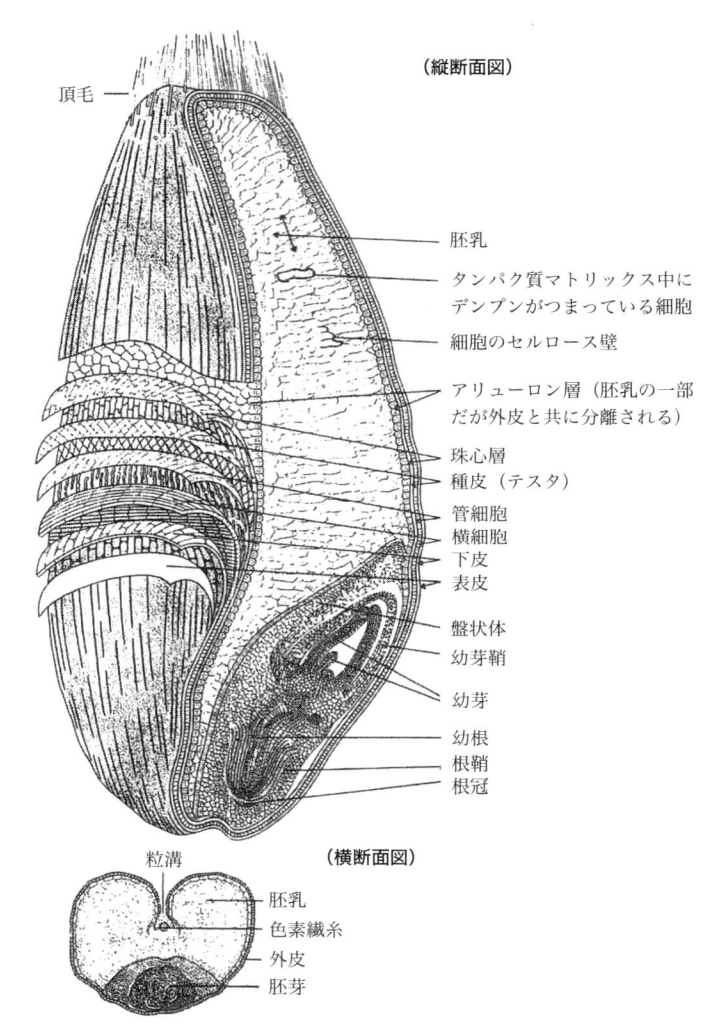

図 I.3.6 小麦粒の縦断面および横断面（Wheat Flour Institute 発行 "From Wheat to Flour" より）

1） 外　皮

　外皮は6層から成り，重量比率で小麦粒全体の約6〜8％に相当する．図 I.3.8 の模式図のように，外側から外表皮，中間組織，横細胞，内表皮（管状細胞）の順になっており，ここまでの4層を「果皮」という．果皮は 45〜50 μm の厚さで，重量比率で小麦粒の約4％を占める．その内側に「種皮」と「珠心層」があり，この2層を合わせると小麦粒の2〜4％である．

3.2 小麦粒の物理特性と化学組成

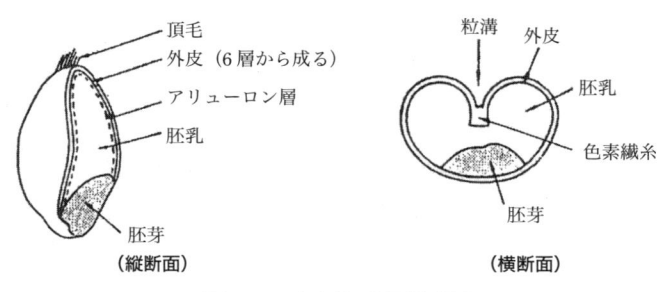

図 I.3.7 小麦粒の断面模式図

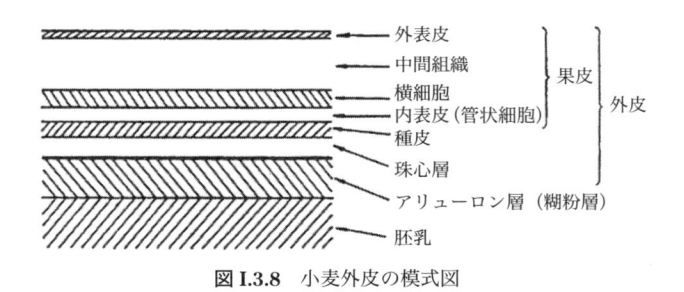

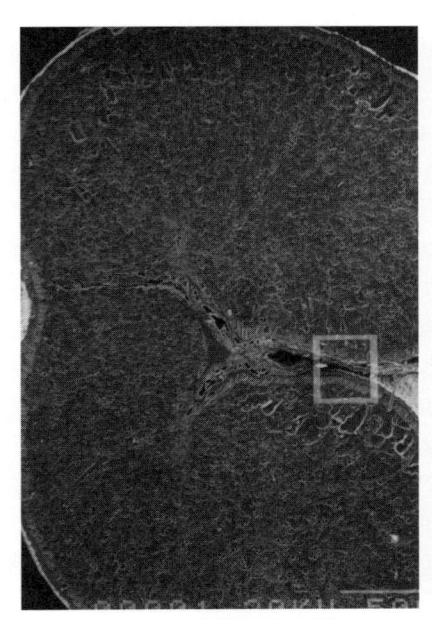

(縦断面) / (横断面)

頂毛、外皮（6層から成る）、アリューロン層、胚乳、胚芽
粒溝、外皮、胚乳、色素繊糸、胚芽

図 I.3.8 小麦外皮の模式図

外表皮
中間組織
横細胞
内表皮（管状細胞）
種皮
珠心層
アリューロン層（糊粉層）
胚乳

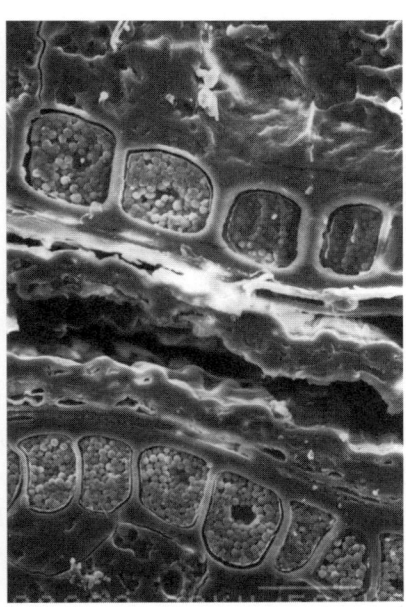

果皮、外皮

(a) 小麦粒横断面（約25倍）　　(b) (a)の四角で囲った部分の拡大図（約250倍）

写真 I.3.1 小麦粒横断面（走査型電子顕微鏡による）

珠心層の内側に「アリューロン（糊粉）層」があり，外皮と胚乳を隔てている．**写真 I.3.1** の電子顕微鏡写真は，粒溝に近い部分のアリューロン層の細胞を示している．アリューロン層は特殊な形をしており，65〜70 μm の厚さである．通常は写真のように 1 層だが，粒の末端や粒溝の部分では 2〜3 層のところもある．量的には多くて，小麦粒の約 6〜7％も占める．胚乳に接しているが胚乳とは性質が違うため，粉に入れないで，果皮，種皮，および珠心層と共にふすまになり，主として飼料用として利用される．

2) 胚乳と胚芽

アリューロン層の内側の胚乳は重量比率で小麦粒全体の 81〜85％を占め，その大部分が小麦粉として利用される．

小麦粒の基部の背面にある胚芽は全体の約 2％である．形態的には，盤状体，胚軸，幼芽鞘，葉，幼芽，種子根，根，および根鞘で構成されており，これらは子葉部と胚軸部に大別できる．

3.2.3 化学組成

1) 小麦粒

米，他の麦類，トウモロコシなどと同じように，小麦の主成分は炭水化物（全体の70％くらいで，その大部分はデンプン）である．つまり，小麦はデンプンが主体の食品材料の一つである．しかし，他の穀物と根本的に違う点は，水分を除いてデンプンの次に多い成分であるタンパク質が持つ性質である．含量は 7〜18％で，平均して米よりもやや多い程度だが，小麦のタンパク質だけが粘弾性に富むグルテンをつくることができるという特徴がある．

品種や生育条件によって，小麦粒の成分組成はかなりの差があるので，分析データもまちまちである．他の主要穀物と比較しての小麦粒の成分組成の分析値の一例を**表 I.3.6**[4]に，小麦粒の部位別に測定した成分組成の分析値のうち，代表的と考えられるデータ 2 例を**表 I.3.7**[6]と**表 I.3.8**[7]に示した．**表 I.3.9**[8]は，アメリカ合衆国産のハード・レッド・スプリング小麦について，小麦粒とそれから得られる製粉製品の成分組成の関係を示すデータの一例である．

炭水化物，タンパク質以外の成分としては，水分が 7〜17％，脂質と灰分が共に 2％弱である．灰分も品種や生育条件によって幅があり，1.2％くらいから，1.8％くらいである．微量成分としては各種のビタミンやミネラルがかなり含まれており，いろいろな種類の酵素もある．

3.2 小麦粒の物理特性と化学組成

表 I.3.6 主要穀物の成分組成と分析値

穀物の種類		窒素 (mm)	タンパク質[a] (乾物量%)	脂肪 (乾物量%)	繊維 (乾物量%)	灰分 (乾物量%)	NEE[b]
パン用小麦		1.4～2.6	12	1.9	2.5	1.4	71.7
デュラム小麦		2.1～2.4	13			1.5	70.0
大麦	全粒	1.2～2.2	11	2.1	6.0	3.1	—
	穀粒	1.2～2.5	9	2.1	2.1	2.3	76.8
ライ麦		1.2～2.4	10	1.8	2.6	2.1	73.4
ライ小麦		2.0～2.8	14	1.5	3.1	2.0	71.0
エンバク	全粒	1.5～2.5	14	5.5	11.8	3.7	—
	穀粒	1.7～3.9	16	7.7	1.6	2.0	68.2
米	玄米	1.4～1.7	8	2.4	1.8	1.5	77.4
	精白米			0.8	0.4	0.8	—
野生米		2.3～2.5	14	0.7	1.5	1.2	74.4
ミレット		1.7～2.0	11	3.3	8.1	3.4	72.9
モロコシ		1.5～2.3	10	3.6	2.2	1.6	73.0
トウモロコシ		1.4～1.9	10	4.7	2.4	1.5	72.2

a 代表的または平均的数値
b 窒素を含まない抽出物．デンプン含量の目安になる

(Simmonds, 1978 より)

表 I.3.7 小麦粒の部位別成分組成

部位		全粒中 (%)	水分 (%)	タンパク質 (%)	脂質 (%)	炭水化物 (%)		灰分 (%)	ビタミン (mg/100g)		
						糖質	繊維		B_1	B_2	ニコチン酸
小麦全粒		100	15	12.0	1.8	67.1	2.3	1.8	0.40	0.15	4.2
外皮	果皮	4	15	7.5	0	34.5	38.0	5.0			
	種皮 (珠心層を含む)	2～3	15	15.5	0	50.5	11.0	8.0	0.48	0.05	25.0
	アリューロン層	6～7	15	24.5	8.0	38.5	3.5	11.0			
胚乳	周辺部	85	15	16.0	2.2	65.7	0.3	0.8	0.45	0.18	18.8
	中心部		15	7.9	1.6	74.7	0.3	0.3	0.06	0.07	0.5
胚芽	子葉部	2	15	26.0	10.0	32.5	2.5	4.5	16.5	1.50	6.0
	胚軸部									0.15	6.0

(全粒中の構成比は Modern Cereal Chemistry, 1967 から, 化学分析値は Ankroyd らのデータを引用)

表 I.3.8 小麦粒主要部位と製粉歩留りが異なる粉の重量と成分組成

	小麦粒部位 (%)				製粉歩留り (%)		
	果皮	アリューロン層	胚乳	胚芽			
重量	9	8	80	3	75	85	100
灰分	3	16	0.5	5	0.5	1	1.5
タンパク質	5	18	10	26	11	12	12
脂質	1	9	1	10	1	1.5	2
粗繊維	21	7	1.5 以下	3	0.5 以下	0.5	2

(Pomeranz and MacMasters, 1968 より)

3. 原料小麦の選択と配合

表 I.3.9 アメリカ合衆国産ハード・レッド・スプリング小麦およびそれから得られる製粉製品の成分組成（水分 13.5%ベース）

製品	対小麦 (%)	タンパク質 (%)	脂質 (%)	灰分 (%)	デンプン (%)	ペントサン (%)	全糖 (%)	その他 (%)
小麦	100.0	15.3	1.9	1.85	53.0	5.2	2.6	6.8
パテント粉	65.3	14.2	0.9	0.42	66.7	1.6	1.2	1.4
ファースト・クリアー粉	5.2	15.2	1.4	0.65	63.1	2.0	1.4	2.8
セカンド・クリアー粉	3.2	18.1	2.4	1.41	56.3	2.6	2.1	3.6
レッド・ドッグ（末粉）	1.3	18.5	3.8	2.71	41.4	4.5	4.6	11.0
小ぶすま	8.4	18.5	5.2	5.00	19.3	13.8	6.7	18.0
ふすま	16.4	16.7	4.6	6.50	11.7	18.1	5.5	23.5
胚芽	0.2	30.9	12.6	4.30	10.0	3.7	16.6	8.4

（注） a　窒素×5.7　　　　　　　（USDA mimeographed publication ACE-189, 1942 より）
　　　 b　グルコースとして

表 I.3.10 小麦胚乳内の成分分布

成　　分	周辺部		中心部
タンパク質の量	多い	⟷	少ない
タンパク質の性質		→	良い
灰分の量	多い	⟷	少ない
色		→	良い
デンプンの量	少ない	⟷	多い
脂質の量	多い	⟷	少ない
ビタミンの量	多い	⟷	少ない

2) 外　皮

　果皮の成分の 70％以上は炭水化物だが，セルロースとヘミセルロースが多く，デンプンや糖類は少ない．果皮ほどではないが，種皮にもセルロースとヘミセルロースがある．ただし，種皮は果皮よりもタンパク質を多く含む．

　その内側のアリューロン層は特異的である．**写真 I.3.1** の電子顕微鏡写真からも分かるように，細胞内にタンパク質の丸くて小さい粒がぎっしり詰まっており，これらの細胞内にデンプンは蓄積していない．セルロースは少ないが，ヘミセルロースを多く含む．脂質と灰分も多い．

3) 胚　乳

　胚乳の主成分は，炭水化物の中の糖質（主成分はデンプン）である．タンパク質と水分もあり，脂質も少量含まれる．小さい小麦粒の中の胚乳だが，中心部とアリューロン層に近い周辺部では成分組成にかなりの差がある．**表 I.3.7** にも示したが，そのことをまとめると**表 I.3.10** のようになる．通常の小麦では，胚乳の中で周辺部から中

心部に近いほど，タンパク質の量は少なめだが，グルテンになった時の性質は良くなる．逆に，デンプンの量は中心部の方が多い．また，脂質，繊維，灰分の量も中心部に向かって少なくなり，冴えたきれいな色合いになる．現代の製粉では，このような小麦特有の胚乳内の成分組成分布を有効に活用して，胚乳の部位別に細かく採り分けを行い，それらを組み合わせて色々な特性を持つ小麦粉を製造している．

4) 胚 芽

表 I.3.7 のように胚芽を構成している子葉部と胚軸部では組成が少し違うが，胚芽全体ではタンパク質が多い．脂質も多く含まれており，その一種で，ビタミンEとして知られる α-トコフェロールが特に多い．そのほか，各種のビタミン，酵素，ミネラルなども多く含む部分である．このような成分上の特性を活用するため，製粉工程で胚芽だけを採り出して，顆粒状の胚芽，胚芽粉末，胚芽油などの栄養食品に加工され，販売されている．また，脱脂した胚芽を焙焼して酵素を失活したものは，小麦粉加工品への栄養添加剤としても使われる．

3.3　小麦の貯蔵性

小麦は収穫直後より，少し時間が経った方が使いやすい．小麦粒の状態が良く，貯蔵条件が理想的なら，かなりの期間貯蔵可能な備蓄に適した穀物である．しかし，小麦粒の水分が高い場合や，サイロ内外の温度差から生ずる結露や雨漏れなどで小麦粒が濡れると，比較的短時間で小麦が熱を持ち，変質が急速に進むケースもある．貯蔵中の小麦に品質変化が起きていないかを定期的に調べ，変化があったらすぐ適切な処置をする必要がある．

3.3.1　貯蔵に影響する要因

貯蔵に直接影響を及ぼす要因は，水分，気温，かび，および虫である．温度と水分が，小麦を安全に貯蔵できる期間を決定すると言っても過言ではないが，かびに侵されている程度，以前に貯蔵していた時の状態，小麦の精選度と健全度，虫やねずみの害の程度，収穫してからの年数，および貯蔵倉庫の種類や状態も関係する．

1) 水 分

小麦の水分はかびの増殖と密接な関係があるので非常に重要である．貯蔵期間が比較的短くても水分は 13.5% 以下であることが必要であり，ある期間貯蔵しておくためには 12% 以下であることが望ましい．

3. 原料小麦の選択と配合

一方，小麦水分は空気中の相対湿度の変化と共に少し変動する．夏の終わりや秋口の比較的高温の時期にサイロに入れた小麦の表面は，気温が下がってくると空気中の湿気を吸うか，上から落ちる露を吸って高水分になる傾向があるので，要注意である．

2) 気温

小麦粒の水分と共に，気温は貯蔵期間を決定する重要な要素である．10℃以下ではかびはほとんど増殖しないが，30℃近くになると小麦の水分が高めだとかびが増殖して大きな被害を与える．

小麦は熱伝導率が低いので，それ自身の温度変化は非常に緩慢である．例えば，コンクリート・サイロで空気循環をしなければ，冬にサイロに入れた冷たい小麦は，夏になっても低温を保つ．逆に，温度が高い小麦を入れると，なかなか冷えないで高温の状態を保ちやすく，品質を損なうことがある．農家の貯蔵タンクのような小さい容器の場合には，少し時間がずれて外気温の変化を追う．

温度が高い小麦が入っているサイロに冷たい小麦を入れると，水分が冷たい小麦の方へ移動し，温かい小麦が入っているサイロ・ビンの隣のビンに冷たい小麦を入れると，温かい小麦が入っているビンの壁に結露現象が起こる．また，冷たい小麦を温かい外気にさらすと，水分が増える．

3) かび

小麦に付着したり，寄生する微生物の種類は多い[9]が，品質に特に影響を及ぼすのはかび類である．小麦にかびが発生すると，①発芽能力の低下，②褪色や変色，③発熱とかび臭，④成分の生化学的変化，⑤毒素（マイコトキシン）の産生，⑥重量減など，好ましくないことが起こる可能性がある．

かびにも，小麦が畑で生育中に発生するものと，貯蔵中に発生するものがある．前者は収穫前に小麦の品質を劣化させるが，貯蔵段階ではそれ以上の損害を与えないので，貯蔵中の品質変化に関係するのは，主として貯蔵開始後に寄生，付着するかびである．

健全な小麦に付着するかびはほとんどが *Alternaria* 属だが，*Helminthosporium* 属のこともある．小麦水分が多くなると，*Aspergillus glaucus*，*Aspergillus candidus*，*Aspergillus flavus*，*Penicillium glaucum* が増加し[10]，胚芽が変色するほどかびが大量に増殖した時の中心になるのは，*Aspergillus glaucus* と *Penicillium glaucum* である[10,11]．

かびの被害は小麦の種類によって差があり，春小麦より冬小麦の方が被害を受けやすい[12]．かびの種類は小麦の等級によっても異なり，上位等級の小麦に付着するのは主として無害な *Alternaria* 属だが，下位等級の小麦では *Alternaria* 属と *Penicillium* 属が中心になるので被害が大きい[13]．

貯蔵温度が上昇するとかびは増殖する．小麦を高温で短時間貯蔵してから常温に戻すと，かびは減少するが，脂肪酸価の上昇と胚芽の損傷はそのまま継続するという報告がある[14]．

4）虫

虫やねずみは穀物貯蔵の大敵である．穀物害虫は温度に非常に敏感で，15.5℃以下ではほとんど増殖しないか，増殖してもその速度は緩慢であり，逆に，41.7℃以上では死滅する．虫にとって最適温度は29℃で，この条件ではライフ・サイクルが30日である．虫害の徴候を認めたら，早めに処置したい．

従来は燻蒸によって殺虫するしか手がなかったが，不活性ガスも使われている．雰囲気温度を変えての殺虫も検討されているが，低温は問題ないものの，高温は小麦中のタンパク質を変質させる恐れがあるので望ましくない．

3.3.2 貯蔵中の品質変化

小麦の用途は多岐にわたるが，製パン性を中心に品質変化をとらえた研究報告が多い．小麦を1年間貯蔵すると，ほとんどの場合に製パン性が向上するが，貯蔵初期の数週間から数か月の間にこの変化の大部分が起こる．5年，22年と長期間貯蔵しても，製パン性があまり低下しなかったという報告もある[15]．

1）脂質の変化

健全な小麦粒を貯蔵する場合でも，成分中の脂質がわずかずつ変化する．変化には加水分解と酸化的酸敗があるが，小麦には抗酸化作用があるので，健全粒の場合には加水分解が主役である．脂質の変化は，小麦中の主成分である炭水化物やタンパク質の加水分解より早い時期に起こり始めるので，分解で生成される遊離脂肪酸を定量することによって，小麦粒の健全度，貯蔵の状態や期間などを推定することもできる[16,17]．

多くの研究者が脂肪酸価の上昇と小麦品質の関係を調べている．小麦を長期間貯蔵すると，脂肪酸価が上昇し，種子としての発芽率は低下していくが，製パン性の低下とは直接結び付かないとする報告が多い[18,19]．ただし，高温高湿下などの条件が悪いところで小麦粒を貯蔵すると，付着して増殖した微生物の働きによって，脂質，特に極性脂質（リン脂質や糖脂質）が大幅に減少する[20]．極性脂質は製パン上重要なので，同じように脂質が分解して脂肪酸価が上昇したものでも，良い条件で長期間貯蔵したものの場合には製パン性が良好であり，かびが繁殖したものでは製パン性は劣化する．

2）炭水化物の変化

小麦中に一番多く含まれている成分の炭水化物も，脂質ほどの速さではないが貯蔵

3. 原料小麦の選択と配合

表 I.3.11　異なる条件で貯蔵した小麦中の二, 三糖類の変化

貯蔵期間（日）	水分（％）	温度（℃）	湿度（％）	スクロース（％）	マルトース（％）	ジフルクトース（％）	ラフィノース（％）
0		16～21	50～70	0.88	0.04	0.26	0.19
116				0.80	0.04	0.22	0.18
160				0.77	0.04	0.21	0.19
172				0.75	0.05	0.21	0.19
0	11.6	30～31	90～95	0.80	0.04	0.22	0.18
10	12.6			0.77	0.04	0.21	0.18
5	19.8			0.63	0.08	0.11	0.16
3	35.4			0.55	0.70	0.09	0.10

（糖含量：乾物量ベース）　　　　　　　　　　　　　　　　　　　（Taufel ら, 1959 より）

中に変化する．表 I.3.11 に Taufel[21] らが測定した小麦貯蔵中の二，三糖類の変化を示した．これによると，条件が良ければスクロースが若干減少するだけであまり変化しないが，高温高湿で条件が悪いとスクロース，ジフルクトース，ラフィノースが減少する．貯蔵中に非還元糖が減少し，還元糖が増加するという報告も多い[22,23]．

3) タンパク質の変化

小麦を貯蔵しても粗タンパク質の量としては変化しないが，タンパク質の溶解性が低下し，部分的な分解が起こったり，消化率が低下する傾向になる[24]．これらは酵素や酸化によるものと考えられるので，貯蔵条件によってその程度が異なり，温湿度が高いほど，また，通気性が良い場合ほど影響が大きい．

貯蔵の比較的初期に，小麦胚芽中のグルタミン酸デカルボキシラーゼ活性が上昇して，γ-アミノ酪酸などを生成するが[25,26]，長く貯蔵するとこの活性は低下する[27]．Linko[28] はこの性質を利用して，貯蔵条件（水分と温度）とグルタミン酸デカルボキシラーゼ活性から，小麦の貯蔵期間を推定する図を提案した．

3.3.3　貯蔵条件と貯蔵可能期間

小麦は，水分が 12％以下で，風雨に耐えられる倉庫に入っており，虫やねずみの被害を受けず，外部からの水の浸入もなくて，高湿度にならなければ，大抵の場所で長年月の貯蔵が可能である．

しかし，小麦は呼吸しているので，貯蔵中に微妙な変化が起こる．アメリカで行われた実験では，20 年間で呼吸のために重量が 1％減少した．また，19～33 年間貯蔵した実験では，外皮がもろくなり，製粉の際に皮片が小麦粉の中に入り込む率が高くなった．デンプン糖化酵素や脂肪酸の量も増加した．パンは，体積には大きな変化がなかったが，内相がやや劣るものだった．このような長期間の貯蔵は普通では考えら

表 I.3.12　穀物の水分含量と温度による安全貯蔵可能期間（日数）

穀温 (℃)	穀物の水分含量（％）						
	14	15.5	17	18.5	20	21.5	23
10.0	256	128	64	32	16	8	4
15.6	128	64	32	16	8	4	2
21.1	64	32	16	8	4	2	1
26.7	32	16	8	4	2	1	0
32.2	16	8	4	2	1	0	
37.8	8	4	2	1	0		

（数値は安全貯蔵可能日数）　　　　　　　　（J.E.Bailey, 1974 より引用）

れないが，小麦といえども長い年月の間には，若干の劣化傾向が現れることを示している．

　小麦の貯蔵可能期間についての研究は1950～80年に多く行われた．それらの中から Cargill 社の Bailey [29] が示した穀物の貯蔵条件と安全貯蔵可能期間の関係を**表 I.3.12** に引用した．穀物の水分が特に問題になる 14％以上の場合について，穀温と水分によって安全貯蔵可能日数がどう変わるかを示している．例えば，水分が 14％もある小麦でも，10℃の低温が保たれるなら 256 日間貯蔵可能だが，37.8℃になると 8 日しか貯蔵できない．また，水分が 17％に増えると，10℃の低温でも 2 か月しか貯蔵できないことも示している．

3.4　製粉用小麦に求められる品質

　食用の小麦は，製粉され，小麦粉が有効に利用されてはじめて，その価値を生ずる．したがって，食用として安全な小麦であり，製粉性（良質の小麦粉がいかに多く，容易に，安定して得られるか），および二次加工性（おいしい小麦粉加工品がいかに歩留り良く，容易に，安定してつくれるか）が良いことが求められる．

3.4.1　食用として安全な小麦であること

　食べて安全な小麦であることが必須条件である．日本が小麦を輸入している 3 か国では乾燥地帯で小麦がつくられており，農薬散布の必要がほとんどないし，小麦の水分が低いので，通常は収穫後に殺虫処理する必要もない．そういう意味では，小麦は農作物の中でも最も安全なはずのものである．

　しかし，念には念を入れる必要がある．海外および国内の小麦生産や流通段階で，有害な農薬や殺虫剤を絶対使ってほしくないし，問題がないことを確認してから出荷してほしい．それらの小麦を買う政府や製粉会社も，残留農薬などが基準値以下であ

3. 原料小麦の選択と配合

り，安全であることを確認してから，販売したり，使用しなければならない．

赤かびなどによる小麦粒の汚染も困るので，畑での十分な管理が必要である．また，不幸にしてかびなどに汚染されたら，収穫後にきちんと仕分けし，食用ルートには混入しないような配慮が必須である．

3.4.2　製粉性が良い小麦であること

製粉性を決定するのは，①混入している製粉不適物の種類と量，②製粉用として好ましくない小麦粒の種類と量，および③小麦粒の物理的性状と水分含量，である．

1)　小麦粒以外のものは要らない

小麦は製粉に適する物理的および化学的特性を備えた健全粒100%であってほしいが，農産物なので現実にはそれは無理である．でも，健全な小麦粒以外のものはできるだけ少ないことが望ましく，商品としての小麦生産と流通過程ではそれを最少にする努力が求められる．

日本の農産物規格規程によると，「きょう雑物」とは「標準きょう雑物精選機，またはこれと同等の精度があると認められる精選機で分離された小麦以外のものをいう」であり，「異物」とは「小麦粒（麦角菌または黒穂病菌に侵されたものを除く）および

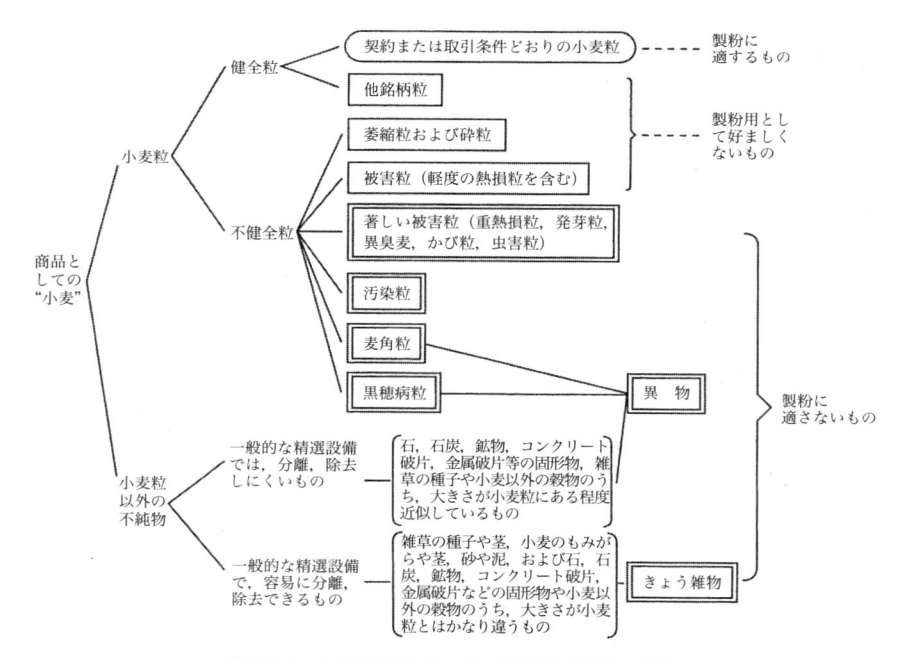

図I.3.9　小麦中に混ざっている製粉不適物の分類

きょう雑物を除いた他のものをいう」と定義されている．

きょう雑物，異物，および著しい被害を受けた小麦粒は，製粉不適物である．これらを分類すると，図 I.3.9 のようになる．「きょう雑物」は，雑草の種子とその茎，小麦のもみがらや茎，砂，泥，および石，石炭，鉱物，コンクリート破片，金属破片などの固形物，小麦以外の穀物などのうち大きさが小麦粒とかなり違うものである．これらは不要なものであり，量が多いと精選効率が低下し，余分なエネルギーや労力が必要で，分離したきょう雑物の処分の問題もある．したがって，きょう雑物はできるだけ少ないのが良い．

2） 著しい被害を受けた小麦粒も困る

麦角粒と黒穂病粒は食用にならない．除去しにくい上に，黒穂病粒は粉の色を悪くし，悪臭が付く．重熱損粒は粉の色と二次加工性を劣化し，上級粉採取率を低下させる．発芽粒はデンプンを分解する α-アミラーゼの活性が高いので，正常な品質の小麦粉にはならない．

収穫後に高水分のままにしておくと，むれて腐敗臭を生じやすい．表面の異臭は飛散するので健全そうに見えるが，内部に臭いが残るので，粉は食べられない．小麦にかびが発生すると，褐変や変色，発熱とかび臭の発生，成分の生化学的変化，毒素の産生，重量減などが起こり，製粉用として不適である．虫害粒は中身がないので，製粉には使えない．除草剤や殺虫剤に汚染されているか，農薬の残留がある小麦も食用として不適当である．

3） 製粉用として好ましくない小麦粒

契約や取引の対象外の小麦（他銘柄粒）が多いと，目的の加工性を持つ小麦粉をつくりにくく，均一な粉砕もしにくい．萎縮粒は胚乳が少ないから粉採取率が低く，皮から胚乳を分離しにくいので製粉効率を低下させる．粉は灰分が多くて色がくすむ．

未熟粒は水分が多くて，容積重が低いので，粉歩留りが低く，粉の灰分が高くて，色が悪くなる．砕粒は胚乳の一部が露出しているから調質しにくく，良質な小麦粉を収率良く採取しにくい．軽度の熱損粒，発芽粒，かび粒などの被害粒も製粉性に悪い影響を与える．

4） 皮離れが良く，大きくて重い小麦粒が良い

製粉しやすくて，上級粉の採取率が高いこと，つまり，製粉性の良さが求められる．胚乳が冴えたきれいな色合いをしており，軽く挽いた時に，皮と胚乳が離れやすく，粉砕した粉のふるい抜けが良いことが，好まれる小麦の条件である．製粉性が良い小麦は，品種に由来するところが大きいが，生育条件や収穫以降の取扱いによってもつ

くられる．特に，製粉性が良い小麦品種を播くことが重要である．その上で，健全な充実した粒で，しかも粒揃いが良い小麦が求められる．

皮の厚さは粉採取率に直接影響し，胚乳からの皮の離れやすさも粉の色，灰分，および上級粉採取率を左右する．国内産小麦の多くが製粉しにくいのは，皮離れが悪いためである．製粉性からみると，皮は可能な限り薄くて皮離れが良く，粒溝は浅いのが良い．粒溝が深いと，皮を除去しにくいので上級粉採取率が低下する．

小粒は皮の割合が多いので，粉採取率が悪い．大きさと重さを総合した指標の容積重は，ヘクトリットル・キログラム計で 77 kg/hl 以上であることが良質な小麦粉を高収率で得るために必須である．容積重は高いほど製粉性は良いが，77 kg/hl 以上では容積重の数値が高くなるほど粉採取率の上昇率は緩慢になる．77 kg/hl 未満の小麦は製粉性が劣り，特に，73 kg/hl 以下では粉採取率が急激に低下する．国内産小麦の容積重検査に使うブラウエル計は値が高く出るので要注意である．

胚乳はきれいな冴えた色が良く，くすんだ灰色は上級粉採取率を低下させる．粉の採り分けは主として灰分量と色で行うので，胚乳の灰分量が多いと粉採取率が低下する．

5) 水分は少ない方が良い

水分含量も製粉成績に大きく影響する．小麦粉の乾物量（水分量）が一定になるように製粉するので，小麦粒も乾物量（水分量）が重要である．小麦の水分量が多いと，一定量の小麦粉をつくるのに多くの小麦を必要とするから，製粉歩留りが悪くなる．また，製粉をしやすくするための調質工程でも，水分の多い小麦には必要な量の加水ができないので，製粉しにくくなり，粉歩留りが低下する．

水分が多いと小麦の貯蔵性も悪くなる．水分が 13.5％ を上回るものは，流通や貯蔵中に変質しやすいし，かびが繁殖する原因にもなる．

3.4.3　二次加工性が良い小麦であること

二次加工性はさらに重要である．小麦粉はさまざまな用途に使われ，それぞれの用途によって要求される品質特性が違うから，原料の小麦に求められる二次加工性も非常に複雑である．しかし，製粉工場での原料小麦の使い方や小麦粉の採り分け方からして，小麦をあまり細かい用途に分けては使いにくい．

日本の場合，小麦が主用途であるパン，中華めん，日本めん，菓子，パスタのどれかに向く優れた適性を持っていれば，そのどれかの小麦粉製造で主原料にすることができる．どの用途にも中途半端にしか向かないような品質の小麦は配合用としてしか使えないから，二次加工性という点では商品価値が低い．また，二次加工性がロット間やロット内で変動する小麦も，製品の品質にばらつきを生じやすいので主原料にな

3.4 製粉用小麦に求められる品質

表 I.3.13 小麦粉の用途からみた小麦に求められる品質特性

小麦粉の用途	小麦粉に求められる特性	小麦に求められる特性
パン用	① 吸水が良い ② 生地をつくりやすく，取扱いやすくて，機械への適度の耐性がある ③ 体積が大きくておいしいパンを，歩留り良くつくれる	① タンパク質の量が多く，グルテンの質が強靭だが伸展性に富む ② デンプンの特性がパンに向いている ③ α-アミラーゼ，タンパク分解酵素の活性が低い
中華めん用	① めんの食感が適度の弾力に富み，ゆで伸びが遅い ② 生めんが冴えた色合いで，ホシが少なく，経時的な変色が少ない	① 硬質系の小麦で適量のタンパク質を含む ② めんに向く性質のデンプンを持つ ③ 胚乳の色が冴えた明るい色で，経時変色が少ない ④ α-アミラーゼ活性が低い
日本めん用	① ソフトだが弾力があって，なめらかな食感のめんができる ② 冴えた，きれいな色のめんができる ③ ゆで上げ時間が適度で，ゆで伸びしにくいめんができる	① 中庸の質のグルテンを持つ軟質ないし中間質の小麦 ② 小麦のタンパク質の量が 10〜11% ③ めんに向く性質のデンプンを持つ ④ 胚乳の色が冴えた明るい色 ⑤ α-アミラーゼ活性が低い
菓子用	① 体積が大きく，きめ細かくてソフトな内相のケーキができる ② よく広がり，口溶けが良いクッキーができる	① タンパク質の量が少なくて，その質がソフト ② デンプンの糊化特性が菓子に向いている ③ α-アミラーゼ活性が低く，アミログラム粘度が正常

表 I.3.14 食用として好ましくない小麦

分類	好ましくない内容
安全性	① 残留農薬，その他の有害物質を基準値を上回って含むもの ② かびに汚染されたもの
健全度	① きょう雑物を多く含むもの ② 麦角粒，黒穂病粒，その他の異物を含むもの ③ 熱損粒，発芽粒，異臭麦，かび粒，虫害粒，着色粒を含むもの ④ 他銘柄粒，萎縮粒，未熟粒，砕粒，軽度の被害粒を多く含むもの ⑤ α-アミラーゼ活性が強いもの（低アミロのもの）
製粉性	① 皮が厚く，胚乳から離れにくいもの ② 胚乳の粉砕物のふるい抜けが悪いもの ③ 粒の大きさ，重さ，硬度が不揃いなもの ④ 胚乳の色が灰色っぽく，くすんでいるもの ⑤ 灰分が高いもの ⑥ 水分が高いもの
二次加工性	① 中途半端な性状で，適した主用途がないもの ② 小麦粉の生地性状がべたつくなど，好ましくないもの ③ その小麦の主用途で，良い二次加工製品ができにくいもの

りにくい．

　小麦の二次加工性には，小麦粉の使いやすさと製品のでき上がりの両面がある．使いやすさは，生地がつくりやすいか，生地が取扱いやすく機械への適合性があるかであり，製品のでき上がりには，歩留りと品質の両面がある．

　小麦粉の用途からみた小麦に求められる品質特性を表 I.3.13 にまとめた．

3.4.4　こんな小麦は使いにくい

　以上のことから，食用として好ましくない小麦を表 I.3.14 にまとめた．これらに該当しない，使いやすい小麦が生産，流通されることを願いたい．

3.5　日本で使われている小麦の種類と品質

3.5.1　安定確保に向けて

　小麦は用途が広く，食生活で重要な役割を果たしている．年間の総需要量はほぼ安定しており，620〜640万トンである．このうち国内産は約 90 万トンで，自給率は 14％ということになる．残りの 530〜550 万トンをアメリカ，カナダ，およびオーストラリアから輸入している．その大まかな比率は 60，22，および 18％である．

　国内産小麦は 2000（平成 12）年に民間流通に移行し，2007（平成 19）年から政府買入れが廃止されて，生産者と製粉企業などの実需者が売買契約をして流通するようになった．契約時期は，産地銘柄ごとの播種前契約が基本になっており，収穫の前年に契約が結ばれる．入札による価格を基本とする．米からの転作で，一部の産地品種銘柄では需要以上の量が生産されるなどの問題が生じている．需要に見合った量と品質の小麦が生産される必要がある．

　外国産小麦については政府が全量輸入していたが，1995（平成 7）年施行の「主要食糧の需給及び価格の安定に関する法律」によって，小麦は「関税化」された．しかし，政府以外のものが輸入する場合には，高額の「関税相当量（TE）」を支払う必要があるため，民間の輸入はごく少量に限られていた．

　2007（平成 19）年には外国産小麦の標準売渡価格制度が廃止され，銘柄ごとの政府買付価格に，マークアップ（政府の管理経費等）を上乗せした価格で製粉会社に売却されるようになった．売渡価格の変更も年に 2〜3 回になり，輸入価格の変動が製粉会社への売渡価格に連動するようになった．

　2007（平成 19）年から SBS（売買同時契約）方式も導入された．商社と製粉会社が連名で政府に対し入札して政府と売買を行う方式で，製粉会社と商社が連携して，政府の

3.5 日本で使われている小麦の種類と品質

表 I.3.15　日本で使われている小麦の産地・銘柄・等級別特性

産地・銘柄	等級	タンパク質	粒質	粒色	栽培時期	遺伝的特性	主な用途
カナダ・ウエスタン・レッド・スプリング	No.1	13.5%以上	硬質	赤色	春小麦	普通系普通小麦	パン・中華めん
アメリカ産（ダーク）・ノーザン・スプリング	No.2以上	14.0%以上	硬質	赤色	春小麦	〃	パン・中華めん
アメリカ産ハード・レッド・ウインター	No.2以上	11.5%以上	硬質	赤色	冬小麦	〃	パン・中華めん
オーストラリア・プライム・ハード		13.0%以上	硬質	白色	冬小麦	〃	中華めん
カナダ・ウエスタン・アンバー・デュラム	No.2以上		硬質	白色	春小麦	二粒系デュラム小麦	パスタ
オーストラリア・スタンダード・ホワイト			軟質	白色	冬小麦	普通系普通小麦	日本めん
国内産普通小麦	No.2以上		軟質	赤色	冬小麦	普通系普通小麦	日本めん
アメリカ産ウエスタン・ホワイト	No.2以上		軟質	白色	冬小麦	普通系普通小麦＋クラブ小麦	菓子

一定管理下で，小麦の調達を行えるようになった．

安定輸入のために，輸出国との間で定期的に会合が行われるほか，必要に応じて，年間取引目標数量について合意した上で輸入を行うなどの措置も講じられている．また，不安定な国際需給事情に対処するため，食糧用小麦は一定の在庫量が確保されている．

日本で使われている小麦の産地，銘柄，等級別の特性を表 I.3.15 にまとめた．

3.5.2　国内産小麦

1)　生産

日本の小麦生産の歴史は古いが，本格的に生産量が増えたのは明治以降である．昭和になって小麦粉食品の需要が増し，政府が増産を奨励したこともあって，1933（昭和 8）年ごろから生産量が急増して，1940（昭和 15）年には小麦生産史上で最高の 179 万トンを記録した．第二次世界大戦末期と終戦後の 2～3 年間は大幅に減ったが，やがて食糧増産政策が出され，農業技術の急速な進歩もあって年々生産量が増加して，1961（昭和 36）年には 178 万トンを生産し，戦前の記録に迫った．

ところが，その直後からの米作中心の農業政策と急激な都市化，工業化の影響を小麦作がまともに受けて，作付面積が急激に減少し続け，1973（昭和 48）年には 20.2 万トンにまで落ち込み，小麦は日本から消えるのではないかといわれた．

その直後に，米の過剰が問題になり始め，状況は急転した．稲作からの転換作物として小麦が注目され，1978（昭和 53）年にはわずかだが増産の兆しが見えはじめ，次第に生産量が増えて，1988（昭和 63）年には 100 万トンを超えた．その後，天候不順

3. 原料小麦の選択と配合

などが災いして再び生産量が減少した年もあるが，90万トン程度の生産量で推移している．

生産量が多かった1960年代までは，関東，九州，およびその他地域の小麦作に比較的適した畑で生産され，北海道での生産はごくわずかだった．しかし，その後の増産は北海道を中心に行われ，その他の地域では生産量が大幅に減少したため，全生産量の半分強が北海道，残りが主として北関東と九州で生産されるというパターンに変わった．

2) 種類，銘柄，等級

国内産小麦は，「農産物規格規程」によって，種類，銘柄，および等級に格付けされる．種類には，「強力小麦」，「普通小麦」，および「種子小麦」があるが，強力小麦に認定される品種で生産や品質面で魅力あるものがないため，種子小麦を除いてほとんどが普通小麦である．

定められた品種の小麦で，定められた都道府県で生産されたものは，「産地品種銘柄」に認定され，さらに，次の4つの銘柄区分のいずれかに分類される．

[銘柄区分Ⅰ]　次の要件をすべて満たす小麦であること．
① 国内産小麦の中では，製粉および製めん適性の評価が上位ランクのもので，需要度合が高いもの．
② 過去3年間の年平均出回り数量が各都道府県（各都道府県を2つ以上の区域に分けた場合にはその区域）別に1,000トン以上のもの．
③ 原則として各都道府県の奨励品種．
④ 検査に当たって品種の判定が可能なもの．

[銘柄区分Ⅱ]　次の要件をすべて満たす小麦であること．
① 国内産小麦の中では，製粉および製めん適性の評価が中位ランク以上のもので，需要度合が高いもの．
② 過去3年間の年平均出回り数量が各都道府県（各都道府県を2つ以上の区域に分けた場合にはその区域）別に500トン以上のもの．
③ 銘柄区分Ⅰの③および④を満たすもの．

[銘柄区分Ⅲ]　銘柄区分Ⅰ，Ⅱ，またはⅣ以外のもの．

[銘柄区分Ⅳ]　今後銘柄区分Ⅳ以外への作付転換が必要なもの．

国内産普通小麦の等級規格を抜粋して**表Ⅰ.3.16**に示した．小麦粒の粒張りや大きさ，被害の程度，水分量などの品位を総合して，1等，2等，および規格外のどれかに格付けし，2等以上の小麦を製粉会社が食用として使う．

3.5 日本で使われている小麦の種類と品質

表 I.3.16 国内産普通小麦の等級規格（抜粋）

項目\等級	最低限度			最高限度				
	容積重 (g/l)	整粒 (%)	形質	水分 (%)	被害粒，異種穀粒および異物			
					計 (%)	異種穀粒	異物	
							生ぐさ黒穂病粒（%）	生ぐさ黒穂病粒を除いたもの（%）
1 等	760	75	1等標準品	12.5	5.0	0.5	0.1	0.4
2 等	710	60	2等標準品	12.5	15.0	1.0	0.1	0.6

規格外：異臭のあるもの，または1等および2等の品位に適合しない普通小麦であって，異種穀粒および異物を50%以上混入していないもの．
(付)・1等および2等には，被害粒のうち発芽粒が2.0%，赤かび粒が1.0%，黒かび粒が5.0%を超えて混入してはならない．
・普通小麦の1等および2等には，強力小麦が10%を超えて混入してはならない．
・小麦には異物として，土砂（これに類するものとして定められたものを含む）が混入していてはならない．

3) 品質と品種

日本列島は南北に長く，気候，地形，土質などが入り組んでいる上，水田裏作と畑作の小麦が混在している．また，比較的大規模に栽培できる北海道を除いて，農家ごとの作付面積が小さい．作付品種が多いこともあって，生産される普通小麦の品質幅は大きい．このため，多くの産地品種銘柄に分けられ，取引される．これは，品質が比較的均質な大ロットで輸入される外国産小麦と大きく異なる点である．

a) 普通小麦

北海道で春小麦が少量栽培されている以外は，冬小麦である．冬小麦のほとんどは，グルテンの量が中庸で質が軟らかいため，うどんなどの日本めん用粉の原料として使われる．しかし，用途上で競合する「オーストラリア・スタンダード・ホワイト（ASW）小麦」に比べて製粉適性と製めん適性が劣るものが多いほか，品質のばらつきが大きく，純バラ流通が遅れているなどの品質および流通上の課題がある．

日本めんは古くから食べられてきたので，以前は，国内産小麦を用いないとその独特の風味が得られないと考えられていた．しかし，昭和40年代に，不足した国内産小麦の代替としてASW小麦が使われるようになった．当初，ASW小麦は使いにくいという評価もあったが，オーストラリアで日本めんに合う品種の選出とその後継品種の開発が行われ，生産と流通面での努力が加わって，改良されたASW小麦の粉からできる冴えた色調でモチモチっとした食感のめんが消費者に受け入れられていった．

このように，新しい時代のめんへの嗜好がASW小麦を中心に形成されると，国内産小麦の品種改良の方向も，ASW小麦並みの品質の小麦をつくることを目標にするようになった．1998（平成10）年にスタートした「麦新品種緊急開発プロジェクト」に基づき，「売れる小麦」の開発が盛んである．小麦の育種は，独立行政法人農業食

3. 原料小麦の選択と配合

品産業技術総合研究機構（作物研究所，北海道農業研究センター，東北農業研究センター，近畿中国四国農業研究センター，九州沖縄農業研究センター等）や，国の指定試験研究機関である北海道立北見農業試験場，群馬県農業技術センター等で行われている．

　北海道では，昭和56 (1981) 年に登録された品種「チホクコムギ」が，食感を中心とした製めん適性の点でそれまでのものより良く，一時広く普及した．しかし，収穫期の降雨で品質低下を起こしやすく，1995 (平成7) 年に登録された品種「ホクシン」に置き換えられた．ホクシンはチホクコムギに比べて，タンパク質の量がやや多く，粉の色がやや劣り，うどんの食感で粘弾性のバランスにやや欠け，縞萎縮病に弱いなどの問題を抱えている．縞萎縮病対策として，2001 (平成13) 年に新品種「きたもえ」が登録された．2006 (平成18) 年には粉の色やうどんの食感を改良した「きたほなみ」が登録され，「ホクシン」の後継品種として期待されている．

　北海道以外では，長い間，1944 (昭和19) 年に登録された品種「農林61号」が，関東から九州にかけての広い範囲で多く栽培されてきた．小麦デンプンの性質を担う遺伝子の解明が進み，1994 (平成6) 年にアミロース含有量がやや少ない系統でうどんの粘弾性に特徴を持つ品種の「チクゴイズミ」が登録され，九州地区でかなり普及している．チクゴイズミの育成をきっかけに，やや低アミロース系統の日本めん用新品種小麦の育成が盛んになり，作物研究所の「あやひかり」，「あおばの恋」，群馬県農業技術センターの「つるぴかり」，「きぬの波」，「さとのそら」，東北農業研究センターの「ネバリゴシ」，九州沖縄農業研究センターの「イワイノダイチ」，香川県農業試験場の「さぬきの夢2000」などが，次々と開発された．これらの新品種は，農家での生産性，品質の安定性，製粉適性，製めん適性などについての生産者，製粉業者，および二次加工業者の評価が高ければ，ある程度まで生産が増える可能性がある．

　北海道産小麦の増加と，やや低アミロース系統品種や小麦生産者の要望による早生品種の普及によって，農林61号の作付面積は徐々に減少している．2010 (平成22) 年の時点では，ホクシン，農林61号，シロガネコムギ，チクゴイズミが上位品種である．

b) 硬質系小麦

　普通小麦扱いのものの中に，硬質系統の小麦が少量ある．主に北海道で生産され，他の国内産普通小麦に比べて，タンパク質の量が多く，粒が硬質なので，国内産小麦パンの原料として使用されている．しかし，外国産のパン用小麦と比べると，グルテンの質や製パン適性などが劣り，それらに代わるほどの品種ではない．

　国内産小麦をパン用に使いたいという需要はある．しかし，北海道で「ハルユタカ」が一時普及したものの，収穫期の降雨による被害が起こりやすく，収量が低いため，減少した．代わりに作付面積が増加したのは，ホクレンが開発した「春よ恋」である．この品種は病害耐性があり，「ハルユタカ」と同等以上の製パン適性を持つ．

そのほかにも，北海道農業研究センターの「キタノカオリ」，道立北見農業試験場の「はるきらり」，作物研究所の「ユメシホウ」，長野県農業試験場の「ゆめかおり」，九州沖縄農業研究センターの「ミナミノカオリ」，「ニシノカオリ」などの硬質系新品種が次々と開発された．今後も，製パン適性が優れた品種の開発，普及が期待される．

3.5.3 アメリカ合衆国産小麦

1) 生産と流通

日本はアメリカ合衆国からいろいろな種類と品質の小麦を輸入しており，量的にも消費量の半分以上をアメリカ合衆国産小麦に依存している．

図 I.3.10 のように，アメリカ合衆国では，西のロッキー山脈と東のアパラチア山脈周辺の山岳地帯を除いて，ほぼ全土で小麦栽培が可能である．国土の大部分が温帯に属しており，気温，雨量共に，小麦生産に好適なところが多い．土壌は一部に浅いところもあるが，全般的に肥沃で小麦作に適している．品種改良や農業技術面では世界で最も進んでいる上に，生産者の小麦作への意欲も旺盛だったので，毎年比較的安定した生産が行われてきた．

しかし，トウモロコシがバイオ燃料の生産に多量に使われるようになって需要が増

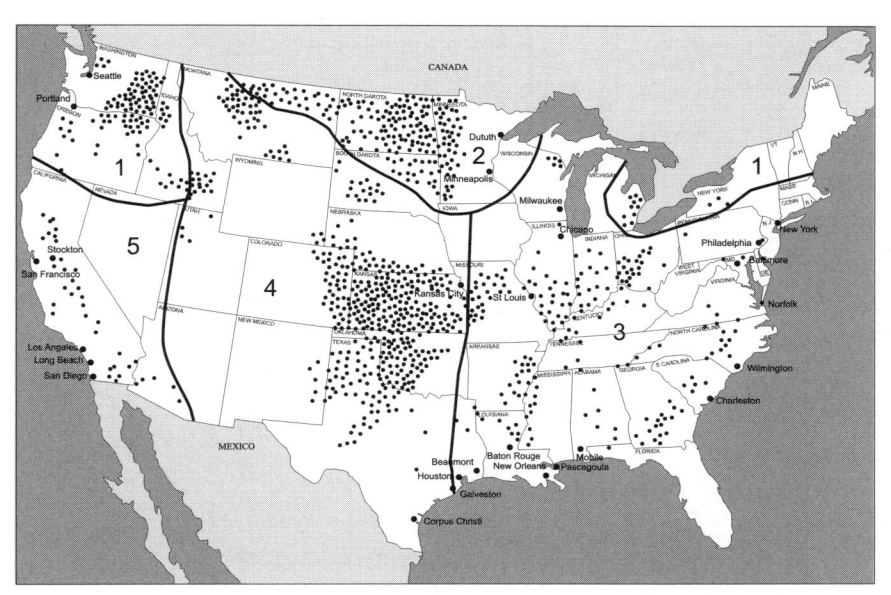

1. ソフト・ホワイト小麦　　2. ハード・ホワイト・スプリング小麦およびデュラム小麦
3. ソフト・レッド・ウインター小麦　　4. ハード・レッド・ウインター小麦
5. ハード・レッド・ウインター小麦，ハード・ホワイト小麦およびデュラム小麦

図 I.3.10 アメリカ合衆国産小麦の生産地（アメリカ合衆国農務省資料より）

3. 原料小麦の選択と配合

え, 遺伝子組換えによる高収量品種が普及したこともあって, 中部から東部にかけてでは小麦からトウモロコシへの作付転換が進んだ. その結果, 小麦生産量の減少が懸念されている.

長年の品種改良や市場開拓の努力が実って, 種類としても硬質から軟質小麦まで揃っており, 特殊なデュラムやクラブ小麦も生産できる. アメリカ合衆国内の輸送運賃の関係から, 日本にくるのは中央部以西で生産されるものである.

小麦の取引は自由に行われている. 生産者は, 収穫直後か時期を見計らって, 小麦を小麦生産者組合か商人系のカントリー・エレベーターに持ち込んで, 売る. カントリー・エレベーターでは簡単な品質検査をして受け入れるが, そのサンプルを農家ごとに保管しておき, 一定期間ごとの平均サンプルについて連邦政府や州政府の検査所などで品質検査をしてもらう. そのデータに基づいて生産者に支払いをしたり, 売る時の参考にする. カントリー・エレベーターから穀物商や小麦生産者組合に売られた小麦のうち輸出に回される分は, 港にあるターミナル・エレベーターに集められ, 注文に応じて船積みされる. 船積み時には, 一定間隔ごとに連邦政府の検査官によってサンプルが採取され, 輸出契約規格に適合しているかどうかが検査される.

ほとんどの小麦生産州には, 名称こそ差はあるが「小麦委員会」があって, その州の小麦の販売促進活動をしている. また, 各州の小麦委員会の連合体としての「アメリカ合衆国小麦連合会」が, アメリカ合衆国内だけでなく, 東京をはじめとして各地に海外事務所をもっており, 輸出先の市場開拓と輸出量の拡大に努めている. アメリカ合衆国は生産量は世界一ではないが, 世界の食糧基地として最も重要な輸出国なので, 政府の小麦に対する政策や大手穀物商の動向には常に注目しておく必要がある.

2) 銘柄, 等級区分と品質

合衆国の公定穀物規格に小麦の銘柄や等級区分の基準が定められている. その要点を**表 I.3.17** と**表 I.3.18**に示した. 小麦は, 粒質 (硬質系か, 軟質系), 粒色 (赤色系統か, 白色系統), 播種や栽培の時期 (冬小麦か, 春小麦) と, デュラム小麦かどうかによって, 8銘柄に分けられる. さらに, それだけでは品質特性を十分に表わせない3銘柄については, それぞれ3つの副銘柄に分けている. ある銘柄または副銘柄に仕分けされた小麦は, さらに No.1 から No.5 までの5等級, およびサンプル等級 (規格外) か特殊等級 (何か一つはっきりした欠陥を持つ小麦) のいずれかに格付けされる. 日本はこれらのうちの3つの銘柄または副銘柄の No.2 以上の等級のものを輸入している.

伝統的に, 生産地域ごとに銘柄がはっきり分かれていたので, 検査での識別が比較的容易だった. ところが, 1970年代後半ころからメキシコ系の多収量型品種が育種に使われるようになって, 春小麦と冬小麦, および硬質小麦と軟質小麦の見分けがつきにくい品種が増え, 検査関係者を悩ませている. 一時, ハード・レッド・ウイン

3.5 日本で使われている小麦の種類と品質

表 I.3.17 アメリカ小麦の銘柄

銘　　柄	副　銘　柄
デュラム	ハード・アンバー・デュラム（75≦） アンバー・デュラム（60≦～＜75） デュラム（＜60）
ハード・レッド・スプリング	ダーク・ノーザン・スプリング（75≦） ノーザン・スプリング（25≦～＜75） レッド・スプリング（＜25）
ハード・レッド・ウインター	
ソフト・レッド・ウインター	
ハード・ホワイト	
ソフト・ホワイト	ソフト・ホワイト（ホワイト・クラブ10％以下） ホワイト・クラブ（ソフト・ホワイト10％以下） ウエスタン・ホワイト（ホワイト・クラブ10％以上，他のソフト・ホワイトを10％以上含む）
無銘柄	
混合（ある銘柄を90％未満，他の銘柄を10％を超えて含む小麦）	

注(1)　銘柄および副銘柄のあとには「小麦」が付くが，表では省略した
　(2)　デュラム，ハード・レッド・スプリングの副銘柄の（　）内は，硝子質粒の％

ター小麦生産地域の関係者から，ハード・レッド・ウインター小麦とハード・レッド・スプリング小麦を一つの銘柄に統合してはどうかという提案が出され，いろいろな機会に活発に議論された．しかし，輸出国側の反対や，遠藤ら[30,31]が両者の間には製パン性の差が歴然とあるだけでなく，タンパク質のグリアジンの性状にも差があることを示したことなどによって，沙汰やみになった．

アメリカ合衆国産小麦には小麦以外のきょう雑物（ドッケージ）の混入量が多い．きょう雑物が多いと製粉前の精選に手間取るため，日本の製粉会社は機会あるごとに，混入量の低減を現地の関係者に要望し続けてきた．また，農林水産省も買付方法を工夫してきた．その効果が現れたのか極端に多いものは減ったが，根本的な解決にはまだ至っていない．品種についての規制がないこともアメリカ合衆国産小麦の問題点である．品質の重要性は関係者に十分認識されているはずなのに，収量本位で種子を選ぶ生産者もいる．結果として品質的に好ましくない品種が播種され，品質のばらつきを大きくする原因の一つになっている．同じ銘柄や等級内の小麦の品質のばらつきを小さくするにはどうしたら良いかについて，合衆国内でも有識者の間でたびたび議論されているが，改善には時間がかかりそうである．

日本が輸入している銘柄または副銘柄の小麦について以下に解説する．

3. 原料小麦の選択と配合

表 I.3.18　アメリカ小麦の等級規格

				等		級		
				No.1	No.2	No.3	No.4	No.5
最低限度 (lbs)	容積重 (lbs/bu)	ハード・レッド・スプリング小麦，またはホワイト・クラブ小麦		58.0	57.0	55.0	53.0	50.0
		その他の銘柄および副銘柄		60.0	58.0	56.0	54.0	51.0
最高限度 (%)	欠陥	被害粒	熱損粒	0.2	0.2	0.5	1.0	3.0
			計	2.0	4.0	7.0	10.0	15.0
		異物		0.4	0.7	1.3	3.0	5.0
		萎縮粒および砕粒		3.0	5.0	8.0	12.0	20.0
		計[1]		3.0	5.0	8.0	12.0	20.0
	他銘柄小麦[2]	対照銘柄		1.0	2.0	3.0	10.0	10.0
		計[3]		3.0	5.0	10.0	10.0	10.0
	石			0.1	0.1	0.1	0.1	0.1
最高限度 (個数)	その他の物質	動物の汚物		1	1	1	1	1
		ヒマの実		1	1	1	1	1
		クロタラリアの種子		2	2	2	2	2
		ガラス		0	0	0	0	0
		石		3	3	3	3	3
		正体不明の異物		3	3	3	3	3
		計[4]		4	4	4	4	4
	100g 中の虫害粒			31	31	31	31	31

サンプル等級：
- (a) No.1 から No.5 までの等級に該当しない小麦
- (b) かび臭，腐敗臭，取引上障害になるような異臭（黒穂臭とにんにく臭を除く）がある小麦
- (c) 発熱しているか，明らかに低品質な小麦

（注）
1) 被害粒計，異物，萎縮粒および砕粒を含む
2) 銘柄格付けしていない小麦中の他銘柄小麦は，どの等級の場合も 10 ％以下
3) 対照銘柄を含む
4) 動物の汚物，ヒマの実，クロタラリアの種子，ガラス，石，正体不明の異物をすべて含む

［対照銘柄の定義］
(1) ハード・レッド・スプリング，ハード・レッド・ウインター小麦中のデュラム，ハード・ホワイト，ソフト・ホワイト，無銘柄小麦
(2) デュラム小麦中のハード・レッド・スプリング，ハード・レッド・ウインター，ハード・ホワイト，ソフト・レッド・ウインター，ソフト・ホワイト，無銘柄小麦
(3) ソフト・レッド・ウインター小麦中のデュラム，無銘柄小麦
(4) ハード・ホワイト，ソフト・ホワイト小麦中のデュラム，ハード・レッド・スプリング，ハード・レッド・ウインター，ソフト・レッド・ウインター，無銘柄小麦

3) ダーク・ノーザン・スプリング小麦

「ハード・レッド・スプリング」という銘柄の小麦は文字通り硬質の赤色春小麦である．大平原北部のモンタナ，ノースダコタ，サウスダコタ，およびミネソタの4州だけで生産される．硝子質粒の混入率によって3つの副銘柄に分けており，混入率が75％以上のものは「ダーク・ノーザン・スプリング」に，25％以上75％未満のものは「ノーザン・スプリング」に，25％未満のものは「レッド・スプリング」に格付けされる．タンパク質の量は11％台から18％くらいのものまであるが，13～15％のものが多い．

これらの中から日本が輸入しているのは，ダーク・ノーザン・スプリングまたはノーザン・スプリング小麦のNo.2以上の等級で，タンパク質の量が14％のものである．シアトル，ポートランドなどの太平洋岸の港まで貨車で運ばれ，そこから日本向けに船積みされる．アメリカ合衆国産小麦の中では製パン性が最も優れているが，ロット間およびロット内の品質のばらつきが大きいため，よく品質を見極めて使う必要がある．通常，製パン適性がやや優れ，品質がより安定しているカナダ産小麦と組み合わせて，パン用粉製造の原料として使用する．

4) ハード・レッド・ウインター小麦

生産量が最も多いのが，硬質の赤色冬小麦の「ハード・レッド・ウインター」である．中部大平原地区のほぼ全域で生産される．生産地域が広範囲なので土壌や気象条件に差があるほか，州によって品種も同じではないため，品質特性もかなり幅がある．

タンパク質の量としては10％台から15％くらいのものまであるが，日本は，11.5％以上13％未満のもの（通称，セミハード）を輸入している．ダーク・ノーザン・スプリング小麦と比べると，タンパク質の量が少ないので製パン性は及ばない．タンパク質の量がダーク・ノーザン・スプリング小麦と同じ試料を使って比較しても，吸水が少なく，パン体積も小さい．日本では，強力粉の製造でタンパク質の量を調整する目的で少量配合することもあるが，準強力粉製造用の原料として使われることが多く，中華めん用粉や即席ラーメン用粉が主用途である．

生産地を出た小麦は，シアトル，ポートランドなどの太平洋岸の港から日本向けに積み出されるが，ヒューストンなどのメキシコ湾岸から積み出されることもある．メキシコ湾岸積みの小麦は，太平洋岸積みのものに比べて過去に何回か品質問題を起こした経緯があるので，特に念入りに検査して製粉する必要がある．

5) ウエスタン・ホワイト小麦

「ソフト・ホワイト」は文字どおり軟質白小麦で，この銘柄には3つの副銘柄が設けられている．中でも特徴があるのは「ホワイト・クラブ」で，クラブ種に属する品

種だけがこの副銘柄に格付けされる．ワシントンとオレゴン両州の小麦地帯の中でも比較的雨量が少ない土地でつくられているが，収量があまり高くないため作付面積が減少傾向にある．タンパク質の質が特にソフトで，ケーキなどの洋菓子への適性が優れているので，生産量が増えることが望まれる．

　普通系のパン小麦品種の軟質白小麦は，「ソフト・ホワイト」という副銘柄に格付けされる．日本に近い太平洋岸北西部のワシントン，オレゴン，およびアイダホの3州と，五大湖沿岸のミシガンとニューヨーク両州で生産される．ホワイト・クラブ小麦には及ばないが，タンパク質の量が少ないソフト・ホワイト小麦は菓子用として優れた適性を備えている．

　日本向けに輸出される小麦がつくられているワシントン，オレゴン，およびアイダホの3州では，ホワイト・クラブ小麦とソフト・ホワイト小麦がはっきり区別されて生産，および流通されている．シアトル，タコマ，ポートランドなどの港にあるターミナル・エレベーターまで別々に運ばれてきたこれら2つの副銘柄の小麦は，ここで配合されて「ウエスタン・ホワイト」という輸出専用の副銘柄になる．

　規格上は2つの副銘柄の小麦のどちらもが10％以上混入されていればよい．ホワイト・クラブ小麦の生産量が少ないため，その混入率は10〜25％だけで，大部分はソフト・ホワイト小麦である．混入率は低いがホワイト・クラブ小麦が混ざっていることが，ウエスタン・ホワイト小麦の製菓適性を魅力あるものにしている．ウエスタン・ホワイト小麦は，輸出市場に出される小麦としては世界で最も優れた菓子用小麦の一つといわれる．ホワイト・クラブ小麦の混入率がなるべく多く，しかも安定した割合で混ぜられていることが，菓子用粉の原料としては望ましい．

　日本ではウエスタン・ホワイト小麦を主として菓子用粉の原料として使用するので，タンパク質の量は少ない方が良く，9％台が望ましいが，生育期に雨が少ないとタンパク質の量が多くなりやすく，製粉や二次加工で工夫を要する．一方，収穫直前に雨が降り続くと，白小麦の場合には特に，穂に付いたままで発芽したり，発芽寸前の状態になりやすく，デンプン分解酵素のα-アミラーゼの活性が強くなる．日本などの輸入国からの要望もあり，そのような品質が悪い小麦が正常なものに混ざらないように，生産と流通段階で特別の配慮がされている．

3.5.4　カナダ産小麦

1)　生産と流通

　カナダは，パン用粉とパスタ用セモリナの原料小麦の供給先として重要である．国土は広いが冬の寒さが厳しい土地が多く，**図 I.3.11** のように，小麦の生産地は西部平原3州といわれるアルバータ，サスカチュワン，およびマニトバの南半分だが，五大湖周辺のオンタリオ州でも少量生産される．

3.5 日本で使われている小麦の種類と品質

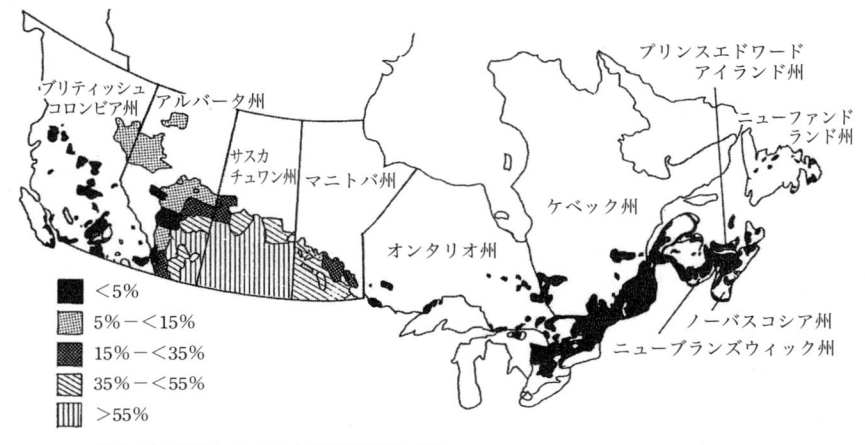

凡例:
- <5%
- 5%－<15%
- 15%－<35%
- 35%－<55%
- >55%

(注) %は耕地に占める小麦作付面積の割合

図 I.3.11 カナダ産小麦の主要生産地（カナダ穀物庁資料より）

独占的な販売機関の特殊法人「カナダ小麦局」が，小麦の取引を管理している．生産者は，収穫した小麦を小麦生産者組合または穀物会社が所有するプライマリー・エレベーターに持ち込む．小麦はそこに暫時保管された後，カナダ小麦局の指示によって貨車積みされ，内陸のターミナル・エレベーターに入れられるか，直接バンクーバーやプリンスルパートにあるターミナル・エレベーターに運ばれる．貨車積み時に採取されたサンプルがウイニペグに送られ，カナダ農務省カナダ穀物庁の検査室でタンパク質の量が測定されて，港に貨車が到着する前にそのロットをどのタンパク質区分のサイロビンに入れるべきかが連絡される．

ターミナル・エレベーターにも，小麦生産者組合所有のものと穀物会社所有のものがある．小麦が到着すると，カナダ穀物庁の検査官が貨車ごとに検査して，正式に等級を決定する．検査結果に基づき，銘柄別，等級別，およびタンパク質の量の区分別に保管され，カナダ小麦局からの指示によって船積みされて，輸出される．その際にも，カナダ穀物庁の検査官による輸出検査が行われる．

2) 銘柄，等級区分と品質

2009年から長い伝統を持つ検査官による外観検査が廃止され，計測による品質検査が行われている．一方で，品種の識別をDNAによって簡単に行うキットの開発が進められている．バンクーバー港のターミナル・エレベーターでは，穀物庁の指導で念入りに精選が行われており，きょう雑物や異物の混入量を常に低めに管理している．品種も穀物庁の穀物研究所が中心になって管理しており，事実上，品種の統制が厳しく行われている．

3. 原料小麦の選択と配合

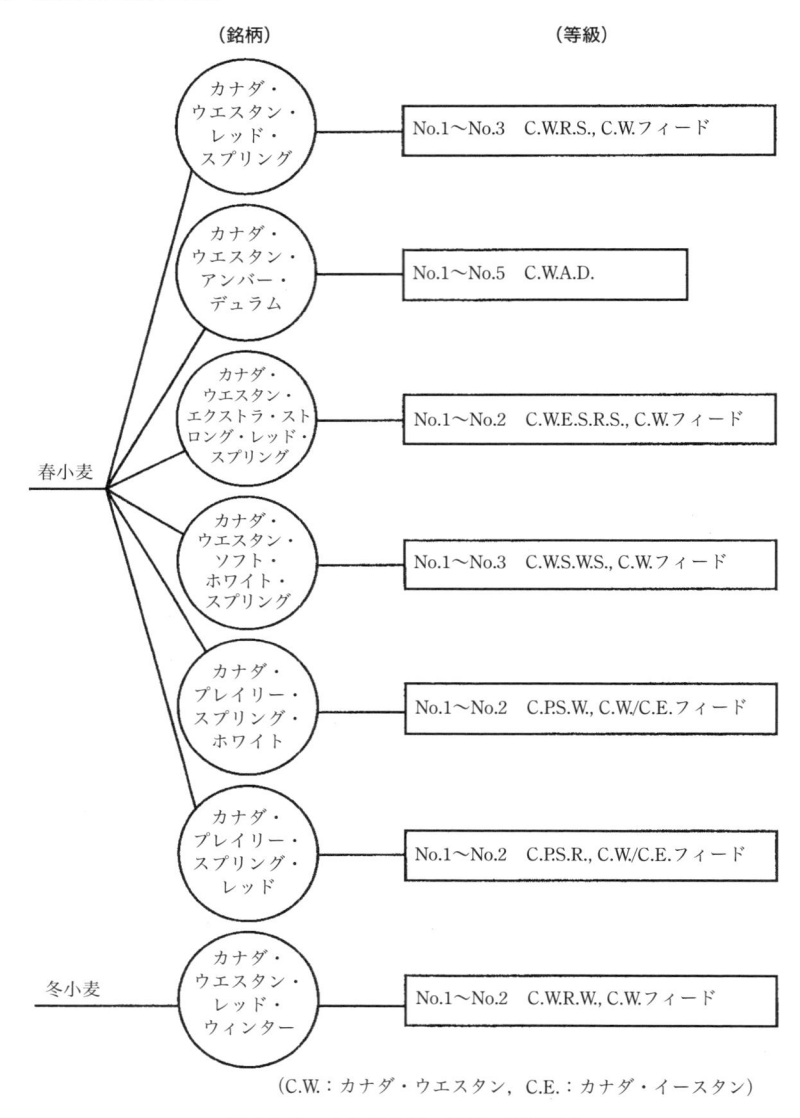

```
                    (銘柄)                      (等級)

              ┌─ カナダ・ウエスタン・レッド・スプリング ── No.1〜No.3  C.W.R.S., C.W.フィード
              │
              ├─ カナダ・ウエスタン・アンバー・デュラム ── No.1〜No.5  C.W.A.D.
              │
              ├─ カナダ・ウエスタン・エクストラ・ストロング・レッド・スプリング ── No.1〜No.2  C.W.E.S.R.S., C.W.フィード
   春小麦 ────┤
              ├─ カナダ・ウエスタン・ソフト・ホワイト・スプリング ── No.1〜No.3  C.W.S.W.S., C.W.フィード
              │
              ├─ カナダ・プレイリー・スプリング・ホワイト ── No.1〜No.2  C.P.S.W., C.W./C.E.フィード
              │
              └─ カナダ・プレイリー・スプリング・レッド ── No.1〜No.2  C.P.S.R., C.W./C.E.フィード

   冬小麦 ──── カナダ・ウエスタン・レッド・ウィンター ── No.1〜No.2  C.W.R.W., C.W.フィード
```

（C.W.：カナダ・ウエスタン，C.E.：カナダ・イースタン）

図 I.3.12　カナダ小麦の銘柄，等級区分

　カナダ小麦は**図 I.3.12**のような銘柄と等級に分けられており，輸出市場に回るのは西部に生産されるカナダ・ウエスタン6銘柄である．また，一部の銘柄，等級のものについては，タンパク質の量による区分もある．これらの中で日本が輸入しているのは，次の2銘柄の上位等級のものである．

3) カナダ・ウエスタン・レッド・スプリング小麦

「カナダ・ウエスタン・レッド・スプリング」は，カナダを代表する硬質の赤色春小麦である．表 I.3.19 に国内の等級規格の一部を抜粋したが，これによって No.1 から No.3 までの 3 等級のいずれかに格付けされる．日本は，これらの中から No.1（略称，1CW）等級のタンパク質の量が 13.5 % ものを輸入してパン用粉の主原料にしている．日本へくるものは，主として産地の西半分のアルバータ州全域とサスカチュワン州西部産のものである．

この小麦は，同じく日本が輸入してパン用粉製造の原料にしているアメリカ合衆国産ダーク・ノーザン・スプリング小麦（タンパク質の量が 14.0 % もの）に比較して，①製パン適性が一般的に優れている，②きょう雑物や異物の混入量が少ない，および③穀物年度やロット間の品質のばらつきが小さい，という特徴がある．品種管理の面でも，標準品種の *Neepawa* と同等またはそれ以上の製パン適性を持つと認定された品種でないと，1CW には格付けされない仕組みになっているので，長年にわたって安

表 I.3.19 カナダ・ウエスタン・レッド・スプリング小麦の国内規格抜粋

等級名	品質基準					最高限度			
	容積重最低限度 (kg/hl)	品種	硝子質粒最低限度 (%)	健全度		異物 (%)		他銘柄, 品種の小麦 (%)	
						穀物以外の物質	計	対照銘柄粒	計
No.1 カナダ・ウエスタン・レッド・スプリング	75.0	*Neepawa* と同等またはそれ以上のレッド・スプリング小麦品種	65.0	ほどよく充実しており，被害粒がほとんどない		約 0.2	0.75	1.0	3.0
No.2 カナダ・ウエスタン・レッド・スプリング	72.0	*Neepawa* と同等またはそれ以上のレッド・スプリング小麦品種	35.0	かなりよく充実しており，褪色粒，霜害粒が適度にあってもよいが，重被害粒がほとんどない		約 0.3	1.5	3.0	6.0
No.3 カナダ・ウエスタン・レッド・スプリング	69.0	*Neepawa* と同等またはそれ以上のレッド・スプリング小麦品種	—	霜害，未熟，被害粒があってもよいが，重被害粒が多くない		約 0.5	3.5	5.0	10.0
カナダ・ウエスタン・フィード	65.0	アンバー・デュラム以外の小麦タイプまたは品種	—	容積重や被害粒が原因で上位等級にならなかったものだが，適度にきれいなもの		1.0	10.0		
カナダ・ウエスタン・フィードに合格しない小麦の名称	軽容積重					混合穀物	混合品	混合品	他銘柄粒が 49.0 % を超える場合は混合品

3. 原料小麦の選択と配合

定した製パン性を保っている．

　収穫期にはカントリー・エレベーターから多数のサンプルがウイニペグの穀物研究所に集められる．ここでは短期間に小麦の物理，化学的性状，製粉性，および製パン性を試験して，実需が新年度の小麦を使い始める前に結果を公表する．その試験結果は正確で信頼でき，実需が必要とする情報，例えば日本向けには，中種法での製パン試験結果や日本式のアミログラフ粘度値などを含めたデータが提供されるので，利用価値が高い．

4) カナダ・ウエスタン・アンバー・デュラム小麦

　「カナダ・ウエスタン・アンバー・デュラム」も，同じく西部平原 3 州で生産される小麦である．**表 I.3.20** に国内の等級規格の一部を抜粋したが，日本はそのうちの No.2 以上をバンクーバー港経由で輸入している．

　穀物研究所の主席研修員だった日系二世，マツオ博士の努力によって品質を重視し

表 I.3.20 カナダ・ウエスタン・アンバー・デュラム小麦の国内規格抜粋

等　級　名	品　質　基　準				最　高　限　度			
	容積重最低限度 (kg/hl)	品　種	硝子質粒最低限度 (%)	健全度	異　物 (%)		他銘柄，品種の小麦 (%)	
					穀物以外の物質	計	対　照銘柄粒	計
No.1 カナダ・ウエスタン・アンバー・デュラム	79.0	Hercules と同等のデュラム小麦品種	80.0	ほどよく充実しており，被害粒がほとんどない	約 0.2	約 0.5	2.0	5.0
No.2 カナダ・ウエスタン・アンバー・デュラム	77.0	Hercules と同等のデュラム小麦品種	60.0	ほどよく充実しており，重被害粒がほとんどない	約 0.3	1.5	3.5	10.0
No.3 カナダ・ウエスタン・アンバー・デュラム	74.0	Hercules と同等のデュラム小麦品種	40.0	かなりよく充実しており，被害粒，霜害粒が適度にあってもよいが，重被害粒がほとんどない	約 0.5	2.0	5.0	15.0
No.4 カナダ・ウエスタン・アンバー・デュラム	71.0	Hercules と同等のデュラム小麦品種	—	霜害，未熟，被害粒があってもよいが，重被害粒が多くない	約 0.5	3.0	10.0	49.0
No.5 カナダ・ウエスタン・アンバー・デュラム	—	デュラム小麦品種	—	容積重や被害粒が原因で上位等級にならなかったものだが，適度にきれいなもの	1.0	10.0	49.0	—
No.5 カナダ・ウエスタンに合格しない小麦の名称					混合品	混合穀物	混合品	他銘柄粒が 49.0 % を超える場合は混合品

3.5 日本で使われている小麦の種類と品質

た品種改良が進み，世界でパスタ用として最も優れていると評価されるようになった．アメリカ合衆国産のデュラム小麦に比べて，きょう雑物や異物が少なく，品質が安定している．

3.5.5 オーストラリア産小麦

1) 生産と流通

オーストラリアの小麦生産地は，**図 I.3.13** のように東西に広がっているが，海岸沿いの一部の地域に限られ，それよりも内陸では，雨量が少ないので小麦はつくられない．また，東部は雨量が少ない年があり，生産量の変動が大きい．生産地域が広範囲なので土壌タイプや気象条件がかなり違い，生産される小麦の品質にも大きな差がある．

小麦の輸出は AWB 社が一元的に行い，国内での品種や品質の管理に中心的な役割を果たしてきた．しかし，2008 年 7 月の制度変更により，Wheat Export Australia の管理の下で，認可を受けた会社や協同組合が輸出できるようになった．国内の流通と

1. ジェラルドトン　2. クイナナ　3. オールバニー
4. エスペランス　5. セベナード　6. ポート・リンカン
7. ポート・ピアリー　8. ウォラルー　9. ポート・ジャイルズ
10. ポート・アデレイト　11. ポートランド　12. ジロング
13. ポート・ケンブラ　14. ニュー・カッスル
15. ブリズベーン（ピンケンバ，フィッシャーマン・アイランド）
16. グラッドストン　17. マカイ

図 I.3.13　オーストラリアの小麦生産地と主な積出港

3. 原料小麦の選択と配合

輸出で競争が生じているが，輸出市場の品質要求への対応などでまとまりがなくなった．

各州には小麦の集荷や販売を行う協同組合組織や穀物商があり，小麦生産地を走る鉄道の駅のそばにカントリー・デポ（サイトともいう）を持っている．農家には貯蔵設備がほとんどないので，自家用と製粉工場などへ直接運ばれるもの以外は，畑で収穫するとそのままトラックでそこへ持ち込む．

納入時にサンプルが採取され，容積重，水分，きょう雑物，および虫の検査を受ける．特殊な銘柄に格付けしてもらうために，品種のチェックを受けることもある．検査用サンプルの一部は，一定期間ごとにまとめてそのカントリー・デポが所属する本部に送られ，格付けが正しく行われているかどうかがチェックされ，必要に応じてタンパク質の量などの品質試験が行われる．

2) 銘柄，等級区分と品質

銘柄および等級区分の基本は，一定の基準品質（水分12%，容積重 74 kg/hl）よりも良いものと，劣るものに分けることである．表 I.3.21 に銘柄と等級区分を示した．基

表 I.3.21 オーストラリア小麦の銘柄，等級区分

	等級	タンパク量	産地	品種	容積重	備考
オーストラリア・プライム・ハード		14.0%以上 13.0%以上	GLD, NSW	選ばれた品種であること	74kg/hl 以上	
オーストラリア・ハード	No.1	13.0%以上	全州	選ばれた品種であること	74kg/hl 以上	
	No.2	11.5%以上				
オーストラリア・プレミアム・ホワイト		10.0%以上	全州	選ばれた品種であること	74kg/hl 以上	
オーストラリア・プレミアム・ホワイト・ヌードル		10～11.5%	WA	特定の品種であること	74kg/hl 以上	
オーストラリア・スタンダード・ホワイト			全州		74kg/hl 以上	
オーストラリア・ソフト		9.5%以下	WA	白色軟質のクラブ小麦品種であること	74kg/hl 以上	
オーストラリア・ヌードル			NSW, VIC WA	特定の軟質小麦品種であること	74kg/hl 以上	
オーストラリア・デュラム	No.1	13.0%以上	GLD, NSW SA	デュラム小麦品種であること	74kg/hl 以上	
	No.2	11.5%以上				
オーストラリア・ジェネラル・パーポス	No.1		全州		74kg/hl 未満	雨害を受けないもの
	No.2				68kg/hl 以下	雨害を受けたもの
オーストラリア・フィード			全州		68kg/hl 未満	

準品質以上のものの中で品質に特徴があるものを仕分けし，その品質に応じて「オーストラリア・プライム・ハード」，「オーストラリア・ハード」，「オーストラリア・プレミアム・ホワイト」，「オーストラリア・プレミアム・ホワイト・ヌードル」，「オーストラリア・ヌードル」，「オーストラリア・ソフト」，および「オーストラリア・デュラム」という銘柄に格付けする．基準品質以上でも特別な特徴がないか，仕分けしても販路がないものは，「オーストラリア・スタンダード・ホワイト」（略称，ASW）に格付けされる．

同じ銘柄の小麦でも州によって品質がかなり違い，図 I.3.13 のように各州に輸出港があるので，小麦は州別に区分けされる．それらの中から，日本は次の2銘柄の小麦を輸入している．

3) オーストラリア・スタンダード・ホワイト小麦

西オーストラリア州からめん用の白小麦を輸入している．日本での呼称は「オーストラリア・スタンダード・ホワイト（略称，ASW）小麦」のままだが，日本市場が要望する品質の小麦を供給しようとする現地関係者の努力によって，内容が変化してきた．現地では日本向けの小麦を「オーストラリア・スタンダード・ホワイト（ヌードルブレンド）」小麦と称して，「オーストラリア・プレミアム・ホワイト・ヌードル小麦」と「ヌードル小麦」をターミナル・エレベーターでブレンドして，輸出している．ヌードル小麦のブレンド率は年単位で一定になるよう配慮されており，60〜65%の年が多いが，ヌードル小麦の生産量によっては30%まで低下することもある．

ヌードル小麦は日本のうどんに向く適性の小麦の研究から生まれた．既存の小麦品種の中から Gamenya が優れためん適性を持つことを見付け，それと同じ適性を持つ品種を次々に開発した．育種の成功がきっかけになって「めん用小麦生産者組合」が設立され，「めん用品種」として認定されたものだけを「オーストラリア・ヌードル」という銘柄に仕分けするようになった．品質が良く，収量も高い後続品種の開発が遅れていることもあって，生産量が伸びず，日本と韓国での必要量ぎりぎりの状況が続いている．

ブレンド相手は 1995/96 年度から「オーストラリア・プレミアム・ホワイト小麦」だったが，2010/11 年度に新設された「オーストラリア・プレミアム・ホワイト・ヌードル小麦」に切り替わった．この銘柄は，ヌードル小麦以外の小麦の中で，デンプンの糊化粘度が高く，めんの色の安定性が良い品種を特に選び，タンパク質含量が 10〜11.5% のものを仕分けしたものである．

4) オーストラリア・プライム・ハード小麦

「オーストラリア・プライム・ハード」は，ニューサウス・ウェールズ州北部とク

3. 原料小麦の選択と配合

インズランド州で生産されるタンパク質の量が多い硬質の白小麦である．バランスのとれた生地をつくることができるプライム・ハード用として認定された品種で，タンパク質の量が13%以上のものが格付けされる．

タンパク質の量によって15%もの，14%もの，および13%ものに仕分けされるが，年によって3つに仕分けできないこともある．また，旱ばつや洪水に見舞われることもあり，生産量と品質も変動する．

日本は13%ものを輸入している．一般に，粉の色が冴えており，グルテンも強靭で，中華めん用として使われるほか，パン用粉の原料として少量配合することがある．

3.6 日本で使っている以外の主な小麦

地球温暖化で天候異変が日常的になってきたので，現在日本が輸入している小麦でも，必要な品質のものが入手できないことが起こるかもしれない．そういう時に備えて，輸入先や銘柄の拡大の可能性を検討しておく必要がある．また，品質的に特徴がある小麦を輸入して，その特徴を活かした新しい小麦粉をつくることも考えられる．

3.6.1 アメリカ合衆国産小麦

1) ソフト・レッド・ウインター小麦

東部諸州で広域にわたって生産されている軟質の赤色冬小麦が「ソフト・レッド・ウインター小麦」である．生産地は広いが，五大湖に近いイリノイ，インディアナ，オハイオ，およびケンタッキーの各州産のものがタンパク質の量が少なく，ソフトで品質が良いものが多い．この地域に製菓工場が多く，これらに供給するための製粉工場がたくさんあることが，その品質の良さを裏付けている．

日本から遠いので，アメリカ合衆国内での輸送運賃がかかる．また，地元の製粉会社が良品質の小麦を選んで買い付けるので，それらに負けないような事前調査と買付け技術が要求される．赤かびの被害が多い年があり，年産による品質の変動にも注意が必要である．

2) デュラム小麦

デュラム小麦は，硝子質粒の混入率によって3つの副銘柄に分けられている．硝子質粒が75%以上のものは「ハード・アンバー・デュラム小麦」に，60%以上75%未満のものは「アンバー・デュラム小麦」に，60%未満のものは「デュラム小麦」に格付けされる．

北部のノースダコタとモンタナの両州に生産されるデュラム小麦はカナダ産デュラ

ム小麦に近い品質だが，品質に基づく品種管理がされていないことによる品質のばらつきが大きいことと，セモリナにスペックを生じやすい雑草の種子などの混入が時々あることに注意が必要である．

南部のカリフォルニアとアリゾナ両州で生産されるものは伝統的な産地である北部州産のものとは品質が異なるので，「デザート・デュラム」と呼ばれて区別されている．粒が大きく，グルテンは強いが，色は北部州産のものに比べてやや劣る．イタリアが時々輸入している．

3) ハード・ホワイト小麦

アジアのめん用市場を席巻したオーストラリアの白小麦に対抗して開発が始まった「ハード・ホワイト小麦」だが，アメリカ合衆国内での小麦全粒粉パンの需要増に対応する小麦として注目されるようになった．全粒粉パンにした時に，ふすまの破片が目立ちにくいからである．アジアへの輸出が伸びない中で，製パン性が高い硬質白小麦の開発と増産が進んでいる．

3.6.2 カナダ産小麦

1) カナダ・ウエスタン・エクストラ・ストロング・レッド・スプリング小麦

「カナダ・ウエスタン・エクストラ・ストロング・レッド・スプリング小麦」は，西部平原州産の硬質赤色春小麦品種の中で特に生地（グルテン）の力が強い品種で構成されている．その粉はグルテンの力が強いので，パン生地にした時に冷凍耐性があるほか，力が弱い粉への補強剤としての用途もある．

2) カナダ・ウエスタン・ソフト・ホワイト・スプリング小麦

「カナダ・ウエスタン・ソフト・ホワイト・スプリング小麦」は西部平原州産の軟質白色春小麦で，生地の性状は弱い．ケーキ，クッキー，ビスケットなどの菓子用が主用途である．その粉はクラッカー，平焼きパン，蒸しパン，一部のめんの製造で強力粉と混ぜて使うという用途もある．

3.6.3 オーストラリア産小麦

1) オーストラリア・ソフト小麦

白粒で軟質のクラブ小麦品種で，タンパク質の量が9.5％以下のものだけを特別に仕分けしたものが「オーストラリア・ソフト小麦」である．輸出需要が少ないので，ウエスタン・オーストラリア州の南部に主産地が限られているが，需要があればビクトリア州でも生産可能である．灰分の量が少なく，色が良い小麦粉が高歩留りで得られ，ビスケット，ケーキ，クッキー，ペストリー，蒸しまんじゅう，スナック食品な

3. 原料小麦の選択と配合

どの菓子類への適性が高い．

2) オーストラリア・デュラム小麦

ニューサウス・ウェールズ州北部とサウス・オーストラリア州で生産される「オーストラリア・デュラム小麦」は，まだ生産量がそう多くないが，輸出にも力を入れ始めている．タンパク質の量が13.0％以上のものをNo.1に，11.5％以上13.0％未満のものをNo.2に格付けしている．

3.6.4 アルゼンチン産小麦

生産量の98％以上が硬質系の赤色春小麦だが，硬質，準硬質および中間質まである．デュラム小麦も約20万トン生産されている．生産量が年によって変動するので信頼できる輸出国ではないが，輸出に力を入れている．

生産地や積出港で小麦を呼ぶことも多い．「Rosafé 小麦」は，Santa Fe 州で生産され，Rosario 港から積み出されるものである．「Bahia Blanca 小麦」は，Buenos Aires と La Pampa 州で生産され，Buenos Aires 港から積み出される．

アルゼンチン小麦は「Trigo Duro Argentino 1」，「Trigo Duro Argentino 2」，および「Trigo Duro Argentino 3」の3銘柄に仕分けされている．「Trigo Duro Argentino 1」は，アルベオグラフの W 値が $300\,J\times10^{-4}$ 以上，P/L 比が0.8～1.5，ファリノグラフの安定度が15～40分，フォーリングナンバーが300秒以上の品種で構成される．生地の性状は硬く，乾物量ベースのタンパク質含量が12.5％以上のものである．体積が大きい型焼きパン，パネトーネ，ロール，バンズ，ハンバーガーバンズなど用としている．日本の買付け対象になるのはこの銘柄だが，グルテンの質が非常に硬いこと，製粉性があまり良くないこと，品質のばらつきが大きいことなどを十分に考慮する必要がある．また，積出港も選びたい．

「Trigo Duro Argentino 2」は，アルベオグラフの W 値が $240\,J\times10^{-4}$ 以上，P/L 比が0.8～1.5，ファリノグラフの安定度が9.0分，フォーリングナンバーが300秒以上の品種で構成される．乾物量ベースのタンパク質含量が12.0％以上のものである．発酵時間が8時間以上のバゲットタイプのパン用である．「Trigo Duro Argentino 3」は，アルベオグラフの W 値が $170\sim240\,J\times10^{-4}$，$P/L$ 比が0.7～1.0，ファリノグラフの安定度が3～7分，フォーリングナンバーが300秒以上の品種で構成される．生地の性状は硬く，乾物量ベースのタンパク質含量が11.0％以上のものである．発酵時間が8時間以内の普通のパンとクラッカー用である．

3.6.5 ヨーロッパ産小麦

1) フランス小麦

　生産量が多く，輸出余力も十分にある．他の輸出国にあるような銘柄区分も等級区分もない．その代わりに，栽培と利用の両面で品種が非常に重要視されており，政府機関と製粉協会が品種管理に力を入れている．

　ほとんどが冬小麦で，中間質ないし準硬質粒である．フランス小麦の品種は，小麦粉生地のアルベオグラフ試験および製パン試験の結果によって，次の3つの品質グループ，および生物農業で生産されるパン用小麦に分類されるが，これらのグループで流通しているわけではなく，品種が流通の基本である．品種による二次加工適性の差が大きく，生産地による品質差も大きいので，希望の品質の小麦を輸入するためには，品種と生産地の両方を慎重に選定し，それがきちんと積み出されるよう配慮が必要である．

a) 上級パン用小麦

　準硬質の小麦で，フランス小麦の中では製パン適性が最も高い．フランスパン，その他のヨーロッパパン，平焼きパン，蒸しパン，ウィーン風パン，アジアのめんなどの用途を想定している．

b) 標準パン用小麦

　グルテンの力が中庸の準軟質の小麦品種である．上級パン用小麦に比べると製パン性は劣るが，一般的なフランスパンの製造に幅広く使え，その他のパンへの配合用やアジアのめんも用途として考えられる．

c) 他用途用小麦

　パン用以外の用途向けの小麦で，主用途は飼料である．他用途用小麦品種の中で，タンパク質の量が少ない軟質の小麦を「ビスケット用小麦」として特別に区分けしている．ビスケット用小麦の生産量は多くない．この小麦にグループ分けされる品種はグルテンの力が弱いので粉の吸水が少なく，ビスケット，ケーキ，その他の菓子用として適性がある．

2) ドイツ小麦

　生産量が多く，輸出余力がある．小麦の銘柄や等級区分はない．小麦品種を生地の弾力，生地表面の状態，フォーリングナンバー，タンパク質含量，沈降価，粉の吸水，粉歩留り，パン体積などをベースにした基準によって，次の品質グループに分けて，良質小麦品種育種と生産への誘導をしている．すなわち，Eグループ（特選小麦），Aグループ（高品質小麦），Bグループ（パン用小麦），Kグループ（菓子用小麦），およびCグループ（その他小麦）である．

3. 原料小麦の選択と配合

ほとんどが冬小麦で，準硬質粒ないし中間質粒である．フランス小麦と同様に，品種による二次加工適性の差が大きく，生産地による品質差も大きいので，希望の品質の小麦を輸入するためには，品種と生産地の両方を慎重に選定し，それがきちんと積み出されるよう配慮が必要である．

3.6.6　ロシア産小麦

年に4,000万トン以上を生産する大生産国だが，時々大規模な旱ばつがあり，自由化への動きがなかなか進まない．平年は輸出余力が十分にあるので，輸出に力を入れている．

冬小麦の作付面積は全体の35％程度だが，冬小麦は単収が高いので，全生産量の半分は冬小麦である．表I.3.22のように6つの等級に仕分けされている．全般的に品質が良くなく，上位等級に仕分けされる小麦が少ない年が多いため，製パンに適した製粉用の小麦を一部輸入している．

穀物生産地区は7つに分けられるが，中央，南部，ボルガ，およびシベリアの4地区で90～95％を生産する．冬小麦は主にウラル山脈の西の肥沃で雨量が多いロシア西部で生産される．春小麦の約60％はウラル山脈の東で，残りはボルガ盆地で生産される．

農業機械や肥料の不足，技術力の低下，品種改良の遅れ，生産意欲の低下などの問題点が少しずつ改善されて，生産量も増えてきたが，品質面ではまだ旧ソ連時代のレベルに戻っていないようである．まずまずの品質のものもあるが，日本の用途に合う良品質の小麦を輸入するにはかなりの調査と努力が必要と思われる．

3.6.7　カザフスタン産小麦

新政治体制になってから，小麦の生産量が1,200万トン程度に増え，輸出国になった．土壌と気候が小麦作に適している．北部のKostanai，北カザフスタン，およびAkmolaの3州が小麦の約70％を生産する．全体の約90％が春小麦である．

表I.3.22　ロシア小麦の品質等級

等　級	超1等	1等	2等	3等	4等	5等
品種の品質グループ	上　質	上　質	上　質	普　通	品種を問わず	品種を問わず
容積重（kg/hl）	75	75	74	70	—	—
硝子率（％）	>50	>50	>50	—	—	—
グルテン（％）	36	32	28	23	18	—
グルテン質のグループ	I	I	I	II	III	—
フォーリングナンバー	>200	>200	>200	>150	>90	—
当該小麦以外のもの（％）	<5	<5	<5	<15	<15	<15

表 I.3.22 のロシアの等級から超 1 等を除いた等級区分が使われている．ロシアより品質が良く，1 等と 2 等は強力タイプとも呼ばれ，高品質のパンに使われる．3 等は価値あるタイプといい，低品質のパンや高品質小麦に配合して使われる．ここまでが製粉用で，4 等と 5 等は弱いタイプで，飼料用やアルコール生産用である．ロシアと異なり，産地と品質を選べば，日本でも使える可能性がある．

3.6.8 中国産小麦

世界最大の小麦生産国である．生産量の増加が続いたが，農村の都市化，農業人口減，水不足などの要因によって約 1 億トンで足踏み状態である．品種改良と農業技術による単収増で，生産量を増やす努力がされている．自給自足の状態が続いているが，国内の食用需要がほぼ頭打ちのようなので，少し輸出できるようになった．

約 92％が冬小麦である．北部の平野が主産地で，約 50％が灌漑で生産されている．軟質ないし準硬質の小麦が多い．残りの 8％は北東部と北西部で生産される春小麦である．タンパク質含量があまり高くなく，品種による品質のばらつきも非常に大きいが，1980 年代半ばに始まった高品質品種の育種の成果が出てきており，パン用のタンパク質が多い品種と菓子用のタンパク質が少ない品種が増えてきた．将来は，こういう高品質小麦の輸出も視野に入れているという．日本に近い国であり，生産量が多いのでその動向には常に注目したい．

3.6.9 インド産小麦

高収量品種と肥料の使用で生産量が増え，7,000 万トンを超える第 2 の小麦生産国になった．米の生産量との関係もあるが，輸入国から輸出国に転じた．まだ輸出量は多くないが，徐々に増えると期待されている．

春播きタイプの小麦を冬小麦として栽培している．粒質は非常に硬く，ほとんどが白小麦である．小麦の約 80％がインド・ガンジス平原で生産され，残りは主に西ベンガルとマハラシュトラで生産される．インドの小麦を輸入することは考えられないが，生産量が多く，世界の小麦市場に与える影響が増してくると思われるので，その動向には注目したい．

参 考 文 献

1) 西川浩三：作物としての小麦，In: 小麦の話，西川浩三，長尾精一共著，p.47，柴田書店 (1977)
2) Pomeranz, Y., 長尾精一訳：最新の穀物科学と技術，p.22，パンユース社 (1992)
3) 日本麦類研究会編：小麦粉―その原料と加工品―(改訂第三版)，p.221，日本麦類研究会 (1994)
4) Simmonds, D. H. : Structure, composition and biochemistry of cereal grains, pages 105-137, In:

3. 原料小麦の選択と配合

Cereal '78 : Better Nutrition for the World's Millions, Y. Pomeranz, Ed., Am. Assoc. Cereal Chem., St, Paul, MN, U. S. A. (1978)
5) Wheat Flour Institute : From Wheat to Flour, p.38, Wheat Flour Institute (1965)
6) 長尾精一：小麦とその加工, p.80, 建帛社 (1984)
7) Pomeranz, Y. and MacMasters, M. M. : Structure and composition of the wheat kernel, Baker's Dig., **42(2)**, 24-32 (1968)
8) 長尾精一, 世界の小麦の生産と品質, 上巻 小麦の魅力, p.118, 輸入食糧協議会 (1998)
9) 梶原景光 : 小麦粉の微生物がその加工食品の品質におよぼす影響, 化学と生物, **10 (2)**, 93-100 (1972)
10) Christensen, C. M. : Grain storage studies, XVIII. Mold invasion of wheat stored for sixteen months at moisture contents below 15 percent, Cereal Chem., **32**, 107-116 (1955)
11) Milner, M., Christensen, C. M. and Geddes, W. F. : Grain storage studies, V. Chemical and microbiological studies on "sick" wheat, Cereal Chem., **24**, 23 (1947)
12) Papavizas, G. C. and Christensen, C. M. : Grain storage studies, XXVI. Fungus invasion and deterioration of wheats stored at low temperatures and moisture contents of 15 to 18 percent, Cereal Chem., **35**, 27-34 (1958)
13) Christensen, C. M. : Fungi on and in wheat seed, Cereal Chem., **28**, 408 (1951)
14) Sorger-Domenigg, H., Cuendet, L. S. and Geddes, W. F. : Grain storage studies, XX. Relation between viability, fat acidity, germ damage, fluorescence value, and formazan value of commercial wheat samples, Cereal Chem., **32**, 499 (1955)
15) Shellenberger, J. A. : Variation in the baking quality of wheat during storage, Cereal Chem., **16**, 676-682 (1939)
16) Baker, D., Neustadt, M. H. and Zeleny, L. : Application of the fat acidity test as an index of grain deterioration, Cereal Chem., **34**, 226-233 (1957)
17) Baker, D., Neustadt, M. H. and Zeleny, L. : Relationships between fat acidity values and types of damage in grain, Cereal Chem., **36**, 308-311 (1959)
18) Fifield, C. C. and Robertson, D. W. : Milling, baking, and chemical properties of Marquis and Kanred wheat grown in Colorado and stored 25 to 33 years, Cereal Sci. Today, **4**, 179-183 (1959)
19) Linko, P. and Sogn, L. : Relation of viability and storage deterioration to glutamic acid decarboxylase in wheat, Cereal Chem., **37**, 489-499 (1960)
20) Pomeranz, Y. : Review of recent studies on biochemical & functional changes in mold-damaged wheat & flour, Cereal Sci. Today, **16**, 119 (1971)
21) Taufel, K., Romminger, K. and Hirschfeld, W. : Oligosaccharide von Getreide und Mehl, Lebensm. Unters. Forsch., **109**, 1-12 (1959)
22) Glass, R. L. and Geddes, W. F. : Grain storage studies, XXXI. Changes occurring in low molecular-weight compounds in deteriorating wheat, Cereal Chem., **37**, 568-572 (1960)
23) Lynch, B. T., Glass, R. L. and Geddes, W. F. : Grain storage studies, XXXII. Quantitative changes occurring in the sugars of wheat deteriorating in the presence and absence of molds, Cereal Chem., **39**, 256-262 (1962)
24) Jones, D. B. and Gersdorff, C. E. F. : The effect of storage on the protein of wheat, white flour and whole wheat flour, Cereal Chem., **18**, 417-434 (1941)
25) Linko, P. and Milner, M. : Gas exchange induced in dry wheat embryos by wetting, Cereal Chem.,

36, 274-279 (1959)

26) Linko, P. and Milner, M. : Free amino and keto acids of wheat grains and embryos in relation to water content and germination, Cereal Chem., **36**, 280-294 (1959)
27) Rohrich, M. : Glutamic acid decarboxylase in grain, Getreide u. Mehl., **7**, 89 (1957)
28) Linko, P. : Current research on the biochemistry of grain storage, Cereal Sci. Today, **5**, 302-306 (1960)
29) Bailey, J. E. : Whole grain storage, p. 354, In: Storage of Cereal Grains and Their Products, C. M. Christensen, Ed., Am. Assoc. Cereal Chem., St. Paul, MN, U.S.A. (1974)
30) Endo, S., Okada, K., Nagao, S. and D'Appolonia, B.L. : Quality characteristics of hard red spring and winter wheats, I. Differentiation of reversed-phase high-performance liquid chromatography and milling properties, Cereal Chem., **67**, 480-485 (1990)
31) Endo, S., Okada, K., Nagao, S. and D'Appolonia, B.L. : Quality characteristics of hard red spring and winter wheats, II Statistical evaluation of reversed-phase high-performance liquid chromatography and milling data, Cereal Chem., **67**, 486-489 (1990)

4. 製粉技術の役割

小麦から小麦粉ができるまでの工程の概略を模式的に図 I.4.1 に示した．製粉は，① 原料小麦の買付け，② 原料の受入れ・検査・保管，③ 原料の精選・調質・配合，④ 挽砕，⑤ 製品仕上げ，⑥ 検査，⑦ 包装・保管，および ⑧ 出荷，で構成される．

4.1 原料小麦の前処理と配合

4.1.1 小麦の買付けと選択

原料小麦の品質によって製粉の効率や歩留りと小麦粉の品質が決まるといってもよいほどなので，小麦の買付けには特に配慮し，製造に必要な銘柄や品質の小麦が常に原料サイロに確保されているようにする．また，これら在庫品の中から製造に使うロットを選ぶ場合にも細心の注意を払う必要がある．

日本では，目標の品質の小麦粉を製造するために，異なる銘柄（品質）の小麦を配合して使うことが多い．また，製粉工程を安定させ，安定した品質の小麦粉を製造するために，同じ銘柄の異なるロットの小麦を配合することも行う．小麦粉の種類をつくり分けるために，図 I.2.2 のような銘柄の小麦を使う．

4.1.2 原料の精選，調質，配合

1) 精選の目的

小麦は農産物なので，健全な小麦粒が100％ということは期待できない．小麦の茎やもみがら，砂や泥，石などが混ざっているほか，雑草の種子や茎，石炭，鉱物，コンクリート破片，金属破片，化学物質などの予測できないものが混ざっていることもある．3.4.2 に記したように，これら小麦以外の不純物および麦角菌と黒穂病菌に侵された小麦粒はきょう雑物と異物に分類される．

精選工程の目的は，① これらきょう雑物や異物を可能な限り除去して，食用に供することができるきれいな小麦にすること，② 挽砕しやすいように小麦粒の物理的な状態を整えること，および ③ 均質にするためと品質づくりに必要な割合に小麦粒を配合すること，の3つである．

4. 製粉技術の役割

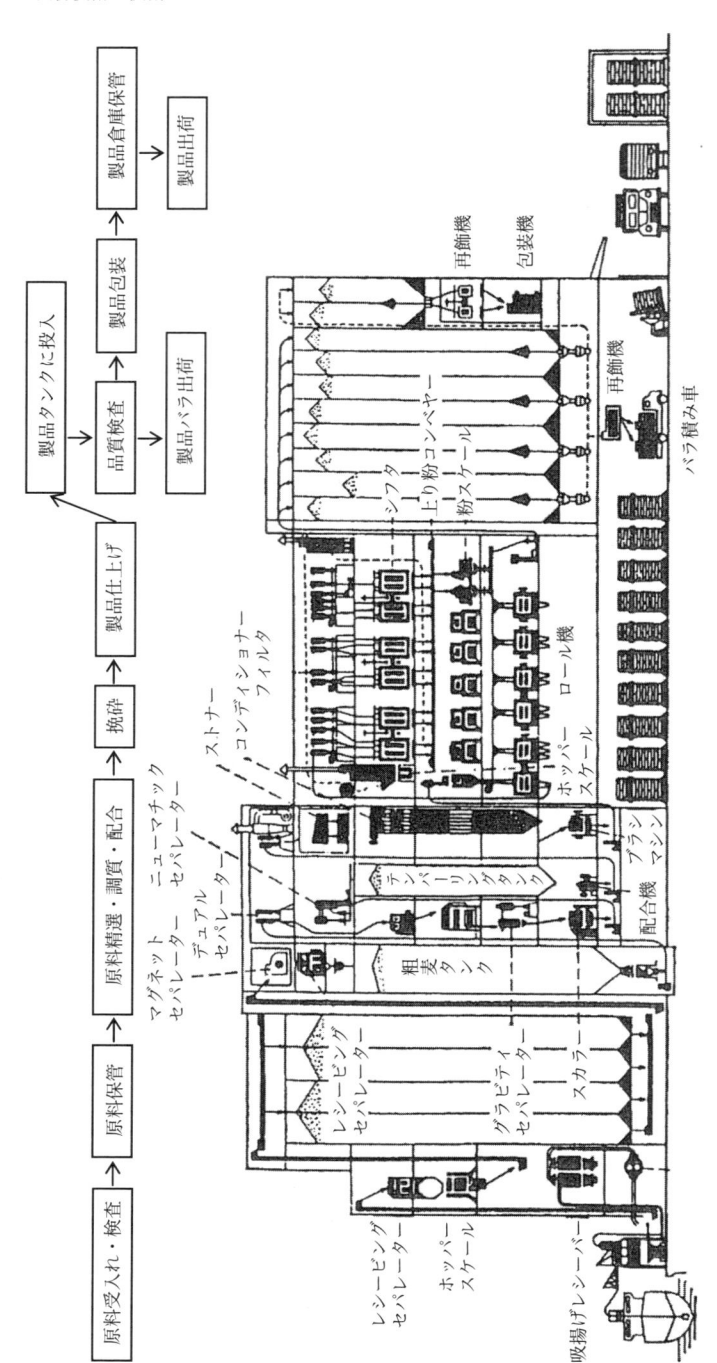

原料受入れ・検査 → 原料保管 → 原料精選・調質・配合 → 挽砕 → 製品仕上げ → 製品包装 → 製品倉庫保管 → 製品出荷

製品タンクに投入 → 品質検査 → 製品バラ出荷

図 I.4.1 小麦から小麦粉ができるまで

2) 精　選

　精選工程はその機能から，一次，二次および三次に分けることができる．一次精選では，きょう雑物と異物をできるだけ除去し，加水と調質によって小麦粒の状態を整える．二次精選では，異なる銘柄やロットの小麦を配合し，さらに念入りにきょう雑物と異物の除去を繰り返して，追加の加水と調質を行い，挽砕に備える．三次精選では，挽砕直前の小麦を計量し，きょう雑物と異物の残りがないかを再度確認して，必要な場合にはさらに調質を行う．

　計画された比率で，いくつかの銘柄またはロットの小麦がサイロから取り出され，精選工程へ送られる．精選工程には，大きさ，形状，比重，空気抵抗，磁力の差や摩擦によってきょう雑物や異物を除去するための各種の精選機械が備えられている．小麦は，これらの精選機を順に通って処理されることによって，きょう雑物や異物を含まないきれいな状態に磨き上げられる．

　精選工程で行う処理を目的別に整理し，それに使う主な機械を列挙する．

- 振動する金網か有孔鉄板ふるいを使って小麦粒と大きさが違うものの分離……レシービングセパレーター，ミリングセパレーター
- 小麦粒と形状が違うものの分離……ディスクセパレーター，コックルシリンダー
- 小麦粒と比重が違うものの分離……グレインセパレーター，グラビティセパレーター，ドライストーナー，コンセントレーター
- 風選による軽いきょう雑物の除去……アスピレーター
- 磁気による金属の分離……マグネティックセパレーター
- 色の違いでの分離……色彩選別機
- 小麦粒の表面や粒溝に付着しているものの除去……スカラー，ブラシマシン，エントレーター，アスピレーター

　通常の精選工程にはないが，小麦と回転ローターおよびスクリーンジャケットとの接触や小麦粒間の摩擦によって小麦粒の果皮を除去するピーラーが衛生目的で使われることがある．また，砥石による研磨と小麦粒間の摩擦で種皮までも除く機械もあり，採り分けをしない製粉などで使われる．

　技術の進歩によって，効率と精度がより優れた精選機が次々と開発されている．図I.4.2に典型的な精選機の組合せを示した．使う原料小麦の産地や種類によって混入の可能性があるきょう雑物と異物の種類や量が異なるので，各製粉工場はそれらに対応できる精選機械を備えている．しかし，これまで使ってきた銘柄の小麦でも，経験したことがないような特殊なきょう雑物・異物が混入してくる危険は常にあるし，新しい供給源から買い付ける場合には想定外のものが混入していることも考えられるので，今まで以上に，精選工程を充実して安全な製品を供給できる態勢を整える必要がある．

4. 製粉技術の役割

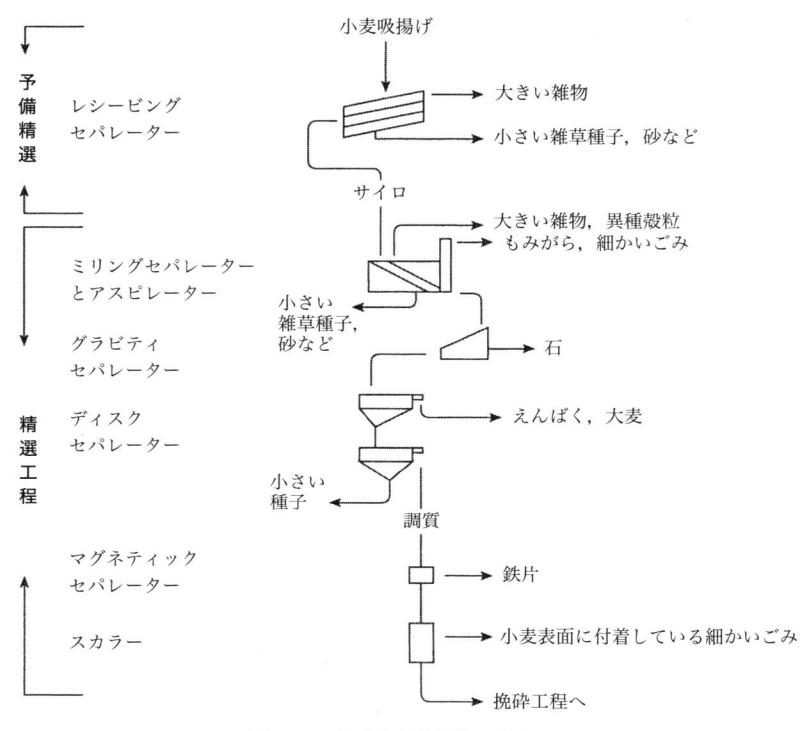

図 I.4.2 典型的な精選機の組合せ

3) 調 質

　小麦粒は比較的乾燥した状態で保管されているので，硬い．そのままで粉砕すると，胚乳は粉砕されにくく，外皮は細かくなりやすいので，良質の小麦粉を高歩留りで採取しにくい．

　そのため，加水機を使い，きれいになった小麦の表面に数％（一般的には2〜3％）の水を噴霧し，タンクに入れて24〜36時間，常温でねかせて，挽きやすい状態にしてやる必要がある．この一連の工程を「調質（コンディショニング）」といい，その工程の中で水を加えることを「加水」，タンク中で寝かせることを「テンパリング」と呼ぶ．

　加水量は原料小麦の水分と硬度，製造しようとしている小麦粉の目標水分，および気温と湿度によって計算で求める．元々硬い小麦粒や乾燥して硬くなった小麦粒には，多めの水を含ませ，長時間のテンパリングを行う必要があり，寒い時期には小麦粒が硬く締まっているので，多めの水でほぐしてやる．加水量は多過ぎても少な過ぎても製粉しにくくなり，できる小麦粉の品質にも影響を与えるので，慎重に決められる．寒いところでは，蒸気などで小麦粒を暖めることも行われる．

加水量のうちの0.5％くらいを挽砕の2～3時間前に配合済みの小麦粒に加えるのが一般的である．その場合，主な加水を「一次加水」，挽砕直前の加水を「二次加水」と呼ぶが，3段階に分けて加水を行うこともある．

加水とテンパリングによって，小麦粒を眠りから覚まし，挽砕にちょうど良い硬さに調節することができる．小麦粒の表面に付着した水が，胚芽などを通って内部に浸透していくので，胚乳は軟らかくなり粉砕されやすくなる．一方で，外皮は適度の水を吸収して強靱になり，もろく砕けにくくなるので，好都合である．二次加水の目的は外皮をさらに強靱にして，砕けにくくすることである．

加水装置に入る小麦粒の水分を自動的に計測して，加水量を自動調節する装置が開発され，この工程の安定化に貢献している．

4) 配 合

種類別に精選し，調質した何種類かの小麦粒は，配合機によって予定の比率に配合される．

4.2　粉砕とふるい分け

4.2.1　小麦製粉の仕組み

製粉のねらいは，外皮をなるべく砕かないようにしながら，胚乳を上手に外皮から分離し，それに過度の機械的損傷を与えることなく細かい粉にすることである．小麦を一度に砕かないで，無理のないように少しずつ粉砕していく．粉砕には1対また

写真 I.4.1　ローラーミル（Antares）（ビューラー株式会社提供）

4. 製粉技術の役割

は両側に1対ずつのチルド鋳鉄製ロールが取り付けられたロール機（ロール式粉砕機，ローラーミル）（写真 I.4.1）を使うが，段階的に粉砕していくために，長さ，直径，および表面の状態がさまざまなロールが異なる間隔で設置されたロール機が何台も備えられている．

図 I.4.3 は，小麦製粉の仕組みを分かりやすく示したものである．小麦粒は，まず，目立てした1対の1番ブレーキ（1B）ロールで2つか3つに開かれるように割られ，いくつかのロールを通るうちに，胚乳の内側の方から少しずつ段階的に何回にも分けて粉が採られる．そして，最後には主として外皮が残るような仕組みである．

それぞれのロールで粉砕されたもの（「ストック」という）は，ふるい機（シフター）でふるい分けられる．シフターにも2タイプあり，プランシフターは，目開きが異なる何種類かのふるい絹（またはナイロン，金網（ワイヤー））を張った長方形の枠を多数積み重ねたもので，スクウェアーシフター（写真 I.4.2）はこれらのふるい枠を大きな箱の中に多数積み重ねたものである．いずれにしても，全体を振動することによって，各ロールからきたストックを粒度の大小で数種類に分ける．シフターに積み重ねられたふるい枠の中で，一番下の方の目開きが細かい（150 μm 以下）絹（ナイロン）ふるいを

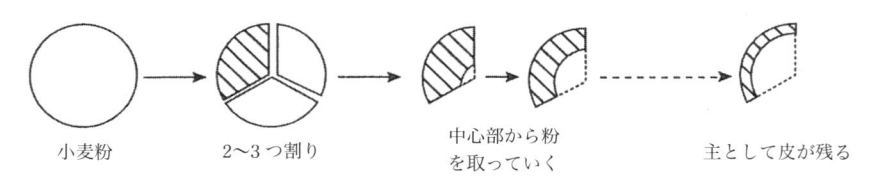

小麦粉 → 2〜3つ割り → 中心部から粉を取っていく → 主として皮が残る

図 I.4.3　小麦製粉の仕組み

写真 I.4.2　スクウェアシフター（Sirius）（ビューラー株式会社提供）

通過したものは，製品を構成する粉（「上り粉」という）になる．また，シフター上部の方の目開きの粗い（150～2,380 μm）絹，ナイロン，またはワイヤーのふるい上に残った粒度の粗い部分は，それぞれのふるいの目開きに応じて，粒度や外皮の破片の混入率が異なるので，その性状によって別のロールでさらに粉砕されるか，ピュリファイヤーで純化処理（後述）される．

こうして再度粉砕されるか，ピュリファイヤー処理されたストックは，その性状に応じてさらにふるい分け，粉砕などが繰り返されて，その途中で徐々に上り粉が採取される．

4.2.2 ロールの役割

ロールは鋳鉄製で，直径が250～300 mm，長さが1,000～1,250 mmのものが多いが，長さは2,500 mmのものまである．ロール機のフレームに仕切りをし，その両側に1対ずつのロールを装備した複式ロール機が一般的になっており，両側のそれぞれ1対ずつのロールは独立の動きができるようになっているものが多い．両側のロールが上下に2段式になったダブル複式ロール機も使われるようになった．

ロールには，目立ロール（条溝ロール）と滑面ロールがある．目立ロールには異なる大きさと角度の目（歯型）（図I.4.4参照）が刻まれており，1Bロールでは1 cm当たり3～4目の粗いものが使われるが，ブレーキロールの後段にいくに従って目数が多いものを使うのが普通で，5番ブレーキ（5B）ロールでは9～11である．スクラッチやサイジング工程（後述）の上段では8～9目の目立ロールが使われ，1番ミドリング（1M）ロールにも9目くらいのブレーキロールが使われることもある．

1対のロールのうち，1本を高速で回転し，もう1本を低速で回転して，原料小麦やストックを挟み込みながら引っ掻くように粉砕してゆく．したがって，2本のロールの回転速比が粉砕効率に与える影響は大きく，目立ロールの速比は2：1から3：1の間で，滑面ロールでは1.25：1から1.5：1の間である．

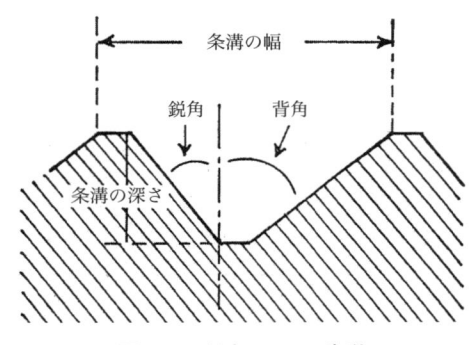

図 I.4.4　目立ロールの歯型

4. 製粉技術の役割

また，歯型の組合せ方も4通りある．歯型の鋭角側をロールの回転方向に向けて設置したものを「シャープ」，背角側を回転方向に向けて設置したものを「ダル」といい，シャープ：シャープ，シャープ：ダル，ダル：シャープ，およびダル：ダルの組合せがある．ダル：ダルの組合せは，比較的きれいな中ないし細かいセモリナや上り粉を多くつくりやすく，大きなふすまも得やすいので，多く使われている．アメリカの1日の挽砕能力が240トンの製粉工場の例[1]では，2Bロールから4Bロールの一部までダル：シャープが使われている．

4.2.3 挽砕工程

挽砕工程は，ブレーキング，グレーディング，ピュリフィケーション，およびリダクションの4工程に分けられる．この関係を簡単に図解すると，図I.4.5[2]のようである．

精選，調質された小麦が1Bロールにかけられて粉砕されたストックは，グレーディング工程のシフターにかけられ，粒度別に分けられる．その中で，外皮に胚乳が付着している粒度が比較的粗い部分は2番ブレーキ (2B) ロールへいき，ここで再び目立てロールによって粉砕されると，グレーディング工程の次のシフターへ進み，再

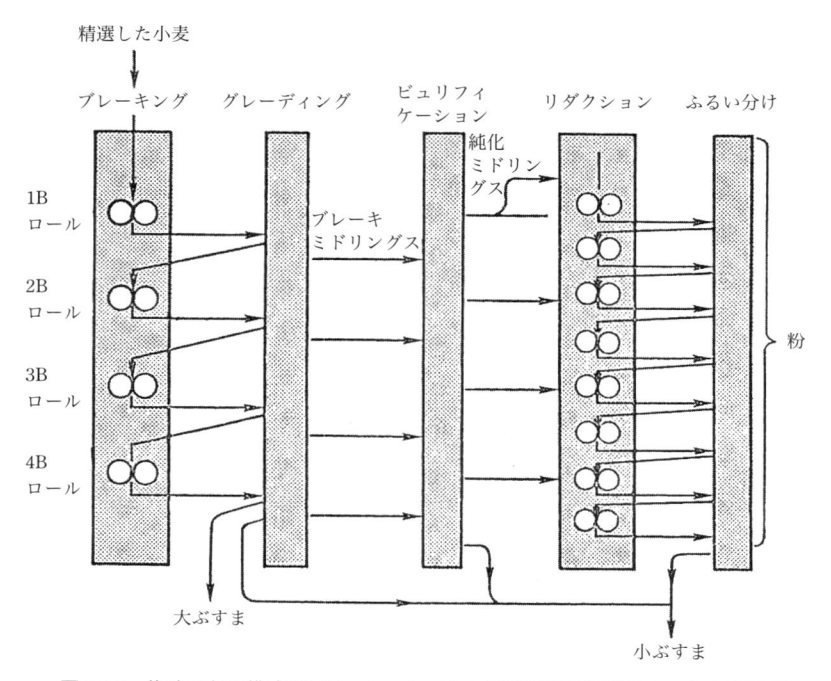

図 I.4.5 挽砕工程の模式的フローシート（カナダ国際穀物研修所テキストより引用）

びふるわれる．このように，いつまでも外皮が付着しているストックはブレーキ工程のロールを順に通ることによって，外皮から胚乳が少しずつ削り取られていき，5番ブレーキ（5B）ロールがある場合には，そこを通った外皮には胚乳がほとんど付着していないまでになる．

一方，グレーディング工程のふるいで分けられた粒度が小さい部分（これを「ブレーキミドリングス」という）は，さらに粒度別にいくつかに分けられて，ピュリファイヤーに送られか，上り粉になる．このようにブレーキロールで粉砕しただけで上り粉になる画分は品質的に特徴がある場合が多いので，特に「ブレーキ粉」と呼ばれる．

ピュリファイヤー（**写真 I.4.3**）の役目は，外皮の破片が混ざった状態のブレーキミドリングスから，外皮をできるだけ除去することである．調節した軽い空気流で外皮の破片を吸い上げる一方で，厳選した目開きのふるいを用いて，粒度別に分けながらきれいな胚乳の部分（粒度によって「純化ミドリングス」および「セモリナ」という）にして，次のリダクション工程へ送る．

リダクション工程では純化ミドリングスおよびセモリナが製品の粒度まで細かく粉砕されるほか，胚芽の分離も行われる．この工程は，さらに，サイジングおよびスクラッチ，テイリング，ミドリングの3つから成っている．純化されたセモリナを細かくしてミドリング工程へ送る操作が，サイジングである．目立てはしてないが，表面に粗い粗面加工をしたロール機を用いて粉砕し，ふるい分けする．ピュリファイ

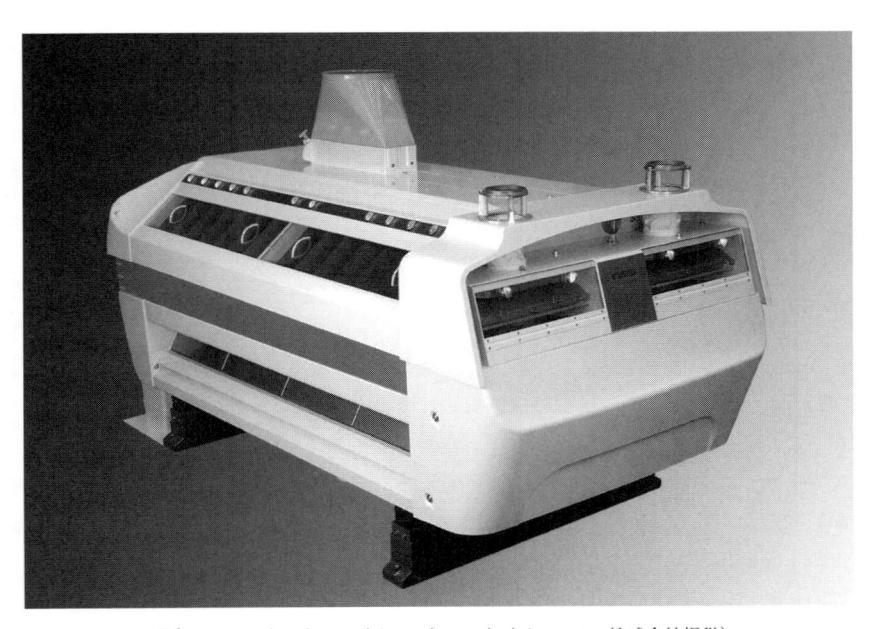

写真 I.4.3 ピュリファイヤー（Polaris）（ビューラー株式会社提供）

ヤーへ戻るストックもあり，製品になる粉も採れる．スクラッチといって，ピュリファイヤーから出てきた外皮に胚乳が付着した粗い粒度のものを処理して，この両者を切り離すこともやる．

　サイジングの後段をテイリングといい，ピュリファイヤーやサイジングから出る外皮を多く含んだ粗い粒度のものを，上り粉とふすまに分離する．ミドリングでは，純化ミドリングスの粉砕，ふるい分けを行うことにより，できるだけ多量の粉を採る．6～8台のリダクション・ロールを用いるが，目立てがしてなくて，表面に細かい粗面加工をしたミドリング・ロールを使う．順次，ロールで粉砕し，ふるい分けして，上り粉を除いた残りを次のロールへ送っていく．この工程の最終段階からは，粒度が細かい小ぶすまが得られる．

　胚芽は，1Bから3Bロールの間で他の部分から離れ，ブレーキミドリングスと共にピュリファイヤーへ入り，サイジングおよびテイリング・ロールで圧扁された後，シフターでふるい分けられる．

4.3　仕上げと製品化

　小麦粒は中心部と周辺部で成分に差があるから，粉砕とふるい分けの工程で得られる30～40種類の上り粉も，それぞれ品質が違い，特徴がある．それぞれの品質特性をあらかじめよく調べておき，希望する品質の製品になるように組み合わせ，2～4種類の等級にまとめる．**表I.2.1**に示したような1等粉，2等粉，3等粉，末粉を全部つくる採り分け方のほかに，1等粉，3等粉，末粉とか，1等粉，2等粉，末粉のような組合せの採り分けもよく行われる．アメリカ合衆国の製粉工場では考え方が違い，**図I.2.1**のような組合せで小麦粉を製造する．また，世界では，ストレート粉と末粉，またはストレート粉だけを採っている国が多い．

　シフターから出た上り粉をそれぞれの製品別のコンベヤに入れて，撹拌しながら運搬する．次に，混合機でよく混ぜて均質な製品にするが，念のために，もう一度ふるいにかけて最終の仕上げをする．ビタミンなどのエンリッチや漂白剤の添加はこの段階で行うことができるが，日本では学校給食用の小麦粉以外にはエンリッチは行われておらず，漂白もされていない．

　でき上がった製品は，銘柄ごとに別々の製品タンクに入れられ，ロットごとに厳重な品質検査を受ける．異なる製品を一定の割合で混合して，別の製品にすることもある．ある銘柄，ロットの製品が品質検査に合格すると，製品タンクの下から排出され，自動的に計量，包装されるか，バラ出荷用のタンクに入れられて，タンクローリー車へバラで積み込まれる．

4.4　工程管理と品質検査

　製粉工程は，コンピューターの活用による自動化，機械類の精度や信頼性の向上，各種センサーの活用などによって，生産性が格段に高まっただけでなく，希望する品質の製品を製造しやすくなった．また，工程が安定するようになったため，製品品質も安定するようになった．機械類の点検，整備も容易になって，故障が少なくなり，コンピューター中心の省人化による工程管理が可能になった．

　水分，色などの工程の安定度の指標になる項目のオンライン管理を近赤外線分析装置などによって行えるようになり，そのデータに基づく工程の自動調節も現実のものになっている．工程中での異物検査も重要である．

　製品の品質検査のやり方は，その会社の品質についての考え方や，小麦粉の種類，用途によって異なる．原料や製品の種類がまったく同じ一連の製造で，製品タンクに入る直前で試料を経時的に採取して，それらを一定時間ごとに縮分してロット試料をつくる．このロット試料について，一般的には，水分，灰分，およびタンパク質の量が測定され，色がチェックされるほか，ファリノグラフなどの装置を使った小麦粉生地の物理特性を調べる試験，アミログラフによる小麦粉糊の粘度試験，パン，うどん，ケーキなどへの適性をみる加工試験などが行われる．

　さらに，製品タンクから排出して袋に包装するか，バラタンク車に積載する直前に試料を採取し，最終の製品品質検査を行う．この場合には，細かい品質項目の検査を行うのではなくて，その銘柄の製品であることを確認できる項目について検査を行う．倉庫やタンクに保管されている製品についても，一定の日数ごとに変質がないかどうかをチェックする．

　小麦粉や製粉製品の安全性は，すべてのことに勝る重要事項である．ISO 9001 や 22000，HACCP，AIB 方式などの安全管理システムが導入され，またそれらに準じた各社独自の方法が確立されて，十分な管理が行われているはずである．安全な原料小麦の確保，その安全性の確認，製粉工程の衛生管理，異物混入防止，変質防止など，きめ細かい管理が求められる．さらに製品の安全性を顧客に保証するため，トレーサビリティを確保することも重要である．

4.5　ふすま除去による製粉

　これまでの製粉法とはまったく異なる方式の方法が開発され，発展途上国などで実用化されている．小麦粒の外層を剥離と摩擦によって除去してから，粉砕して粉にす

る方式である．小麦用に開発されたふすま除去機を用い，小麦粒の物理的性状に応じて最高8％までの外層を注意深く除去する．その後の粉砕工程では小麦粒の開披の必要がないので，いきなりサイジングロールで圧力をかけて粉砕できるから，工程を大幅に短縮できる．

この操作を行うことによって，表皮に付着している微生物，害虫の残渣，残留農薬，発芽によって活性が増したα-アミラーゼなどを除去できるので，衛生的に優れた小麦粉の製造が可能である．日本で一般的に行われている1等粉，2等粉などへの採り分けには向かないが，タンパク質が多いアリューロン層を含めた食物繊維やビタミン含量が多い高歩留り粉を得ることができる．

デュラム小麦の挽砕では，セモリナを高歩留りで得やすい．

4.6　今後の製粉技術

人口の増加，地球温暖化による気温の上昇や異常気象の多発などによって，世界の食糧事情は予断を許さない状況になることが予想される．その中にあって，小麦も例外ではなく，価格変動や品質問題がこれまでよりも拡大，多発すると思われる．製粉会社は，良質原料小麦の確保にこれまで以上に意を用い，開発輸入，有望な小麦の試験的輸入，生産地の品質調査などを精力的に行う必要がある．

また，使用原料の変化や原料配合の変更を余儀なくされるケースが増えることが考えられるので，原料に多少の変更があっても対応できる製粉工程にしておきたい．精選工程では，予測できないようなきょう雑物や異物が混入していても，きれいに除去できる装置と技術が求められる．これまでのように原料で配合して製粉するのがベストでなく，原料小麦の品質によっては，小麦別に製粉して粉で混ぜる方が良い場合があるかもしれない．

生産性の向上は，引続き追求しなければならない，永遠のテーマである．コンピューター，センサー，オンライン品質測定機器などの効果的な活用によって，無人またはごく少人数で長時間安定した製造ができるようにしたい．故障による製造の中断や品質低下を起こさないように，多少の不具合があっても自動修復できるようにしておくことが重要である．

二次加工業者や消費者が求める品質の小麦粉や製粉製品を供給し続けることは，製粉会社の使命である．市場ニーズの動向調査，掘り起こし，海外の市場動向の調査などを通して，常に，製品開発の方向を見つめ直し，最も適切と思われる製品を製造し，市場に供給することが求められる．

安定した品質の製品を供給し続けることも，機械化と自動化が進んだ二次加工業界

から求められることであり，品質の安定性は小麦粉販売の大きな武器になると思われる．原料小麦の選択，配合から始まる全製粉工程を通して，製品品質の安定化に取り組む必要がある．

　小麦粉や製粉製品の安全性は，これで十分ということがない．自社のシステムが万全かどうかを常に見直し，その時々の状況に合うものにすると共に，会社全体で真剣に取り組む姿勢が重要である．

参 考 文 献

1) Posner, E. S. : Wheat Flour Milling, p.133, In: Wheat: Chemistry and Technology, Fourth Edition, K. Khan and P. R. Shewry, Eds., AACC International, St. Paul, MN, U.S.A. (2009)
2) Canadian International Grains Institute : Grains and Oilseeds—Handling, Marketing, Processing, p.461, Canadian International Grains Institute, Winnipeg, Manitoba, Canada (1975)

5. 小麦・小麦粉成分の化学

5.1 炭水化物

　小麦粒の成分の 2/3 強が炭水化物で，その大部分が胚乳にある．アメリカ合衆国産小麦と小麦製品中の炭水化物の含量を他の穀物や穀物製品のそれらと比較したデータを**表 I.5.1**[1)]に示した．米，大麦，およびライ麦に比べると，小麦中の炭水化物の総量はやや少なめである．

表 I.5.1 アメリカ合衆国産穀物および穀物製品中の炭水化物含量

穀物・穀物製品の種類	炭水化物 (%) 合計	繊維
ハード・レッド・スプリング小麦	69.1	2.3
ハード・レッド・ウインター小麦	71.1	2.3
ソフト・レッド・ウインター小麦	72.1	2.3
ホワイト小麦	75.4	1.9
デュラム小麦	70.1	1.8
小麦粉（80％歩留り）	74.1	0.5
硬質小麦粉（ストレート粉）	74.5	0.4
軟質小麦粉（ストレート粉）	76.9	0.4
オールパーパスパテント粉	76.1	0.3
小麦ふすま	61.9	9.1
小麦胚芽	46.7	2.5
精白大麦	78.8	0.5
ソバ	72.9	9.9
ソバ粉（色が黒い）	72.0	1.6
ソバ粉（色が白い）	79.5	0.5
トウモロコシ（生スィートコーン）	72.1	0.7
トウモロコシ粉	76.8	0.7
玄米	77.4	0.9
白米	80.4	0.3
米ぬか	50.8	11.5
ライ麦	73.4	2.0
ライ麦粉（ライト）	77.9	0.4
ライ麦粉（メディアム）	74.8	1.0
ライ麦粉（ダーク）	68.1	2.4
モロコシ	73.0	1.7

(Lockhart and Nesheim, 1978 から抜粋)

5. 小麦・小麦粉成分の化学

表 I.5.2　小麦粒の炭水化物組成

種類		含有量（乾物量%）
単糖類	グルコース	0.03～0.09
	フルクトース	0.06～0.15
二糖類	スクロース	0.54～1.55
	マルトース	0.05～0.18
オリゴ糖類	ラフィノース	0.19～0.68
	フルクトオリゴ糖	0.14～0.41
フルクタン		0.50～2.5
デンプン		63.2～75.0
細胞壁多糖類	セルロース	2
	アラビノキシラン	5.8～6.6
	(1→3, 1→4)-β-D-グルカン	0.55～1
	グルコマンナン	<1
アラビノガラクタンペプチド		0.27～0.38
フィチン酸		0.6～1.0

炭水化物の中ではデンプンが最も多いが，グルコース，フルクトースなどの単糖類，スクロース，マルトースなどの二糖類，ラフィノース，フルクトオリゴ糖などのオリゴ糖，フルクタン，およびセルロース，アラビノキシラン，(1→3, 1→4)-β-D-グルカン，グルコノマンナンなどの細胞壁多糖類などがあり，アラビノガラクタンペプチドやフィチン酸塩も少量含まれる．研究者たちによる小麦粒中の炭水化物組成についての分析データを**表 I.5.2**[2]にまとめた．

これらは，デンプン，単糖類，二糖類，およびオリゴ糖を含む糖質と，細胞壁多糖類，フルクタンなどの食物繊維に大きく分類される．

5.1.1 デンプン

1) 含有量

外皮や胚芽にはデンプンは少ないが，粉にして食用として利用する胚乳の成分の約70%はデンプンである．小麦粉を加工する際に，デンプンはタンパク質のように生地形成の主役ではないが，含有率が高いので加工品の形や食感をつくり出す上で重要な役割を果たしている．また，炭水化物源として栄養上も大切な成分である．

表 I.2.2の炭水化物含量から類推できるように，通常，薄力粉は強力粉よりデンプン含量が多い．また，**表 I.3.7**の糖質含量から類推できるように，胚乳内では，粒の中心部に近いほどデンプンを多く含み，周辺部に近づくと若干少なくなるので，1等粉の方が2等粉よりデンプンを多く含む．

2) 形と大きさ

写真 I.2.4 (a) に示した走査型電子顕微鏡写真のように，小麦デンプンは 2 つまたは 3 つの大きさの粒で構成される．大きな A 粒はレンズ状の形で，直径が 15～35 μm であり，B 粒は直径が 1～10 μm の小粒で，多面体から球形までの塊のような形である．中間の大きさのものはない．穀粒の充填期間が長くなるような低温の生育環境の場合にのみ，非常に小さい C 粒が現れる[3]．

小麦の植物体が開花すると，まず，A 粒デンプンの生成が始まり，開花から 19 日目ころまでに A 粒デンプンができ上がる．その後は A 粒デンプンの数はほとんど増えない．B 粒デンプンの方は開花して 10 日目ころから生成が始まり，21 日目ころまでにほぼでき上がるが，その後も数は増える．A 粒デンプンと B 粒デンプンの比率は，A 粒の方が重量で 90％以上，数では約 10％である．小麦の品種や生育条件によって A 粒と B 粒の構成比が変わる．

3) 成　分

a) アミロースとアミロペクチン

小麦デンプンの構造は，重合度と分枝頻度の差を反映したアミロースとアミロペクチンの 2 成分で記述されている．アミロースは基本的には α-グルコース（ブドウ糖）分子が α-1, 4 グリコシド結合によって直鎖状につながったものだが，一部に枝分かれがあり，分枝の α-1, 6 結合の頻度が 1％以下で重合度が 3,000 以下の分子を指す．アミロペクチンは直鎖のところどころから枝分かれしていて，分枝の α-1, 6 グリコシド結合の頻度が 3～4％で重合度が 5,000 以上の分子である．また，それらの中間のものを記述するために「中間画分」という言葉も使われる．研究者による測定値を総合すると，アミロースは重合度が 100～1,500，鎖長が 50～500 で，アミロペクチ

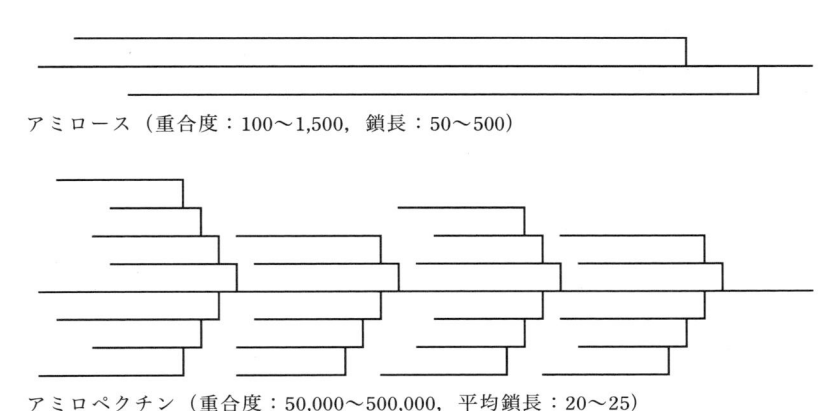

アミロース（重合度：100～1,500，鎖長：50～500）

アミロペクチン（重合度：50,000～500,000，平均鎖長：20～25）

図 I.5.1 アミロースとアミロペクチンの構造単位の模式図

5. 小麦・小麦粉成分の化学

ンは重合度が50,000〜500,000，平均鎖長が20〜25[2]である．それらの結合構造を模式的に図 I.5.1 に示した．

アミロースとアミロペクチンの比率は，デンプンの糊化特性と深い関係があり，「アミロース含量」で表わされるが，構造上の特徴を考慮して，正確を期するためにヨウ素親和力や液体クロマトグラフィーを用いて測定される．多くの研究者が測定した小麦のアミロース含量は18〜35%であるが[4,5]，通常の小麦ではこの値が21〜28%である．小麦の生育中にデンプンのアミロース含量はやや増加するが，この数値は品種によって決まり，生育条件の影響をほとんど受けない．一般に，デュラム小麦はやや高く，軟質小麦はやや低めである．

b) モチ性小麦の作出

1990年代前半に，当時の農林水産省の農業研究センターと東北農業試験場でほぼ同時に，交配によってアミロース含量が0のモチ性小麦がつくり出された．小麦のアミロース合成は Wx（ワキシー）遺伝子に支配されており，この遺伝子をもとにして種子胚乳中で Wx タンパク質がつくられる．小麦には3つの Wx 遺伝子（Wx-$A1$, Wx-$B1$, および Wx-$D1$）があるが，これら3遺伝子が同時に全部突然変異を起こして機能しなくなるか，消失する確率は自然界では非常に低い．しかし，これらアミロース合成に関わる Wx タンパク質が消失すれば，モチ性になると考えられた．この推論に基づいて可能性がある系統を交配し，3つの Wx タンパク質を欠く小麦の作出に成功した[6,7]．

それまで小麦にはモチ性種がなかったため，世界中から注目を浴び，モチ性小麦の研究が盛んになった．その後，生化学的に，または分子マーカーを用いて標的遺伝子の特異的対立遺伝子変異体を結びつけることによって，アミロース含量が2%以下のモチ性，10〜18%の低アミロース[8]，35〜40%の高めのアミロース[9]，および70%以上の高アミロース[10]小麦が次々と開発された．

モチ性小麦のデンプン粒の粒度分布は通常の小麦のそれと非常に似ている[11]．アミロペクチンは，ぎっしり詰まった分枝構造で，低分子量のものが多く，非常に長い鎖が少ない[12]．モチ性小麦のデンプンは，通常の小麦のデンプンに比べて，糊化開始温度が高い，示差走査熱量測定（DSC）の糊化エンタルピーが高い[11,13〜15]，結晶性が高い[11,16]，最高粘度が高い，最高粘度時の温度が低い，最高の時間が短い[15,16]という特徴がある．モチ性デュラム小麦のデンプンは，通常のデュラム小麦のデンプンに比べて膨潤力が高い[17]．モチ性小麦のデンプンの脂質含量は0.12〜0.29 g/100gで，通常小麦のデンプンの1.05〜1.17 g/100g より低い[13]．

モチ性小麦のデンプンは製粉での機械的損傷への耐性が低く[18]，吸水力が強い[14〜16,18]．モチ性小麦の粉だけでは良いパンができないが[16]，モチ性小麦の粉の添加量が20%までのパンは，内相が軟らかく[14]，デンプンの老化が遅いので日持ちが良い[19,20]．モチ性小麦の粉100%のうどんは通常の小麦粉のうどんに比べて，軟らかく，密で，粘

弾性がある[18,21]．即席めんは，めん線が密で，油揚げ中にくっつき，軟らかくて，粘着性がある[22]．パスタは硬さが低下し，粘着性が増すので，好ましくない[17,23,24]．モチ性小麦はデンプンの糊化特性に特徴があるので，他の特性も優れたモチ性小麦品種が開発されれば，新しい使い方があるものと期待される．

日本めんに適性があるウエスタン・オーストラリア州産のヌードル品種はアミロース含量が低めで，デンプンの糊化粘度が高くて，膨潤力が高い[25,26]．国内でも，製めん適性の向上をねらって，「きぬあずま」，「きぬの波」，「あやひかり」，「ネバリゴシ」などのやや低アミロース小麦の開発が盛んである．

4) 構　造

デンプン粒の構造は，主に α-1, 4 および α-1, 6 グリコシド結合の頻度と配列で決まる．鎖の重合度が約 10 残基になると，α-1, 4 結合したグルコシル残基はらせん領域を形成でき，アミロペクチンの外側の鎖の直線領域がデンプン粒中で整列した時に，二重らせん配列を形成する．これらの二重らせん領域は半結晶性である[27]．そのような整列をつくる鎖の組合せは「クラスター」と呼ばれ，アミロペクチンの外側の鎖の間に広がるアミロース分子の領域も含む．クラスターは 4〜10 クラスターで構成される貝殻のような層，またはラメラ（薄層）で配列し，100 nm までの厚さである．クラスターのらせん配列を含む上位次元として「ブロックレット」と呼ばれる整列領域があり，直径が 25〜500 nm である．部分的な酵素消化後にもブロックレットは見られる．

デンプン粒外層には厚さが 100 nm〜1 μm の同心の生長リングがあり，10〜100 のクラスターで構成されており，分解攻撃に耐える力がある．A 粒中には約 10〜20 の生長リングが見られ[28]，アミロース含量と生長リングの厚さの間には逆相関がある．平均リング厚は，モチ性小麦品種の *Leona*（アミロース含量 1.5%）が 182 nm，低アミロース小麦品種の *Beseda*（同 11.2%）が 240 nm，高アミロース小麦品種の *Bulava*（同 39.5%）が 312 nm だった[29]．デンプン粒中には放射状の溝が存在し，粒の膨潤，酵素消化，および化学修飾に関係する[30]．

アミロース 1 分子当たりのヨウ素親和力は 19.9 g/100g，平均重合度は 1,290，平均鎖長は 270，平均 α-1, 6 結合数は 4.8，および β-デンプン分解限度は 82% と報告されたが[31]，その後，平均重合度は 1,230（範囲は 190〜3,130）と訂正された[32]．通常の小麦のデンプンのアミロペクチンの平均分子量は 310 g/mol×10^{-6}，旋回半径は 302 nm で，モチ性小麦デンプンのそれらは，520 g/mol×10^{-6} と 328 nm である[33]．アミロペクチンには，A 鎖（還元基を通してのみ α-1, 6 結合に参加する鎖），B 鎖（還元基を通して α-1, 6 結合に参加するが，α-1, 6 結合によって結合する 1 つ以上の分枝鎖を持つ鎖），および C 鎖（還元基を持つ鎖）がある[34]．小麦デンプン粒の X 線回折図は A タイプパターンを示し，結晶

化率は非突然変異系統の場合には12〜14.5％だが[12]，アミロース含量が異なる小麦デンプンの結晶化率は広角X線散乱によると23〜30％だった[29]．

小麦デンプン粒は，粒結合デンプンシンターゼ，デンプンシンターゼⅠ，分枝酵素ⅡaとⅡb，およびデンプンシンターゼⅡaなどの重要なタンパク質を含み，高分子量分枝酵素Ⅰもデンプン粒に結合している[35]．デンプン粒の表面には，ピューロインドリン，フライアビリン，および穀粒軟化タンパク質がある[36]．小麦デンプンは少量のリン酸塩を含み，アミロース封入複合体内にあるリゾリン脂質である[37]．

5) 糊化特性

2.2.3で述べたように，小麦デンプンを水に溶いてよく混ぜ，加熱して温度を上げると，膨潤して糊化が始まり，最終的には完全に構造が破壊されて糊になる．小麦デンプンの糊化性状を調べる試験機の一つにアミログラフ（ビスコグラフ）がある．小麦粉65gと水450mlをよく混ぜた懸濁液をアミログラフにかけると，図I.5.2のように55℃あたりから糊化が始まり，60℃を超えるとチャートの上で粘度上昇として目に見えるようになる．70℃あたりではデンプンの60〜65％が，75℃では約80％が糊化し，85℃を超えるとすべてのデンプンが膨潤して構造破壊が完了し，粘度が最高になる．つまり，デンプンがα化される．

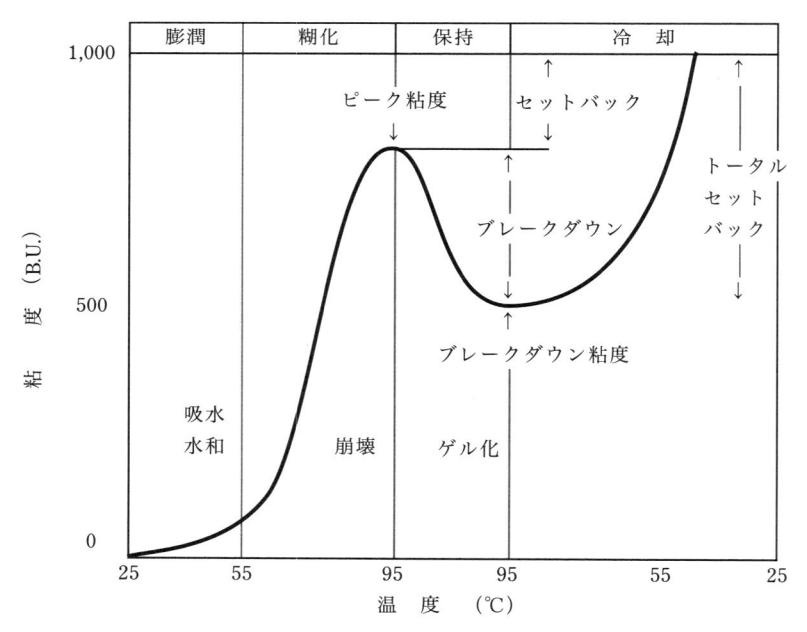

図I.5.2 小麦デンプンのアミログラム

おいしいゆでうどんの軟らかいが適度の弾力がある独特の食感（餅に似たところがあるので，「モチモチ性」ということが多い）は，糊化した小麦デンプンの性質に負うところが大きい．食パンが冷えてもその形を保つことができ，かなり長時間ふわっとした内相を維持できるのも，小麦粉中のタンパク質（グルテン）が形成した網目構造中に糊化したデンプンがしっかり入り込んでいるためである．ケーキがふわっと膨らみ，口の中で溶けるような食感になるのにも，糊化したデンプンが大きな役割を果たしている．ケーキの構造を形づくる一つひとつの気泡膜は，主として糊化したデンプンでできている．

小麦のデンプンの糊化特性は品種と生育や収穫条件によって決まる．品種によって糊化粘度が高いものと低いものがある．通常の条件で栽培してアミログラフ最高粘度が 400〜1,000 B.U.（B.U. は Brabender Unit の略，この機械のメーカーの Brabender 社が設定した単位）なら，品種として問題ない．粘度値は高いほど良いというものでもなく，400 B.U. 以上であれば特殊用途以外では十分である．一般に，国内産小麦の品種は，普通の気象条件で栽培されればアミログラフ最高粘度が高くなるものが多い．糊化開始温度も小麦粉の加工で重要な特性であり，品種によって高いのと低いのがある．めん用としては，糊化開始温度が低い方が均一にゆでることができるので，望ましい特性である．オーストラリア小麦の中には，糊化開始温度が低いのがある．小麦粉中でデンプン分解酵素の α-アミラーゼの活性が強いと，糊にした時の粘度が低くなるので，思うような小麦粉加工品をつくることができない．

小麦粉中のデンプンの糊化粘度測定には，ラピッドビスコアナライザー（RVA）も使われ，糊化温度は示差走査熱量測定（DSC）で測定できる．デンプンには，2 つの吸熱ピーク（糊化ピークとアミロース・脂質複合体の融解に関係するピーク）がある．通常の小麦のデンプンの糊化開始温度は 55〜60℃で，エンタルピーは 10.2〜13.6 J/g である[12,38]．小麦では，アミロペクチン鎖の平均の長さと糊化開始温度の間には正の相関がある[39]．粒結合デンプンシンターゼがない対立遺伝子は糊化温度にほとんど影響を与えない[12,15]．小麦の生育環境は結晶性に著しい影響を与える[40]．

デンプン（または小麦粉）と水の比，温度，および撹拌条件を規定して測定したデンプン（または小麦粉）の膨潤は，めんなどの二次加工性と関係が深い[41,42]．市販小麦の膨潤特性の差は大きく[4,42]，その差は，小麦品種中の活性粒結合デンプンシンターゼ遺伝子座の数の差によるもので，粒結合デンプンシンターゼ含量が低い小麦は高い膨潤表現型を示す[43]．デンプン脂質が多いと，アミロース・脂質複合物が形成されてアミロース移動性が抑制されるので，粒の膨潤にマイナスの影響があると考えられる[44]．

6） デンプン損傷

製粉工程でデンプンが損傷を受けると，多くの水を吸い，粒の残りの部分に水が急

速に移動するので、温度が上昇すると糊化が早まり、イースト発酵で使われやすくなる。デンプン損傷は主に製粉方法と穀粒の組織の相互作用であり、モチ性デンプンを除いて、デンプンそのものの性質による影響は小さい[45]。

7) デンプンとパンの老化

デンプンを含む老化プロセスはパン内相の硬化および食感の低下と高い相関があるが、老化の要因は完全には解明されていない。焼成後に、アミロースの老化が急速に起こると考えられるが、長く貯蔵した場合の老化にはアミロペクチンの老化が関係するという説もある[46]。パン内部の水の再分布[47]、およびタンパク質とデンプンの相互作用[48]も老化に関係する。

老化阻止の方法には、ヒドロキシメチルセルロース[49]または穀物ペントサン[50]などのポリマーの添加、乳化剤の添加[46]、α-アミラーゼ[51]、キシラナーゼ、セルラーゼ、およびβ-グルカナーゼ[52]などの酵素の添加、および化学的（例えば、ヒドロキシプロピル化[53]）または遺伝的な修飾デンプン（例えば、モチ性小麦デンプン[54]）の使用などがある。これらの作用は、デンプン分解による老化の阻止、または結晶化の妨害によるものである。

5.1.2 単糖，二糖，およびオリゴ糖

水または80％ (w/v) エタノールで抽出可能な低分子量炭水化物が、小麦の胚、アリューロン層、および胚乳に少量ある。

単糖は、炭水化物代謝の中間産物で、D-グルコースとそのケトヘキソース異性体のD-フルクトースのような還元アルドヘキソース単糖と、少量だがそれらのリン酸化型がある。二糖としては、D-グルコピラノシルおよびD-フルクトフラノシル残基で構成される非還元二糖であるスクロースが最も多く、その6-α-o-D-ガラクトピラノシル誘導体、ラフィノース、および少量のβ-D-フルクトシル誘導体である1-ケストースと6-ケストースもある。マルトースとメルビオースも少量存在し、オリゴ糖としては、ラフィノースやフルクトオリゴ糖がある。

アリューロン層にはスクロース、ラフィノース、ネオケストース、およびフルクトシルラフィノースがある[55]。スクロースとラフィノースは胚と胚盤にもある[56]。

5.1.3 食物繊維

小麦粒に含まれる全食物繊維は11〜12.7％で、不溶性と水溶性がある。その大部分は「粗繊維」と呼ばれる不溶性のセルロースとヘミセルロースである。セルロースは「繊維素」ともいい、植物の細胞壁を形づくる天然高分子化合物である。ヘミセルロースは「擬繊維素」ともいい、セルロースと共に植物の細胞壁を構成しているが、

セルロースとは異なり，ヘミセルラーゼと総称される一群の酵素で加水分解される．ヘミセルロース中で，加水分解でヘキソース（六単糖）になるものをヘキソサン，ペントース（五単糖）になるものをペントサンと呼ぶ．

セルロースは小麦粒に約1.8%含まれるが，そのほとんどは外皮にあり，外皮の成分の約35%はセルロースである．胚乳には細胞壁成分として約0.3%含まれるだけである．外皮の成分の約40%はヘミセルロースであり，胚芽にも約15%含まれ，胚乳にも3～4%ある．

ヘミセルロースのうちのペントサンにはキシラン，アラバン，ガラクタンなどがあり，加水分解によってそれぞれキシロース，アラビノース，ガラクトースなどになる．不溶性と水溶性のペントサンがある．外皮に多く含まれるが，胚乳中には3%弱で，そのうち水溶性のが約1%ある．水溶性ペントサンは吸水性が高く，粘着性があるため，パン生地中でプラスの働きをするが，不溶性ペントサンはパンの体積を小さくしたり，老化を早めたりするなど，マイナス面が多い．

以前は不溶性の粗繊維だけが栄養上注目されていたが，現在では，不溶性の粗繊維（不溶性のセルロースとヘミセルロース）に水溶性のヘミセルロースを加えたものを「食物繊維」と呼んでいる．

1) フルクタン

小麦のフルクタンはイヌリンタイプで，スクロースのフルクトシル残基に$(2→1)$-β結合したβ-D-フルクトフラノシル残基の鎖でできており，$(2→6)$-β結合による分枝もある．小麦粒には1.3～2.5% (w/w) 含まれ[57]，胚芽に多いが，胚乳にもある．フルクタンは，水および80%エタノールで抽出できる．

2) 細胞壁多糖類

胚乳，アリューロン層，胚盤，および胚軸の非リグニン化一次細胞壁には（グルクロノ）アラビノキシランが多く含まれ，胚乳とアリューロン層のそれは$(1→3, 1→4)$-β-D-グルカンである．胚乳とアリューロン層にはセルロースとグルコマンナンも少量あるが，キシログルカンとペクチンは少ない[58]．

果皮のリグニン化した二次細胞壁は，セルロースが60%，（グルクロノ）アラビノキシランが30%，$(1→3, 1→4)$-β-D-グルカンが1.2%で構成されている[59]．珠心にはスベリン，種皮にはクチン，果皮の表皮細胞壁にはクチンと二酸化ケイ素が少量ある．

a) セルロース

小麦粒のすべての細胞壁にはセルロースがあり，乾物量ベースで粒全体に2%，小麦粉に0.3%含まれる．セルロースは，$(1→4)$結合したβ-D-グルコピラノース単位で構成される同種重合体である．胚乳とアリューロン層の一次細胞壁には約2% (w/w)

だが，果皮や種皮の二次細胞壁には 30％（w/w）も含まれる．一次細胞壁では 6,000 のグルコース単位の，二次細胞壁では最高 14,000 のグルコース単位の，分枝しないで長くつながった分子鎖がリボン様の形態になっている．

セルロースは水に不溶性で，膨潤するが，18～22％水酸化ナトリウムにも溶けず，強力な水素結合切断試薬によってのみ溶解する．

b) グルコマンナン

グルコマンナンは胚乳とアリューロン層の細胞壁に少量ある．濃アルカリで抽出した多糖類の酸加水分解物中にマンノースとグルコースがあることからその存在が推測されている．小麦のグルコマンナンの構造の詳細はまだ解明されていない．

c) アラビノキシラン

アラビノキシランは，小麦各部位の一次および二次細胞壁の主なヘミセルロースである．(1→4) グリコシド結合で結合した β-D-キシロピラノシル残基の主要連鎖を持つが，β-D-キシロピラノシル残基の一部は 3 の位置，または 2 と 3 の位置で α-L-アラビノフラノシル残基によって置換される[60]．胚乳[60]とふすま[61,62]のアラビノキシランでは，2 の位置にも α-L-アラビノフラノシル残基が見付かった．果皮と種皮の組織の二次細胞壁のアラビノキシランには，β-D-キシロピラノシル単位の 2 の位置で 4-o-メチル α-D-グルクロン酸による置換もある[62]．

水溶性アラビノキシランの分子量の測定値は，抽出および測定法の影響を受けるため，研究者によって，最も低い値の 65,000[63]から，最も高い値の 800,000～5,000,000（重合度 5,000～38,000）[64]まで，差が大きい．高い値は分子の凝集を反映していると思われる．アラビノキシランは分子量に関しては多分散系で，単純平均分子量に対する重量平均分子量の比は，アルカリ可溶性アラビノキシランが 1.3～2.5[65]，水溶性アラビノキシランが 4.2[66]である．共有橋かけ結合によってアラビノキシランゲルが形成され，多糖 1 g 当たり 100 g までの水を保持できる[67]．

d) (1→3, 1→4)-β-D-グルカン

小麦粒中で，胚乳の細胞壁の 20％（w/w），アリューロン層の細胞壁の 29％（w/w）は (1→3, 1→4)-β-D-グルカンである[68]．胚乳細胞壁の (1→3, 1→4)-β-D-グルカンは 65℃の水では抽出できない．Beresford らが 29 品種の普通小麦の粉について測定した含量は 0.52～0.99％（w/w）だった[69]．(1→3, 1→4)-β-D-グルカンは直線状の分枝がない重合体で，β-D-グルコピラノシル残基が (1→3) および (1→4) グルコシド結合でつながっている．

Li[70]らによると，小麦ふすまから精製した (1→3, 1→4)-β-D-グルカンの平均分子量は 487,000 で，単純平均分子量に対する重量平均分子量の比は 1.65 である．小麦の (1→3, 1→4)-β-D-グルカンは水溶性で，粘度が高い水溶液になる．平均分子量が下がると，ゲル化速度と融解エンタルピーが上昇する．小麦の (1→3, 1→4)-β-D-グ

ルカンは他の穀物のそれより容易に結合ゾーンを形成し，強い3次元網状組織をつくる．ゲルの融解温度は分子量の増加と共に上昇し，高分子量の小麦の$(1\to3, 1\to4)$-β-D-グルカンが安定な網状構造を形成することを示している．

5.2 タンパク質

5.2.1 タンパク質含量

タンパク質の量は，小麦粉の二次加工性に関係する最も重要な品質項目である．パンでは，体積のほか，ミキシングでの生地の機械耐性，パンの外観や内相のすだち，食味，食感にも重要な役割を果たす．パスタの調理特性を決める重要な要因であり，めんでも食感やゆで溶けに影響し，菓子類の加工特性でも重要である．

利用上で重要なのは粉になる胚乳のタンパク質の量だが，小麦取引では，便宜上，小麦全粒のタンパク質の量が規格や取引条件に使われる．その量は，品種のほかに，気象条件や土壌タイプのような生育環境，および施肥の影響を受けやすいが，生産段階での配慮によってある程度の制御ができ，また，生産されるものの予測も可能である．

1) 品種の影響

小麦の生産では，その土地の生育環境に適合性があり，目標のタンパク質の量になりやすい遺伝子を持つ品種を選ぶ必要がある．アメリカ合衆国中北部のノースダコタ州で栽培されているハード・レッド・スプリング小麦の品種を北西部のワシントン州で播いても，生育環境に合わないので，タンパク質の量が多くなりにくい．カナダのタンパク質の量が多くて優れたパン用の小麦品種を北海道で播いても，カナダと同じような品質の小麦を収穫できないことはよく知られている．めん用小麦産地の西オーストラリアでは地元のパン用にタンパク質の量が多い小麦が必要だが，そこの生育環境でタンパク質の量が多くなる品種の開発はこれまで難しかった．このようにタンパク質の量は品種由来の特性だが，生育環境と施肥にも影響されやすい．小麦の産地・銘柄別のタンパク質含量の範囲を**表 I.5.3** にまとめた．

タンパク質含量と小麦収量の間には，通常，負の相関があるが，タンパク質含量，収量共に高い品種も開発され，この関係が崩れる可能性もある[71]．野生エンマー小麦にタンパク質含量増加に寄与する遺伝子が見付かり，それの主要染色体領域での位置が決められた[72]．Olmos ら[73]は，高タンパク質含量の対立遺伝子を *Gpc-B1* と名付け，染色体上に位置付けした．*Gpc-B1* 遺伝子は老化を加速する転写因子をコード化

5. 小麦・小麦粉成分の化学

表 I.5.3 小麦産地・銘柄別タンパク質含量の範囲

産　地	銘　柄	タンパク質範囲(%)
アメリカ合衆国	ハード・レッド・スプリング	11.5 〜 18.0
	ハード・レッド・ウインター	9.0 〜 14.5
	ソフト・レッド・ウインター	8.0 〜 11.0
	ホワイト	8.0 〜 11.5
	デュラム	10.0 〜 16.5
カナダ	ウエスタン・レッド・スプリング	11.0 〜 18.0
ヨーロッパ	（イギリス）	8.0 〜 13.0
	（その他のヨーロッパ小麦）	8.0 〜 13.5
オーストラリア	スタンダード・ホワイト	8.0 〜 12.0
ロシア		9.0 〜 14.5
アルゼンチン	プラタ	10.0 〜 16.0
日　本	普通小麦	8.0 〜 12.0

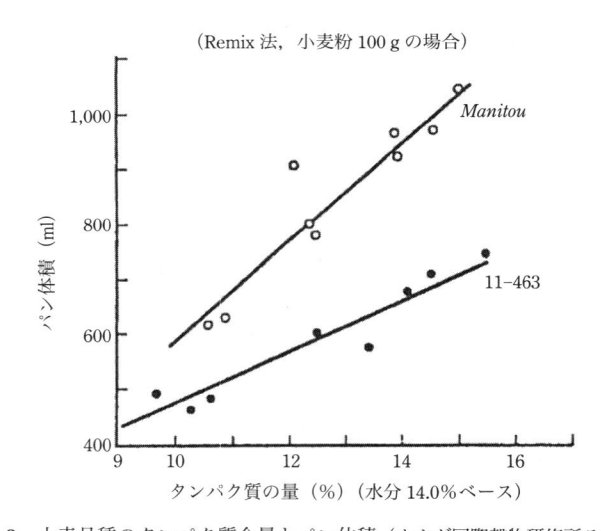

図 I.5.3 小麦品種のタンパク質含量とパン体積（カナダ国際穀物研修所テキストより）

し，結果として生育中の小麦粒の窒素とミネラルの流動化と移動を促進する．この対立遺伝子を発現する系統は，鉄，亜鉛，およびタンパク質を多く含む[74]．

同一品種では，タンパク質の量が多いほどパン体積が大きくなり，タンパク質の量が減ればパン体積は小さくなる傾向がある．**図 I.5.3** はカナダでの実験例[75]で，品種が異なると，タンパク質の増減にともなうパン体積の増減の程度に差があり，同じタンパク質含量でも品種によってパン体積には大きな差が生ずる．

2) 気象条件の影響

気象パターンと土壌の性状から，タンパク質の量が多い硬質小麦ができやすいところと，タンパク質の量が少ない軟質小麦の生産に向いているところがある．例えば，北アメリカ大陸の中部大平原地帯やCIS諸国の一部では，高温で乾燥した夏が終わると，秋には急に気温が低下して急速に成熟が進むため，タンパク質の量が多い硬質小麦ができやすい．一方，冬がそれほど寒くなく，その後にくる夏も湿度が高くて高温にならない地域，例えば，ヨーロッパ北西部や北アメリカ大陸の東部などは，粒が大きい軟質小麦の生育に向いており，タンパク質の量も多くなりにくい．また，地中海沿岸やアメリカ合衆国の太平洋岸北西部のような温暖な気象条件の地域では，タンパク質の量が少ない小麦が生産される．

年によって，降雨量が多過ぎるか灌漑し過ぎると，収量は上がるが，窒素が土壌から溶解し去るために，タンパク質の量は低下する．また，土壌水分が適度な年には，小麦粒にデンプンがしっかり形成されて，豊満な粒になるが，相対的にタンパク質の％は低めになる．逆に，旱ばつぎみだと，小麦粒の発育が抑えられてデンプンが十分に形成されにくいので，質的には好ましくないが，タンパク質の％は高くなる．

気温が高いと粒の形成から完熟までの期間が短くなり，タンパク質の％は高くなるが，逆に，この期間が比較的低温で土壌水分が十分にあると，デンプンが多く形成されやすく，粒張りが良くてタンパク質の％が低い小麦になる．ノースダコタ州で生産

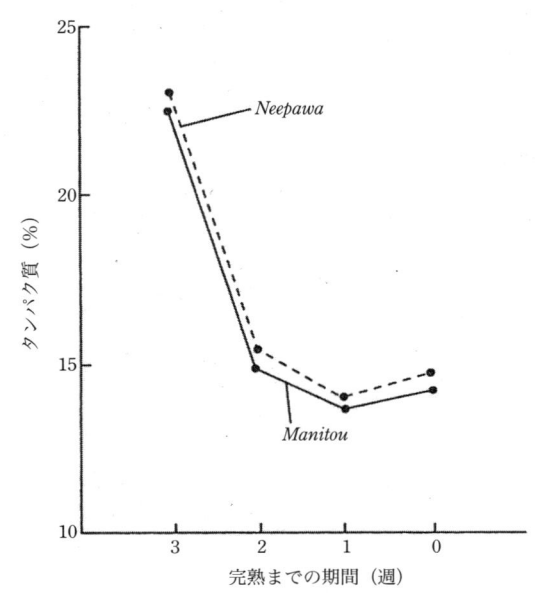

図 I.5.4 小麦の成熟過程とタンパク質含量（カナダ穀物研究所資料より）

されるハード・レッド・スプリング小麦では，7月の平均気温が21℃程度ならタンパク質は13％以上になるが，18℃を少し超すぐらいの低温だと，タンパク質は12％台に止まることが多い．この場合，生育期である6月の気温が低いとタンパク質の％はさらに低くなる．

通常の天候では，成熟が進むにつれてデンプンの形成が進み，相対的に小麦粒中のタンパク質の％が低下していく．カナダ穀物研究所は，カナダ・ウエスタン・レッド・スプリング小麦品種の *Manitou* と *Neepawa* について，完熟3週間前からのタンパク質の％の変化を追跡した．図 I.5.4 のように，完熟1週間前に最低になった後，再び上昇した．

3) 土壌と施肥の影響

窒素，特に硝酸塩が比較的多い土壌では，タンパク質の量が多い小麦が生産される．また，黒色の土壌の方が灰色の土壌よりも植物の生長に必要な窒素を多く含むので，小麦のタンパク質の量も多くなりやすい．休閑期を設けるか，早めに耕して種子播き

表 I.5.4 小麦粒の部位別タンパク質含量とアミノ酸組成

部位		果皮	種皮	アリューロン層	胚乳	胚芽
部位別分布 (重量%)		5.0	3.0	7.0	82.5	2.5
タンパク質含量 (乾物量%)		5.1	5.7	22.9	10.2	34.1
小麦粒のタンパク質分布 (%)		2.3	1.5	14.2	74.5	7.5
アミノ酸含量（タンパク質100g中のg）	イソロイシン	5.1	4.3	3.6	4.0	4.1
	ロイシン	8.4	8.8	6.5	7.3	7.5
	リジン	4.6	4.1	4.8	2.1	8.3
	メチオニン	2.4	1.6	1.6	1.6	2.0
	フェニルアラニン	5.4	5.5	3.8	5.3	4.1
	チロシン	3.7	3.6	3.3	3.7	3.2
	スレオニン	4.0	3.5	2.9	2.2	4.0
	トリプトファン	4.0	0.7	4.0	2.0	1.7
	バリン	5.5	4.3	5.3	4.2	6.5
	ヒスチジン	1.6	2.7	3.4	2.0	2.9
	アルギニン	5.1	6.5	11.1	3.6	8.7
	アラニン	6.6	5.9	5.9	3.5	7.7
	アスパラギン酸	9.5	7.9	7.9	4.2	10.4
	グルタミン酸	15.8	22.6	20.9	35.2	13.9
	グリシン	7.9	6.5	5.8	3.6	7.4
	プロリン	6.6	7.6	6.3	12.9	4.8
	セリン	3.9	4.0	2.9	2.7	3.0
試料100g中の全アミノ酸含量（g）		2.6	4.8	18.0	8.8	31.8

（Jensen and Martens, 1983 より）

の準備をしておくと，土壌中に硝酸塩が形成されるか，すでにあるものを保つ効果がある．その結果，収量が増すだけでなく，タンパク質の量も増えやすい．

窒素肥料，特に無機の形のものを生育の後期（出穂期のころまで）に施すと，小麦粒のタンパク質の量が増える．リン酸肥料は収量増加の効果はあるが，タンパク質の量を減少させる．カリ肥料はタンパク質にはほとんど影響を与えない．

カナダでは窒素施肥量が低減傾向にあり，気象条件との絡みでタンパク質の量が低めの年もある．輸入国として，パン用小麦でのタンパク質の量の重要性を訴え続ける必要がある．日本めん用小麦に必要なタンパク質含量は10〜11％である．めん用として実需が望む品種が播かれ，窒素施肥の量や時期を適切に管理することによって，この範囲に入る小麦が生産されることが望まれる．

4) 小麦粒中のタンパク質含量分布と小麦粉のタンパク質含量

小麦粒各部位のタンパク質含量とアミノ酸組成のデータの代表的なものを**表 I.5.4**に示した[76]．胚乳のタンパク質濃度は胚芽のそれの1/3で，アリューロン層の半分以下だが，胚乳のタンパク質総量は小麦全粒のタンパク質の3/4に近い．

SuttonとSimmonds[77]はタンパク質が13.15％の小麦をパイロットミルで挽いて14のストリームを得た．それらのタンパク質含量は8.3〜29.9％で，ふすまになる画分

表 I.5.5 穀物のアミノ酸組成（重量％）

アミノ酸	玄米	ハード・レッドスプリング小麦	トウモロコシ	大麦	エンバク	ライ麦	ライ小麦
イソロイシン	4.69	4.34	4.62	4.26	5.16	4.26	3.71
ロイシン	8.61	6.71	12.96	6.95	7.50	6.72	6.87
リジン	3.95	2.82	2.88	3.38	3.67	4.08	2.77
メチオニン	1.80	1.29	1.86	1.44	1.47	1.58	1.44
シスチン	1.36	2.19	1.30	2.01	2.18	1.99	1.55
フェニルアラニン	5.03	4.94	4.54	5.16	5.34	4.72	5.26
チロシン	4.57	3.74	6.11	3.64	3.69	3.22	2.14
スレオニン	3.92	2.88	3.98	3.38	3.31	3.70	3.11
トリプトファン	1.08	1.24	0.61	1.25	1.29	1.13	1.08
バリン	6.99	4.63	5.10	5.02	5.95	5.21	4.39
ヒスチジン	1.68	2.04	2.06	1.87	1.84	2.28	2.48
アルギニン	5.76	4.79	3.52	5.15	6.58	4.88	4.99
アラニン	3.56	3.50	9.95	4.60	6.11	5.13	3.53
アスパラギン酸	4.72	5.46	12.42	5.56	4.13	7.16	5.00
グルタミン酸	13.69	31.25	17.65	22.35	20.14	21.26	31.80
グリシン	6.84	6.11	3.39	4.55	4.55	4.79	4.05
プロリン	4.84	10.44	8.35	9.02	5.70	5.20	12.06
セリン	5.08	4.61	5.65	4.64	4.00	4.13	4.70
全タンパク質（％）	7.5	14.0	10.0	12.8	14.2	—	17.3

（Pomeranz, 1992 から抜粋）

5. 小麦・小麦粉成分の化学

を除いた粉画分の間にも大きな差があり，製粉での採り分けによって差が生ずる．ストレート粉のタンパク質含量は原料小麦より約1％低かった．小麦粒が小さいほど，タンパク質が多いふすまとアリューロン層の割合が高いので，その差が大きくなる．

5.2.2 アミノ酸組成

タンパク質はアミノ酸で構成される．他の穀物と比較した小麦中のアミノ酸組成の分析データの一例を**表 I.5.5**[78]に，文部科学省科学技術・学術審議会資源調査分科会報告の「日本食品標準成分表準拠アミノ酸成分表2010」[79]から抜粋した小麦粉，小麦胚芽のアミノ酸組成を**表 I.5.6**に示した．品種や生育環境による小麦のアミノ酸組成の

表 I.5.6 小麦粉，小麦胚芽中のアミノ酸組成（100 g 当たり）

				強力粉		中力粉		薄力粉		小麦胚芽
				1等	2等	1等	2等	1等	2等	
水　分			g	14.0	14.0	14.0	14.0	14.5	14.5	3.6
タンパク質				8.0	8.8	9.0	9.7	11.7	12.4	32.0
アミノ酸組成によるタンパク質				7.3	7.8	8.1	8.7	10.6	11.4	25.9
イソロイシン				300	310	330	350	420	460	1,100
ロイシン				580	610	650	690	830	890	2,100
リジン				180	200	190	220	230	250	2,200
含硫アミノ酸	メチオニン			140	150	160	170	200	210	590
	シスチン			220	230	240	250	290	300	470
	合　計			370	380	400	410	490	510	1,100
芳香族アミノ酸	フェニルアラニン			420	450	470	500	630	670	1,300
	チロシン			250	260	280	300	350	390	820
	合　計			670	710	750	790	980	1,100	2,100
スレオニン			mg	230	250	250	280	320	350	1,300
トリプトファン				100	110	110	110	140	150	340
バリン				350	380	390	420	500	530	1,700
ヒスチジン				190	210	210	230	280	290	850
アルギニン				300	350	330	390	410	460	2,700
アラニン				250	270	270	300	340	370	2,100
アスパラギン酸				350	390	380	410	480	500	2,900
グルタミン酸				2,900	3,100	3,200	3,500	4,400	4,700	4,900
グリシン				300	330	340	380	430	460	2,000
プロリン				990	1,000	1,100	1,200	1,500	1,600	1,600
セリン				400	410	440	490	560	640	1,400
アミノ酸合計				8,400	9,000	9,400	10,000	12,000	13,000	30,000
アンモニア				340	360	390	410	530	560	620

（文部科学省科学技術・学術審議会資源調査分科会報告「日本食品標準成分表準拠アミノ酸成分表2010」から抜粋）

差は小さい[80]. 個々のタンパク質遺伝子の発現レベルの差が小麦のアミノ酸組成の大きな差にならないが，極端な施肥を行うと，アミノ酸組成に差が生ずることがある．

リジン，イソロイシン，ロイシン，フェニルアラニン，チロシン，スレオニン，トリプトファン，バリン，ヒスチジン，およびメチオニンの10種類が厳密な意味での必須アミノ酸だが，必須アミノ酸のメチオニンからのみ合成されるシステインも含めることが多い．国連食料・農業機関（FAO）の必須アミノ酸推奨量は，システインとメチオニンをまとめた量で表示し，同様に，芳香アミノ酸であるチロシンとフェニルアラニンもまとめて表示している．FAOの成人および幼児に対する必須アミノ酸推奨量と小麦粉のアミノ酸組成を比較すると，成人に対するリジンが不足し，スレオニンも少ない．収量とタンパク質含量を増す目的で窒素施肥量を増やすと，不足はさらに悪化する．リジンを多く含む品種の開発が試みられてきたが，リジン含量は増えても他の欠陥が生ずるため，成功していない．遺伝子組換えによる高リジン系統の開発が可能になっているが，小麦では実用化されていない[81]．

表I.5.4のように，胚乳のタンパク質にはグルタミン酸とプロリンが多く，塩基性アミノ酸が少ないが，アリューロン層と胚芽にはプロリンとグルタミン酸が少なく，アルギニンとアスパラギン酸が多い[76]．胚乳内でもタンパク質の含量と組成が異なるので，製粉歩留りが粉のアミノ酸組成に影響する．アリューロン層と胚乳から単離

表 I.5.7 小麦胚乳部位別のアミノ酸組成（アミノ酸Nのg/全N 100 g）

アミノ酸	アリューロン層に近い胚乳	内部胚乳
イソロイシン	2.17	2.33
ロイシン	4.11	4.36
リジン	1.77	2.15
メチオニン	0.62	0.65
シスチン	1.24	1.24
フェニルアラニン	2.66	2.52
チロシン	1.44	1.42
スレオニン	1.88	2.1
バリン	2.68	2.87
ヒスチジン	3.02	3.05
アルギニン	6.05	6.93
アラニン	2.27	2.62
アスパラギン酸	1.86	2.25
グルタミン酸	21.08	18.99
グリシン	3.48	3.63
プロリン	9.2	8.26
セリン	4.81	4.78

(Kent and Evers, 1969 より)

表 I.5.8 小麦と小麦製品のタンパク質含量とアミノ酸組成

小麦粒・小麦製品		小麦全粒	パテント粉	クリア一粉	レッドドッグ	胚芽	ふすま	小ふすま
小麦重量の%		100.0	64.5	5.5	1.0	2.0	12.0	15.0
タンパク質含量（乾物量%）		12.8	11.7	15.3	16.5	21.5	16.1	16.5
小麦粒のタンパク質の%		100.0	56.8	6.4	1.3	3.4	14.1	18.0
アミノ酸含量（タンパク質100g中のg）	イソロイシン	3.8	3.9	4.0	3.8	3.5	3.5	3.5
	ロイシン	6.7	6.7	6.7	6.4	6.2	6.0	6.0
	リジン	2.7	1.9	2.0	3.9	5.4	4.0	4.4
	メチオニン	2.2	2.3	2.1	2.1	1.7	2.0	1.6
	シスチン	4.7	4.3	4.5	5.0	5.1	5.0	5.0
	フェニルアラニン	4.6	4.9	5.0	4.3	3.8	3.9	3.8
	チロシン	3.1	2.9	3.2	2.9	2.8	2.8	2.7
	スレオニン	2.9	2.7	2.7	3.2	3.7	3.3	3.3
	トリプトファン	1.2	1.0	1.0	1.3	1.1	1.6	1.4
	バリン	1.7	1.8	1.8	1.9	2.0	1.6	1.7
	ヒスチジン	2.2	2.0	2.0	2.3	2.5	2.6	2.4
	アルギニン	4.6	3.6	4.0	6.2	7.4	7.0	7.0
	アラニン	3.5	2.8	2.9	4.4	5.7	4.9	4.9
	アスパラギン酸	5.0	3.9	4.0	6.1	7.9	7.2	7.1
	グルタミン酸	30.6	34.3	35.0	24.0	16.4	18.6	17.4
	グリシン	3.9	3.2	3.4	4.6	5.6	7.1	5.3
	プロリン	9.8	11.7	11.6	7.8	5.3	5.9	5.7
	セリン	4.8	4.9	5.1	4.8	4.5	4.5	4.5

(Bradley, 1967 より)

した細胞壁のアミノ酸組成はアリューロン層と胚乳全体のそれとは差があり，グリシン残基が多い．胚乳内のアリューロン層に近い部分と中心部のアミノ酸組成を**表 I.5.7**に示した[82]．アリューロン層に近い部分はタンパク質の量が多く，グルタミン酸とプロリンが多いが，リジンが少ない．**表 I.5.8**は小麦と小麦製品のタンパク質含量とアミノ酸含量である[83]．粉のアミノ酸組成は小麦とは異なり，リジン，アルギニン，アスパラギン酸，グリシン，およびアラニンが少ないが，グルタミン酸塩（＋グルタミン）とプロリンは多い．

小麦粉の主要タンパク質画分のアミノ酸組成は**表 I.5.9**のようである[84]．アルブミンとグロブリンはグリアジンとグルテニン画分よりリジン，アスパラギン酸，スレオニン，アラニン，およびバリンを多く含むが，グルタミン酸が少ない．グロブリンは他の画分より，プロリンが少なく，リジンが多い．酢酸可溶性グルテニンと残渣タンパク質画分（両方共に重合体グルテニンを含む）のアミノ酸組成は似ており，グリアジン画分に比べてグルタミン酸，プロリン，およびフェニルアラニンが少なく，グリシンを約4倍含む．

表 I.5.9　小麦粉の主要タンパク質画分の割合とアミノ酸組成

タンパク質画分		小麦全粒	粉	可溶性タンパク質		グルテンタンパク質		残渣タンパク質
				アルブミン	グロブリン	グリアジン	グルテニン	
割合　(%)			100	3〜5	6〜10	40〜50	30〜40	6〜10
アミノ酸含量(タンパク質100g中のg)	イソロイシン	3.0	3.1	3.0	3.2	3.2	2.7	2.8
	ロイシン	6.3	6.6	6.8	6.8	6.1	6.2	6.8
	リジン	2.3	1.9	3.2	5.9	0.5	1.5	2.4
	メチオニン	1.2	1.3	1.8	1.7	1.0	1.3	1.3
	シスチン	2.8	2.8	6.2	5.4	2.7	2.2	2.1
	フェニルアラニン	4.6	4.8	4.0	3.5	6.0	4.1	3.8
	チロシン	2.7	2.8	3.4	2.9	2.2	3.4	2.8
	スレオニン	2.4	2.4	3.1	3.3	1.5	2.4	2.7
	トリプトファン	1.5	1.5	1.1	1.1	0.7	2.2	2.3
	バリン	3.6	3.4	4.7	4.6	2.7	3.2	3.6
	ヒスチジン	2.0	1.9	2.0	2.6	1.6	1.7	1.8
	アルギニン	4.0	3.1	5.1	8.3	1.9	3.0	3.2
	アラニン	3.1	2.6	4.3	4.9	1.5	2.3	3.0
	アスパラギン酸	4.7	3.7	5.8	7.0	1.9	2.7	4.2
	グルタミン酸	30.3	34.7	22.6	15.5	41.1	34.2	31.4
	グリシン	3.8	3.4	3.6	4.9	1.5	4.2	5.0
	プロリン	10.1	11.8	8.9	5.0	14.3	10.7	9.3
	セリン	4.2	4.4	4.5	4.8	3.8	4.7	4.8
	NH_3	3.5	3.9	2.5	1.9	4.7	3.8	3.5

(Bushuk and Wrigley, 1974 より)

5.2.3　分類と抽出

1)　分　類

　Osborneによる溶解度でのタンパク質の分類[85]は，その有用性から今でも使われている．植物組織中のタンパク質は，「オズボーン画分」として知られる4つの主要タイプ（アルブミン，グロブリン，プロラミン，およびグルテリン）で構成される．小麦のグルテンタンパク質はこれらのうちのプロラミンに分類されるアルコール可溶性のグリアジンと，グルテリンに分類されるアルコール不溶性のグルテニンである．水溶性アルブミンと塩可溶性グロブリンは構造，代謝，および貯蔵タンパク質が混ざったものである．

　表 I.5.4のように，胚芽とアリューロン層にはタンパク質が多く含まれ，果皮や種皮にもタンパク質はあるが，これらは普通の植物性タンパク質である．小麦がパン，めん，菓子などに幅広く加工され，穀物中の王者といわれるのは，小麦の胚乳にだけグルテンをつくるタンパク質が含まれているからである．

　グルテンタンパク質をグリアジンとグルテニンに分けることは，それらが二次加工

性に異なる寄与をするので，今でも広く使われる．アルコール水溶液中で可溶性か不溶性かは，タンパク質サブユニットが鎖間ジスルフィド (S-S) 結合によって安定な重合体に凝集しているかどうかで決まる．グリアジンサブユニットはシステイン残基を含まないか，鎖内 S-S 結合のみを形成するだけだが，グルテニンサブユニットは鎖間および鎖内結合を形成する．

1978 年に Dayhoff[86]が「関係があるが，限られた配列相同関係を持つタンパク質」の一群を「スーパーファミリー」と定義し，その後，プロラミンおよびクピンスーパーファミリーが小麦中の主要貯蔵タンパク質を含むことが分かった．7S 貯蔵グロブリンとトリティシンの2つのクピンが成熟小麦粒のタンパク質組成に関係する．

2) 画分の抽出

Osborne の古典的方法では，水でアルブミンの抽出，薄い NaCl 溶液でグロブリンの抽出，70％ (v/v) エタノールでグリアジン（小麦プロラミン）の抽出を行い，抽出されなかったタンパク質はグルテニン（小麦グルテリン）と呼ばれていたが，後に，グルテニンという言葉は薄いアルカリまたは酸（酢酸が多い）で抽出される画分に用いられるようになった．

小麦には 70～80 種類以上のタンパク質が含まれる．Bushuk ら[84]が，Osborne 分画法を用いてカナダ産ハード・レッド・スプリング小麦のストレート粉についてタンパク質組成を調べた結果は，表 I.5.10 のようだった．残渣タンパク質（そのほとんどがグルテニン）は不溶性である．写真 I.5.1 は，Osborne 分画法で得られた小麦胚乳のタンパク質の電子顕微鏡写真である．

グリアジンとグルテニンの概念は，溶解性の差に基づくが，Osborne 分画法には試料の状態，脱脂の有無など影響する要因が多いので，新しく分子特性の比較に基づくシステムが開発された[87]．図 I.5.5 は，グルテンタンパク質の分類についての両方法

表 I.5.10 Osborne 分画法による小麦粉のタンパク質の組成

タンパク質	％
低分子量のもの	5.3
アルブミン	11.1
グロブリン	3.4
グリアジン	33.2
グルテニン	13.6
残渣タンパク質	33.4

（カナダ産ハード・レッド・スプリング小麦のストレート粉を使用）
（Bushuk, 1974 より）

| アルブミン | グロブリン | グリアジン |

| グルテニン | 不溶性残渣タンパク質 |

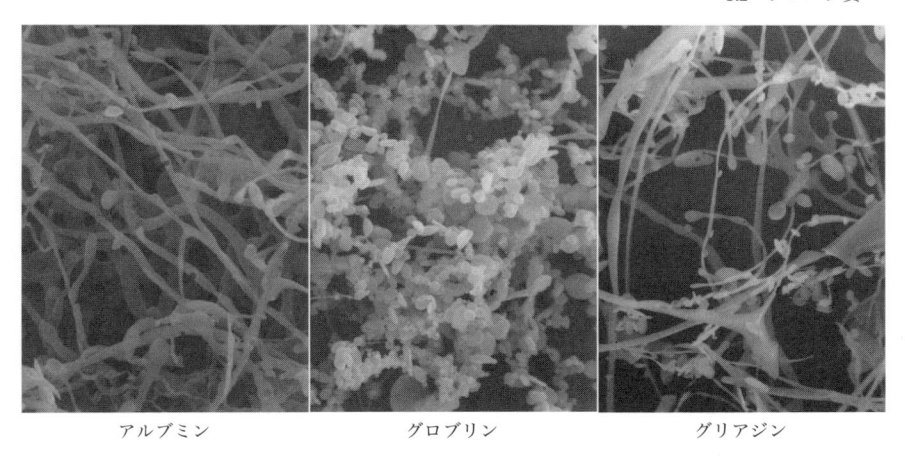

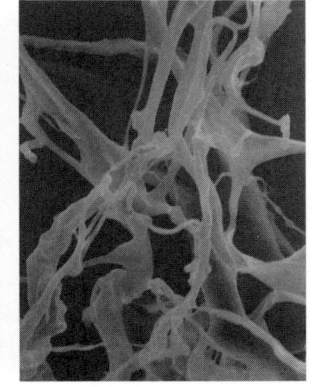

写真 I.5.1 小麦粉中のタンパク質(走査型電子顕微鏡による,約600倍)

の関係である[88]. 自然の状態で小麦粒,粉,生地,またはグルテンからタンパク質のすべてを抽出する方法の開発が進み,0.1M 酢酸に尿素(3M)と臭化セチルトリメチルアンモニウム(0.01M)を加えた溶媒によって,S-S 結合を壊すことなくグルテン中のタンパク質の 95% を抽出できた[89]. pH 7 で SDS を含むリン酸塩緩衝液による連続抽出によっても,最高の回収率が得られた[90].

不溶性および可溶性グルテニン画分のアミノ酸組成は大きな差がなく,両者の溶解性の差は2つの重合体画分の大きさの分布の差によるものである. 単量体と重合体グルテンタンパク質の比,および臨界分離値より大きい凝集体(不溶性グルテニン,グルテニン巨大重合体,抽出不能重合体タンパク質(UPP)などと呼ばれる)の量は,グルテンの性状に関係し[91],タンパク質含量とパン体積の関係の勾配(図 I.5.3)を決める[92]. サイズ排除高性能液体クロマトグラフィー(SE-HPLC)によって,全抽出タンパク質は,重

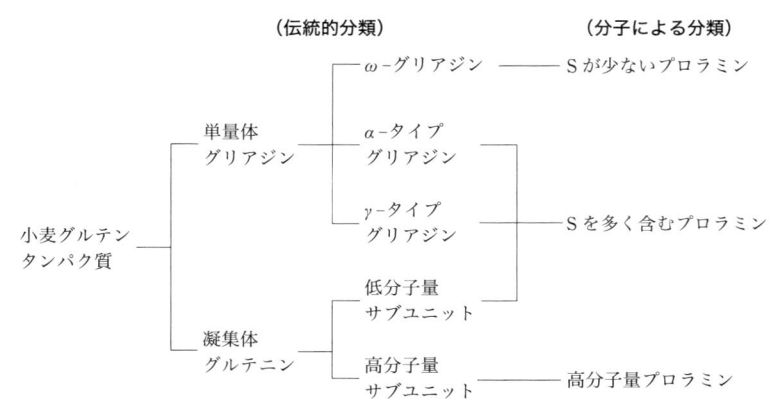

```
                    （伝統的分類）              （分子による分類）
                         ┌─ ω-グリアジン ──── S が少ないプロラミン
                 単量体   │
                 グリアジン─┤─ α-タイプ
                         │   グリアジン
                         │                 ┐
                         └─ γ-タイプ        │
                             グリアジン     ├─ S を多く含むプロラミン
  小麦グルテン─┤                            │
  タンパク質   │       ┌─ 低分子量          │
                 凝集体 │   サブユニット    ┘
                 グルテニン┤
                         └─ 高分子量 ──── 高分子量プロラミン
                             サブユニット
```

図 I.5.5　小麦粒タンパク質の伝統的な分類と分子による分類

合体グルテンタンパク質 (P1)，単量体グルテンタンパク質 (P2)，および非プロラミンタンパク質 (P3) の 3 ピークに分かれるが，ピーク P2 と P3 には非グルテンタンパク質が含まれる[93]．

5.2.4　グルテンタンパク質

1)　グルテンとは

ボウルに小麦粉約 30 g と水約 20 ml を入れ，指先で捏ねる．初めは小麦粉と水がなじまず，手にくっつくが，ボウルに付着している粉をまとめながら根気よく捏ねると，一つの塊になる．さらに捏ね続けると，表面に少し照りが出てくる．こうしてできたものは，「小麦粉生地」と呼ばれる．

ボウルにこの小麦粉生地を入れたままで，ぬるま湯をたっぷり注ぎ，10 分間くらい静置すると，生地表面が少しふやけたようになる．水に入れたまま指先でもみほぐすと，生地から白いデンプンが出て，水が濁る．よくもみほぐしたら，白く濁った水を捨て，きれいな水と入れ替える．同様に，生地をもみほぐしては白く濁った水を捨て，新しい水と入れ替えることを 3〜4 回繰り返すと，水が濁らなくなる．後に残ったぶよぶよしてふやけた塊が，「グルテン」である．

触ると，水をたっぷり含むので，ふわふわしている．指先でつまんで引っ張ると，かなりの弾力がある．手のひらにのせて，片方の手の指で何回も中心部や表面の水分を絞り出すと，次第に粘ってきて，べとつくようになる．こうやって小麦粉から取り出したグルテンは，粘りと弾力の両方の性質を備えている．

小麦粉のタンパク質の中の約 80 %がグルテニンとグリアジンである．小麦粉に水を加えて捏ねることで，この 2 つが結び付き，グルテンがつくられる．グルテニン

は弾力が強く，グリアジンは粘る性質を持つので，この両者が結び付くと，粘弾性のバランスがとれたグルテンになる．グルテニン，グリアジン，グルテンの粘弾性の程度は，既に**写真 I.2.1** に示した．

ヨーロッパの 17 点の小麦の平均では，全小麦粒タンパク質の約 80％がグルテンタンパク質であり，約 30％がグリアジン，32.5％が低分子量（LMW）グルテニンサブユニット，16.6％が高分子量（HMW）グルテニンサブユニットだった[94]．

2) 遺伝的特徴

グルテンタンパク質の特徴の一つは，栽培小麦およびその野生同系統内での広範囲な多型性である．グルテンタンパク質の遺伝的特徴の解析が進み，世界中の小麦品種のグリアジン，LMW グルテニンサブユニット，および HMW グルテニンサブユニットの対立遺伝子組成の詳細なリストを，AACC International の website の「Grain Bin」の項目で見ることができる．

a) グリアジン

ω-および γ-グリアジンは相同グループ 1 染色体の短腕上の *Gli-1* 遺伝子座（*Gli-A1*, *Gli-B1*, *Gli-D1*）に存在する遺伝子のクラスターによって制御され，α-および β-グリアジンは相同グループ 6 染色体の短腕上に存在する *Gli-2* 遺伝子座（*Gli-A2*, *Gli-B2*, *Gli-D2*）で制御される[95]．ヨーロッパ小麦とカナダ・ウエスタン・レッド・スプリング小麦の 16 試料についてグリアジン画分を測定した結果，ω-グリアジンが 11.2％（7.1〜20.0％），α-グリアジンが 52.6％（48.1〜59.3％），γ-グリアジンが 36.2％（30.5〜45.6％）だった[94]．

b) 高分子量グルテニンサブユニット

グルテニン画分は HMW および LMW サブユニットから成り，鎖間 S-S 結合でつながっていて，二量体から分子量が数百万の大きさの重合体を形成する[96]．HMW サブユニットは，相同グループ 1 染色体（*Glu-A1*, *Glu-B1*，および *Glu-D1*）の長腕上にある *Glu-1* 複合遺伝子座の遺伝子によってコード化される[97]．

Glu-1 遺伝子の一部は表現型として現れないので，パン小麦品種には 3〜5 の HMW サブユニット遺伝子のみが発現する．*Glu-D1* 遺伝子座によって 2 つのサブユニットが常に発現し，*Glu-B1* 遺伝子座によっては 2 または 1，*Glu-A1* 遺伝子座によっては 1 または 0（ヌル対立遺伝子）が発現する．*Glu-B1* または *Glu-A1* 遺伝子座によって 1 つだけのサブユニットが発現する時，それは常に x-タイプである．

パン小麦品種の *Cheyenne* と *Chinese Spring* の *Glu-A1* 遺伝子座に 2 つの表現型として現れない y-タイプ遺伝子が見付かり，栽培と野生二倍体小麦（*T. monococcum* ssp. *monococcum* と *boeoticum* および *T. urartu*），野生四倍体小麦の *T. turgidum* ssp. *Dicoccoides*[98,99]，およびゲノム式 AAGG を持つ四倍体小麦の栽培および野生型（*T. timopheevi* ssp. *timopheevi*

と *araraticum*) で発現する [100].

カナダ産パン小麦の数品種は，サブユニット 1Bx7（*1Bx7* と *1Bx7**）の対立遺伝子型を含み，*1Bx7* 対立遺伝子は *1Bx7** 対立遺伝子より全 HMW サブユニットの比率が高い [101]．世界中の小麦品種と原種には，この対立遺伝子 *Glu–B1al* が広く分布し，生地の物理特性にプラスの影響を持つ [102]．

Glu–B1 遺伝子座がヌルの品種 *Olympic* と *Glu–A1* および *Glu–D1* 遺伝子座がヌルの品種 *Gabo* の同質遺伝子系統を交配して，サブユニット数が 0〜5 のパン小麦系統がつくられ，HMW サブユニットを除去すると，生地のミキシング力と製パン性が著しく低下することが示された [103]．

c) 低分子量グルテニンサブユニット

LMW グルテニンサブユニットは HMW グルテニンサブユニットより多い．SDS 中での移動度とそれらの相対等電点によって，B，C，および D グループに細分される [104]．

主に B グループに属する典型的な LMW サブユニットは，第 1 アミノ酸残基によって，メチオニン（Met），セリン（Ser），およびイソロイシン（Ile）で始まる LMW–m，LMW–s，および LMW–i タイプに分けられる．LMW–i タイプは，主に *Glu–A3* 遺伝子座の遺伝子によってコード化される [105]．他の LMW タイプと同数のシステイン残基（8つ）を持つが，N 末端領域がなく，システインのすべてが C 末端領域に局在するため，他の 2 タイプに比べて構造の差が大きい．このシステイン分布の差がグルテニン重合体形成とグルテンの機能性に影響する．

D グループは，重合体グルテニン画分に組み込まれることを可能にする 1 つのシステイン残基を含む ω–グリアジンの突然変異型に合致した [106]．γ–および α–グリアジンの修正された形が，グルテニン重合体中に存在し，C グループにほぼ一致した [107]．全画分の N 末端アミノ酸配列決定によって，C グループサブユニットがグリアジンに似た配列（α–タイプ 40％，γ–タイプ 55％，LMW サブユニット Met–タイプ 5％）を持つことが示された [107]．グリアジンをコード化する遺伝子座と C タイプサブユニットをコード化する遺伝子座の間にしっかりした結合があり，LMW サブユニットが *Glu–3* 遺伝子座によるだけでなく，*Gli–1* および *Gli–2* 遺伝子座にしっかり結合し，中に含まれる遺伝子によってコード化される [108]．

3）構 造

a) グリアジン

硫黄が多いグリアジン（α–タイプ，γ–タイプ）と LMW グルテニンサブユニットの構造は比較的似ている．これらの非反復 C–末端領域は α–ヘリックスに富み，第 6（α–グリアジン，LMW サブユニット）または第 8（γ–グリアジン）保護システイン残基の間に形成された分子内 S–S 結合によって安定化された密な球状構造である [109]．γ–グリア

ジンはα-グリアジンより構造が大きく，それは規則正しく大きいらせん構造を形成する高度な保護反復配列によるものと思われる[110]．α-グリアジンの反復領域は2つの不完全な保護モチーフに基づく反復から成り，規則正しい構造をつくりにくい．

普通小麦のAとDゲノムによってコード化されるω-グリアジンは，大麦のSが少ないCホルデインの構造に似ており，α-グリアジンやγ-グリアジンより溶液中でよく伸び，より緊密な構造である[111]．

b) 高分子量グルテニンサブユニット

HMWサブユニットは溶液中で伸びた構造になり，その大きさは，サブユニット1Bx20の約50×1.8 nmから，サブユニット1Dx5の149残基部分の4つのコピーから成る63.8-kDaペプチドの90×1.5 nmまで幅がある[112]．その構造はやや柔軟性がある[113]．

HMWサブユニットの非反復N-およびC-末端領域は，球状の構造を持つ．1Dx5の残基5～32がα-ヘリックスの連続鎖を形成するが，サブユニット1Bx7中のこの配列はα-ヘリックスの3つの別々の短い鎖（残基6～13, 16～20, 24～26）を形成する[114]．サブユニット1Dx5のN-末端領域に対応する組換えペプチドの溶液中での二次構造は，pH 8.17でα-ヘリックス26％とβ-シート33％，およびpH 3.59でα-ヘリックス35％とβ-シート36％と推定した[115]．HMWサブユニットの反復領域によって形成されるβ-ターンが組織化され，規則正しい構造をつくる[116]．

HMWおよびLMWサブユニットに関係するS-S結合には，サブユニット1Bx7のN-末端領域中のCys 10とCys 17の間の鎖内結合，y-タイプサブユニットの反復領域にあるシステイン（1By9のCys 564または1Dy10のCys 507）とLMWサブユニットのC-末端領域中の「対になっていない」システインの間の鎖間結合，およびサブユニットに平行して結合している2つのy-タイプサブユニット（1By9および／または1Dy10）の隣接システイン（Cys 44とCys 45）間の2つの鎖間結合がある[117]．

小麦粉から採り出したグルテニンを多く含むタンパク質画分から無傷なS-S結合を含む2つのペプチドが単離され，これらの両方は，サブユニット1Dy10のN-末端部分に結合したサブユニット1Bx17のC-末端部分でできていた[118]．グルテニンは，HMWサブユニットの非ペプチド反復モチーフ中に存在する隣接チロシン残基の組合せ間に形成されるジチロシン橋かけ結合も含み，合成ペプチド間のジチロシン橋かけ結合の形成が，臭素酸カリウムによって増加する[119]．

ジチロシン橋かけ結合は，還元剤で壊れないという点でS-S結合とは異なる．グルテニン中のジチロシン橋かけ結合は少ない．グルテン中のチロシン残基の1/1,000～1/10,000がジチロシン結合に関係し，粉が最も少なく，改良剤でミキシングした生地中で最多だった．最高の存在量はS-S結合142に対してジチロシン橋かけ結合1つである[120]．

c) グルテンに関係する他のタンパク質

小麦粒中では、グルテンタンパク質だけが重合体を形成するタンパク質ではない。β-アミラーゼとグルテニンの間の不溶性で、酵素的に活性な複合体がある[121]。「HMW アルブミン」として染色体 4DL, 4AL, および 5AL 上の β-Amy-1 遺伝子座によってコード化される3つの形の β-アミラーゼが、単量体および S-S 結合凝集体として存在し、4番目の「LMW アルブミン」は、β-アミラーゼより分子量が低く、β-アミラーゼに特異的な抗血清と反応しない[122]。HMW アルブミンはそれら自身と重合体を形成しやすく[122]、β-アミラーゼと LMW サブユニット間には S-S 結合が存在する[123]。

デュラム小麦中にはグルテニン重合体と非共有結合している2つの低分子量グルテニンがあり、これらデュラムの硫黄に富むグルテニン1および2は、α-アミラーゼインヒビターサブユニット CM3 および CM16 と一致している[124]。これらタンパク質の一部は生地形成中に疎水性力によってグルテンタンパク質に結合するようになり、それによって生地の機能特性に影響を持つ可能性がある[125]。

4) 加工特性との関係

小麦生地の特性と製パン性はグルテンタンパク質、特に、重合グルテニンによって決まる。グルテニンには、異なるサブユニットが存在し、遺伝子型、生育条件、および加工の多様性も加わって、最も複雑な性質のタンパク質である。グルテニンは生地に弾性を与え、グリアジンは主に伸展性と粘性に影響を与える。

粉中のグルテンタンパク質の量、およびグリアジンとグルテニンの比は生地特性の主要な決定要素である。軟らかく、粘着性の生地になるヒトツブ、エンマー、およびスペルト小麦のような「古い」タイプの小麦は、現代の普通およびデュラム小麦品種よりグルテニンに対するグリアジンの比率がかなり高い[126]。

a) グリアジン

グリアジンはグルテンタンパク質の約50％に相当する。グリアジンの差が生地レオロジーに与える影響は少ないが、生地形成と焼成中の膨潤に関係する。グリアジン含量が高いと生地の力にマイナスの影響があり、生地粘着性が増し、パン体積が小さくなることがあるが、グリアジンは生地伸展性と最終的なパン体積でプラスの役割を果たすと考えられる[127]。

b) グルテニンサブユニット

生地のレオロジー特性は小麦粉中の HMW および LMW グルテニンサブユニットの量の影響を強く受ける。生地の力が非常に強い系統は、弱い系統より LMW に対する HMW の比率が高い[128]。

x-タイプ HMW サブユニットの方が、y-タイプサブユニットより生地特性への影

響が大きく，重要であり [129]，反復領域の長さや反復モチーフの頻度と保護度のような構造特性が関係する [130]．1つだけの HMW サブユニット 1Bx7 を持つ品種 *Galahad-7* からの生地は極端に伸展性があり，弾性は少ない [131]．品種 *Glenlea* は 1Bx7 の過剰発現が特徴で，LMW サブユニットに対する HMW サブユニットユニットの比率，および y-タイプに対する x-タイプの比率が高く，生地形成時間が極端に長くて，高いエネルギー入力を必要とし，生地の力が強い [129]．

グルテンタンパク質中の異なるタイプの割合は，遺伝子型だけでなく，環境条件によって影響される．硫黄欠乏は HMW／LMW 比を上昇させる [132]．重合体中の HMW／LMW 比は分子量と共に上昇する [133]．一般的に，x-タイプの方が多く，x/y 比は遺伝子型によって約 1.7〜3.2 である [88]．サブユニット 1Dx2，1Dx5，1Bx7，1Dy10，および 1Dy12 が主要成分で，サブユニット 1Ax1，1Ax2*，1Bx6，1By8，および 1By9 は少ない [134]．それらの構造と量の差は生地の機能特性に影響を与える．*Glu-D1* 遺伝子座での対立遺伝子組成は生地の力に大きな影響を持ち，"d" 対立遺伝子（1Dx5＋1Dy10）を含む小麦は，"a" 対立遺伝子（1Dx2＋1Dy12）を含む小麦より強い生地になる．生地の力強さは，1Dx5 サブユニットの反復領域の最初に近い余分なシステイン残基の存在による [135]．

LMW サブユニットは，直接または HMW サブユニットとの相互作用によって，伸展性に主要な役割を果たし，力にもある程度関係する [136]．LMW サブユニットは，デュラム小麦中のパスタ品質で重要な役割を果たし，良い品質は高率の s-および m-タイプ LMW サブユニットと正の相関があり，α-および γ-グリアジンと負の相関がある [137]．

普通小麦の品質への各種 LMW サブユニット対立遺伝子の影響に関する情報も得られており，機能特性を決定する最も重要な要因の一つは，分子間 S-S 結合形成に使えるシステイン残基の数である [136]．サブユニットはグルテニン重合体鎖ターミネーター（奇数のシステイン残基を含む），または鎖エキステンダー（偶数のシステイン残基を含む）として作用できる [138]．i-タイプ LMW サブユニットの N-末端領域にシステイン残基がないと，グルテン網目構造の形成に反復領域が関与しないが [107]，i-タイプ LMW サブユニットは C-末端領域に余分のシステイン残基を含み，その結果，典型的な LMW サブユニット中に存在する 8 つのシステイン残基の全数を保持している．システイン分布のこの違いは，i-タイプ，s-タイプ，および m-タイプサブユニットによって形成される S-S 結合のパターンに影響する [139]．

5.2.5　プロラミン関連低分子量タンパク質

1）グロブリン

小麦胚乳 cDNA ライブラリーの分析で，α-グロブリン転写物が存在し，分子量約

19 kDa の成熟タンパク質をコード化することが分かったが，対応するタンパク質は同定されていない．7Sグロブリンは，胚やアリューロン層にあって主要な貯蔵タンパク質を形成しており[140]，胚のグロブリンの分子量は 40～55 kDa である[141]．1985年に，小麦には約 60 kDa の 11S グロブリンがあると報告され[142]，後に，これがトリティシンと一致することが示された[143]．トリティシンは小麦中のタンパク質の約 5% を占め[144]，胚乳細胞中のタンパク質ボディに堆積して，プロラミンのマトリックスと不連続な封入物を形成する[145]．

2) フライアビリン

胚乳細胞中のタンパク質マトリックスとデンプン粒は強い粘着力で付着しており，それを製粉で分離しようとすると高いエネルギーを必要とし，デンプン損傷を増すことになる．粘着力が弱いとデンプン損傷が少ない．軟質小麦品種のデンプン粒の表面タンパク質の SDS-PAGE パターンには 15 kDa のバンドがあるが，硬質小麦品種の表面タンパク質にはこれがなく，このタンパク質が穀粒組織を決定する「フライアビリン」である[146]．

フライアビリンは穀粒組織の硬度を制御する硬度 (*HA*) 遺伝子座の遺伝子によってコード化される．*HA* 遺伝子座は染色体 5D の短腕上にあり，*Pina*，*Pinb*，および *Gsp-1* 遺伝子からなる[147]．デュラム小麦はこの遺伝子座を欠くので，非常に硬い[148]．染色体 5D 上の *HA* 遺伝子座は穀粒に軟らかさを与える．

3) α-アミラーゼインヒビター

α-アミラーゼの水溶性インヒビターが小麦粉中に存在し，全アルブミンの 2/3 を占める．α-アミラーゼインヒビターのほとんどは，小麦内の酵素に対して不活性である．小麦は，単量体 (WMAI-1,2) とホモ二量体 (WDAI-1,2,3) の形の α-アミラーゼインヒビター，および 2 つのサブユニット (WTAI-CM1/2 および WTAI-CM16/17) の単一コピーと第 3 のサブユニット (WTAI-CM3B/D) の 2 つのコピーから構成される四量体の形を含む．

それらは，ヒトの唾液と膵臓の α-アミラーゼなどに対して活性がある．抑制スペクトルがかなり異なり，二量体インヒビターはヒトの唾液 α-アミラーゼに対して高度に活性だが，単量体の形は活性が低く，四量体の形はほとんど活性がない[149]．差は，個々の二量体タンパク質間でも起こり，WDAI-2/0-19 インヒビターはヒトの唾液と膵液の酵素に対してより活性があり，WDAI-1/0-53 インヒビターは全体としては活性が低いが，膵液のアミラーゼより唾液の酵素への選択性が高い[150]．

同様に，個々のインヒビターは昆虫の α-アミラーゼに対しての活性が異なる．小麦からの粗インヒビター調製品は一般的に活性があるが，特に，貯蔵穀物害虫からの

酵素に対して活性である．精製した単量体，二量体，および四量体の間では活性に差がある[149]が，これらの抑制活性は十分ではない．

α-アミラーゼインヒビターは主にデンプン質胚乳に存在し，完熟デンプン質胚乳細胞中のタンパク質マトリックスの一部を形成する[151]．最終的に，α-アミラーゼインヒビターファミリーのメンバーは，食事のアレルゲンとしてヒトに影響を与えるが，デュラム小麦中の SH/SS 交換反応に関与し，それらの表面活性によって，食品加工での機能性に寄与する可能性がある[126,127]．

4) 脂質転移タンパク質

小麦には分子量が 9 kDa の脂質転移タンパク質 1 と，分子量が 7 kDa の脂質転移タンパク質 2 がある．両脂質転移タンパク質は構造的に同じで，同じ脂質結合空洞を持つが，脂質結合特性は異なり，脂質転移タンパク質 2 は α-らせんに直角の位置にある脂質と，脂質転移タンパク質 1 は α-らせんに平行の位置にある脂質に結合する[152]．

5.2.6 機能性タンパク質

1) アレルギーと過敏症に関係するタンパク質

グルテンタンパク質は，感受性が高いヒトの場合にはセリアック病の引き金になり得る[153]が，α-グリアジンが最も関係していると考えられる[115]．その理由は，α-グリアジンが胃腸内腔中の酵素または粘膜のブラッシュボーダー酵素によって完全には分解されない 33 残基ペプチドを含むからである．

グルテンタンパク質は，食物摂取または吸入によって IgE 仲介アレルギーの引き金になることがあり[154]，アトピー性皮膚炎[155]や，問題の食品を摂取後に運動した場合の過敏症（アナフラキシー）[156]を引き起こすことがある．HMW および LMW グルテニンサブユニット，ω-，γ-，および α-グリアジンがアレルゲンである[157]．焼成などの加熱が影響する[158]．

2) 表面活性タンパク質

小麦粉に対して 30% 以上の水分を加え，ミキシングしてパン生地を調製すると，生地の含水相に液体のフィルムが形成される[159]．生地中の泡を完全な状態に維持する能力は，それを構成する表面活性成分によって決まる．そのような複雑な系でのタンパク質と脂質の相互作用がその特性を決め，泡安定性の調節に重要な役割を果たす．表面活性タンパク質として重要なものの一つはピューロインドリンだと考えられていたが，必ずしもそうではないようで，解明が急がれる．

5.2.7 生物活性タンパク質

小麦胚芽には，N-アセチルグルコサミン，およびその重合体のキチンと結合する能力を持つアグルチニンがある．悪性細胞を含むいくつかのタイプの細胞の表面に結合して，癒着を起こす力がある[160]．

小麦粒には wheatwin 1，2，3，および 4 がある．これらは鎖内 S–S 結合を形成する 6 つのシステイン残基を持つ 125 残基のタンパク質で，4 つのすべてが抗真菌特性を持つ[161]．リボヌクレアーゼとしての活性もある[162]．

トリチン 1，2，および 3 と呼ばれるリボソーム不活性化タンパク質もある．分子量は 32～33 kDa [163]で，全可溶性タンパク質の約 2% と推定される[164]．細胞の細胞質に存在し，インビトロで小麦胚芽リボソームによるタンパク質合成を抑制できる[165]．リボソーム不活性化タンパク質は抗真菌特性を持つ[112,166]．

ピューロチオニンは 1940 年に小麦粉から単離された．小麦のピューロチオニンには，α_1, α_2, および β の 3 成分があり[167]，3 つは似た配列を持ち，4 つの鎖内 S–S 結合を持つ 45 のアミノ酸残基で構成される[168]．細菌，酵母，繊維状真菌，および培養した哺乳類細胞を含む幅広い生物体に高い毒性があるが，ヒトに有害だという証拠はない．

5.3 脂　　質

5.3.1 分類と含量

脂質には，単純脂質と複合脂質がある．小麦中の単純脂質は，炭化水素，ワックスエステル，ステリルエステル，グリセロールエステル，および脂肪酸を含む 2 タイプの構造部分を持つ化合物で，生化学的には非極性脂質に分類される．複合脂質は，リン脂質と糖脂質を含む 2 タイプ以上の構造部分を持つ化合物で，極性脂質である．非極性脂質と極性脂質は構造と極性による分類で，非極性脂質はアシルグリセロール（グリセリド）と少量のステリルエステルおよびアシル化糖脂質を含み，遊離脂肪酸は少し極性を持つが非極性脂質と考えられる．小麦の脂質は，けん化性脂質と非けん化性脂質にも分けられる．

小麦や小麦粉中の脂質は，それがある場所によって，非デンプン脂質，デンプン表面脂質，およびデンプン脂質に，また，抽出しやすさによって，遊離脂質，結合脂質，全非デンプン脂質，および加水分解生成物脂質にも分類できる．これらに基づいて，小麦粉中の脂質を分類し，その含量と共に図 I.5.6 に示した．

5.3 脂　　質

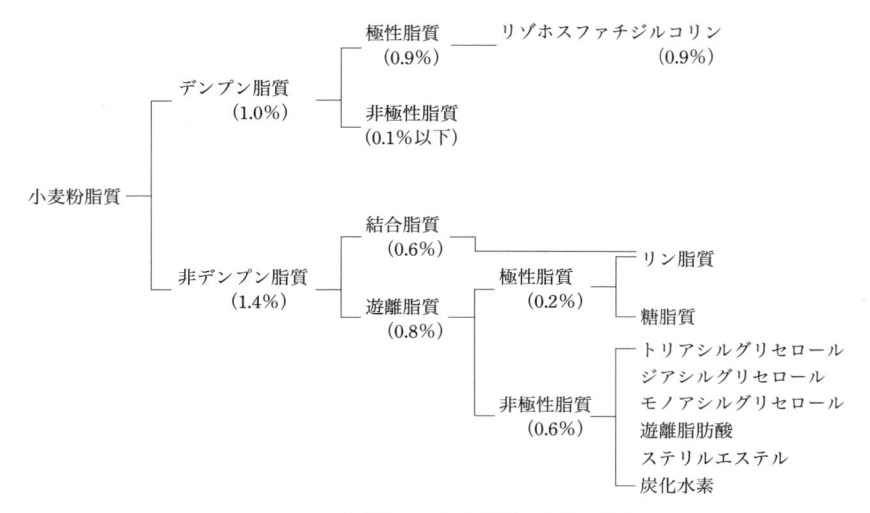

```
小麦粉脂質 ─┬─ デンプン脂質 ─┬─ 極性脂質 ──── リゾホスファチジルコリン
         │   (1.0%)      │   (0.9%)         (0.9%)
         │              └─ 非極性脂質
         │                  (0.1%以下)
         │
         └─ 非デンプン脂質 ─┬─ 結合脂質
             (1.4%)        │   (0.6%)
                          └─ 遊離脂質 ─┬─ 極性脂質 ─┬─ リン脂質
                              (0.8%)  │   (0.2%)  └─ 糖脂質
                                     │
                                     └─ 非極性脂質 ─┬─ トリアシルグリセロール
                                         (0.6%)   ├─ ジアシルグリセロール
                                                  ├─ モノアシルグリセロール
                                                  ├─ 遊離脂肪酸
                                                  ├─ ステリルエステル
                                                  └─ 炭化水素
```

図 I.5.6　小麦粉中の主な脂質の分類と含量

表 I.5.11　小麦粒部位別の割合とそれらの遊離脂肪酸含量

部　位		重　量 (%)	遊離脂質含量 (画分の重量%)
小麦全粒		100	1.8
ふすま		3.8～4.2	5.1～5.8
果　皮		5.0～8.9	0.7～1.0
種　皮		0.2～1.1	0.2～0.5
アリューロン層		4.6～8.9	6.0～9.9
胚　乳	全体	74.9～86.5	0.8～2.2
	外側		2.2～2.4
	内部		1.2～1.6
胚　芽	全体	2.0～3.9	28.5
	胚軸	1.0～1.6	10.0～16.3
	胚盤	1.1～2.0	12.6～32.1

(MacMasters ら, 1971 より)

　小麦中の脂質の量は 2～3% である．小麦粒各部位別の遊離脂質含量の分析データの一例を**表 I.5.11**[169]に，脂質の種類別分析データを要約したものを**表 I.5.12**[170]に示した．Chung ら[171]が測定したストレート粉中の遊離脂質含量は，乾物量ベースで小麦粉 10 g 中に 92.8 mg（82.0～101.3 mg），そのうち非極性脂質は 74.1 mg（61.3～83.3 mg），糖脂質は 12.8 mg（10.1～17.2 mg），リン脂質は 4.9 mg（3.9～6.1 mg）である．
　小麦粉中の全脂質含量は乾物量ベースで 1.4～2.2% である．その約 40% がデンプ

表 I.5.12 小麦・小麦粉の全脂質，小麦粉・小麦各部位の非デンプン脂質，およびデンプン中の脂質組成

		全脂質		非デンプン脂質				デンプン中の脂質
		小麦全粒	小麦粉	胚芽	アリューロン層	胚乳	小麦粉	
小麦粒中含量（μm）		916～1,244		270～319	220～387	259～387		139～256
小麦粒中含有率（%, w/w）		100		26～29	24～31	28～31		15～21
部位100g中の含量（mg）		2,540～3,328	2,630～2,770	25,738～30,382	8,656～10,626	848～1,093	1,703～1,953	773～1,171
		全脂質中%		非デンプン脂質中%				デンプン脂質中%
脂質種類別含有率	非極性脂質	44.4～56.9	42.1～43.2	83.7～84.8	72.3～79.5	33.2～45.7	58.2～60.9	4.4～5.9
	糖脂質	12.5～14.4	16.4～19.0	0～3.6	6.7～9.8	30.7～38.3	23.3～26.8	1.2～5.5
	リン脂質	30.6～41.5	37.8～39.0	15.2～16.8	13.8～17.9	23.6～34.4	14.2～15.8	90.1～94.4

ン脂質で，残りの60%は非デンプン脂質である．非デンプン脂質の約60%は遊離脂質画分に，40%は結合脂質画分にあって，粉の遊離脂質は非極性脂質75%と極性脂質25%で構成されている．粉中の脂質含量と組成は，小麦の品種や製粉歩留りによって差がある．

5.3.2 機 能 性

1) 栄養面の役割

脂質は細胞膜の重要な構造部分であり，脂肪，油，油溶性ビタミン（A, D, E, およびK），ホルモン，および非タンパク質膜成分は脂質である．栄養的には，脂質はヒトにエネルギーと必須脂肪酸を提供する．また，脂質は嗜好性を増し，消化管での動きが遅いので満腹度を増す．

他の穀物と同じように，小麦脂質の20～25%が飽和脂肪酸で，17～24%のパルミチン酸と1～2%のステアリン酸で構成されている．脂肪酸の量は少ないが，小麦の脂肪酸組成はヒトの食事に必要なものを含んでいる．小麦や小麦粉中では，トリアシルグリセロール（トリグリセリド）が全脂質，非デンプン全脂質，および遊離脂質の主成分だが，デンプン脂質では主成分ではない．

小麦胚芽にはフィトステロールが多く（>413 mg/100g）含まれており[172]，この程度の量でも腸でのコレステロール吸収を抑え，血中コレステロールを低下するのに有効である[173]．トコールを含む抗酸化物質は小麦ではアリューロン層と胚芽に集まっているので，白い小麦粉より小麦全粒粉を食べることが望ましい[174]．小麦の抗酸化活性は品種や産地によって差がある．ヒドロキシルラジカル捕捉に関して，小麦ふすまの粉末が他の穀物や穀物製品に比べて食物繊維添加物として優れている[175]．

5.3 脂質

2) 二次加工における役割

a) パン

　小麦粉の遊離脂質は含量は少ないが，製パンへの影響は大きい．ショートニングを3％配合した場合に，小麦粉から遊離脂質を除去すると，パン体積が17％，内相すだちスコアが50％低下したが，ショートニングがない場合には，体積が9％増し，内相すだちスコアが大幅に改良された[176,177]．ショートニングを含む配合で，脱脂小麦粉に抽出した脂質を同量加えて再構成すると，遊離脂質の極性脂質画分が体積と内相すだちスコアを完全に回復したが，非極性脂質は回復しなかった[176]．極性脂質の中では，糖脂質はリン脂質より体積改良効果が大きく，糖脂質の中では，ジガラクトシルジグリセリドが最も改良効果が大きかった[178]．極性脂質では，ホスファチジルイノシトールを0.02～0.1％添加すると体積が増加し[179]，非極性脂質では，遊離脂肪酸，特にリノール酸が製パンに悪い影響を持つ[180]．小麦粉中の極性脂質はプラスの効果があり，品種間のパン体積の変動の約11％は粉の脂質の含量と組成によるものである[181]．蒸しパンの場合には，ショートニングがあっても，小麦粉からの脂質除去は焼成するパンほどの影響はない[182]．

　ハード・レッド・ウインター小麦とその粉からの遊離脂質の場合に，パン体積と極性脂質および脂質の炭水化物含量，およびパン体積と非極性脂質／極性脂質の比は有意の相関がある．ミキシングに要する時間と遊離極性脂質含量，非極性脂質／極性脂質の比，および糖脂質の間には曲線関係がある[183]．遊離脂質含量または組成とパン体積の間にも有意の相関がある[184]．

　分画と再構成の実験では，非極性脂質はパン体積に悪い影響を与えたが，Panozzoら[185]は，非極性脂質がパン体積にプラスの効果を持つことを示した．これは用いた粉の非極性脂質と極性脂質の間に有意の正の相関があったことによるもので，粉のタンパク質の量と質，および抽出と分画法による影響があったと思われる[186]．

　OhmとChung[187]は，パン体積と遊離脂質または非極性脂質の間には有意の負の相関があるが，パン体積と糖脂質，ジガラクトシルジグリセリド，またはリン脂質とは相関がないことを示した．タンパク質含量の影響が強くて，パン体積への遊離極性脂質，特にジガラクトシルジグリセリドの影響を見えにくくしたためと推論した．モノガラクトシルジグリセリドとジガラクトシルジグリセリド含量はミキシング時間および内相すだちのスコアと正の相関があるが，非極性脂質／ジガラクトシルジグリセリドの比はそれらと負の相関がある．

　小麦の脂質とショートニングは生地のレオロジー特性に影響し，ガス胞の形成とミキシングや焼成を通してそれらの安定性と膨張を増す．ミキシング中に，小麦の極性脂質とショートニングは空気の取込みとガス胞の数を増す．生地のレオロジー特性への極性脂質とショートニングの影響は高分子量重合体タンパク質またはグルテニンマ

クロポリマーとの相互作用と関係があり，ミキシング時間と生地の耐性を増す[188]．極性脂質はグルテンタンパク質を疎水性相互作用によって開き，グルテンマトリックスを伸びやすくして，ガス胞を安定させる[189]．極性脂質はグリアジンと相互作用を起こすほかに，デンプン粒とも相互作用を起こして生地のレオロジー特性に影響を与える[190]．

b) パスタとめん

デュラムセモリナから遊離脂質を除くと，パスタの水溶性成分が増し，黄色みが減少して[191]，表面の粘着性，表面炭水化物含量，およびゆで溶けが増したが，脱脂したセモリナに抽出した遊離脂質を加えると，スパゲティのゆで特性は完全に回復した[192]．

ウエスタン・ホワイト小麦の粉から遊離脂質を除くと，乾めんの割れ圧力，ゆで溶け，およびゆでためんの切断圧力が増したが，ゆで時間と表面の硬さは低減した．遊離脂質を戻してやると，元の粉のゆで特性が回復した．遊離脂質中の非極性脂質はゆでめんの表面の硬さを回復するのに最も有効で，極性脂質は非極性脂質より乾めんの割れ圧力を増した[193]．

c) 菓　子

小麦粉から遊離脂質を除くと，レヤーケーキの体積と内相のスコアが減少したが[194]，アメリカ合衆国で一般的な塩素処理をした小麦粉から遊離脂質を除くと，これらの減少幅が大きくなった[195]．抽出した遊離脂質を戻して小麦粉を再構成すると，ケーキの体積と外観は回復したが，内相は一部回復しただけだった[196]．

クッキーでは，遊離脂質を除くと，最も重要な評価項目である直径と表面状態のスコアが低下し[197]，内相構造も悪くなった[198]．全遊離脂質または極性脂質画分を粉に戻して再構成すると，直径は完全に回復したが，非極性脂質を戻しても少し回復しただけだった[197]．セミスイートビスケットで遊離脂質を除いた小麦粉を使うと，厚さが薄く，内相が密な，硬い製品になった[199]．非極性脂質を戻すより，極性脂質を戻す方が，クッキー品質に効果がある．

5.3.3　貯蔵中の変化

小麦貯蔵中に品質劣化が起こると，遊離脂肪酸が増加し，脂肪酸度が上昇する．酸化的な酸敗ではなくて，加水分解による酸敗が主に起こる．そのため，遊離脂肪酸の量が小麦粒の健全度の指標になる．

Warwickら[200]が3種類の小麦粉を5年間貯蔵した結果，ポリエン酸が少しだが減少した．脂肪酸が著しく増加し，トリアシルグリセロールが減少した．水分22%で貯蔵した小麦中では，極性脂質がトリアシルグリセロールより速く分解した[201]．これらの分解は小麦中の酵素によるというより，主に微生物の酵素によるものと考えられる．

5.4 ミネラル

　小麦の灰分量は，品種と生育中の気象条件で決まり，ほとんどが 1.2〜1.8％の範囲である．表 I.3.7 および表 I.3.8 のように，部位別では，アリューロン層に非常に多く，果皮，種皮，珠心層，および胚芽にも多いが，胚乳には少ない．胚乳中では，中心部よりも周辺部に多い．

　このため，製粉では，①胚乳の中の部位別の分離がきちんと行われているか，②胚乳のどの部分の粉なのか，③上級粉に胚乳の周辺の部分が混ざっていないか，を知る尺度として，灰分が使われる．灰分が多いか少ないかは粉の色とも密接な関係があるので，品位（等級）を示す尺度とも考えられている．ドイツやオーストリアなどでは，灰分の量で粉のタイプを規定している．一般に，灰分量が少ない小麦粉は冴えたきれいな色をしているが，多くなるにつれて，灰白色のくすみが増す．

　表 I.5.13 に文部科学省科学技術・学術審議会資源調査分科会報告による「日本食品標準成分表 2010」[202]から，小麦，小麦粉のミネラルの分析データを抜粋して示した．また，小麦と小麦ふすま中の主なミネラルの含量を他の穀物や穀物製品と比較したデータの一例を表 I.5.14[1)]に示した．小麦の無機質の大部分はカリウムとリンである．マグネシウムも比較的多く含まれているが，そのほとんどは皮の部分に集中して

表 I.5.13　小麦・小麦粉・小麦胚芽のミネラル含量（100 g 当たり）

	ナトリウム	カリウム	カルシウム	マグネシウム	リン	鉄	亜鉛	銅	マンガン	ヨウ素	セレン	クロム	モリブデン
	mg									μg			
国産普通小麦	2	470	26	80	350	3.2	2.6	0.35	3.90	—	—	—	—
輸入軟質小麦	2	390	36	110	290	2.9	1.7	0.32	3.79	0	5	1	19
硬質小麦	2	340	26	140	320	3.2	3.1	0.43	4.09	0	54	1	47
薄力 1 等粉	2	120	23	12	70	0.6	0.3	0.09	0.50	Tr	4	2	12
2 等粉	2	150	27	30	90	1.1	0.7	0.18	0.77		3		14
中力 1 等粉	2	100	20	18	74	0.6	0.5	0.11	0.50	0	7	Tr	9
2 等粉	2	130	28	26	93	1.3	0.6	0.14	0.77	0	7	2	10
強力 1 等粉	2	80	20	23	75	1.0	0.8	0.15	0.38	0	39	1	26
2 等粉	2	100	25	36	100	1.2	1.0	0.19	0.58	0	49	1	30
全粒粉	2	330	26	140	310	3.1	3.0	0.42	4.02	0	47	3	44
小麦胚芽	3	1,100	42	310	1,100	9.4	15.9	0.89	—				

（文部科学省科学技術・学術審議会資源調査分科会報告「日本食品標準成分表 2010」から抜粋）

表 I.5.14 穀物と穀物製品のミネラル含量 (mg/100g)

	Ca	Fe	Mg	P	K	Na	Cu	Mn	Zn
小麦（全粒）	50	10	160	360	520	3	0.72	4.88	3.4
小麦（ふすま）	140	70	550	1,170	1,240	9	1.23	11.57	9.8
大麦	80	10	120	420	560	3	0.76	1.63	1.53
ソバ	110	4	390	330	450	—	0.95	3.37	0.87
トウモロコシ	30	2	120	270	280	1	0.21	0.51	1.69
エンバク	100	10	170	350	370	2	0.59	3.82	3.4
玄米	40	3	60	230	150	9	0.33	1.76	1.8
精白米	30	1	20	120	130	5	0.29	1.09	1.3
ライ麦	60	10	120	340	460	1	0.78	6.69	3.05
ライ小麦	20	4	—		385	—	0.52	4.26	0.02

(Lockhart and Nesheim, 1978 より)

表 I.5.15 穀物と穀物製品のビタミン含量 (100 g 当たり)

	チアミン (mg)	リボフラビン (mg)	ナイアシン (mg)	ビタミンB_6 (mg)	葉 酸 (μg)	パントテン酸 (mg)	ビオチン (μg)	ビタミンE (IU)
小麦	0.57	0.12	7.4	0.35	78	1	6	1
小麦胚芽	2.01	0.68	4.2	0.92	328	2		
小麦ふすま	0.72	0.35	21.0	1.38	258	3	14	
小麦粉（パテント粉）	0.13	0.04	2.1	0.05	25	1	1	
大麦（精白）	0.23	0.13	4.5	0.26	67		6	1
ソバ	0.60		4.4			1		
トウモロコシ	0.37	0.12	2.2	0.47	26	1	21	2
エンバク	0.67	0.11	0.8	0.21	104	1	13	3
玄米	0.34	0.05	4.7	0.62	20	2	12	2
精白米	0.07	0.03	1.6	0.04	16	1	5	1
ライ麦	0.44	0.18	1.5	0.33	34	1		2

(Lockhart and Nesheim, 1978 より)

いる．皮にはマンガンも多い．他の穀物に比べて顕著な特徴はなく，カルシウムは少ないし，鉄も多くない．

5.5 ビタミン

各種の穀物や穀物製品中の主なビタミン含有量を**表 I.5.15**[1]に，文部科学省科学技術・学術審議会資源調査分科会報告による「日本食品標準成分表 2010」[202]から小麦関連のもののビタミンの分析値を抜粋して**表 I.5.16**に示した．

小麦粒中には，B_1（チアミン），B_2（リボフラビン），ナイアシン，パントテン酸，M（葉酸），B_6（ピリドキシン），H（ビオチン），および E（トコフェロール）が含まれている．A，

表 I.5.16 小麦・小麦粉・胚芽のビタミン含量（100 g 当たり）

	A					D	E トコフェロール				K	B_1	B_2	ナイアシン	B_6	B_{12}	葉酸	パントテン酸	ビオチン	C
	レチノール	カロテン α	カロテン β	β・クリプトキサンチン	β・カロテン当量	レチノール当量		α	β	γ	δ										
		μg						mg				μg	mg					μg	mg	μg	mg
国産普通小麦	(0)	—	—	—	(0)	(0)	(0)	1.2	0.6	0	0	(0)	0.41	0.09	6.3	0.35	(0)	38	1.03	—	(0)
輸入軟質小麦	(0)	—	—	—	(0)	(0)	(0)	1.2	0.6	0	0	(0)	0.49	0.09	5.0	0.34	(0)	40	1.07	9.6	(0)
硬質小麦	(0)	—	—	—	(0)	(0)	(0)	1.2	0.6	0	0	(0)	0.35	0.09	5.8	0.34	(0)	49	1.29	10.7	(0)
薄力 1 等粉	(0)	—	—	—	(0)	(0)	(0)	0.3	0.2	0	0	(0)	0.13	0.04	0.7	0.03	(0)	9	0.53	1.2	(0)
2 等粉	(0)	—	—	—	(0)	(0)	(0)	1.0	0.5	0	0	(0)	0.24	0.05	1.2	0.09	(0)	14	0.62	2.5	(0)
中力 1 等粉	(0)	—	—	—	(0)	(0)	(0)	0.3	0.2	0	0	(0)	0.12	0.04	0.7	0.05	(0)	8	0.47	1.5	(0)
2 等粉	(0)	—	—	—	(0)	(0)	(0)	0.8	0.4	0	0	(0)	0.26	0.05	1.4	0.07	(0)	12	0.66	2.6	(0)
強力 1 等粉	(0)	—	—	—	(0)	(0)	(0)	0.3	0.2	0	0	(0)	0.10	0.05	0.9	0.07	(0)	15	0.77	1.7	(0)
2 等粉	(0)	—	—	—	(0)	(0)	(0)	0.5	0.3	0	0	(0)	0.15	0.05	1.3	0.08	(0)	18	0.93	2.6	(0)
全粒粉	(0)	—	—	—	(0)	(0)	(0)	1.0	0.5	0	0	(0)	0.34	0.09	5.7	0.33	(0)	48	1.27	10.8	(0)
小麦胚芽	(0)	0	61	4	63	5	(0)	28.3	10.8	0	0	2	1.82	0.71	4.2	1.24	(0)	390	1.34	—	(0)

（文部科学省科学技術・学術審議会資源調査分科会報告「日本食品標準成分表 2010」から抜粋）

C および D はまったくない．

　他の穀物よりも B_1 とナイアシンの含有率が高い．エンバクには及ばないが，葉酸も多い．小麦粒内の部位によるビタミン含有量の差は大きく，中でも胚芽は各種ビタミンの宝庫である．胚芽は，B_1，B_2，B_6，葉酸，パントテン酸のほか，E を多く含んでいる．皮にはナイアシン，B_6 および葉酸が特に多いが，B_1 と B_2 も多い．胚乳中のビタミン含有量は，小麦粒中の 1/3～1/4 くらいである．

5.6　水　　　分

　通常流通している小麦粒には 8～14％ の水分が含まれているが，中近東やアフリカで収穫期が乾燥しているところでは，8％ 以下になることもある．オーストラリアやアメリカ合衆国の中西部や太平洋岸北西部でも，収穫期が乾燥している年には 9～11％ の水分になる．日本の本州や九州では収穫期に雨が多いので，天日乾燥しても 12～13％ 以下にはなりにくい．北海道やカナダ，アメリカ合衆国北部のように，水分が多い状態でも収穫しなければならないところでは，乾燥機を使って水分調整をす

5. 小麦・小麦粉成分の化学

ることも行われている．フランスやドイツの小麦も水分が15％以上になることが多い．

小麦に含まれる水分は，粒内での存在状態によって結合水と自由水がある．結合水は小麦粒の組織や細胞を良い状態に保つために必要であるが，自由水のほとんどは利用上で価値のない成分なのでできるだけ少ないことが望ましい．自由水が多過ぎると，呼吸作用が盛んになって，重量が減ったり，自己発熱を起こして変質したり，条件が悪いと熱損粒になることもある．かびや細菌に汚染されたり，害虫の被害を受けやすくなる．水分が13.5％以上になると，これらの恐れが増すとされている．

アメリカ合衆国では，春小麦は水分14.5～16.0％のものをタフ，16.0％以上をダンプ，冬小麦では14.0～15.5％をタフ，15.5％以上をダンプ小麦として，他の品質項目に関係なく，別扱いしている．カナダでも14.6～17.0％をタフ，17.1％以上をダンプ小麦として別扱いしている．ドイツやフランスでは水分量によって小麦の買入価格をスライドする方式を採用している．

日本の市販小麦粉の水分は，14.0～14.5％のものが多い．結合水は小麦粉成分と物理，化学的に結合しているが，自由水は製粉条件，温湿度などで変動する．強力粉や準強力粉は，中力粉や薄力粉より0.5％くらい水分が多めで，季節的にも，冬の方が夏より多めである．これは，粉砕しやすいように小麦粒を調質する際に，硬質の小麦や寒い季節には小麦粒が硬くしまった状態になっているので，少し多めの水を含ませて軟らかくしてやる必要があるためである．このように，自由水の量は製粉条件によっておのずと決まるが，温湿度とも関係があって，多過ぎても飛散してしまい，少な過ぎると吸湿する．研究者によってデータに若干の差があるが，25℃と37℃で相対湿度が30～80％の時にAnkerら[203]が測定した小麦粉の平衡水分を**表 I.5.17**に示した．吸湿するか，濡れた状態で自由水が多くなり過ぎると，小麦粉は微生物などによって変質，変敗しやすくなる．

表 I.5.17 小麦粉の平衡水分

| 相対湿度 | 平　衡　水　分　（％） ||
(%)	最高値 (25℃)	最低値 (37℃)
30	9.7	8.5
40	11.1	9.9
50	12.3	11.1
60	13.2	12.3
70	14.5	13.7
80	16.3	15.8

（Ankerら，1942より）

5.7 酵　　素

　生体内での各種の反応を促進させる作用を持つのが酵素である．酵素はタンパク質でできている．小麦粒には**表 I.5.18** のようないろいろな種類の酵素が含まれている．外皮と胚芽に特に多く，胚乳には比較的少ないが，胚乳の中でも中心部よりも周辺部の方が酵素の活性が高い．健全な小麦ではこれらの酵素の活性は低いが，発芽粒や未熟粒では活性が非常に高く，加工に際して微妙な働きをする．

5.7.1 デンプン分解酵素

　小麦粉中のデンプン分解酵素で重要なのは，α-アミラーゼとβ-アミラーゼである．

1) α-アミラーゼ

　α-アミラーゼは健全なデンプンに作用して，α-1, 4 グリコシド結合を不特定の場所で切断する．その作用は，アミロペクチンの場合には，非末端α-1, 4 グリコシド結合か，α-1, 6 分枝点に隣接していないα-1, 4 グリコシド結合に限られる．分解によって，アミロースはマルトース（約 90%），およびグルコースまたはマルトトリオースになり，アミロペクチンはそれらのほかに，α-デキストリンやα-限界デキストリンと呼ばれる分枝オリゴ糖になる．α-アミラーゼだけでデンプンを完全に分解する

表 I.5.18　小麦中の主な酵素

分　　類		酵　素　名
加水分解酵素	デンプン分解酵素	α-アミラーゼ β-アミラーゼ 限界デキストリナーゼ
	非デンプン分解酵素	キシラナーゼ α-L-アラビノフラノシダーゼ β-D-キシロシダーゼ (1-3, 1-4)-β-グルカナーゼ
	タンパク質分解酵素	ペプチダーゼ
	エステラーゼ	リパーゼ フィターゼ
酸化還元酵素		リポキシゲナーゼ ポリフェノールオキシダーゼ ペルオキシダーゼ カタラーゼ アスコルビン酸オキシダーゼ グルタチオン・デヒドロアスコルビン酸塩酸化還元酵素

ためにはかなりの時間がかかるが，実際には，小麦粉中に共存するβ-アミラーゼや限界デキストリナーゼも同時に作用して分解が進み，その結果，小麦粉糊の粘度が著しく低下する．

α-アミラーゼは，健全な小麦粒には非常に少ないが，畑で収穫直前に雨害を受けるか，それに近い状態になった小麦粒や，水分が高いままで収穫後ある時間放置された小麦粒ではその活性がかなり高い．

めんや菓子などに加工する場合にはα-アミラーゼの活性は低い方が良いが，製パンにはある程度のα-アミラーゼが必要な場合があるので，パンの種類や製法によっては，麦芽やかびから調製したα-アミラーゼ製剤を一定量添加することもある．ただし，自然に発芽した小麦粒にはタンパク質分解酵素なども含まれるので，こういう目的には使えない．

2) β-アミラーゼ

β-アミラーゼは，鎖中の末端から2番目のα-1,4グリコシド結合を攻撃してマルトースにし，そこからα-1,6分枝点に到達するまで順番に分解していく．マルトースが主な分解産物だが，マルトトリオースからマルトペンタオースまでのオリゴ糖も少量できる．α-アミラーゼが健全な生のデンプンに作用するのに対して，β-アミラーゼは，製粉工程のロールで物理的に損傷を受けたデンプンや，糊化したデンプンに作用する．

製パン生地中でのイースト発酵に使われる糖は，初めは小麦粉にもともとあった少量のマルトースやその他の発酵可能な糖類だが，それらを使い果たした後では，小麦粉中に存在するβ-アミラーゼが，水や熱，さらにはイーストが生成した酸の助けによって，デンプンに作用して生じたマルトースである．通常の小麦粉は製パンに必要なだけのβ-アミラーゼを含む．

5.7.2 非デンプン多糖分解酵素

1) キシラナーゼ

エンドキシラナーゼ，またはキシラナーゼとも呼ばれるエンド-(1-4)-β-D-キシラナーゼが小麦粒にある．キシラナーゼはヘテロキシランのキシラン連鎖を不特定の場所で切断し，低分子量の破片に分解する．他のキシラン分解酵素が共存すると，ヘテロキシランは完全に分解される．キシラナーゼは，小麦の発芽の際にデンプンとタンパク質を利用されやすくし[204]，小麦生育中の細胞壁の分解と再生にも関係する[205]．

2) α-L-アラビノフラノシダーゼ

小麦粒にあるアラビノフラノシダーゼと略称されるα-L-アラビノフラノシダーゼ

は，アラビノキシランから α–L–アラビノフラノシル残基を放し，キシラナーゼやフェルロイルエステラーゼと相乗的に作用する．

3) β–D–キシロシダーゼ

キシロシダーゼと略称される β–D–キシロシダーゼも小麦粒中にはあり，キシロオリゴ糖の非還元末端を攻撃して，キシロシル残基を放す作用をする．

4) グルカン分解酵素

小麦粒中の (1-3, 1-4)–β–グルカナーゼは，非デンプン多糖である (1-3, 1-4)–β–グルカンを分解する．小麦生育中のこの酵素の役割は，キシラナーゼと同じである[206]．
(1-3)–β–グルカナーゼの量が多いと赤さび病耐性が高いが，低いと感受性が高くなる．(1-3)–β–グルカナーゼは小麦植物体の防御反応に関係し[207]，黒さび病耐性[208]や根頭腐敗病[209]とも関連がある．

5.7.3 タンパク質分解酵素

タンパク質を分解する酵素にはプロテイナーゼとペプチダーゼがあり，プロテイナーゼはタンパク質を分解してアミノ酸にし，ペプチダーゼはタンパク質が分解する過程で中間的にできるペプチドに作用して，アミノ酸にするとされていたが，国際生化学・分子生物学連合は，ペプチド結合を加水分解する酵素を「ペプチダーゼ」と呼ぶよう推奨している．つまり，ペプチダーゼは，タンパク質中の1つのアミノ酸残基のアミノ末端と隣接するアミノ酸残基のカルボキシル末端の間のペプチド結合を攻撃するもので，基質が小さいペプチドかタンパク質全体かによる差はない．

小麦粉中のペプチダーゼの活性が強いと，生地中のグルテンに作用してアミノ酸にまで分解してしまうので，グルテンの特性が失われて，ゆるみ，だれてしまう．小麦が発芽すると，アミラーゼだけでなくペプチダーゼ活性も非常に強くなるから，その意味でも要注意である．

発芽小麦からのペプチダーゼはセリアック病患者に有害なグリアジンペプチドを分解する能力があり，これらのペプチドを9以下のアミノ酸を持つ毒性がない断片に開裂するので，有用である．

1) アスパラギン酸ペプチダーゼ

以前，酸プロテアーゼまたはカルボキシルプロテアーゼと呼ばれていたのが，アスパラギン酸ペプチダーゼである．1982年に小麦粉中にあることが示され[210]，その後，多くの研究者が抽出して，特性把握を試みてきた．アスパラギン酸ペプチダーゼは貯蔵タンパク質の分解に関係することが示唆されているが，その作用は証明されていな

い．小麦粉から精製した分子量が約 60,000 のアスパラギン酸ペプチダーゼを添加すると，pH 4.0 で発酵中のクラッカー中種の伸張粘度を低下する[211].

2) セリンペプチダーゼ

セリンペプチダーゼは，発達中および発芽中の胚に局在しており，それの生理学的役割は貯蔵タンパク質の分解よりもタンパク質代謝にあることを示している[212]．この酵素が適切に作用するためには，活性部位にヒドロキシル官能基を必要とし，pH 7.5〜10.5 で最適活性を示す傾向がある．

3) メタロペプチダーゼ

メタロペプチダーゼは，活性部位に亜鉛のような金属イオンの存在を必要とする．以前に中性ペプチダーゼと呼ばれたように，7.0 近辺が最適 pH である．小麦粒発達の後期に存在する．

4) システインペプチダーゼ

システインペプチダーゼは，求核基がシステインのスルフヒドリル基の酵素である．触媒作用はセリンペプチダーゼのそれに似ている．成熟小麦胚中にある初期のメチオニンで標識化されたポリペプチドを分解する[2,3].

5.7.4 エステラーゼ

1) リパーゼ

リパーゼという用語は漠然と使われるが，真のリパーゼであるトリアシルグリセロールアシルヒドロラーゼは，長鎖のトリアシルグリセロールをジアシルグリセロールと非エステル化脂肪酸に加水分解するのを触媒する．油と水の界面で作用し，水溶性基質に対しての活性はほとんどない．

小麦のリパーゼには，発芽してない小麦のふすま中のリパーゼ，発芽してない小麦の胚芽中のリパーゼ，および小麦発芽中に胚芽に生成するリパーゼの 3 タイプがある[214]．小麦のリパーゼ活性は低いが，酸敗を起こすので，貯蔵中の全粒粉やふすまの品質低下に関係する．リパーゼは小麦粉の平衡水分以下でも活性を保つので，小麦トリアシルグリセロールを分解して非エステル化脂肪酸を放出し，その濃度を増してゆく．不飽和脂肪酸は酵素でヒドロキシペルオキシドに変わり，さらに分解して酸敗を起こす産物を産生する[214].

2) フィターゼ

小麦粒中のリンの 70〜75％はフィチン酸塩に貯えられている．フィターゼは，こ

のフィチン酸塩を低イノシトールリン酸塩と無機リン酸塩に段階的に分解するのを触媒する．最初に加水分解する位置によって，3-フィターゼと 6-フィターゼに分類される．

フィチン酸塩を多く含む穀物や豆類食品の場合に，フィチン酸塩がミネラルと結合して，ミネラルを消化しにくくする傾向がある．4 品種の小麦の全粒粉についての実験から，遺伝的にミネラルの生物学的利用性を改善できることが示された[215]．55℃，pH 5.0 で浸漬すると，小麦に含まれるフィターゼが活性化されて，小麦のフィチン酸がほぼ完全に分解され，鉄の利用性が増した[216]．小麦全粒粉パンの製造で，発酵時間が長いか[217]，サワー生地発酵を用いるか，または生地に酸添加するか[218]によってフィチン酸の分解が増した．

5.7.5 リポキシゲナーゼ

リポキシゲナーゼは，リノール酸と他の多価不飽和脂肪酸を酸素化して，モノヒドロペルオキシドにするのを触媒する鉄酵素である．小麦には遊離脂肪酸を必要とする特異的なリポキシゲナーゼがあり，リノール酸から (S)-9-ヒドロペルオキシドを生成する．小麦粉にもあるが，その量は大豆やソラマメの粉に比べると少ない．

リポキシゲナーゼを多く含む大豆やソラマメの粉を製パンで添加すると，リポキシゲナーゼが，① ミキシング中に多価不飽和脂肪酸を酸化する，② 生地中のカロテノイド色素を漂白する，③ 遊離脂質の量が増加する，④ 生地ミキシング耐性が増し，ねかし時間が長くなることによって生地レオロジー特性が改良される，⑤ それらの結果としてパン体積が増加する，などの効果が期待できる[219]．それらの効果はグルテンタンパク質の酸化によるものと思われる．デュラム小麦のリポキシゲナーゼはパスタ製品のカロテノイド色素損失の原因になる．

1955 年に報告された分析によると，リポキシゲナーゼ活性は小麦全粒が 110〜150 nkat/g，胚が 1,030〜1,400 nkat/g，胚乳が 17〜50 nkat/g，および胚盤が 950〜1,450 nkat/g だった[220]．1986 年の同様な報告では，小麦全粒粉が 28 nkat/g，ふすまが 128〜260 nkat/g，および胚芽が 835〜1,080 nkat/g である[221]．デュラムセモリナ中の活性については，0.7〜23 nkat/g[222]，23〜145 nkat/g[223]，12〜32 nkat/g[221] などのデータが報告されている．

5.7.6 ポリフェノールオキシダーゼ

ポリフェノールオキシダーゼは，酵素褐変に関係する銅酵素であり，チロシナーゼ，フェノラーゼ，クレソラーゼ，カテコラーゼ，ジフェノラーゼ，ラッカーゼなどの名前で知られている．カテコールオキシダーゼとラッカーゼの 2 種類がある．

ポリフェノールオキシダーゼは，小麦粒の外側に多い．Marsh と Galliard の分析

データによると,ふすまが 10 nkat/g,全粒粉が 7 nkat/g,胚芽が 0.15 nkat/g,市販小麦粉が 0.15〜0.5 nkat/g である [224].製粉歩留りが高い小麦粉は,低い小麦粉より活性が高い.デュラム小麦は普通小麦よりポリフェノールオキシダーゼ活性が低い [225].

報告されている小麦中のポリフェノールオキシダーゼ活性の最適 pH は 5.0〜8.5 と幅があるが,これは測定法,フェノール基質の性質,異なるアイソフォームの存在などによるものである [224].

5.7.7 ペルオキシダーゼ

ペルオキシダーゼは,過酸化反応,酸化反応,および水酸化反応を触媒するヘマチン酵素である.酸化反応や水酸化反応は過酸化反応より速度が遅い.酸化反応では酸素,水酸化反応ではモノフェノールが存在すると,フェノキシラジカル $A°$(セミキノン)が形成される [226].

製パンで小麦粉にセイヨウワサビを添加すると,生地の色が白くなり [227],パン体積が増す [228] という報告がある.漂白はヘマチン基が脂質酸化を促進するためで,ペルオキシダーゼがタンパク質の重合を促進するので,生地特性が改良されると考えられる [226].ペルオキシダーゼはペントサンの酸化的ゲル化 [229] とタンパク質の重合 [230] を促進する.しかし,ペルオキシダーゼの製パンでの効果は不確かである.小麦中での活性が最も高いのは,ふすまと胚芽である.

5.7.8 その他の酸化還元酵素

1) カタラーゼ

カタラーゼは,過酸化水素を酸素と水にする酸化と還元の同時反応を触媒するヘマチン酵素である.製パンにおける効果についての研究は少ない.Honold と Stahmann によるカタラーゼ活性の分析では,小麦全粒が 2.4〜9.1 nkat/g,小麦粉が 0.58〜5.6 nkat/g,ふすまが 11.2〜47.8 nkat/g である [231].フランス小麦 8 品種の粉では 4.7〜10.6 nkat/g [232],カナダ小麦 1 品種とドイツ小麦 10 品種の粉では 0.12〜0.87 nkat/g である [233].

pH 7.0〜7.5 で,シアン化合物が競合インヒビターである.

2) アスコルビン酸オキシダーゼ

アスコルビン酸オキシダーゼは銅酵素で,酸素の存在下でアスコルビン酸を酸化して,デヒドロアスコルビン酸と水にするのを触媒する.製パン改良剤として使われるが,まず,アスコルビン酸がデヒドロアスコルビン酸に酸化され,それが改良剤として作用する.改良剤としての作用機構は,小麦粉にあるグルタチオンが酵素的に急速に酸化されて酸化グルタチオンになり,酸化されたタンパク質と低分子量チオールの

間の交換反応の低下と，それにともなう高分子量グルテン凝集体の単量体への分解の抑制によって，生地の力が増す[234]．生地ミキシング中に十分な酸素が供給されれば，添加するアスコルビン酸の生地改良効果は，小麦粉中にあるアスコルビン酸オキシダーゼの量の影響を受けない[235]．

小麦粉中の活性は，17点のニュージーランド小麦の粉で53～235 nkat/g[235]，カナダ産ハード・レッド・スプリング小麦の粉では1 nkat/g[236]だった．ニュージーランド小麦の製粉画分別では，粉が1.4 nkat/g，ふすまが2.5 nkat/gだった[237]．

3) グルタチオン・デヒドロアスコルビン酸塩酸化還元酵素

グルタチオン・デヒドロアスコルビン酸塩酸化還元酵素は，グルタチオンの対応するジスルフィドと酸化グルタチオンへの酸化と，デヒドロアスコルビン酸のアスコルビン酸への還元を触媒する．

ドイツ小麦7品種の粉の活性は200～270 nkat/g[237]で，製粉画分の中では，胚芽が最も活性が高かった[238]．

5.7.9 酵素のインヒビター

小麦粒にはインヒビターと総称される多くのタンパク質がある．それらの中には小麦粒にある酵素や他の過程を抑制し，穀粒発達中に抑制的に働くのもあるが，病原微生物や害虫に対する防御の役割を果たす場合が多い．

デンプン分解酵素やタンパク質分解酵素のインヒビターのほかに，キシラナーゼのインヒビターやエステラーゼのインヒビターも見付かっている．

参 考 文 献

1) Lockhart, H.B., and Nesheim, R.O. : Nutritional quality of cereal grains, pages 201-221, In: "Cereals'78 : Better Nutrition for the World's Millions", Y. Pomeranz, Ed., Am. Assoc. Cereal Chem., St. Paul, MN, U. S. A. (1978)
2) Stone, B. and Morell M.K. : Carbohydrates, pages 299-362, In: Wheat : Chemistry and Technology, 4th ed., K. Khan and P. R. Shewry, Eds., AACC International, St. Paul, MN, U. S. A. (2009)
3) Bechtel, D. B., Zayas, I., Kaleikau, L. and Pomeranz, T. : Size-distribution of wheat starch granules during endosperm development, Cereal Chem., **67**, 59-63 (1990)
4) Zeng, M., Morris, C. F., Batey, I. L. and Wrigley, C. W. : Sources of variation for starch gelatinization, pasting, and gelation properties in wheat, Cereal Chem., **74**, 63 (1997)
5) Mohammadkhani, A., Stoddard, F. L. and Mars hall, D. R. : Survey of amylase content in *Secale cereale, Triticum monococcum, T. turgidum* and *T. tauschii*, J. Cereal Sci., **28**, 273-280 (1998)
6) 星野次汪：世界初，モチ性小麦を育成―うどんの"こし"を飛躍的に改善，研究ジャーナル，**19 (3)**, 9-11 (1995)

7) 山守誠，中村俊樹：もち小麦―新しい澱粉組成を持つ小麦の誕生，米麦改良，**1995 (6)**, 24-33 (1995)
8) Yasui, T., Sasaki, T. and Matsuki, J. : Starch properties of a bread wheat (*Triticum aestivum* L.) mutant with an altered flour-pasting profile, J. Cereal Sci., **35**, 11-16 (2002)
9) Yamamori, M., Fujita, S., Hayakawa, K., Matsui, J. and Yasui, T. : Genetic elimination of a starch granule protein, SGP-1, of wheat generates an altered starch with apparent high amylase, Theor. Appl. Genet., **101**, 21-29 (2000)
10) Regina, A., Bird, A., Topping, D., Bowden, S., Freeman, J., Barsby, T., Kosar-Hashemi, B., Li, Z., Rahman, S. and Morell, M. : High-amylose wheat generated by RNA interference improves indices of large-bowel health in rats, Proc. Natl. Acad. Sci. U.S.A., **103**, 3546-3551 (2006)
11) Fujita, S., Tamamoto, H., Sugimoto, Y., Morita, N. and Yamamori, M. : Thermal and crystalline properties of waxy wheat (*Triticum aestivum* L.) starch, J. Cereal Sci., **27**, 1-5 (1998)
12) Yoo, S. H. and Jane, J. L. : Structural and physical characteristics of waxy and other wheat starches, Carbohydr. Polym., **49**, 297-305 (2002)
13) Yasui, T., Matsuki, J., Sasaki, T. and Yamamori, M. : Amylose and lipid contents, amylopectin structure, and gelatinization properties of waxy wheat (*Triticum aestivum*) starch, J. Cereal Sci., **24**, 131-137 (1996)
14) Lee, M. R., Swanson, B. G. and Baik, B. K. : Influence of amylase content on properties of wheat starch and breadmaking quality of starch and gluten blends, Cereal Chem., **78**, 701-706 (2001)
15) Abdel-Aal, E. S. M., Hucl, P., Vhibbar, R. N., Han, H. L. and Demeke, T. : Physicochemical and structural characteristics of flours and starches from waxy and nonwaxy wheats, Cereal Chem., **79**, 458-464 (2002)
16) Kim, W., Johnson, J. W., Graybosch, R. A. and Gaines, C. S. : Physicochemical properties and end-use quality of wheat starch as a function of waxy protein alleles, J. Cereal Sci., **37**, 195-204 (2003)
17) Grant, L. A., Doehlert, D. C., McMullen, M. S., Elias, E. M. and Kianian, S. : Starch characteristics of waxy and non-waxy tetraploid (*Triticum turgidum* L. var. *durum*) wheats, Cereal Chem., **78**, 590-595 (2001)
18) Baik, B. K. and Lee, M. R. : Effects of starch amylase content of wheat on textural properties of white salted noodles, Cereal Chem., **80**, 627-633 (2003)
19) Bhattacharya, M., Erazo-Castrejon, S. V., Doehlert, D. C. and McMullen, M. S. : Staling of bread as affected by waxy wheat flour blends, Cereal Chem., **79**, 178-182 (2002)
20) Hayakawa, K., Tanaka, K., Nakamura, T., Endo, S. and Hoshino, T. : End use quality of waxy wheat flour in various grain-based foods, Cereal Chem., **81**, 666-672 (2004)
21) Epstein, J., Morris, C. F. and Huber, K. C. : Instrumental texture of white salted noodles prepared from recombinant inbred lines of wheat differing in the three granule bound starch synthase (Waxy) genes, J. Cereal Sci., **35**, 51-63 (2002)
22) Park, C. S. and Baik, B. K. : Significance of amylase content of wheat starch on processing and textural properties of instant noodles, Cereal Chem., **81**, 521-526 (2004)
23) Grant, L. A., Doehlert, D. C., McMullen, M. S. and Vignaux, N. : Spaghetti cooking quality of waxy and non-waxy durum wheats and blends, J. Sci. Food Agric., **84**, 190-196 (2004)

24) Gianibelli, M. C., Sissons, M. J. and Batey, I. : Effect of source and proportion of waxy starches on pasta cooking quality, Cereal Chem., **82**, 321-327 (2005)
25) Crosbie, G. B. : The relationship between starch swelling properties, paste viscosity, and boiled noodle quality in wheat flours, J. Cereal Sci., **13**, 145-150 (1991)
26) Miura, H., Tanii, S., Nakamura, T. and Watanabe, N. : Genetic control of amylase content in wheat endosperm starch and differential effects of three W genes, Theor. Appl. Genet., **89**, 276-280 (1994)
27) Waigh, T. A., Kato, K. L., Donald, A. M., Gidley, M. J., Clarke, C. J. and Riekel, C. : Side-chain liquid-crystalline model for starch, Starch, **52**, 450-460 (2000)
28) Buttrose, M. S. : Submicroscopic development and structure of starch granules in cereal endosperms, J. Ultrastruct. Res., **4**, 231-257 (1960)
29) Yuryev, V. P., Krivandin, A. V., Kiseleva, VI., Wasserman, L. A., Genkina, N. K., Fornal, J., Blaszczak, W. and Schiraldi, A. : Structural parameters of amylopectin clusters and semi-crystalline growth rings in wheat starches with different amylase content, Carbohydr. Res., **339**, 2683-2691 (2004)
30) Gallant, D. J., Bouchet, B. and Baldwin, P. M. : Microscopy of starch: Evidence of a new level of granule organization, Carbohydr. Polym., **32**, 177-191 (1997)
31) Takeda, Y., Hizukuri, S., Takeda, C. and Suzuki, A. : Structures of branched molecules of amyloses of various origins, and molar fractions of branched and unbranched molecules, Carbohydr. Res., **165**, 139-145 (1987)
32) Hanashiro, I. and Takeda, Y. : Examination of number-average degree of polymerization and molar-based distribution of amylase by fluorescent labeling with 2-aminopyridine, Carbohydr. Res., **306**, 421-426 (1998)
33) Yoo, S. H. and Jane, J. L. : Molecular weights and gyration radii of amylopectins determined by high-performance size-exclusion chromatography equipped with multi-angle laser-light scattering and refractive index detectors, Carbohydr. Polym., **49**, 307-314 (2002)
34) Hizukuri, S. and Maehara, Y. : Fine structure of wheat amylopectin: The mode of A to B chain binding, Carbohydr. Res., **206**, 145-159 (1990)
35) Peng, M., Gao, M., Baga, M., Hucl, P. and Chibbar, R. N. : Starch-branching enzymes preferentially associated with A-type starch granules in wheat endosperm, Plant Physiol., **124**, 265-272 (2000)
36) Darlington, H. F., Tecsi, L., Harris, N., Griggs, D. L., Cantrell, I. C. and Shewry, P. R. : Starch granule associated proteins in barley and wheat, J. Cereal Sci., **32**, 21-29 (2000)
37) Morrison, W. R. and Gadan, H. : The amylase and lipid contents of starch granules in developing wheat endosperm, J. Cereal Sci., **5**, 263-275 (1987)
38) Wootton, M., Panozzo, J. F., Hong, S. U. and Hong, S. H. : Differences in gelatinization behaviour between starches from Australian wheat cultivars, Starch, **50**, 154-158 (1998)
39) Kohyama, K., Matsuki, J., Yasui, T. and Sasaki, T. : A differential thermal analysis of the gelatinization and retrogradation of wheat starches with different amylopectin chain lengths, Carbohydr. Polym., **58**, 71-77 (2004)
40) Kiseleva, V. I., Krivandin, A. V., Fornal, J., Blaszczak, W., Jelinski, T. and Yuryev, V. P. : Annealing of normal and mutant wheat starches. LM, SEM, DSC, and SAXS studies, Carbohydr. Res., **340**,

75-83 (2005)

41) Crosbie, G. B., Lambe, W. J., Tsutsui, H. and Gilmour, R. F. : Further evaluation of the flour swelling volume test for identifying wheats potentially suitable for Japanese noodles, J. Cereal Sci., **15**, 271-280 (1992)

42) Sasaki, T. and Matsuki, J. : Effect of wheat starch structure on swelling power, Cereal Chem., **75**, 525-529 (1998)

43) Batey, I. L., Hayden, M. J., Cai, S., Sharp, P. J., Cornish, G. B., Morell, M. K. and Appels, R. : Genetic mapping of commercially significant starch characteristics in wheat crosses, Aust. J. Agric. Res., **52**, 1287-1296 (2001)

44) Morrison, W. R., Tester, R. F., Snape, C. E., Law, R. and Gidley, M. J. : Swelling and gelatinization of cereal starashes. IV. Some effects of lipid-complexed amylase and free amylase in waxy and normal barley starches, Cereal Chem., **70**, 385-391 (1993)

45) Bettge, A. D., Giroux, M. J. and Morris, C. F. : Susceptibility of waxy starch granules to mechanical damage, Cereal Chem., **77**, 750-753 (2000)

46) Gray, J. A. and BeMiller, J. N. : Bread staling: Molecular basis and control, Comp. Rev. Food Sci. Safety, **2**, 1-21 (2003)

47) Ribotta, P. D. and LeBail, A. : Thermo-physical assessment of bread during staling, Lebensm. Wiss. Technol., **40**, 879-884 (2007)

48) Gerrad, J. A., Abbot, R. C., Newberry, M. P., Gilpin, M. J., Ross, M. and Fayle, S. E. : The effect of nongluten proteins on the staling of bread, Starch, **53**, 278 (2001)

49) Bárcenas, M. E. and Rossell, C. E. : Effect of HPMC addition on the microstructure, quality and aging of wheat bread, Food Hydrocoll., **19**, 1037-1043 (2005)

50) Denli, E. and Ercan, R. : Effect of added pentosans isolated from wheat and rye grain on some properties of bread, Eur. Food Res. Technol., **212**, 374-376 (2001)

51) Blaszczak, W., Sadowska, J., Rosell, C. M. and Fornal, J. : Structural changes in the wheat dough and bread with the addition of alpha-amylases, Eur. Food Res. Technol., **219**, 348-354 (2004)

52) Caballero, P. A., Gómez, M. and Rosell, C. M. : Improvement of dough rheology, bread quality and bread shelf-life by emzymes combination, J. food Eng., **81**, 42-53 (2007)

53) Miyazaki, M., Hung, P. V., Maeda, T. and Morita, N. : Recent advances in application of modified starches for breadmaking, Trends Food Sci. Technol., **17**, 591-599 (2006)

54) Hung, P. V., Maeda, T. and Morita, N. : Dough and bread properties of flours with whole waxy wheat flour substitution, Food Res. Int., **40**, 273-279 (2007)

55) Stevens, D. J. : Free sugars of wheat aleurone cells, J. Sci. Food Agric., **21**, 31-34 (1970)

56) Dubois, M., Geddes, W. F. and Smitu, F. : The carbohydrates of the Gramineae. X. A quantitative study of the carbohydrates of wheat germ, Cereal Chem., **37**, 557-567 (1960)

57) Campbell, J. M., Bauer, L. L., Fahey, G. C., Jr., Hogarth, A. J. C. L., Wolf, B. W. and Hunte, D. E. : Selected fructooligosaccharide (1-kestose, nystose, and $1F-\beta$-fructofuranosylnystose) composition of foods and feeds, J. Agric. Food Chem., **45**, 3076-3082 (1997)

58) Trethewey, J. A. K., Campbell, L. M. and Harris, P. J. : $(1\rightarrow3),(1\rightarrow4)-\beta$-D-Glucans in the cell walls of the Poales (sensu lato): An immunogold labeling study using a monoclonal antibody, Am. J. Bot., **92**, 1669-1683 (2005)

59) Harris, P. J., Chavan, R. R. and Ferguson, L. R. : Production and characterization of two wheat-

bran fractions: An aleurone-rich and a pericarp-rich fraction, Mol. Nutr. Food Res., **49**, 536-545 (2005)

60) Izydorczyk, M. S. and Biliarderis, C. G. : Studies on the structure of wheat-endosperm arabinoxylans, Carbohydr. Polym., **24**, 61-71 (1994)

61) Shiiba, K., Yamada, H., Hara, H., Okada, K. and Nagao, S. : Purification and characterization of two arabinoxylans from wheat bran, Cereal Chem., **70**, 209-214 (1993)

62) Schooneveld-Bergmans, M. E. F., Beldman, G. and Voragen, A. G. J. : Structural features of (glucurono)arabinoxylans extracted from wheat bran by barium hydroxide, J. Cereal Sci., **29**, 63-75 (1999)

63) Andrewartha, K. A., Phillips, D. R. and Stone, B. A. : Solution properties of wheat-flour arabinoxylans and enzymically modified arabinoxylans, Carbohydr. Res., **77**, 191-204 (1979)

64) Mares, D. J. and Stone, B. A. : Studies on wheat endosperm. II. Properties of the wall components and studies on their organization in the wall, Aust. J. Biol. Sci., **26**, 813-830 (1973b)

65) Gruppen, H., Hamer, R. J. and Voragen, A. G. : Water-unextractable cell wall material from wheat flour: 2. Fractionation of alkali-extracted polymers and comparison with water-extractable arabinoxylans, J. Cereal Sci., **16**, 53-67 (1992)

66) Girhammar, U. and Nair, B. M. : Certain physical properties of water soluble non-starch polysaccharides from wheat, rye, triticale, barley and oats, Food Hydrocoll., **6**, 329-343 (1992)

67) Izydorczyk, M. S., Biliaderis, C. G. and Bushuk, W. : Oxidative gelation studies of water-soluble pentosans from wheat, J. Cereal Sci., **11**, 153-170 (1990)

68) Basic, A. and Stone, B. A. : Isolation and ultrastructure of aleurone cell walls from wheat and barley, Aust. J. Plant Physiol., **8**, 453-474 (1981)

69) Beresford, G. and Stone, B. A. : (1→3),(1→4)-β-D-glucan content of *Triticum* grains, J. Cereal Sci., **1**, 111-114 (1983)

70) Li, W., Cui, S. W. and Kakuda, Y. : Extraction, fractionation, structural and physical characterization of wheat β-D-glucans, Carbohydr. Polym., **63**, 408-416 (2006)

71) Cox, M. C., Qualset, C. O. and Rains, D. W. : Genetic variation for nitrogen assimilation and translocation in wheat: III. Nitrogen translocation in relation to grain yield and protein, Crop Sci., **26**, 737-740 (1985)

72) Joppa, L. R., Du, C. and Hareland, G. A. : Mapping a QTL for grain protein in tetraploid wheat (*Triticum turgidum* L.) using a population of recombinant inbred chromosome lines, Crop Sci., **37**, 1586-1589 (1997)

73) Olmos, S., Distenfield, A., Chicaiza, D., Schlatter, A. R., Fahima, T., Echenique, V. and Dubcovsky, J. : Precise mapping of a locus affecting grain protein content in durum wheat, Theor. Appl. Genet., **107**, 1243-1251 (2003)

74) Uauy, C., Distelfeld, A., Fahima, T., Blechl, A. and Dubcovsky, J. : A NAC gene regulating senescene improves grain protein, zinc and iron content in wheat, Science, **314**, 1298-1301 (2006)

75) Canadian International Grains Institute : Wheat Proteins—Their Properties and Role in Breadmaking Quality of Flour, p.437, In: Grains and Oilseeds: Handling, Marketing, Processing, Second Edition, Canadian International Grains Institute, Winnipeg, Manitoba, Canada (1975)

76) Jensen, S.A. and Martens, H.: The botanical constituents of wheat and wheat millimg fractions. II. Quantification of amino acids, Cereal Chem. **60**, 170-177 (1983)
77) Sutton, K. H. and Simmonds, L. D. : Molecular level protein composition of flour mill streams from a pilot-scale flour mill and its relationship to product quality, Cereal Chem., **83**, 52-56 (2006)
78) Pomeranz, Y., 長尾精一訳：最新の穀物科学と技術, p.40, パンニュース社 (1992)
79) 文部科学省科学技術・学術審議会資源調査分科会：日本食品標準成分表準拠アミノ酸成分表 2010, 全国官報販売協同組合 (2010)
80) Nemeth, I. : Effects of fertilizers on the amino acid composition of cereal protein, pages 399-407, In: Amino Acid Composition and Biological Value of Cereal Proteins, R. Lasztity and M. Hidvegi, Eds., D. Reidel Publishing Co., Boston, MA , U.S.A. (1985)
81) Shewry, P. R. : Improving the protein content and composition of cereal grain, J. Cereal Sci., **46**, 239-250 (2007)
82) Kent, N.L. and Evers, A.D.: Variation in protein composition within the endosperm of hard wheat, Cereal Chem. **46**, 293-300 (1969)
83) Bradley, W.B.: Wheat foods as sources of nutrients, Bakers Dig. **41**, 66-77 (1967)
84) Bushuk, W. and Wrigley, C.W.: Proteins: Composition, structure and function, pages 119-145, In: wheat: Production and Utilization, G.E. Inglet. Ed., Avi Publishing Co., Westport, CT, U.S.A. (1974)
85) Osborne, T. B. : The Vegetable Proteins, 2nd ed., Longmans Green & Co., London, U.K. (1924)
86) Dayhoff, M. O. : Atlas of Protein Sequence and Structure, Vol. 5, Supp.3 (1978)
87) Shewry, P. R. and Miflin, B. : Seed storage proteins of economically important cereals. pages 1-84, In: Advances in Cereal Science and Technology, Vol. 7, Y. Pomeranz, Ed., Am. Assoc. Cereal Chem., St. Paul, MN, U.S.A. (1985)
88) Shewry, P. R., Tatham, A. S., Forde, J., Kreis, M. and Miflin, B. J. : The classification and nomenclature of wheat gluten proteins: A reassessment, J. Cereal Sci., **4**, 97-106 (1986)
89) Meredith, O. B. and Wren, J. J. : Determination of molecular-weight distribution in wheat-flour proteinsby extraction and gel filtration in a dissociating medium, Cereal Chem., **43**, 169-186 (1966)
90) Bean, S. R. and Lookhart, G. L. : Factors influencing the characterization of gluten proteins by SE-chromatography and SEC-MALLS, Cereal Chem., **78**, 608-618 (2001)
91) Wrigley, C. W., Bekes, F. and Bushuk, W. : Gluten: A balance of gliadin and glutenin. pages 1-28, In: Gliadin and Glutenin: The unique Balance of Wheat Quality, C. W. Wrigley, F. Bekes and W. Bushuk, Eds., Am. Assoc. Cereal Chem., St. Paul, MN, U.S.A. (2006)
92) Finney, K. F. and Baltimore, M. A. : Loaf volume and protein content of hard winter and spring wheats, Cereal Chem., **25**, 291-312 (1948)
93) Preston, K. R. and Stevenson, S. G. : Size exclusion chromatography and flow field-flow fractionation of wheat proteins, pages 115-136, In: Wheat Gluten Protein Analysis, P. R. Shewry and G. L. Lookhart, Eds., Am. Assoc. Cereal Chem., St. Paul, MN, U.S.A. (2003)
94) Seilmeier, W., Belitz, H. D. and Wieser, H. : Separation and quantitative determination of high-molecular-weight subunits of glutenin from different wheat varieties and genetic variants of the variety Sicco, Z. Lebensm. Unters. Forsch, **192**, 124-129 (1991)

95) Payne, P. I. : Genetics of wheat storage proteins and the effect of allelic variation on bread making quality, Annu. Rev. Plant Physiol., **38**, 141-153 (1987)
96) Wrigley, C. W. : Giant proteins with flour power, Nature, **381**, 738-739 (1996)
97) Galili, G. and Feldman, M. : Genetic control of endosperm proteins in wheat. 3. Allocation to chromosomes and differential expression of high molecular weight glutenin and gliadin genes in intervarietal substitution lines of common wheat, Theor. Appl. Genet., **69**, 583-589 (1985)
98) Waines, J. G. and Payne, P. I. : Electrophoretic analysis of the high-molecular-weight glutenin subunits of *Triticum monococcum*, *T. urartu*, and the A genome of bread wheat (*T. aestivum*), Theor. Appl. Genet., **74**, 71-76 (1987)
99) Levy, A. A., Galili, G. and Feldman, M. : Polymorphism and genetic control of high molecular weight glutenin subunits in wild tetraploid wheat *Triticum turgidum* nar. *dicoccoides*, Heredity, **61**, 63-72 (1988)
100) Margiotta, B., Urbano, M., Colaprico, G., Turchetta, T. and Lafiandra, D. : Variation of high molecular weight glutenin subunits in tetraploid wheats of genomic formula AAGG, pages 195-197, In: Proc. 9th Int. Wheat Genetics Symp., A. E. Slinkard, Ed., University of Saskatchewan, University Extension Press, Saskatoon, Canada (1998)
101) Marchylo, B. A., Lukow, O. M. and Kruger, J. E. : Quantitative variation in high molecular weight glutenin subunit 7 in some Canadian wheats, J. Cereal Sci., **15**, 29-37 (1992)
102) Vawser, M. J. and Cornish, G. B. : Over-expression of HMW glutenin subunit *Glu-B1* 7x in hexaploid wheat varieties (*Triticum aestivum* L.), Aust. J. Agric. Sci., **55**, 577-588 (2004)
103) Lawrence, G. J., MacRitchie, F. and Wrigley, C. W. : Dough and baking quality of wheat lines deficient in glutenin subunits controlled by the *Glu-A1*, *Glu-B1* and *Glu-D1* loci, J. Cereal Sci., **7**, 109-112 (1988)
104) Jackson, E. A., Holt, L. M. and Payne, P. I. : Characterisation of high-molecular-weight gliadin and low-molecular-weight glutenin subunits of wheat endosperm by two-dimensional electrophoresis and the chromosomal localization of their controlling genes, Theor. Appl. Genet., **66**, 29-37 (1983)
105) Ferrante, P., Patacchini, C., Masci, S., D'Ovidio, R. Lafiandra, D. : LMW-I types are expressed in the wheat endosperm and belong to the glutenin fraction. pages 136-139, In: The Gluten Proteins. D. Lafiandra, S. Masci, and R. D'Ovidio, Eds., Royal Society of Chemistry, Cambridge, U.K. (2004)
106) Masci, S., Egorov, T. A., Ronchi, C., Kuzmicky, D., Kasarda, D. D. and Lafiandra, D. : Evidence for the presence of only one cysteine residue in the D-type low molecular weight subunits of wheat glutenin, J. Cereal Sci., **29**, 17-25 (1999)
107) Masci, S., Rovelli, L., Kasarda, D. D., Vensel, W. H. and Lafiandra, D. : Characterisation and chromosomal localization of C-type low-molecular-weight glutenin subunits in the bread wheat cultivar Chinese Spring, Theor. Appl. Genet., **104**, 422-428 (2002)
108) Pogna, N. E., Redaelli, R., Vaccino, P., Peruffo, A. D. B., Curioni, A., Metakovsky, E. V. and Pagliaricci, S. : Production and genetic characterization of near-isogenic lines in the bread wheat cultivar, Alpe. Theor. Appl. Genet., **90**, 650-658 (1995)
109) Blanch, E. W., Kasarda, D. D., Hecht, L., Nielsen, K. and Barron, L. D. : New insight into the solution structures of wheat gluten proteins from Raman optical activity, Biochemistry, **42**,

5665-5673 (2003)
110) Thomson, N. H., Miles, M. J., Popineau, Y., Harries, J., Shewry, P. R. and Tatham, A. S. : Small angle X-ray scattering of wheat seed storage proteins: α-, β- and γ-gliadins and the high molecular weight (HMW) subunits of glutenin, Biochim. Biophys. Acta, **1430**, 359-366 (1999)
111) DuPont, F. M., Vensel, W. H., Chan, R. and Kasarca, D. D. : Similarities of omega gliadins from Triticum urartu to those encoded on chromosome 1A of hexaploid wheat and evidence for their post-translational processing, Theor. Appl. Genet., **108**, 1299-1308 (2004)
112) Shewry, P. R., Halford, N. G. and Lafiandra, D. : The high molecular weight subunits of glutenin, pages 143-169, In: Gliadin and Glutenin: The Unique Balance of Wheat Quality, C. W. Wrigley, F. Bekes and W. Bushuk, Eds., Am. Assoc. Cereal Chem., St. Paul, MN, U.S.A. (2006)
113) Egelhaaf, S. U., van Swieten, E., Bosma, T., de Boef, E., van Dijk, A. A. and Robilard, G. T. : Size and shape of the repetitive domain of high molecular weight wheat gluten proteins. I. Small-angle neutron scattering, Biopolymers, **69**, 311-324 (2003)
114) Köhler, P., Keck-Gassenmeier, B., Wieser, H. and Kasarda, D. D. : Molecular modeling of the N-terminal regions of high molecular weight glutenin subunits 7 and 5 in relation to intramolecular disulphide bond formation, Cereal Chem., **74**, 154-158 (1997)
115) van Dijk, A. A., van Swieten, E., Kruize, I. T. and Robillard, G. T. : Physical characterization of the N-terminal domain of high-molecular-weight gluten subunit Dx5 from wheat, J. Cereal Sci., **28**, 115-126 (1998)
116) Tatham, A. S., Drake, A. F. and Shewry, P. R. : A conformational study of a glutamine and proline rich cereal seed protein, C hordein, Biochem. J., **226**, 557-562 (1985)
117) Shewry, P. R. and Tatham, A. S. : Disulphide bonds in wheat gluten proteins, J. Cereal Sci., **25**, 207-227 (1997)
118) Tao, H. P., Adalsteins, A. E. and Kasarda, D. D. : Intermolecular disulphide bonds link specific high-molecular-weight glutenin subunits in wheat endosperm, Biochem. Biophys. Acta, **1159**, 13-21 (1992)
119) Tilley, K. A., Benjamin, R. E., Bagorogoza, K. E., Okot-Kotber, B. M., Prakash, O. and Kwen, H. : Tyrosine cross-links: Molecular basis of gluten structure and function, J. Agric. Food Chem., **49**, 2627-2632 (2001)
120) Hanft, F. and Koehler, P. : Quantitation of dityrosine in wheat flour and dough by liquid chromatography-tandem mass spectrometry, J. Agric. Food Chem., **53**, 2418-2423 (2005)
121) Rothfus, J. A. and Kennel, S. J. : Properties of wheat beta-amylase adsorbed on glutenin, Cereal Chem., **47**, 140-146 (1970)
122) Gupta, R. B., Shepherd, K. W. and MacRitchie, F. : Genetic control and biochemical properties of some high molecular weight alubumins in bread wheat, J. Cereal Sci., **13**, 221-235 (1991)
123) Peruffo, A. D. B., Pogna, N. E. and Curioni, A. : Evidence for the presence of disulphide bonds between beta-amylase and low molecular weight glutenin subunits. pages 312-315, In: Gluten '96, C. W. Wrigley, Ed., Royal Australian Chemical Institute, Melbourne, Australia (1996)
124) Kobrehel, K. and Alary, R. : The role of a low-molecular weight glutenin fraction in the cooking quality of durum-wheat pasta, J. Sci. Food Agric., **47**, 487-500 (1989)
125) Kobrehel, K., Bois, J. and Falmet, Y. : A comparative analysis of the sulfur-rich proteins of durum and bread wheats and their possible functional properties, Cereal Chem., **68**, 1-6 (1991)

126) Wieser, H. : Comparative investigations of gluten proteins from different wheat species. I. Qualitative and quantitative composition of gluten protein types, Eur. Food Res. Technol., **211**, 262-268 (2000)
127) Branlard, G. P. and Metakovsky, E. V. : Some Gli alleles related to common wheat dough quality. pages 115-137, In: The Unique Balance of Wheat Quality. C. W. Wrigley, F. Bekes, and W. Bushuk, Eds. Am. Assoc. Cereal Chem., St. Paul, MN, U.S.A. (2006)
128) Gupta, R. B., Batey, I. L. and MacRitchie, F. : Relationship between protein composition and functional properties of wheat flours, Cereal Chem., **69**, 125-131 (1992)
129) Wieser, H. and Kieffer, R. : Correlations of the amount of gluten protein types to technological properties of wheat flours determined on a micro-scale, J. Cereal Sci., **34**, 19-29 (2001)
130) Kasarda, D. D. : Glutenin structure in relation to wheat quality, pages 277-302, In: Wheat is Unique. Y. Pomeranz, Ed., Am. Assoc. Cereal Chem., St. Paul, MN, U.S.A. (1989)
131) Don, C., Lichtendonk, W., Plijter, J. J. and Hamer, R. : Glutenin macropolymer: A gel formed by glutenin particles, J. Cereal Sci., **37**, 1-7 (2003)
132) Wieser, H., Gutser, R. and von Tucher, S. : Influence of sulphur fertilization on quantities and proportions of gluten protein types in wheat flour, J. Cereal Sci., **40**, 239-244 (2004)
133) Larroque, O. R., Gianibelli, M. C., Batey, I. L. and MacRitchie, F. : Electrophoretic characterization of fractions collected from gluten protein extracts subjected to Size-exclusion high-performance liquid chromatography, Electrophoresis, **18**, 1064-1067 (1997)
134) Wieser, H., Bushuk, W. and MacRitchie, F. : The polymeric glutenins, pages 213-240, In: Gliajin and Glutenin: The Unique Balance of Wheat Quality, C. W. Wrigley, F. Bekes and W. Bushuk, Eds., Am. Assoc. Cereal Chem., St. Paul, MN, U.S.A. (2006)
135) Lafiandra, D., Ciaffi, M. and Benedettelli, S. : Seed storage proteins of wild wheat progenitors. pages 329-340, In: Biodeversity and Wheat Improvement. A. B. Damania, Ed., J. Wiley and Sons, West Sussex, U.K. (1993)
136) Luo, C., Branlard, G. and Brown, D. L. : Comparison of low and high molecular weight glutenin allele effects on flour quality, Theor. Appl. Genet., **102**, 1088-1098 (2001)
137) Porceddu, E., Turchetta, T., Masci, S., D'Ovidio, R., Lafiandra, D., Kasarda, D. D., Impiglia, A. and Nachit, M. M. : Variation in endosperm protein composition and technological quality properties in durum wheat, Euphytica, **100**, 197-205 (1998)
138) Masci, S., D'Ovidio, R., Lafindra, D. and Kasarda, D. : Characterization of a low-molecular-weight glutenin subunit gene from bread wheat and the corresponding protein that represents a major subunit of the glutenin polymer, Plant Physiol., **118**, 1147-1158 (1998)
139) Cloutier, S., Rampitsch, C., Penner, G. A. and Lukow, O. M. : Cloning and expression of a LMW-I glutenin gene, J. Cereal Sci., **33**, 143-154 (2001)
140) Kriz, A. : 7S globulins of cereals, pages 477-498, In: Seed Proteins. P. R. Shewry and R. Casey, Eds. Kluwer Academic Publishers, Cordrecht, The Netherlands (1999)
141) Burgess, S. R. and Shewry, P. R. : Identification of homologous globulins from embryos of wheat, barley, rye and oats, J. Exp. Bot., **37**, 1863-1871 (1986)
142) Robert, L. S., Nozzolillo, C. and Altosaar, I. : Homology between legumin-like polypeptides from cereals and pea, Biochem. J., **226**, 847-852 (1985)
143) Singh, N. K., Donovan, G. R., Carpenter, H. C., Skerritt, J. H. and Langridge, P. : Isolation and

characterization of wheat triticin cDNA revealing a unique lysine-rich repetitive domain, Plant Mol. Biol., **22**, 227–237 (1993)

144) Singh, N. K., Shepherd, K. W. and Cornish, G. B. : A simplified SDS-PAGE procedure for separating LMW subunits of glutenin, J. Cereal Sci., **14**, 203–208 (1991)

145) Bechtel, D. B., Wilson, J. D. and Shewry, P. R. : Immunocytochemical localization of the wheat storage protein triticin in developing endosperm tissue, Cereal Chem., **68**, 573–577 (1991)

146) Greenwell, P. and Schofield, J. D. : A starch granule protein associated with endosperm softness in wheat, Cereal Chem., **63**, 379–380 (1986)

147) Law, C. N., Young, C. F., Brown, J. W. S., Snape, J. W. and Worland, A. J. : The study of grain protein control in wheat using whole chromosome substitution lines, p.483, In: Seed Protein Improvement by Nuclear Techniques, International Atomic Energy Agency, Vienna, Austria (1978)

148) Chantret, N., Salse, J., Sabot, F., Rahman, S., Bellec, A., Laubin, B., Dubois, I., Dossat, C., Sourdille, P., Joudrier, P., Gautier, M. –F., Cattolico, L., Beckert, M., Aubourg, S., Weissenbach, J., Caboche, M., Bernard, M., Leroy, P. and Chalhoub, B. : Molecular basis of evolutionary events that shaped the *Hardness* locus in diploid and polyploidy wheat species (*Triticum and Aegilops*), Plant Cell, **17**, 1033–1045 (2005)

149) Salcedo, G., Sanchez-Monge, R., Garcia-Casado, G., Armentia, A., Gomez, L. and Barber, D. : The cereal α–amylase/trypsin inhibitor family associated with bakers' asthma and food allergy, pages 70–86, In: Plant Food Allergens, E. N. C. Mills and P. R. Shewry, Eds., Blackwell Science, Oxford, U.K. (2004)

150) Maeda, K., Wakabayashi, S. and Matsubara, H. : Complete amino acid sequence of an α–amylase inhibitor in wheat kernel (0.19–inhibitor), Biochim. Biophys. Acta, **828**, 213–221 (1985)

151) Buonocore, F., Bertini, L., Ronchi, C., Greenfield, J., Békés, F., Tatham, A. S. and Shewry, P. R. : Expression and functional analysis of M_r 57000 peptides derived from wheat HMW subunit 1Dx5, J. Cereal Sci., **29**, 209–216 (1997)

152) Pons, J. L., Lamotte, F., Gautier, M. F. and Delsuc, M. A. : Refined solution structure of a liganded type 2 wheat nonspecific lipid transfer protein, J. Biol. Chem., **278**, 14249–14256 (2003)

153) Molberg, O., Solheim, F. N., Jensen, T., Lunkin, K. E., Arentz-Hansen, H., Anderson, O. D., Kjersti, U. A. and Sollid, L. M. : Intestinal T-cell responses to high-molecular-weight glutenins in celiac disease, Gastroenterology, **125**, 337–344 (2003)

154) Sandiford, C. P., Tatham, A. S., Fido, R., Welch, J. A., Jones, M. G., Tee, R. D., Shewry, P. R. and Newman Taylor, A. J. : Identification of the major water/salt insoluble wheat proteins involved in cereal hypersensitivity, Clin. Exp. Allergy, **27**, 1120–1129 (1997)

155) Varjonen, E., Vainio, E., Kalimo, K., Juntunen-Backman, K. and Savolainen, J. : Skin-prick test and RAST responses to cereals in children with atopic dermatitis, Characterization of IgE–binding components in wheat and oats by an immunoblotting method, Clin. Exp. Allergy, **25**, 1100–1107 (1995)

156) Varjonen, E., Vainio, E. and Kalimo, K. : Antigliadin IgE－Indicator of wheat allergy in atopic dermatitis, Allergy, **55**, 386–391 (2000)

157) Simonato, B., De Lazzari, F., Pasini, G., Polato, F., Giannattasio, M., Gemignani, C., Peruffo, A.

D., Sautucci, B., Plebani, M. and Curioni, A. : IgE binding to soluble and insoluble wheat flour proteins in atopic patients suffering from gastrointestinal symptoms after wheat ingestion, Clin. Exp. Allergy, **31**, 1771-1778 (2001)

158) Simonato, B., Pasini, G., Giannattasio, M., Peruffo, A. D., De Lazzari, F. and Curioni, A. : Food allergy to wheat products: The effect of bread baking and *in vitro* digestion on wheat allergenic proteins. A study with bread dough, crumb and crust, J. Agric. Food Chem., **49**, 5668-5673 (2001)

159) Gan, Z., Ellis, P. R. and Schofield, J. D. : Mini-review: Gas cell stabilization and gas retention in wheat bread dough, J. Cereal Sci., **21**, 215-230 (1995)

160) Aub, J. C., Tieslau, C. and Lankester, A. : Reactions of normal and tumor cell surfaces to enzyme, I. Wheat-germ lipase and associated mucopolysaccharides, Proc. Natl. Acad. Sci. U.S.A., **50**, 613-619 (1963)

161) Caruso, C., Nobile, M., Leonardi, L., Bertini, L., Buonocore, V. and Caporale, C. : Isolation and amino acid sequence of two new PR-4 proteins from wheat, J. Prot. Chem., **20**, 327-335 (2001)

162) Caporale, C., di Berardino, I., Leonardi, L., Bertini, L., Cascone, A., Buonocore, V. and Caruso, C. : Wheat pathogenesis-related proteins of class 4 have ribonuclease activity, FEBS Lett., **575**, 71-76 (2004)

163) Massiah, A. J. and Hartley, M. R. : Wheat ribosome-inactivating proteins: Seed and leaf forms with different specificities and cofactor requirements, Planta, **197**, 633-640 (1995)

164) Coleman, W. H. and Roberts, W. K. : Inhibitors of animal cell-free protein synthesis from grains, Biochim. Biophys. Acta, **696**, 239-244 (1982)

165) Madin, K., Sawasaki, T., Ogasawara, T. and Endo, Y. : A highly efficient and robust cell-free protein synthesis system prepared from wheat embryos: Plants apparently contain a suicide system directed at ribosimes, Proc. Natl. Acad. Sci. U. S. A., **97**, 559-564 (2000)

166) Van Damme, E. J. M., Hao, Q., Chen, Y., Barre, A., Vandenbussche, F., Desmyter, S., Rouge, P. and Peumans, W. J. : Ribosome-inactivating proteins: A family of plant proteins that do more than inactivate ribosomes, Crit. Rev. Plant Sci., **20**, 395-465 (2001)

167) Garcia-Olmedo, F., Carbonero, P. and Jones, B. L. : Chromosomal locations of genes that control wheat endosperm proteins, pages 1-47, In: Advances in Cereal Science and Technology, Vol. 5. Y. Pomeranz, Ed., Am. Assoc. Cereal Chem., St. Paul, MN., U.S.A. (1982)

168) Jones, B. L. and Mak, A. S. : Amino acid sequences of the two α-purothionins of hexaploid wheat, Cereal Chem., **54**, 511-523 (1977)

169) MacMasters, M. M., Hilton, J. J. C. and Bradbury, D. : Microscopic structure and composition of the wheat kernel, pages 51-113, In: Wheat: Chemistry and Technology, 2nd ed., Y. Pomeranz and I. Hlynka, Eds., Am. Assoc. Cereal Chem., St. Paul, MN., U.S.A. (1971)

170) Chung, O. K. and Ohm, J. B. : Cereal lipids, pages 417-477, In: Handbook of Cereal Science and Technology, 2nd ed., K. Kulp and J. G. Ponte, Jr., Eds., Marcel Dekker, New York, U.S.A. (2000)

171) Chung, O. K., Ohm, J. B., Guo, A. M., Deyoe, C. W., Lookhart, G. L. and Ponte, J. G., Jr. : Free lipids in air-classified high-protein fractions of hard winter wheat flours and their effects on breadmaking quality, Cereal Chem., **79**, 774-778 (2002)

172) Phillips, K. M., Ruggio, D. M. and Ashraf-Khorassani, M. : Phytosterol composition of nuts and seeds commonly consumed in the United States, J. Agric. Food Chem., **53**, 9436-9445 (2005)

173) Ostlund, R. E. Jr., Racette, S. B. and Stenson, W. F. : Effects of trace components of dietary fat on cholesterol metabolism: Phytosterols, oxysterols, and squalene, Nutr. Rev., **60**, 349–359 (2002)

174) Zhou, K., Laux, J. J. and Yu, L. : Comparison of Swiss red wheat grain, and fractions for their antioxidant properties, J. Agric. Food Chem., **52**, 1118–1123 (2004)

175) Martinez-Tome, M., Murcia, M. A., Frega, N., Ruggieri, S., Jimenez, A. M., Roses, F. and Parras, P. : Evaluation of antioxidant capacity of cereal brans, J. Agric. Food Chem., **52**, 4290–4699 (2004)

176) Chung, O. K., Pomeranz, Y., Finney, K. F. and Shogren, M. D. : Defatted and reconstituted wheat flours. II. Effects of solvent type and extracting conditions on flours varying in breadmaking quality, Cereal Chem, **54**, 484–495 (1977)

177) Chung, O. K., Pomeranz, Y., Shogren, M. D. and Finney, K. F. : Defatted and reconstituted wheat flours. VI. Response to shortening addition and lipid removal in flours that vary in bread-making quality, Cereal Chem, **57**, 111–117 (1980)

178) Chung, O. K. and Pomeranz, Y. : Recent research on wheat lipids, Bakers Dig., **55(5)**, 38–50, 55, 96–97 (1981)

179) Helmerich, G. and Koehler, P. : Functional properties of individual classes of phospholipids in breadmaking, J. Cereal Sci., **42**, 233–241 (2005)

180) De Stefanis, V. A. and Ponte, J. G., Jr. : Studies on the breadmaking properties of wheat-flour nonpolar lipids, Cereal Chem., **53**, 636–642 (1976)

181) McCormick, G., Panozzo, J. and MacRitchie, F. : Contributions to breadmaking of inherent variations in lipid content and composition of wheat cultivars. II. Fractionation and reconstitution studies, J. Cereal Sci., **13**, 263–274 (1991)

182) Pomeranz, Y., Huang, M. and Rubenthaler, G. L. : Steamed bread. III. Role of lipids, Cereal Chem., **68**, 353–356 (1991)

183) Chung, O. K., Pomeranz, Y. and Finney, K. F. : Relation of polar lipid content to mixing requirement and loaf volume potential of hard red winter wheat flour, Cereal Chem., **59**, 14–20 (1982)

184) Graybosch, R. A., Peterson, C. J., Moore, K. J., Stearns, M. and Grant, D. L. : Comparative effects of wheat flour protein, lipid, and pentosan composition in relation to baking and milling quality, Cereal Chem., **70**, 95–101 (1993)

185) Panozzo, J. F., O'Brien, L. O., MacRitchie, F. and Békés, F. : Baking quality of Australian wheat cultivars varying in their free lipid composition, J. Cereal Sci., **17**, 47–62 (1990)

186) Gupta, R. B., Batey, I. L. and MacRitchie, F. : Relationship between protein composition and functional properties of wheat flours, Cereal Chem., **69**, 125–131 (1992)

187) Ohm, J. B. and Chung, O. K. : The relationships of free lipids with quality factors in hard winter wheat flours, Cereal Chem., **79**, 274–278 (2002)

188) Weegels, P. L., Hamer, R. J. and Schofield, J. D. : Depolymerisation and re-polymerisation of wheat glutenin during dough processing. I. Relationships between glutenin macropolymer content and quality parameters, J. Cereal Sci., **23**, 103–111 (1996)

189) Mohamed, A., Gordon, S. H., Harry-O'Kuru, R.E. and Palmoquist, D. E. : Phospholipids and wheat gluten blends: Interaction and kinetics, J. Cereal Sci., **41**, 259–262 (2005)

190) Li, W., Dobraszczyk, B. J. and Wilde, P. J. : Surface properties and locations of gluten proteins and lipids revealed using confocal scanning laser microscopy in bread dough, J. Cereal Sci., **39**, 403-411 (2004)
191) Chung, O. K. : Functional significance of wheat lipids, pages 341-368, In: Wheat is Unique. Y. Pomeranz, Ed., Am, Assoc. Cereal Chem., St. Paul, MN., U.S.A. (1989)
192) Matsuo, R. R., Dexter, J. E., Boudreau, A. and Duan, J. K. : The role of lipids in determining spaghetti cooking quality, Cereal Chem., **63**, 484-489 (1986)
193) Rho, K. L., Chung, O. K. and Seib, P. A. : Noodles VIII. The effect of wheat flour lipids, gluten, and several starches and surfactants on the quality of oriental dry noodles, Cereal Chem., **66**, 276-282 (1989)
194) Spies, R. D. and Kirleis, A. W. : Effect of free flour lipids on cake-baking potential, Cereal Chem., **55**, 699-704 (1978)
195) Kissel, L. T., Donelson, J.R. and Clements, R. L. : Functionality in white layer cake of lipids from untreated and chlorinated patent flours. I. Effects of free lipids, Cereal Chem., **56**, 11-14 (1979)
196) Johnson, A. C., Hoseney, R. C. and Varriano-Marston, E. : Chlorine treatment of cake flour. I. Effect of lipids, Cereal Chem., **56**, 333-335 (1979)
197) Clements, R. L. and Donelson, J. R. : Functionality of specific flour lipids in cookies, Cereal Chem., **58**, 204-206 (1981)
198) Yamazaki, W. T. and Donelson, J. R. : Effects of interactions among flour lipids, other flour fractions, and water on cookie quality, Cereal Chem., **53**, 998-1004 (1976)
199) Papantoniou, E., Hammond, E. W., Scriven, F., Gordon, M. H. and Schofield, J. D. : Isolation of polar lipid classes from wheat flour extracts by preparative high-performance liquid chromatography, Cereal Chem., **78**, 663-665 (2001)
200) Warwick, M. J., Farrington, W. H. H. and Shearer, G. : Changes in total free acids and individual lipid classes on prolonged storage of wheat flour, J. Sci. Food Agric., **30**, 1131-1138 (1979)
201) Daftary, R. D. and Pomeranz, Y. : Storage effects in wheat. Changes in lipid composition in wheat during storage deterioration, J. Agric. Food Chem., **13**, 442-447 (1965)
202) 文部科学省科学技術・学術審議会資源調査分科会：日本食品標準成分表 2010, 全国官報販売協同組合 (2010)
203) Anker, C.A., Geddes, W.F. and Bailey, C.H.: Cereal Chem., **19**,128 (1942)
204) Simpson, D. J., Fincher, G. B., Huang, A. H. C. and Cameron-Mills, V. : Structure and function of cereal and related higher plant (1-4)-β-xylan endohydrolases, J. Cereal Sci., **37**, 111-127 (2003)
205) MacGregor, A. W. and Fincher, G. B. : Carbohydrates of the barley grain, pages 73-130, In: Barley: Chemistry and Technology, A. W. MacGregor and R. S. Bhatty, Eds., Am. Assoc. Cereal Chem., St. Paul, MN, U.S.A. (1993)
206) Lai, D. M. L., Hoj, P. B. and Fincher, G. B. : Purification and characterization of 1-3,1-4-beta-glucan endohydrolases from germinated wheat (*Triticum aestivum*), Plant Mol. Biol., **22**, 847-859 (1993)
207) Anguelova, V. S., van der Westhuizen, A. J. and Pretorius, Z. A. : Intercellular proteins and beta-1,3-glucanase activity associated with leaf rust resistance in wheat, Physiol. Plant, **106**, 393-401 (1999)

208) MunchGarhoff, S., Neuhaus, J. M., Boller, T., Kemmerling, B. and Kogel, K. H. : Expression of beta-1,3-glucanase and chitinase in healthy, stem-rust-affected and elicitor-treated near-isogenic wheat lines showing Sr5- or Sr24-specified race-specific rust resistance, Planta, **201**, 235-244 (1997)

209) Desmond, O. J., Edgar, C. I., Manners, J. M., Maclean, D. J., Schenk, P. M. and Kazan, K. : Methyl jasmonate induced gene expression in wheat delays symptom development by the crown rot pathogen *Fusarium pseudograminearum*, Physiol. Mol. Plant P., **67**, 171-179 (2005)

210) Kawamura, Y. and Yonezawa, D. : Wheat flour proteinases and their action on gluten proteins in diluted acetic acid, Agric. Biol. Chem., **46**, 767-773 (1982)

211) Lin, W. D. A., Lookhart, G. and Hoseney, R. C. : Partially purified proteolytic enzymes from wheat flour and their effect on elongational viscosity of cracker sponges, Cereal Chem., **70**, 448-452 (1993)

212) Dominguez, F. and Cejudo, F. J. : Characterization of the endoproteases appearing during wheat grain development, Plant Physiol., **112**, 1211-1217 (1996)

213) Taylor, R. M. and Cuming, A. C. : Selective proteolysis of the wheat Em polypeptide: Identification of an endopeptidase activity in germinating wheat embryos, FBES Lett., **331**, 71-75 (1993)

214) Galliard, T. : Oxygen consumption of aqueous suspensions of wheat wholemeal, bran and germ: Involvement of lipase and lipoxygenase, J. Cereal Sci., **4**, 33-50 (1986)

215) Lopez, H. W., Krespine, V., Lemaire, A., Coudray, C., Feillet-Coudray, C., Messager, A., Demigne, C. and Remesy, C. : Wheat variety has a major influence on mineral bioavailability; studies in rats, J. Cereal Sci., **37**, 257-266 (2003)

216) Sandberg, A. -S. and Svanberg, U. : Phytate hydrolysis by phytase in cereals; effects on in vitro estimation of iron availability, J. Food Sci., **56**, 1330-1333 (1991)

217) Snider, M. and Liebman, M. : Calcium additives and sprouted wheat effects on phytase hydrolysis in whole wheat bread, J. Food Sci., **57**, 118-120 (1992)

218) Türk, M., Carlsson, N. -G. and Sandberg, A. -S. : Reduction in the levels of phytate during wholemeal breadmaking: Effect of yeast and wheat phytases, J. Cereal Sci., **23**, 257-264 (1996)

219) Nicolas, J. and Potus, J. : Interactions between lipoxygenase and other oxidoreductases in baking, pages 103-120, In: Second Eur. Symp. Enzymes Grain Processing, T. Simoinen and M. Tenkanen, Eds., VTT, Espoo, Finland (2000)

220) Blain, J. A. and Todd, J. P. : The lipoxidase activity of wheat, J. Sci. Food Agric., **6**, 471-479 (1955)

221) Borrelli, G. M., De Leonardis, A. M., Fares, C., Platani, C. and Di Fonzo, N. : Effects of modified processing conditions on oxidative properties of semolina dough and pasta, Cereal Chem., **80**, 225-231 (2003)

222) Trono, D., Pastore, D. and Di Fonzo, N. : Carotenoid dependent inhibition of durum wheat lipoxygenase, J. Cereal Sci., **29**, 99-102 (1999)

223) Borrelli, G. M., Troccoli, A., Di Fonzo, N. and Fares, C. : Durum wheat lipoxygenase activity and other quality parameters that affect pasta color, Cereal Chem., **76**, 335-340 (1999)

224) Marsh, D. R. and Galliard, T. : Measurement of polyphenol oxidase activity in wheat milling fractions, J. Cereal Sci., **4**, 241-248 (1986)

225) Bernier, A. M. and Howes, N. K. : Quantification of variation in tyrosinase activity among durum and common wheat cultivars, J. Cereal Sci., **19**, 157–159 (1994)
226) Whitaker, J. R. : Mechanisms of oxidoreductases important in food modification, pages 121–176, In: Chemical Changes in Food During Processing, T. Richardson and J. W. Finley, Eds., Avi Publishing Co., Westport, CO., U.S.A. (1985)
227) Gelinas, P., Poitras, E., McKinnon, C. M. and Morin, A. : Oxido-reductases and lipases as dough-bleaching agents, Cereal Chem., **75**, 810–814 (1998)
228) Kieffer, R., Matheis, G., Hofmann, H. W. and Belitz, H. D. : Verbesserung der backereigenschaften von weizenmehlen durch zusätze von peroxidase aus merrettich, H_2O_2 und phenolen, Z. Lebensm. Unters. Forsch., **170**, 258–261 (1981)
229) Figueroa-Espinoza, M. C., Morel, M. H., Surget, A. and Rouau, X. : Oxidative cross-linking of wheat arabinoxylans by manganese peroxidase. Comparison with laccase and horseradish peroxidase. Effect of cysteine and tyrosine on gelation, J. Sci. Food Agric., **79**, 460–463 (1999)
230) Wang, W., Noël, S., Desmadril, M., Guéguen, J. and Michon, T. : Kinetic evidence for the formation of a Michaelis—Menten –like complex between horseradish peroxidase compound II and di-(N–acetyl–L–tyrosine), Biochem. J., **340**, 329–336 (1999)
231) Honold, G. R. and Stahmann, M. A. : The oxidation-reduction enzymes of wheat. IV. Qualitative and quantitative investigations of the oxidases, Cereal Chem., **45**, 99–108 (1968)
232) Eyoum, A., Celhay, F., Neron, S., El Amrani, F., Boussard, A., Poiffait, A., Potus, J., Baret, J. –L. and Nicolas, J. : Biochemical factors of importance in the oxygen consumption of unyeasted and yeasted wheat flours during dough mixing, pages 303–309, In: Recent Advances in Enzymes in Grain Processing, C. M. A. Courtin, W. S. Veraverbeke and J. Delcour, Eds., Katholieke Universiteit Leuven, Belgium (2003)
233) Kieffer, R., Matheis, G., Belitz, H. D. and Grosch, W. : Vorkommen von lipoxygenase, katalase und peroxidase in weizenmehlen mit unterschiedlichen backereigenschaften, Z. Lebensm. Unters. Forsch., **175**, 5–7 (1982)
234) Sarwin, R., Laskawy, G. and Grosch, W. : Changes in the levels of glutathione and cysteine during the mixing of doughs with L-threo- and D-erythro-ascorbic acid, Cereal Chem., **70**, 553–557 (1993)
235) Every, D., Gilpin, M. J. and Larsen, N. G. : Ascorbate oxidase levels in wheat and their relationship to baking quality, J. Cereal Sci., **23**, 145–151 (1996)
236) Cherdkiatgumchai, P. and Grant, D. R. : Enzymes that contribute to the oxidation of L-ascorbic acid in flour/water systems, Cereal Chem., **63**, 197–200 (1986)
237) Nicolas, J. : Effects de différents paramètres sur la destruction des pigments caroténoides de la farine de blé tendre au cours du pétrissage, Ann. Technol. Agric., **27**, 695–713 (1978)
238) Every, D., Simmons, L. D. and Ross, M. P. : Distribution of redoenzymes in millstreams and relationships to chemical and baking properties of flour, Cereal Chem., **83**, 62–68 (2006)

6. 小麦粉生地の構造と性状

6.1 小麦粉生地のミキシング

　小麦粉の二次加工における生地ミキシングの目的は，① 小麦粉，水，塩，イースト，およびその他の材料の混合，② それら材料の完全な水和，③ 空気の抱き込みと分散，および ④ グルテン網目構造の形成であり，その主役はグルテンタンパク質である．

　小麦粉にイースト，油脂，砂糖，食塩などの材料と水を加えて混ぜていくと，生地の中で小麦粉のグルテニンとグリアジンが結びついてグルテンが形成される．十分に捏ねると，グルテンは薄い膜になる．やがて，小麦粉中のデンプン粒や混ぜているうちに中に抱き込まれた気泡をこのグルテンの薄い膜が包み込みながら，次第に，**写真 I.2.2** のような網目で細い繊維状になっていく．

　製パンでは，タンパク質の量が多くて，その質が良い小麦粉を選んで使うようにする．そして，配合する他の材料の種類や量によっても差があるが，小麦粉 100 に対して約 60～70 の水を加えて，粉の中に含まれるタンパク質からグルテンが十分に形成されるようによく捏ねる．このグルテンの働きで，パンがよく膨らみ，冷えても縮まないでその形を保つことができる．建築の場合の鉄筋コンクリートに例えると，デンプンがコンクリート，グルテンが鉄筋の役割を果たしている．グルテンとデンプンがそれぞれの役割を果たすので，おいしくて形の良いパンになる．小麦粉を使わないパンがふわっと膨らまないのは，他の穀物の粉のタンパク質からはグルテンが形成されず，その力を使えないからである．

　機械を使ってうどんをつくる時には，タンパク質の量が中程度の小麦粉を使う．小麦粉 100 に対して水を 30～33 くらい加えてめん用のミキサーで混ぜると，そぼろ状の生地になり，小麦粉中の 2 つのタンパク質からグルテンがある程度形成される．この生地を 2 本のロールの間に挟んで圧しながら伸ばすと，グルテンの形成はさらに進む．それでも，水の量が少ないし混ぜ方が十分でないため，形成されるグルテンにはパン生地の場合ほどの弾力はない．もし，グルテンにパン生地のような弾力があったら，硬過ぎるうどんになってしまう．

　手打ちうどんは腰があっておいしいと言われる．電子顕微鏡を使って手打ちうどんと機械製うどんの内部構造を見たのが**写真 I.6.1** で，かなりの差がある．機械製うど

6. 小麦粉生地の構造と性状

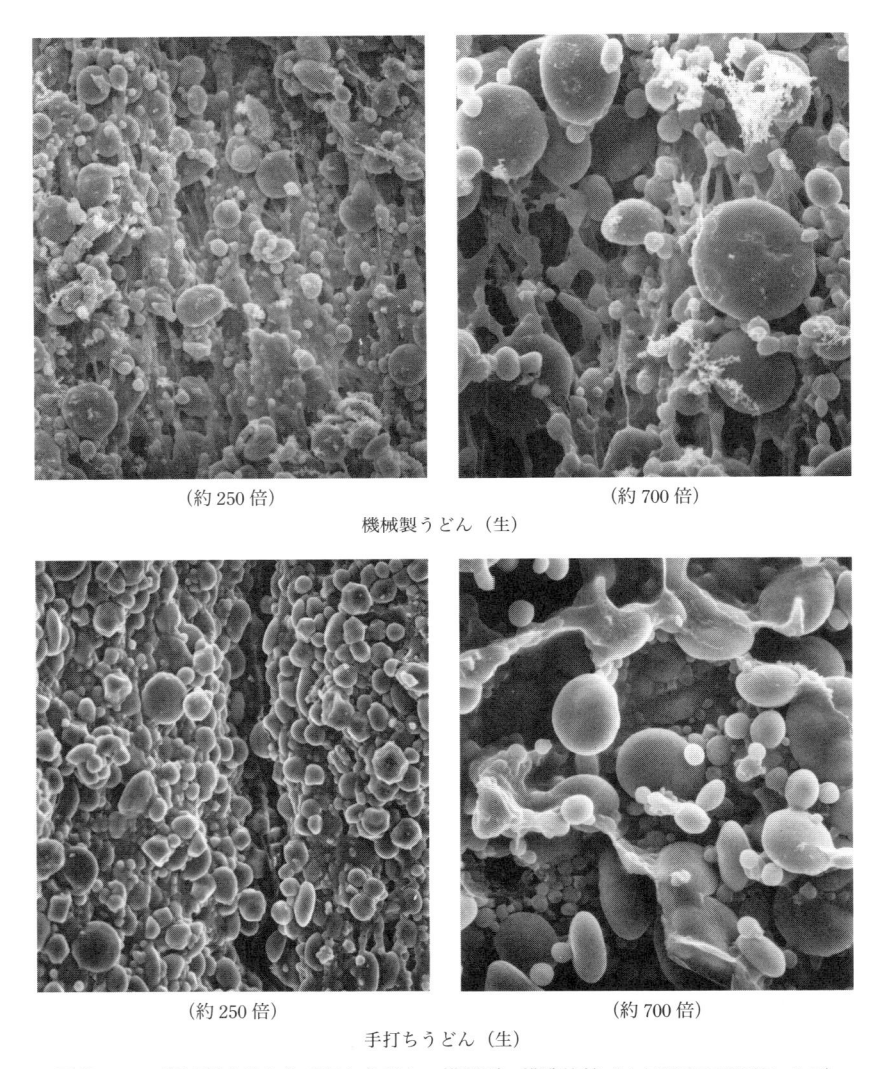

(約250倍)　　　　　　　　　　(約700倍)
機械製うどん（生）

(約250倍)　　　　　　　　　　(約700倍)
手打ちうどん（生）

写真 I.6.1　機械製うどんと手打ちうどんの横断面の構造比較（走査型電子顕微鏡による）

んでは，ひも状のグルテンの向きが一定方向に伸びている．これは，2本のロールの間にそぼろ状の生地を挟んで，圧しながら一定方向に生地を伸ばして帯状にしていくからである．一方，手打ちうどんでは，大きなたらい状の入れ物に小麦粉とやや多めの水（少量の食塩を溶解してある）を入れ，シートをかぶせて上から足で踏むので，使う小麦粉のタンパク質の量が少ないからグルテンの量は少ないが，よく捏ねられたグルテンになる．また，グルテンに一定の向きがなくて，複雑に絡まりあった網目状にな

る．このようなグルテンの構造の差が，食べた時の弾力を含む食感の差になる．製めん技術が進歩したので，機械を使っても，小麦粉100に対して40以上の水を加えて，捏ねるようにして生地をつくることができるようになった．こうすると，捏ねていくうちにグルテンがしっかり形成され，網目状に発達するから，手打ちに似た食感のうどんをつくることも可能である．

ケーキづくりや，てんぷらを揚げる時には，タンパク質の量ができるだけ少ない小麦粉を使う．この場合には，なるべくグルテンが形成され過ぎないように軽く混ぜるのがコツである．グルテンがしっかり形成されてボトボトの生地になると，ケーキはふっくら膨らまず，花が咲いたようなてんぷらの衣になりにくい．

6.2 ミキシング中のグルテンタンパク質の変化

ミキサー中で，小麦粉が水和し，せん断が加わると，繊維状のタンパク質構造が急速に形成される．グリアジンとグルテニンは水に溶けにくいが，ミキシングが進むと，タンパク質凝集体の大きさが低下して，溶解性が変化する．ミキサー速度を上げると，せん断ひずみ率が高くなってジスルフィド（S–S）結合が切れ，凝集体の溶解性が増してSDS可溶性タンパク質が増えるが，生地をねかすと，SDS不溶性タンパク質が増加する[1～3]．

最適ミキシング時間は，小麦粉のタイプと品質で異なる．最適ミキシングでは，高分子量（HMW）グルテニンサブユニットと低分子量（LMW）グルテニンサブユニットの比で表わされるグルテン巨大重合体の組成の変化が小さいが，ミキシング過多では変化が大きい．ミキシング不足と最適ミキシングの生地では，ねかし後の不溶性グルテニンタンパク質の回復は完全だが，ミキシング過多の場合には回復が遅れる．最適ミキシングまでは物理的な凝集がグルテン網目構造の回復を支配するが，ミキシング過多は断片を壊して，より小さい構造にする[3]．

グルテニンの量とミキシング時間の間には正の相関があるが，グリアジンの量とミキシング時間の間には負の相関がある[4]．HMWグルテニンサブユニットとLMWグルテニンサブユニットの量も生地形成時間に関係する[5]．HMWグルテニンサブユニット1Dx5+1Dy10を持つ品種はHMWグルテニンサブユニット1Dx2+1Dy12を持つ品種より生地形成時間が長い[6]．

精製LMWグルテニンサブユニットをミキシング時に生地に添加するとミキシング時間が長くなるが，HMWグルテニンサブユニット（1Bx7）添加による効果の方が大きい[7]．HMWグルテニンサブユニットとLMWグルテニンサブユニットの両方を添加する場合，前者の比率が高いほどミキシング時間が長くなる[8]．小麦にHMWグル

6. 小麦粉生地の構造と性状

テニンサブユニット 1Dx5 が過剰発現すると，その粉は強過ぎる生地になってしまう．サブユニット 1Dx5 は常に 1Dy10 と共に発現するが，1Dx タイプと 1Dy タイプサブユニットの比が重要で，前者が多過ぎると十分に水和しないで，強過ぎる生地特性になる[9]．

ミキシング時間には，グルテニン網目構造の量と大きさが関係し，物理的に凝集したグルテニン粒子の大きさは量よりも重要である[6]．

タンパク質ゲルを膨潤させる力があるドデシル硫酸ナトリウム（SDS）を用いて分析すると，タンパク質粒は大きさに関しては多分散系で，1〜10 μm であるが，グルテニン粒子には 30 μm 以上のものもあった．力が弱い生地になる小麦のグルテニン粒子は SDS に徐々に溶けるが，力が強い生地になる小麦のそれはより安定である．大きなグルテニン粒子はいくつかのタンパク質粒が凝集したものと考えられる．HMW グルテニンサブユニット 1Dx5＋1Dy10 を持つ小麦品種は，HMW グルテニンサブユニット 1Dx2＋1Dy12 を持つ品種より，粒子が大きく，膨潤も大きい[10]．

6.3 グルテニンタンパク質網目構造の形成

6.3.1 ジスルフィド結合

グルテン分子間は，共有結合，イオン結合，水素結合，ファンデルワールス力，疎水結合などで結ばれているが，中でも重要なのは共有結合の S–S 結合であり，これが網目構造の基本である．

ミキシング中に SH 基と S–S 基を含む反応が起こる．小麦粉タンパク質中の SH 基はあまり多くなく，小麦品種によって若干の差があるが，タンパク質 1 g 中に 7.9〜9.9 μeq あり，S–S 基はそれの 10 倍の 90〜124 μeq 含まれる．ミキシング中に抱き込まれた空気中の酸素によって SH 基が減少していく．酸化剤を加えると減少はさらに進むが，どの場合も元の SH 基の約半分は酸化されずに残る．ミキシングによって，この残存している SH 基が S–S 基に接触すると，自らは S–S 基の一方の S と新たに S–S 基を形成して，残った S が SH 基になる．これを SH・S–S 交換反応というが，生地のミキシングで重要な役割を果たしている．

高せん断ではグルテン構造の一時的な崩壊が起こり，低せん断ではグルテン構造が回復する[11]．ミキシングは一連の崩壊と回復の繰り返しである．ミキシングによってタンパク質溶解性が増し，それは SH ブロック試薬である N-エチルマレイミド（NEMI）を添加すると促進される[12]．MEMI は SH 基と反応し，生地形成時間を短くするので[13]，グルテン網目構造の形成と機能性にとって S–S 結合が重要であること

を示している．HMW グルテニンサブユニットに橋かけ結合できる遊離の SH 基を持つ D タイプ LMW グルテニンサブユニットが提案され，「鎖ターミネーター」と名付けられた [14]．

6.3.2 ジスルフィド以外の結合

生地中でジチロシン橋かけ結合が形成され，その量は用いた化学改良剤と温度に依存するが，利用できるチロシンの 0.1% 以上は橋かけ結合しないので，グルテン構造への影響は少なく [15]，製パンへの影響も小さいと思われる．

トランスグルタミナーゼは，リジンとグルタミン残基間の反応を触媒し，Gln-Lys イソペプチド結合を形成する．生地中では，伸張への抵抗を高め，伸展性を低下させる [16]．

アラビノキシランはフェルラ酸によってグルテン構造に橋かけ結合して，大きな構造に凝集するものに変え，生地特性に大きく影響する [17]．高分子量アラビノキシランとの相互作用は，凝集する性質と，できるグルテニン凝集体の大きさ分布の両方を変え，できるグルテンのレオロジー特性を変える [18]．

6.4 ミキシングにおける酸化剤の作用

世界的には，臭素酸カリウム，ヨウ素酸カリウム，デヒドロアスコルビン酸のような酸化促進剤が生地のミキシング耐性を増すために長い間使われており，その後，グルコースオキシダーゼがこれに加わった．臭素酸カリウムはヨウ素酸カリウムより生地レオロジー特性への効果が大きく，それの安全性が議論されるようになるまで，アスコルビン酸より広く用いられていた．日本で最も一般的な生地改良剤は L-アスコルビン酸（ビタミン C）である．

化学的な小麦粉改良剤は酸素基が活性媒介物として作用し，グルテン中の SH 基を酸化して S-S 結合にするので，生地のグルテン網目構造の形成を促進する効果がある．L-アスコルビン酸それ自体は還元剤だが，小麦粉中にある酵素の L-アスコルビン酸オキシダーゼの作用によって，生地中でデヒドロ L-アスコルビン酸になり，酸化剤として働く．S-S 結合形成のほかに，ねかし後のグルテン網目構造の性質に影響する化学反応も起こる．改良剤の種類によってジチロシン橋かけ結合形成への影響が異なる [19]．

生地酸化剤には，効果がすぐに現れる速効性のものと，作用が緩慢な遅効性のものがある．前者の代表的なものはヨウ素酸カリウムで，発酵時間が短い連続製パン法などに有効だが，日本では使用が認められていない．臭素酸カリウムは遅効性で，製パン工程の最終段階のオーブンの中で急激に作用し，温度が高い場合に顕著に効果が現

169

れる．L-アスコルビン酸はヨウ素酸カリウムほど速効性ではないが，臭素酸カリウムに比べるとその作用は早い．そのため，通常の方法で，L-アスコルビン酸を添加しても，成形時までに酸化剤として作用してしまって生地の伸びがやや悪くなるので，技術的な工夫がされている．

筆者らは，ブラベンダー社（ドイツ）製のドウコーダー（写真 I.6.2）を用いて小麦粉生地を形成し，温度を100℃まで徐々に上げていく操作を行うことによって，パン焼成の初期段階に近い状態を試験機中で再現できた．それまで用いていたファリノグラフ，エキステンソグラフ，ミキソグラフなどの小麦粉生地試験機では常温か30℃での試験のため，製パン工程のミキシングから，せいぜい発酵の段階までの生地の状態をみることができるのに過ぎなかったが，この試験機を用いることによって，小麦粉成分の変化という点で最も重要なパン焼成の初期段階の再現に成功した[20]．

加熱段階の生地硬度の変化を示すドウコーダー曲線は，図 I.6.1 のように常に75℃と85℃のところで盛り上がり，実験条件によってその高さが変わる．臭素酸カリウムを製パンに用いる場合の添加量は10〜20 ppm であるが，実験ではその酸化作用を強調するため，思い切って添加量を増やしていった結果，1,200 ppm の多量添加で，吸水を70％にして生地形成すると，75℃と85℃に2つの明瞭なピークを持つ特徴的な曲線が得られた．図 I.6.2 のように，ヨウ素酸カリウムを添加した生地では，85℃に大きなピーク，75℃に小さな盛り上がりができ，L-アスコルビン酸では逆に75℃に大きなピーク，85℃に小さな盛り上がりができた．前述したような酸化剤の作用の違いが，ドウコーダー曲線の差に現れたと考えられる．

N-エチルマレイミドを添加しておくと酸化剤が作用しないことを利用し，酸化剤とこのSHブロック試薬の共存下でドウコーダー曲線を画くと，図 I.6.2 のようにすべて同じで，85℃で明瞭なピークを示し，75℃では少し盛り上がるだけだった．このことから，75℃でのピークは，タンパク質中のSH基が酸化されてS-S結合になる

写真 I.6.2 ドウコーダー

6.4 ミキシングにおける酸化剤の作用

図 1.6.2 酸化剤添加および対照生地のドウコーダー曲線に対するN-エチルマレイミドの影響（カーブの下の数値は機器のレバー位置）

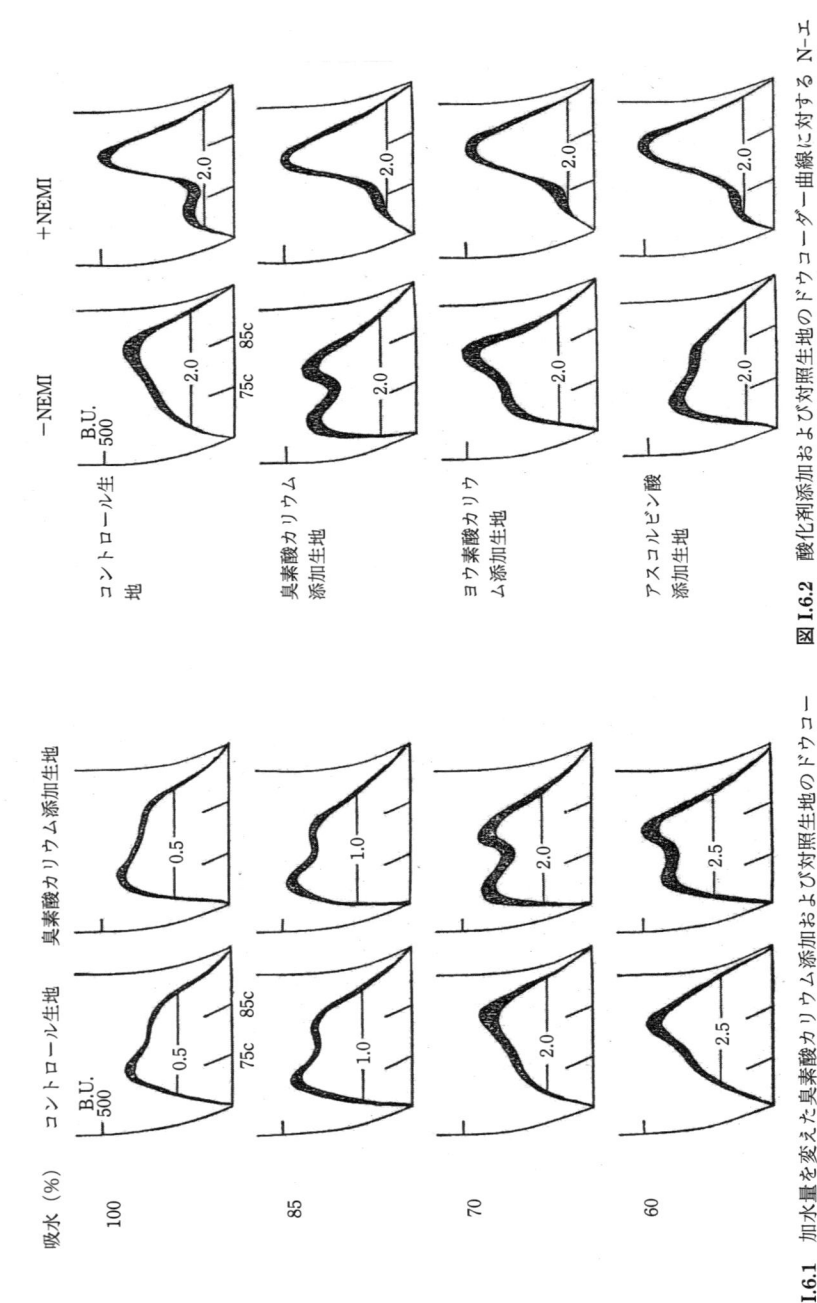

図 1.6.1 加水量を変えた臭素酸カリウム添加および対照生地のドウコーダー曲線（カーブの下の数値は機器のレバー位置）

ために生ずることが分かる．また，この試薬と偏光屈折率および α 化度から，85℃でのピークはデンプンの糊化によるものであることも分かった．それまで，臭素酸カリウムのデンプンへの作用については，まったく注目されていなかったが，走査型電子顕微鏡とドウコーダー曲線から，デンプンの糊化も促進していることを見い出した．

また，各種の酸化剤を添加してドウコーダーを用いて高温下で生地をつくり，そのタンパク質を水，塩，アルコール，および酢酸への溶解性の差によって分画し，凍結乾燥して，走査型電子顕微鏡で調べた．その結果，酸化剤は一般にタンパク質構造の変化を促進するが，臭素酸カリウムだけは，酢酸可溶タンパク質区分（グルテニン）が構造変化するのを部分的に保護し，他の酸化剤とは作用機構が異なることが分かった[21]．酸化剤のような改良剤を含む生地の場合には，ドウコーダー曲線と製パン性の相関が高く[22]，発酵生地の性質を調べるのにも応用可能である[23]．

6.5　生地発酵中のレオロジー

6.5.1　気泡の役割

生地の加工工程では，① ミキシング中に小さい気泡が生地に分散する，② 発酵中にこれらの気泡が膨張する，③ 発酵が長くなると気泡の合体が進む，④ 生地を成形すると，大きな気泡がつぶれて小さくなるが，成形操作が激し過ぎると粗い気泡ができる，の 4 相の変化が起こる[24]．

品質の良いパンをつくるには，大きな体積になるように気泡を保持し，きめ細かい内相になるように気泡が均一な大きさで分布するようにすることが必要である．生地中に分散した気泡の量がパン体積を決めると言っても過言ではない．Bloksma[25] は測定によって，生地中の気泡数を 10^{11}〜$10^{14}/m^3$ と推定した．ミキシング中に生地に空気が順次補給されていくので，グルテンタンパク質の多くの部分が気泡と接触する．

このように，ミキシング中にできた気泡が，その後の生地発酵中の気泡構造と焼成後のパンの内相構造の元になる．生地中に混ぜられたイーストが次第に作用して発酵が進むと，二酸化炭素とアルコールが発生するが，二酸化炭素の方はすでに生地中につくられている気泡に拡散してゆき，内側から生地全体を押し広げる作用をするので，生地の体積が増す．ミキシングをしても気泡が少ない生地は，不安定であり，パンが粗い内相構造になる．同時に生成されたアルコールの方は，生地をよく伸ばし，風味や香りを付けるのに役立つ．

気泡が合体していく過程で，デンプン粒に取り囲まれたタンパク質シートが気泡の周りを急速に動く．生地が発酵過多になると，不安定になって，生地全体の体積の

10％以上が突然縮小するが，これは気泡の連鎖崩壊によるものである[26]．

発酵の最終段階の気泡構造とパンの内相構造の間には相関があり，そこでは水不溶性タンパク質が重要な役割を果たす．小麦粉から水溶性画分を除去すると，生地の気泡の大きさが改良される[27]．気泡保持力は主に生地全体のレオロジー特性で決まり，気泡の壁がデンプン粒の直径より薄くなる発酵の終わりにだけ，気泡表面の力が重要になる[28]．

6.5.2 生地のひずみ硬化

生地中で，ストレスによって気泡の成長度に差が生ずると，粗い内相のパンになりやすく，気泡膜の安定性とパン品質の間には相関がある．生地が変形する際に受けるストレスは直線的な増加ではなく，指数関数的増加であり，この現象は「ひずみ硬化」と呼ばれる．

ひずみ硬化によって，気泡膜の最も薄い部分が強化されるので，崩壊以前に気泡膜を強化できる．ひずみ硬化係数が2.0以上だと，気泡の早過ぎる破裂を防げるが，それが有効なのは気泡膜が $50\,\mu m$ より厚い場合だけで，それより薄い場合にはひずみ硬化現象は効果がない．ガス体積部分が0.8以下の場合には，気泡はまだ球形で，気泡膜は生地安定に最低必要なひずみ硬化係数2.0に対応する状態ではない．発酵の終わりとオーブンスプリング中に，ガス体積部分は0.8以上になり，ひずみ硬化がより有効になる[29]．

ひずみ硬化は，ストレート生地法では50℃までは温度上昇にともなってパン体積との相関が高くなるが，それ以上の温度では相関が低下する．気泡膜の最も薄い部分が約 $30\,\mu m$ の場合には，気泡ができにくい[30]．ひずみ硬化特性には，グリアジンとグルテニンの比，および個々のグルテニンサブユニット重合体タンパク質が重要である[31]．抽出不能重合体タンパク質の量がひずみ硬化と正の相関がある[29,32]．

HMWグルテニンサブユニット組成はひずみ硬化に関係がなく，抽出不能重合体タンパク質またはグルテン巨大重合体の量以外の小麦の遺伝的な差も関係がない．特に，グルテニンサブユニット 1Dx5＋1Dy10 または 1Bx17＋1By18 が存在すると，重合体タンパク質の量が多い[3,29,32]．重合体タンパク質が少ないと，生地ストレスが速く増し，変形率が高くなる．そのような生地は発酵および焼成中の大きな変形に耐えられないで，気泡の合体が多く起こり，パン体積が低下する[3]．

生地のひずみ硬化係数は生地の最大抵抗と高い相関があり，生地のグルテン巨大重合体含量は生地の最大抵抗および伸張度と相関がある[29]．小麦粉のグルテン巨大重合体含量は，全タンパク質およびグルテニン含量よりもパン体積と強い相関があるが，加工の様々な段階での生地中のグルテン巨大重合体の量はパン体積との相関が低い[33]．最適状態までミキシングした生地中のグルテン巨大重合体含量が原料小麦粉中の量ま

で増えるにつれて，ねかしをしない生地中のグルテン巨大重合体の状態と数は生地の抵抗と伸展性に相関があり，気泡の安定性とは相関がなく，元の小麦粉中に存在する全量は泡の安定性とパン体積にとって重要である．重合体グルテニンの量と大きさは生地中のひずみ硬化と相関がある．発酵の終わりとオーブンスプリング中のひずみ硬化はパン体積と相関がある．

6.5.3　タンパク質の表面レオロジー特性

脱脂小麦粉で調製した生地に極性脂質を添加すると，最初はパン体積が低下するが，添加量を増すと体積が大きくなる．これは，生地がタンパク質で安定化した泡から脂質で安定化した泡に変化していくことで説明できる[34]．発酵の終わりごろから焼成段階にかけて，脂質とタンパク質が混ざった状態の表面が存在する[35]．生地全体は粘度が高い状態なので，気泡以外の相の成分が気泡表面に吸着するのを阻止する傾向がある[36]．しかし，生地中に混入したガスは生地ミキシング中に数回置き換えられ，発酵と焼成中に気泡の表面積が大きく増加するので，生地のほかの部分と気泡表面の組成が近くなって，生地の粘度が高いにもかかわらず，気液界面にほかの部分の成分が吸着される可能性がある[37]．

1) 気泡表面の成分

小麦タンパク質は，水上に広がる時は薄い小繊維になるが，水中に分散すると小繊維状にはならない[38]．薄い小繊維はシートおよび三次元組織をつくることもできる[39]．小繊維の化学組成はグルテンのそれに近い．小麦タンパク質をジチオトレイトールの1％溶液上に広げても小繊維が形成されるが，グルテニンのS-S結合の減少によって小繊維はやがて崩壊するので，グルテニン重合体が小繊維形成に必要なことを示している．水が表面活性剤を含むと小繊維は形成されず，小繊維が形成されるためには疎水性相互作用が必要である[38]．小繊維とデンプンの間には強い相互作用が起こるが，水で洗うとデンプンが簡単に除去されるので，これらの相互作用は弱い[38,39]．小麦粉の脂質は小繊維形成には関与しない[39]．

グルテンは発酵中および焼成後に，デンプン粒の近くか表面にベールをつくる[26,40]．気泡は表面活性物質から成る液体薄層で安定化する[41]．タンパク質と脂質は気泡以外の部分に多く存在し，気泡膜にはグリアジンと極性脂質があるが，グルテニンは存在しない．気泡表面のタンパク質と脂質含量はミキシング中に増加するので，その意味でもミキシングは必要である[42]．

2) タンパク質の表面レオロジー

グルテンの粘弾性は，水素結合破壊剤のサリチル酸があると失われるので，水素結

合が粘弾性に関係している[43]．表面レオロジー特性は，品質が異なる小麦の粉から調製した生地の性状差に反映されないので，製パン性の差を決定する主要な要因ではないといえる[44]．

グリアジンはグルテニンより表面活性があり[34]，小麦タンパク質泡の表面に吸着されるのは主にグリアジンである．グルテンの泡特性はグリアジンのそれと近いが，グルテニン泡がグリアジンまたはグルテンからつくったものよりかなり安定しているので，グリアジンとグルテニンの両方が泡特性に重要であることを示している[45]．グルテンタンパク質はグロブリンおよびアルブミン画分より表面活性がある[46]．

グリアジン中では，α-グリアジンが空気と水の界面に最もよく吸着し，β-およびγ-グリアジンがこれに次ぎ，ω-グリアジンが最も吸着しにくい．β-およびγ-グリアジン分子は水表面に対して平行から垂直方向に変化するが，ω-グリアジンはそのような性質を示さない．α-，β-，およびγ-グリアジンはω-グリアジンの吸着を阻止し，ω-グリアジンが最初に吸着されるとそれに置き換わることも可能である[47]．

脂質は小麦タンパク質と競合して，表面からそれを追い出そうとするので，小麦タンパク質は脂質層に入り込むことができない[46]．タンパク質と脂質が混ざった界面はそれよりも複雑な系中で不安定である[48]．これらのことは，脱脂小麦粉を再構成して製パンする時に，脂質添加量を増やすと製パン性が低下することと一致する．

6.6 焼成中の生地の変化

発酵の終りまでに十分な量の気泡を抱えて大きく伸びた生地は，オーブンに入って熱が加わると内部で最後のガスを発生して，自らの体積をさらに大きくし，よく伸びたパンに仕上がっていく．オーブン中では，生地の中心温度は95～97℃にまで上がるので，グルテンの網目状組織は熱で変性して固くなり，パンに骨組みができたようになる．

6.6.1 生地からパンへ

オーブンでの焼成中に，加熱によって生地は泡構造から海綿状構造に変化して[49]，大きく膨張（オーブンライズ）する．生地にある水の一部は，イーストの作用で生成した二酸化炭素やエタノールと共に蒸発する．生地内部では，水が蒸発・凝縮メカニズムによって外側から内部へ移動し，熱も移動するうちに，デンプンが膨潤，糊化し，タンパク質が変性する．蒸気凝縮によって水分含量が少し増加するので，生地温度が上昇する[50]．

デンプンは，温度が糊化開始ラインを超えると，ゴム状態から融解状態に変化する．

6. 小麦粉生地の構造と性状

オーブン中の生地温度が露点以下の場合には,生地表面では水分増加が大きく,水蒸気凝縮が起こる.さらに温度が上がると,水は蒸発していくが,その速度はオーブンの条件によって差がある.この変化の終わりには,炭水化物とタンパク質のメイラード反応が起こり,外皮が褐色になる.また,表面は乾いて,融解した状態からガラス質状態に変化する.

6.6.2 加熱による生地のレオロジー変化

生地の動的レオロジー特性は,オーブンでの加熱によって徐々に変化する.生地温度が50~55℃までの加熱段階では,損失率が低下するが,貯蔵率は低下する[51]か一定のままである[52].これはグルテン内での水素結合が弱まったためと考えられる.生地温度が55℃以上に上昇すると,損失率が上昇し,グルテンの粘性部分の割合が増加するが,この粘性部分の増加には,残っていたデンプンの糊化も関与する[51].

55℃以上に加熱したグルテンを冷却して動的レオロジー特性を測定すると,貯蔵率および損失率は低いままだが,55℃以下で加熱後に冷却した場合には,貯蔵率と損失率の変化は可逆的である.グルテンの貯蔵率はパン体積と逆相関がある[51].グリアジンを70℃以上に加熱すると貯蔵率と損失率が上昇するが,加熱温度が100℃以上だと損失率は上昇しない[53].

水分が6.7%以上のグルテンを80℃で30分間加熱し,これを小麦粉に対して4%添加した生地では,クリープ粘度が上昇した[54].熱で損傷したグルテンについてグルトグラフを用いてクリープ測定を行うと,800 BUに達するために長いせん断時間を必要とし,粘着性が増した[55].水分が20%以上で加熱処理したグルテンを添加した生地について,ブラベンダーエキステンシグラフを用いて最大抵抗と伸張度を測定すると,両値は低下した.一方,加熱処理中にグルテンの水分含量を増していくと,エキステンシグラフの抵抗値 R_1(グラフ用紙のスタートから5 mm後の抵抗)は徐々に上昇した[54].これは,市販小麦グルテンで強化した生地の R_1 値が,パン体積と負の相関があるという研究結果と一致する[56].

調理しためんから単離したグルテンの粘弾性は,単量体タンパク質含量と負の相関があり,不溶性グルテニンと正の相関があって,めんの食感がタンパク質組成と関係があることを示している[57].

グルテンを60℃以上に加熱すると,応力緩和測定から計算した弾力は急に上昇し,加熱したウエットグルテン中の主な変化が,デンプン糊化に関係があることを示している[52].このことは,グルテンがゴムに似ており,加硫処理した通常のゴムと似た方法で橋かけ結合することを示唆している.しかし,Lefebvre ら[58]は,グルテンの粘弾性はエントロピーで支配される古典的なゴムタイプでなくて,結合性に寄与する水素結合を持つエンタルピー成分によるものだと報告した.

一般に，タンパク質は変性中に著しい熱転移を示すが，グルテンタンパク質は加熱によって明らかな熱転移を示さない[59]．単離したグルテンの熱転移のエンタルピーは，他のタンパク質のそれらと比べて1/100 程度である[60]．

6.6.3　加熱によるタンパク質の化学変化と抽出性変化

小麦粉を 130℃のオーブンで加熱すると，遊離 SH 基がタンパク質 1 g 当たり 16.8 μmol から 14 μmol に減り，反応 SH 基がタンパク質 1 g 当たり 11.7 μmol から 9.8 μmol に減る．このような加熱処理小麦粉で生地をつくると，最適ミキシング時間が長くなり，生地の崩壊が遅くなる．加熱処理小麦粉に還元型グルタチオンを添加して生地をつくると，これらの変化を和らげる効果がある[61]．

グルテンの 20％懸濁液を 70℃以上に加熱すると，SH 基はタンパク質 1 g 当たり 7〜8 μmol から 5 μmol に減り，95℃で長く加熱すると，その量がさらに 2.5 μmol に減少した．このような SH 基の減少にともなって，グリアジンの抽出性が低下するので，グリアジンがグルテニンまたは他のタンパク質と，橋かけ結合を形成することを示している[54]．水分活性 (a_w) が 0.83 以上の状態でグルテンを加熱すると，全 SH 含量は低下する[62]．

グルテンを加熱すると，S-S 結合の形成に代わって，S-S と SH の交換反応が起こり，より多くの S-S 結合が形成される．グルテニンサブユニットは S-S 結合によって共有結合し，大きなグルテニン重合体を形成する．グルテニンの SH 基はグリアジンのそれより加熱の影響を受けやすく，放射線で標識して調べてみると，加熱したグルテニンは，ドデシル硫酸ナトリウム (SDS) で抽出可能な非常に高分子のタンパク質に組み込まれるか，SDS 抽出不能タンパク質画分の一部になることが分かる．タンパク質が加熱で広がり，S-S と SH の交換が可能になって，タンパク質は変性した状態で固定される[63]．120℃以上の場合にのみ，グリアジンは加熱で誘導された S-S 結合形成に関係できるので，温度が 100℃以上にならない内相では，この反応は起こらない．加熱および非加熱グルテンから SDS で抽出されるタンパク質には共に SH 基が残るが[64]，SDS で抽出されないタンパク質中のシステインに対する SH 基の比は，加熱によって大きく低下する[62]．グルテニンはグリアジンより加熱で誘導される S-S 結合を形成する傾向がある．

S-S 結合形成によってタンパク質が重合すると，抽出性が低下する[62]．非共有凝集も抽出性の低下に関係する．加熱中にジチロシンまたはアラビノキシランタンパク質の橋かけ結合も形成される．グルテンは，尿素，SDS，塩化グアニジン，または酢酸の溶液で一部抽出可能だが，加熱時間，水分含量，および温度が増すとそれらへの溶解性が低下する[65]．抽出性の低下はパン体積の低下と高い相関がある[66]．SDS が加熱中のタンパク質の凝集を阻止し，凝集と化学反応がグルテンの変性で重要な役割を

6. 小麦粉生地の構造と性状

果たす．

グルテンからのアルブミンとグロブリン画分の抽出性と小麦粉からの同じタンパク質の抽出性には差があり，加熱後のタンパク質の抽出性には環境も影響する．小麦粉およびグルテンを加熱すると，グルテニンの抽出性が低下する[67]．水分活性が0.95以上のウエットグルテンを60℃で5分間加熱すると，SDS中の抽出性の変化（その中でグルテニンの一部が抽出される）が起こるが，75℃で5分間加熱後にのみ，プロパン-1-オール中の抽出性（その中で生のグルテニンは抽出されない）が認められた[68]．温度を90℃に上げると，グルテニンは4.5 M 尿素[69]にもSDS[68]にもほぼ完全に抽出不能になる．

グルテンを70℃で30分間以上加熱すると，60～65%（v/v）エタノール溶液中での溶解性は7～15%低下した[70]．小麦粉を70℃以下で加熱すると，70%エタノール中でのタンパク質の抽出性は増すが，77℃に加熱すると抽出性は少しまたはほとんど変化しない．小麦粉のタンパク質の抽出性を30～44%低下するには，70～96℃で8～10時間のような厳しい条件が必要である[71]．焼成時間が長くなると，80%エタノール中のタンパク質抽出性が低下する[72]．

ウエットグルテンを100℃に加熱した場合[68]，パン生地を焼成した場合[73]，パスタ製品を90℃で乾燥した場合[74]，または小麦粉懸濁液を130℃で加熱した場合[67]に，α-，β-，およびγ-グリアジンの抽出性が低下したが，ω-グリアジンの抽出性は低下しなかった．中でも，γ-グリアジンの抽出性はα-およびβ-グリアジンのそれより大きな影響を受けた[54]．これらの抽出性の差は，ω-グリアジンにはSH基がないか，少ないからである．α-，β-，およびγ-グリアジンでは，SH基が分子間S-S架橋をつくることができるので，抽出されにくくしている[68]．

グルテニン，アルブミン，およびグロブリン画分は熱処理にかなり敏感である．HMWグルテニンサブユニットはグリアジン，アルブミン，およびグロブリンに比べて，ジチオスレイトール（DTT）で変性したグルテンから容易に抽出され，グリアジン，アルブミン，およびグロブリンがグルテニンよりS-S結合によってより高度に橋かけ結合することを示している[75]．グリアジンの加熱による抽出性の低下は，グリアジンが絡み合った重合体の間に閉じ込められるためと思われる[76]．

橋かけ結合反応が分子の大きさを増すにつれて，加熱タンパク質の大きさ分布に変化が起こる．グルテンを70～80℃に加熱すると，橋かけ結合の平均数は3～4倍に増加する[77]．からみ合い間の平均分子量は加熱によって140,000から40,000 g/molに低下し，この低下はSDS抽出不能タンパク質の増加と強い相関がある[76]．網目構造の弾性の指標として使われる粘弾性安定期は，最も大きいグルテニン凝集体の量と明らかな相関がある[78]．

6.6.4　加熱中のグルテンタンパク質の構造変化

　円偏光二色性分光法を用いることによって，タンパク質のα-らせん，β-シート，およびβ-ターンのような二次構造とランダム構造の量を推定することができる．α-グリアジンまたはLMWグルテニンサブユニットを80℃に加熱すると，α-らせんとβ-シートの量は共に約12%から8%に低下する[58]が，室温に冷却すると，これらの低下は可逆的になる[79]．

　80℃で30分間加熱したグルテンからSDSで抽出し，ゲル浸透クロマトグラフィーで他のタンパク質から分離したグルテニン画分では，二次構造が大きく変化した[62]．水分が20%以上でグルテンを加熱すると，α-らせん構造の割合が低下し，ランダム構造の割合が増加した．SDS中に溶解したHMWグルテニンサブユニット1Dx5を加熱すると，α-らせん構造が少しずつ失われ，残りの構造が増加した[80]．グリアジンやアルブミンとグロブリン画分では，そのような変化は見られなかった[62]．

　加熱すると，グルテンの分子間水素結合が壊れ，分子内水素結合が形成される．一般に，タンパク質の表面疎水性は加熱によって上昇する[81]が，上昇した疎水性によって凝集が進むと，表面疎水性が低下する可能性がある[82]．加熱による疎水性の上昇は，分子の外側への疎水性基の露出によって起こる[83]．グルテンを加熱すると，結合するアニリノナフタレンスルホン酸分子の数とそれらの結合定数が大きく低下する．表面疎水性の低下は強い凝集によって起こったと思われる[62]．

　グルテンを加熱した場合に，スクシニル化と脱アミドによってゲルの形成が阻止される．疎水性および親水性結合を壊すことができるSDS，尿素，および塩化グアニジンなどの塩は，加熱によって形成されたゲルの硬度を低下させる[84]．パスタのゆで特性は，加熱後のSH/SS含量と疎水性結合の形成によって決まる[74]．

　タンパク質中の陽子の移動度が低下すると，凝集が増加するが，水陽子の移動度が低下するとタンパク質へ水がより強く結合するようになる．50℃または70℃で加熱した後，室温に冷却したウエットグルテンは，タンパク質陽子の迅速緩和に変化が見られなかった[51,85]．ペプチド鎖の移動度も温度が上がると上昇し，60℃以上では急激に上昇したが，室温に冷却すると変化が認められなかった．共有S-S結合が不安定な非共有相互作用に置き換わったが，構造の恒久的な変化は認められなかった[85]．

参 考 文 献

1) MacRitchie, F. : Mechanical degradation of gluten proteins during high-speed mixing of doughs, J. Polym. Sci. Part C, Polym. Sym., **49**, 85-90 (1975)
2) Skerritt, J. H., Hac, L. and Békés, F. : Depolymerization of the glutenin macropolymer during dough mixing : I. Changes in levels, molecular weight distribution, and overall composition,

6. 小麦粉生地の構造と性状

Cereal Chem., **76**, 395-401 (1999)
3) Don, C., Lichtendonk, W. J., Plijter, J. J., Hamer, R. J. and Van Vliet, T. : The effect of mixing on glutenin particle properties—Aggregation factors that affect gluten function in dough, J. Cereal Sci., **41**, 69-83 (2005)
4) Uthayakumaran, S., Zi, S., Tatham, A. S., Savage, A. W. J., Gianibelli, M. C., Stoddard, F. L. and Békés, F. : Effects of gliadin fractions on functional properties of wheat dough depending on molecular size and hydrophobicity, Cereal Chem., **78**, 138-141 (2001)
5) Gupta, R. B., Popineay, Y., Lefebvre, J., Cornec M., Lawrence, G. J. and MacRitchie, F. : Biochemical basis of flour properties in bread wheats. II. Changes in polymeric protein formation and dough/gluten properties associated with the loss of low M_r or high M_r glutenin subunits, J. Cereal Sci., **21**, 103-116 (1995)
6) Don, C., Lookhart, G., Naeem, H., MacRitchie, F. and Hamer, R. J. : Heat stress and genotype affect the glutenin particles of the glutenin macropolymer-gel fraction, J. Cereal Sci., **42**, 69-80 (2005)
7) Sissons, M. J., Békés, F. and Skerritt, J. H. : Isolation and functionality testing of low molecular weight glutenin subunits, Cereal Chem., **75**, 30-36 (1998)
8) Uthayakumaran, S., Stoddard, F. L., Gras, P. W. and Békés, F. : Effect of incorporated glutenins on functional properties of wheat dough, Cereal Chem., **77**, 737-743 (2000)
9) Butow, B, J., Tatham, A. S., Savage, A. W. J., Gilbert, S. M., Shewry, P. R., Solomon, R. G. and Békés, F. : Creating a balance—The incorporation of a HMW glutenin subunit into transgenic wheat lines, J. Cereal Sci., **38**, 181-187 (2003)
10) Don, C., Lichtendonk, W., Plijter, J. J. and Hamer, R. J. : Glutenin macropolymer—A gel formed by glutenin particles, Cereal Sci., **37**, 1-7 (2003)
11) Peighambardoust, S. H., Van der Goot, A. J., Boom, R. M. and Hamer, R. J. : Mixing behaviour of a zero-developed dough compared to a flour-water mixture, J. Cereal Sci., **44**, 12-20 (2006)
12) Mecham, D. K. : Wheat proteins—Observations on research problems and progress. Part 2. , Food Technol. Aust., **32**, 582-587 (1980)
13) Danno, G. and Hoseney, R. C. : Effects of dough mixing and rheologically active compounds on relative viscosity of wheat proteins, Cereal Chem., **59**, 196-198 (1982)
14) Kararda, D. D. : Glutenin polymer—The in vitro to in vivo transition, Cereal Foods World, **44**, 566-571 (1999)
15) Hanft, F. and Koehler, P. : Quantification of dityrosine in wheat flour and dough by liquid chromatography-tandem mass spectrometry, J. Agric. Food Chem., **53**, 2418-2423 (2005)
16) Rodriquez-Matteos, A., Millar, S. J., Bhandari, D. G. and Frazier, R. A. : Formation of dityrosine cross-links during baking, J. Agric. Food Chem., **54**, 2761-2766 (2006)
17) Wang, M., Van Vliet, T. and Hamer, R. J. : Evidence that pentosans and xylanase affect the re-aggolomeration of the gluten network, J. Cereal Sci., **39**, 341-349 (2004)
18) PrimoMartin, C., Lichtendonk, W. J., Hamer, R. J. Wang, M. and Plijter, J. J. : An explanation for the combined effect of xylanase-glucose oxidase in dough systems, J. Sci. Food Agric., **85**, 1186-1196 (2005)
19) Tilley, K. A., Benjamin, R. E., Bagorogoza, K. E., Okot-Kotber, B. M., Prakash, O. and Kwena, H. : Tyrosine cross-links—Molecular basis of gluten structure and function, J. Agric. Food Chem.,

49, 2627-2632 (2001)

20) Tanaka, K., Endo, S., and Nagao, S.: Effect of potassium bromate, potassium iodate, and L-ascorbic acid on the consistency of heated dough, Cereal Chem., **57**, 169-174 (1980)

21) Nagao, S., Endo, S., and Tanaka, K.: Scanning electron microscopy studies of wheat protein fractions from doughs mixed with oxidants at high temperature, J. Sci. Food Agric., **32**, 235-242 (1981)

22) Nagao, S., Endo, S., and Tanaka, K.: Effect of fermentation on the Do-Corder and bread-making properties of a dough, Cereal Chem.,**58**, 388-391 (1981)

23) Nagao, S., Endo, S., and Tanaka, K.: D0-Corder as a possible tool to evaluate the bread-making properties of a dough, Cereal Chem.,**58**, 384-387 (1981)

24) Duynhoven, J. -P. M., Kempen, G. -M. P., Sluis, R. V., Rieger, B., Weegels, P., Vliet, L. -J. V. and Nicolay, K. : Quantitative assessment of gas cell development during the proofing of dough by magnetic resonance imaging and image analysis, Cereal Chem., **80**, 390-395 (2003)

25) Bloksma, A. H. : Dough structure, dough rheology, and baking quality, Cereal Foods World, **35**, 228-236 (1990)

26) Weegels, P. L., Groenweg, F., Esselink, E., Smit, R., Brown, R. and Ferdinando, D. : Large and fast deformation crucial for the rheology of proofing dough, Cereal Chem., **80**, 424-426 (2003)

27) Rouille, J., Bonny, J. -M., Della Valle, G., Devaux, M. F. and Renou, J. P. : Effect of flour minor components on bubble growth and bread dough during proofing assessed by magnetic resonance imaging, J. Agric. Food Chem., **53**, 3986-3994 (2005)

28) Kloek, W., Van Vliet, T. and Meinders, M. : Effect of bulk and interfacial rheological properties on bubble dissolution, J. Colloid Interface Sci., **237**, 158-166 (2001)

29) Sliwinski, E. L., Kolster, P., Prins, A. and Van Vliet, T. : On the relationship between gluten protein composition of wheat flours and large-deformation properties of their doughs, J. Cereal Sci., **39**, 247-264 (2004)

30) Dobraszczyk, B. J., Smewing, J., Albertini, M., Maesmans, G. and Schofield, J. D. : Extensional rheology and stability of gas cell walls in bread doughs at elevated temperatures in relation to breadmaking performance, Cereal Chem., **80**, 218-224 (2003)

31) Uthayakumaran, S., Newberry, M., Keentok, M., Stoddard, F. L. and Bekes, F. : Basic rheology of bread dough with modified protein content and glutenin-to-gliadin ratio, Cereal Chem., **77**, 744-749 (2002)

32) Tronsmo, K. M., Magnus, E. M., Baardseth, P., Schfield, J. D., Aamodt, A. and Faergestad, E. M. : Comparison of small and large deformation rheological properties of wheat dough and gluten, Cereal Chem., **80**, 587-595 (2003)

33) Weegels, P. L., Van de Pijpekamp, A. M., Graveland, A., Hamer, R. J. and Schofield, J. D. : Depolymerisation and re-polymerisation of wheat glutenin during dough processing. I. Relationships between glutenin macropolymer content and quality parameters, J. Cereal Sci., **23**, 103-111 (1996)

34) Paternotte, T. A., Orsel, R. and Hamer, R. J. : Dynamic interfacial behaviour of gliadin-diacylgalactosylglycerol (MGDG) films—Possible implications for gas-cell stability in wheat flour dough, J. Cereal Sci., **19**, 123-129 (1994)

35) Li, W., Dobraszczyk, B. J. and Wilde, P. J. : Surface properties and locations of gluten proteins and

lipids revealed using confocal scanning laser microscopy in bread dough, J. Cereal Sci., **39**, 403–411 (2004)

36) Ornebro, J., Nylander, T. and Eliasson, A. C. : Interfacial behaviour of wheat proteins, J. Cereal Sci., **31**, 195-221 (2000)

37) Sluimer, P. : Principles of breadmaking—Functionality of raw materials and process steps, Am. Assoc. Cereal Chem., St., Paul, MN., U.S.A. (2005)

38) Amend, T. and Berlitz, H. : Microscopical studies of water/flour systems, Z. Lebensm. Unters. Forsch., **189**, 103–109 (1989)

39) Bernardin, J. E. and Kasarda, D. D. : Hydrated protein fibrils from wheat endosperm, Cereal Chem., **50**, 529–536 (1973)

40) Rojas, J. A., Rosell, C. M., Benedito-de-Barber, C., Perez-Munuera, I. and Lluch, M. A. : The baking process of wheat rolls followed by cryo scanning electron microscopy, Eur. Food Res. Technol., **212**, 57–63 (2000)

41) Gan, Z., Angold, R. E., Williams, M. R., Ellis, P. R., Vaughan, J. G. and Galliard, T. : The microstructure and gas retention of bread dough, J. Cereal Sci., **12**, 15–24 (1990)

42) Velzen, E. -J., Duynhoven, J. -P. M., Pudney, P., Weegels, P. L. and Maas, J. -H. : Factors associated with dough stickiness as sensed by attenuated total reflectance infrared spectroscopy, Cereal Chem., **80**, 378–382 (2003)

43) Tschoegl, N. W. and Alexander, A. E. : The surface chemistry of wheat gluten. II. Measurements of surface visco-elasticity, J. Colloid Sci., **15**, 168–182 (1960)

44) Kokelaar, J. J. and Prins, A. : Surface rheological properties of bread dough components in relation to gas bubble stability, J. Cereal Sci., **22**, 53–61 (1995)

45) Keller, R. -C. A., Orsel, R. and Hamer, R. J. : Competitive adsorption behaviour of wheat flour components and emulsifiers at an air-water surface, J. Cereal Sci., **25**, 175–183 (1997)

46) Mita, T., Ishida, E. and Matsumoto, H. : Physicochemical studies on wheat protein foams. II. Relationship between bubble size and stability of foams prepared with gluten and gluten components, J. Colloid Interface Sci., **64**, 143–153 (1978)

47) Ornebro, J., Wahlgren, M., Eliasson, A. C., Fido, R. J. and Tatham, A. S. : Adsorption of alpha-, beta-, gamma- and omega-gliadins onto hydrophobic surfaces, J. Cereal Sci., **30**, 105–114 (1999)

48) Salt, L. J., Wilde, P. J., Georget, D., Wellner, N., Skeggs, P. K. and Mills, E. N. : Composition and surface properties of dough liquor, J. Cereal Sci., **43**, 284–292 (2006)

49) Babin, P. Della Valle, G., Chiron, H., Cloetens, P., Hoszowska, L., Pernot, P., Guerre, A. L., Salvo, L. and Dendievel, R. : Fast X-ray tomography analysis of bubble growth and form setting during breadmaking, J. Cereal Sci., **43**, 393–397 (2006)

50) De Vries, U., Sluimer, P. and Bloksma, A. H. : A quantitative model for heat transport in dough and crumb during baking. pages 174–188, In: Cereal Science and Technology in Sweden Proc. Int. Symp. N. G. Asp, Ed. SYU, Ystad (1988)

51) LeGrys, G. A., Booth, M. R. and Al-Baghdadi, S. M. : The physical properties of wheat proteins. pages 243–264, In: Cereals: A Renewable Resource, Y. Pomeranz and L. Munck, Eds., Am. Assoc. Cereal Chem., St. Paul, MN., U.S.A. (1981)

52) Hermansson, A. -M. : Relationships between structure and waterbinding properties of protein gels. pages 107–108, In: Research in Food Science and Nutrition. Vol. 2, Basic Studies in Food

Science. J. V. McLoughin and B. M. McKenna, Eds. Boole Press, Dublin, Ireland (1983)
53) Kokini, J. L., Cocero, A. M. and Madeka, H. : Stage diagrams help predict rheology of cereal proteins., Food Technol. **49(10)**, 121–126 (1995)
54) Lagrain, B., Brijs, K., Veraverbeke, W. S. and Delcour, J. A. : The impact of heating and cooling on the physico-chemical properties of wheat gluten-water suspensions, J. Cereal Sci., **42**, 327–333 (2005)
55) Weipert, D. and Gerstenkorn, P. : Beurteilung der Klebereigenschaften mittels der Kriecherholungsmessung, Getreide Mehl Brot, **42**, 99–103 (1988)
56) Weegels, P. L. and Hamer, R. J. : Predicting the baking quality of gluten, Cereal Foods World, **34**, 210–212 (1989)
57) Kovacs, M. –I. P., Fu, B. X., Woods, S. M. and Khan, K. : Thermal stability of wheat gluten protein: Its effect on dough properties and noodle texture, J. Cereal Sci., **39**, 9–19 (2004)
58) Lefebvre, J., Popineau, Y., Deshayes, G. and Lavenant, L. : Temperature-induced changes in the dynamic rheological behavior and size distribution of polymeric proteins for glutens from wheat near-isogenic lines differing in HMW glutenin subunit composition, Cereal Chem., **77**, 193–201 (2000)
59) Foegeding, E. A. : Thermally induced changes in muscle proteins, Food Technol., **46(6)**, 58,60–62,64 (1988)
60) Tsiami, A. A., Bot, A., Agterof, W. –G, M. and Groot, R. D. : Rheological properties of glutenin subfractions in relation to their molecular weight, J. Cereal Sci., **26**, 15–27 (1997)
61) Okada, K., Negishi, Y. and Nagao, S. : Factors affecting dough breakdown during overmixing, Cereal Chem., **64**, 428–434 (1987)
62) Weegels, P. L., de Groot, A. M. G., Verhoek, J. A. and Hamer, R. J. : Effects on gluten of heating at different moisture contents. II. Changes in Physico-chemical properties and secondary structure, J. Cereal Sci., **19**, 39–47 (1994)
63) Schofield, J. D., Bottomley, R. C., LeGrys, G. A., Timms, M. F. and Booth, M. R. : Effects of heat on wheat gluten. pages 81–90, In: Gluten Proteins, Proc. 2nd Int. Workshop on Gluten Proteins, A. Graveland and J. H. E. Moonen, Eds., PUDOC, Wageningen (1984)
64) Singh, H. and MacRitchie, F. : Changes in proteins induced by heating gluten dispersions at high temperature, J. Cereal Sci., **39**, 297–301 (2004)
65) Hayta, M. and Schofield, J. D. : Heat and additive induced biochemical transitions in gluten from good and poor breadmaking quality wheats, J. Cereal Sci., **40**, 245–256 (2004)
66) Pence, J. W., Mohammad, A. and Mecham, D. K. : Heat denaturation of gluten, Cereal Chem., **30**, 115–126 (1953)
67) Wrigley, C. W., Du Cros, D. L., Archer, M. J., Downie, P. G. and Roxburgh, C. M. : The sulfur content of wheat endosperm proteins and its relevance to grain quality, Aust. J. Plant Physiol., **7**, 755–766 (1980)
68) Schofield, J. D., Bottomley, R. C., Timms, M. F. and Booth, M. R. : The effect of heat on wheat gluten and the involvement of sulphydryl-disulfide interchange reactions, J. Cereal Sci., **1**, 241–253 (1983)
69) Booth, M. R., Bottomley, R. C., Ellis, J. R. S., Malloch, G., Schofield, J. D. and Timms, M. F. : The effect of heat on gluten—physicochemical properties, Ann. Technol. Agric., **29**, 399–408 (1980)

6. 小麦粉生地の構造と性状

70) Cook, W. H. : Preparation and heat denaturation of the gluten proteins, Can. J. Res., **5**, 389-406 (1931)
71) Herd, C. W. : A study of some methods of examining flour, with special reference to the effects of heat. I. Effects of heat on flour proteins, Cereal Chem., **8**, 1-23 (1931)
72) Westerlund, E., Theander, O. and Aman, P. : Effects of baking on protein and aqueous ethanol-extractable carbohydrate in white bread fractions, J. Cereal Sci., **10**, 139-147 (1989)
73) Pomeranz, Y. : Thermolabilität und Thermostabikität von Prolaminproteinen—Beziehungen zum Backverhalten, Getreide Mehl Brot, **42**, 355-357 (1988)
74) Feillet, P., Ait-Mouh, O., Kobrehel, K. and Autran, J. C. : The role of low molecular weight glutenin proteins in the determination of cooking quality of pasta products: A overview, Cereal Chem., **66**, 26-30 (1989)
75) Weegels, P. L., Verhoek, J. A., de Groot, A. M. G. and Hamer, R. J. : Effects on gluten of heating at different moisture contents. I. Changes in functional properties, J. Cereal Sci., **19**, 31-38 (1994)
76) Redl, A., Guilbert, S. and Morel, M. H. : Heat and shear mediated polymerization of plasticized wheat gluten protein upon mixing, J. Cereal Sci., **38**, 105-114 (2003)
77) Bale, R. and Muller, H. G. : Application of the statistical theory of rubber elasticity to the effect of heat on wheat gluten, J. Food Technol., **5**, 295-300 (1970)
78) Tatham, A. S., Field, J. M., Smith, S. J. and Shewry, P. R. : The conformations of wheat gluten proteins. II. Aggregated gliadins and low molecular weight subunits of glutenin, J. Cereal Sci., **5**, 203-214 (1987)
79) Kasarda, D. D., Bernardin, J. E. and Gaffield, W. : Circular dichroism and optical rotatory dispersion of α-gliadin, Biochemistry, **7**, 3950-3957 (1968)
80) Van Dijk, A. A., Van Swierten, E., Kruize, I. T. and Robillard, G. T. : Physical characterization of the N-terminal domain of high-molecular-weight glutenin subunit Dx5 from wheat, J. Cereal Sci., **28**, 115-126 (1998)
81) Deshpande, S. S. and Damodaran, S. : Heat-induced conformational changes in phaseolin and its relation to proteolysis, Biochim. Biophys. Acta, **998**, 179-188 (1989)
82) O'Neil, T. and Kinsella, J. E. : Effect of heat treatment and modification on conformation and flavor binding by β-lactoglobulin, J. Food Sci., **53**, 906-909 (1988)
83) Tanford, C. : The Hydrophobic Effect : Formation of Micelles and Biological Membranes, Wiley-Interscience, John Wiley & Sons, New York, U.S.A. (1980)
84) Anno, T. : Studies on heat-induced aggregation of wheat gluten, J. Jpn. Soc. Food Nutr., **34**, 127-132 (1981)
85) Ablett, S., Barnes, D. J., Davies, A. P., Ingham, S. J. and Patient, D. W. : ^{13}C and pulse nuclear magnetic resonance spectroscopy of wheat proteins, J. Cereal Sci., **7**, 11-20 (1988)

7. 小麦粉の品質評価

7.1 サンプリング法，および測定項目と測定法の選択

　小麦粉の品質評価は，そのロットを代表するサンプルの採取から始まる．大きなロットの平均サンプルをつくるには，ロット全体のいろいろな箇所から平均的に同量ずつサンプリングし，ポリエチレンの袋などに入れて均一になるようによく混ぜてから，必要量になるよう縮分する．紙袋など通気性が良い容器に入っている場合には，表面に近い部分では水分が飛散したり，吸湿していることもあるので，サンプル採取には特に注意したい．少量の小麦粉からのサンプリングでは，全量をよく混ぜてから必要量を採取する．調製したサンプルは，ポリエチレンなどの袋に入れて，密封して保管する．

　小麦粉の品質特性にはいろいろな面がある．また，用途や使い方によって，異なる特性を発揮する物質でもある．したがって，1つや2つの品質項目を測定しただけで，その小麦粉の品質全体を評価，または推定することはむずかしい．用途や目的に応じて必要な測定項目や測定法を選び，それらの結果を総合して品質を評価する．品質測定項目には，「一般分析」と呼ばれる測定が比較的簡単で，製粉工場の品質管理やその試料の品質のおおまかな把握などに使われる分析項目，特殊な性質を調べる場合にのみ測定する「特殊分析」，生地の物理特性を調べる試験，デンプンの糊化性状の試験，および最終製品をつくって調べる「二次加工試験」がある．

　なお，小麦粉の原料である小麦の品質を調べる場合には，きょう雑物，異物，容積重，千粒重，硝子率，萎縮粒，砕粒，被害粒，他銘柄粒，硬度，水分，灰分，タンパク質，および酸度の中から必要な測定を行った後，テストミルを用いた製粉試験によって製粉性を調べ，得られる小麦粉について品質評価を行う．

7.2 成 分 分 析

7.2.1 水　　　分

　基準になる水分測定法は乾燥法である．130℃または135℃絶乾法が最も一般的で，

AACC International 法（41-15A）では 130℃（±1℃）で 1 時間乾燥する方法を採用している．農林水産省の標準計測法には，105.5～107.5℃で 3 時間乾燥する方法と，135℃（±1℃）で 1 時間乾燥する方法の両方が記されている．通常，強制通風式の乾燥器が使われるが，ブラベンダー社（ドイツ）製などの半自動水分計も普及している．

NIR（近赤外線）透過または反射を利用した計測装置も使われており，それによる自動的な精選工程での加水管理や製品水分量の品質管理も可能である．ただし，基準の方法に対する較正が必要である．

7.2.2 灰分

ルツボに入れた小麦粉をマッフル炉で灰化し，残った灰の量のサンプル重量に対する百分率（％）を「灰分」としている．灰が溶融しない程度の温度（500～600℃）で時間をかけて焼く「直接灰化法」，灰は溶融するが短時間で完全に灰化するように高温（850～900℃）で焼く「高温灰化法」，および酢酸マグネシウムを助燃剤として使う灰化法がある．酢酸マグネシウムを使うと，陽イオンのマグネシウムが小麦粉のリン酸と結びつき，灰が溶融するのを防ぐことができる．

農林水産省の標準計測方法では，あらかじめ酢酸マグネシウム 6 g に純水 50 ml を加え，酢酸 1 ml を添加して湯浴上で溶解した後，メタノール 450 ml を加えて助燃剤の酢酸マグネシウム溶液を調製しておく．ルツボにサンプル 5 g を秤取後，助燃剤溶液 5 ml を表面に均等に注いで，5～10 分後に過剰のアルコールを蒸発させてから，700℃（農産物検査法に基づいて小麦粉の灰分を検査する場合には 600℃）のマッフル炉に入れて焼く．AACC International 法（08-02）では，酢酸マグネシウム 10 g を変性アルコール 1 l に溶解したもの 2 ml を試料 3 g に加え，5 分後に 850℃のマッフル炉に入れて焼く．

製粉工場の品質管理には高温灰化法が使われることが多い．また，ルツボの代わりに，磁製の皿を使って試験する方法もある．

NIR 技術を用いた AACC International 法（08-21）で測定することもできる．この場合も，基準となる灰化法に対する較正を行う必要がある．NIR 技術による製粉工程での灰分管理も行われるようになりつつある．

7.2.3 タンパク質

ケルダール法によって全窒素を定量し，係数 5.7 を乗じて「粗タンパク質」の量として求める．大型の分解フラスコを使うマクロ法が基本だが，サンプル量を減らして小スケールで行うセミミクロ法が普及している．農林水産省の標準計測方法では，硫酸カリウム 94，硫酸銅 3，二酸化チタン 3 を混合した触媒を分解助剤として使う．

直接蒸留と水蒸気蒸留があり，前者は時間がかかるが簡単な装置でよく，後者はやや複雑な装置を使うが時間的には速い．アンモニアの捕捉法にも，一定量の硫酸規定

液を添加してアンモニアと化合しないで残る硫酸をアルカリ規定液で滴定する場合と，ホウ酸を使って捕捉したアンモニアを硫酸規定液で滴定する場合があり，ホウ酸による方法の方がよく使われる．

ケルダール法による半自動分析装置も数社から市販されており，多くの試験研究機関で使われている．AACC International 法では，46-10, 46-11A, 46-12, 46-13, および 46-16 がケルダール法によるタンパク質分析法である．

元素分析で用いられてきた窒素をガス体として測定するデュマ法を改良した燃焼窒素分析（CNA）法による分析装置が開発され，精度が高く，化学薬品を使わないことから，ケルダール法の代替法として小麦粉のタンパク質含量の測定に一般的に使われるようになった．試料を炭酸ガス気流中で燃焼し，酸化第二銅によって酸化して水，二酸化炭素，および酸化窒素にする．次いで，還元銅中を通して窒素ガスに変え，これらから水と二酸化炭素を除き，窒素ガスだけを集めてその量を測定する．体積測定方式とガスクロ方式がある．操作が比較的簡単で，測定時間も短いが，装置が高価である．また，標準のケルダール法に比べて測定値が 0.15～0.35% 高めに出るので注意が必要である．

AACC International 法（08-21）に準じて NIR 技術を用いてタンパク質含量を測定することも使われている．この場合も，基準となるケルダール法または CAN 法に対する較正を行う必要がある．NIR 技術は製粉工程でのタンパク質含量の連続的なモニタリングにも活用されている．

7.2.4 繊　　維

繊維にはいくつかの解釈や定義があるので，測定値には何を測定したかを記述することはもちろんだが，測定法を付記する方が良い場合も多い．AACC International 法にも，粗繊維測定法（32-10），全食物繊維測定法（32-05, 32-06, 32-07, および 32-25），不溶性食物繊維測定法（32-07, 32-20），可溶性食物繊維測定法（32-07）および難消化性デンプン測定法（32-40）がある．

7.2.5 酵 素 活 性

1) α-アミラーゼ

小麦粉の α-アミラーゼ活性は **7.7** に記すフォーリングナンバー，ラピッド・ビスコ・アナライザー，およびアミログラフの測定データから推定できる．

2) ポリフェノールオキシダーゼ

AACC International 法（22-85）を小麦粉のポリフェノールオキシダーゼ活性の測定に応用できる．

7.2.6 デンプン損傷度

いくつかのデンプン損傷度の測定法があるが，AACC International 法では 76-30A と 76-31 を定めている．

7.3 物理特性の測定

7.3.1 色

　小麦粉の色を調べる最も簡単な方法は，伝統的に使われているペッカーテストである．ガラスかプラスティックの板の上に，比較しようとする粉を並べてへらで境界をはっきりさせてから，上から押し付け，色の差を肉眼で観察する．また，それを水中に静かに浸して引き上げ，湿色を比較する．中華めん用粉の場合には，水の代わりにかん水に浸して，色合いを観察する．かん水による色合いの経時変化も観察のポイントである．ペッカーテストによって，色の白さのほか，色調，ふすま片などの混入の有無，濡れた状態での経時変色，かん水に浸した時の色調と経時変色を調べることができるが，観察結果を数値化できないという欠点がある．

　分光光度計を用いて，例えば，455 nm と 554 nm の波長での反射率を測定することも行われている．標準になる白を測った後，直ちに試料に切り換えて反射率 (%) を求めるが，粒度の影響を除くために，小麦粉をペースト状にして測定する．

　ケント・ジョーンズ・マーチン社（イギリス）製のフラワー・カラー・グレーダーは小麦粉専用の光電比色計で，世界中で使用されている．試料 30 g に純水 50 ml を加えてペースト状にし，専用の大型キュベットに入れて標準板の色と比べる．530 nm のフィルターが使われており，「カラー・グレード・バリュー（略して，カラー・バリュー）」というこの機器独特の数値で結果を表わす．カラー・バリューには単位がなく，数値の大きさにも基準がないが，値が小さいほど色がきれいな（明度が高い）ことを示す．マイナスの値になることもある．機差があるので，違う機器で測定したものを比較しても意味がない．

　アグトロン直読式反射分光光度計を用いて AACC International 法（14-30）によって測定する方法，Minolta Chroma Meter を用いて CIE（国際照明委員会）が制定した L^*（明度），a^*（赤色—緑色傾向），b^*（黄色—青色傾向）の表色系で測定する方法も多く使われている．

7.3.2 粒　　度

ふるい分け法が最も一般的に使われる．木製のボックス型テストシフターに必要な目開きのふるい枠をセットし，一定時間ふるって，ふるいの上，下の区分の比率（％）を求める．この方法によると，粗い部分の粒度分布は測定しやすいが，細かい部分については測定が困難である．強制的に通風するジェットシーブを使うと，テストシフターより細かい部分の分布を測れるが，再現性があまり良くない．

セメント関係で使われていたブレーン空気透過粉末度測定器が，小麦粉の粒度測定に応用されている．1.5 g の粉を装置に入れ，規定の体積に圧縮した後，空気を通した時の透過度から平均比表面積（cm^2/g）を算出する．粒度が粗いか細かいかを大まかに把握するのに適している．

液体中に一定量の小麦粉を懸濁して，静置し，沈降速度から粒度分布を調べる方法も使われる．液層に光を走査させて透過度を調べる沈降法もある．

AACC International 法（55-40）には，多重チャンネルレーザー光散乱装置を用いた粒度分布測定法が紹介されている．

7.4　変質度の測定

7.4.1 酸　　度

水溶性酸度，アルコール可溶酸度，および脂肪酸度があり，酸を浸出する溶剤として，それぞれ，水，アルコール，およびエーテル（またはベンゼン）が使われる．貯蔵中の変質の指標としては，脂肪酸度が最も適しており，AACC International 法（02-01）に準じた方法が使われる．

7.4.2 pH

小麦粉に水を加えてペースト状にし，pH メーターで pH（水素イオン濃度）を測定する．酸度と同じように，小麦粉の変質の有無を調べるのに使う．通常の小麦粉は pH が 5.8〜6.2 だが，変質すると低下する．

7. 小麦粉の品質評価

7.5　グルテンの量と性状の測定

7.5.1　グルテン量とグルテン指数

　Perten Instruments 社製のグルトマティックを用いる方法が AACC International 法（38-12）に採用されており，多く使われている．ニーダーフックが付いたプラスチックチャンバーに小麦粉 100 g と 2 ％塩化ナトリウム水溶液 4.8 ml を入れ，20 秒間混捏して生地を形成する．次いで，洗滌を 5 分間行う．プラスチックチャンバーには 88 μm のふるいがあり，洗滌用の塩化ナトリウム溶液は毎分 50 ml のペースで補充される．

　残ったグルテンをふるい付き容器に入れて，専用の遠心分離機で水を切る．遠心分離後に，ふるい上に残ったグルテンとふるいを抜けたグルテンを別々に回収し，それぞれの重量を測定する．両者の合計が「ウェットグルテン（湿麩）」量である．また，ふるい上のグルテン量をウェットグルテン量で割り，100 を乗じた値が「グルテン指数（GI）」である．

　日本ではかなり以前から，10〜25 g の小麦粉をボウルに入れ，粉に対して約 60％の水を加えて，直径が 2 cm くらいの先を丸くした木の棒か小さなへら状のものの先でよく捏ねてできた生地を丸め，半自動の洗滌装置を使ってグルテンを採り出すことが行われている．特製の水切り器で水を絞り出して，べたべたの状態になったものがウェットグルテン（湿麩）で，それの元の小麦粉の重量に対する割合が「ウェットグルテン（湿麩）量」である．また，これを乾燥したものの元の小麦粉に対する割合が「ドライグルテン（乾麩）量」である．

7.5.2　沈　降　価

　小麦粉 3.2 g を共栓付きメスシリンダーに入れ，ブリュー液（ブロム・フェノールブリュー 0.0008％液）50 ml を加えて，栓をして手で振って撹拌した後，5 分間振とうする．さらに，乳酸アルコール液（85％乳酸を水で 4 倍に薄め，加温した 180 ml に対し，イソプロピルアルコール 200 ml を混合）50 ml を加えて再び振とう後，5 分間静置して沈降部分表面の目盛を読んだものが沈降価である．単位はない．良質のタンパク質を多く含む小麦粉は，水中で膨化すると沈降速度が遅くなることを利用した試験法である．故阿久津正蔵博士は，小麦粉の水中沈降の速さから二次加工適性を推定する FY 反応型試験法を開発した．

7.5.3　スウェリング・パワー

　グルテン 1 g を 30 片くらいにちぎって，N/50 乳酸液と共に，長くびの部分に目盛

があるスウェリング・パワー測定用のエルレンマイヤーフラスコに入れる．2時間半静置後に容器を逆さにして，膨潤したグルテン片の沈降上辺の目盛を読む．読み取った数値が大きい方がパンへの適性が高い．

7.6　生地のレオロジー性状の測定

　小麦粉生地の物理的性状の測定には，ファリノグラフ，エキステンソグラフ，アルベオグラフ，ミキソグラフなどが使われる．

7.6.1　ファリノグラフ

　ブラベンダー社（ドイツ）製のファリノグラフは，製パンでのミキシング工程における小麦粉の吸水率や生地の挙動を調べる装置である．小麦粉の吸水力と生地の粘弾性の程度は非常に重要なので，この装置は世界中で使われている．

　ファリノグラフの機構は図 I.7.1 のようである．ミキサー（小麦粉試料量で300 g 用と50 g 用がある）に小麦粉を入れ，水を加えて混ぜながら生地が一定の硬さになるまでに入った水の量から吸水率を知ることができる．捏ねていく間にミキサーの羽根にかかる抵抗の変化が経時的にチャートに記録されるので，小麦粉生地の力の強さやミキシング耐性についての情報も得られる．カナダやアメリカ合衆国の小麦品質報告には，50 g のミキサーを使用したデータが記されている．

　ファリノグラフ曲線の読み方と，強力粉，中力粉，および薄力粉の典型的な曲線を図 I.7.2 に示した．研究機関によって，ファリノグラフ曲線から読み取るデータが異なり，カナダ穀物研究所の小麦品質報告には，吸水率，生地生成時間，ミキシング耐

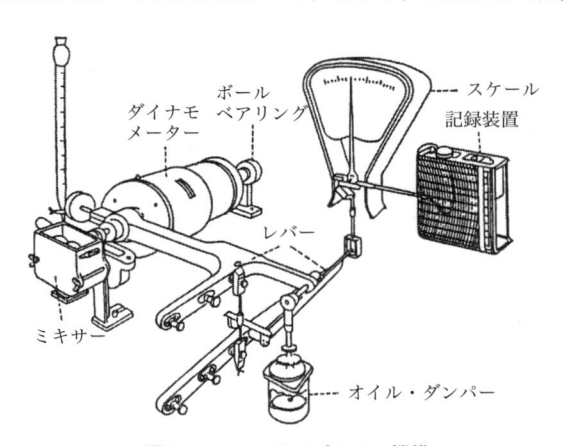

図 I.7.1　ファリノグラフの機構

7. 小麦粉の品質評価

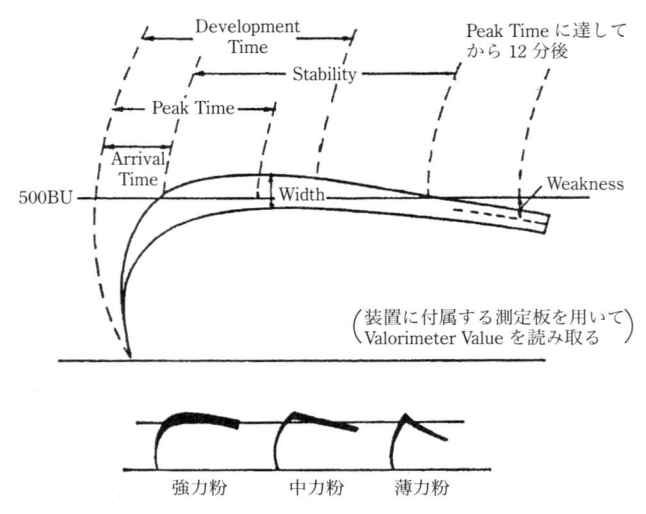

図 I.7.2 ファリノグラフ曲線の読み方と典型的なチャート

性指数，および安定度が，アメリカ合衆国の小麦品質報告には，吸水率，ピークタイム，および安定度が記されている．

異なる種類の小麦粉を比較したり，小麦粉の性質をおおまかに把握するのには向いているが，曲線から得られる各種のデータと実際の製パン性の関係は微妙である．データを見る際には，測定機による差が大きいことも十分に考慮に入れなければならない．

7.6.2 エキステンソグラフ

同じブラベンダー社製のエキステンソグラフは，ファリノグラフのミキサーで捏ねた生地を一定時間ねかせた後に，引張り試験を行い，伸張度と伸張抵抗の大きさとバランスをチャートに自記する図 I.7.3 のような機構の装置である．得られる曲線の形から，図 I.7.4 に示すように生地の「アシ」や「コシ」の強さとバランスを示すいくつかのデータを読み取ることができる．国によってデータの呼び方はまちまちだが，A からは生地の力の強さを，R からは生地のコシの強さを，E からはアシの長さを推測することができる．また，強力粉，中力粉，および薄力粉の典型的な曲線も示した．

生地を装置に内蔵の恒温室に 45 分間ねかせた後に 1 回目のチャートを描き，整形し直して 45 分後に 2 回目，さらに 45 分後に同じことを繰り返して 3 回目の曲線を描く．カナダ穀物研究所のように 2 回目の曲線は描かない場合も多い．数値の読み取りは通常は 3 回目の曲線で行うが，1 回目の曲線からデータを取る場合もある．曲線や数値が出るため測定結果が過信されやすいが，装置や操作の仕方による差が大き

7.6 生地のレオロジー性状の測定

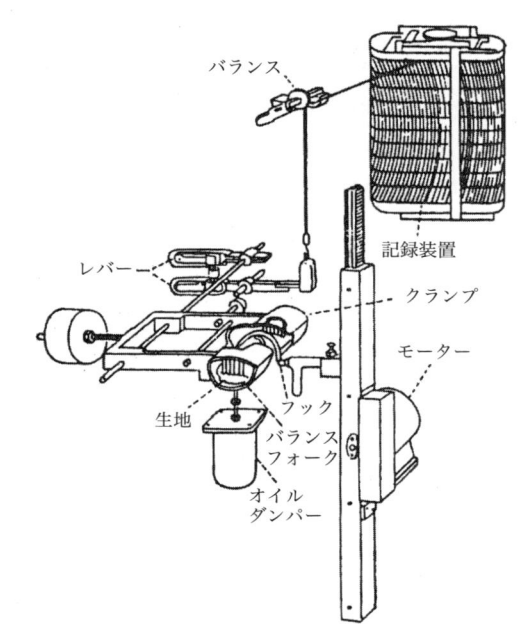

図 I.7.3 エキステンソグラフの機構

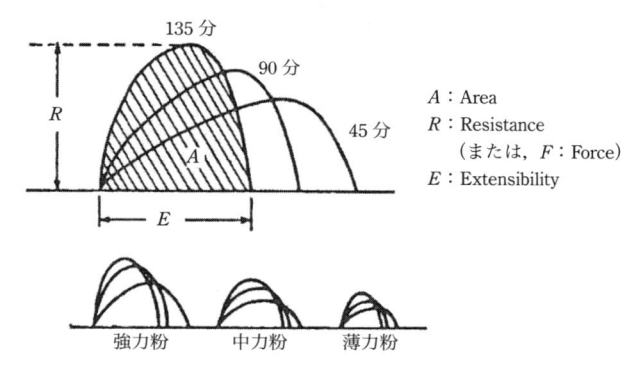

A：Area
R：Resistance
　（または，F：Force）
E：Extensibility

図 I.7.4 エキステンソグラフ曲線の読み方と典型的なチャート

いことをよく認識しておく必要がある．

　アメリカ合衆国ではエキステンソグラフはほとんど使われないし，日本でも研究用などの特殊な場合を除いて使われることが少なくなってきた．

7.6.3 アルベオグラフ

　ショパン社（フランス）製のアルベオグラフは，別名，「ショパン・エキステンシ

193

7. 小麦粉の品質評価

メーター」とも呼ばれる．フランス，およびフランスの影響を受けて発展したアルゼンチン，カナダ，東南アジアの一部の国々などでよく使われている．

フランスでは，小麦の製パン性を示す重要な尺度と考えられており，品種の評価，小麦の品質調査，製粉工場の検査でも使われている．カナダ穀物研究所の小麦品質報告にはこの試験データが記載されている．アルゼンチンでは，小麦品種を分類するのにアルベオグラフのデータを使う．

装置は，ミキサ，気泡送風機，記録用マノメーターの3部分でできている．粉，水，および塩でつくった生地を薄い円盤状にしてから，その中心部に圧力をかけた空気を送って，風船のように膨らませる．風船が破れるまでの状態をチャートに記録する．この曲線から，図 I.7.5 のように生地が破れるまでに伸びた距離，最大伸張抵抗，および曲線の面積を求める．面積は製パン性との関係が深く，図 I.7.6 の小麦銘柄別

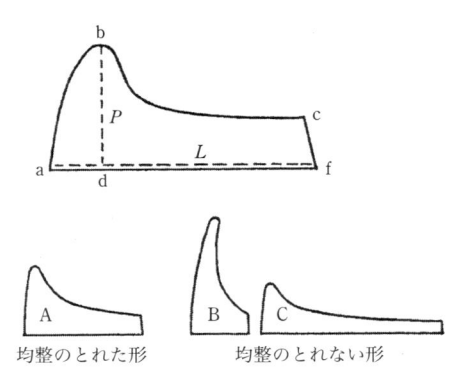

P：曲線の高さ bd で，小麦粉生地の力の強さを示す．
G：生地片を膨らませるのに要した空気の量に相当し，生地の伸展性と弾性の程度を示す．
W：生地1gの仕事量を1,000 erg 単位で示すもので，次の式で計算して求める．生地の可塑性を総合的に示すものとして，アルベオグラフ試験で得られるデータの中では最も重要なものである．
$W = \dfrac{S \times C}{L}$ ただし，S はアルベオグラフ曲線の面積（cm²），C は G から表で求めるが，器械によって 0.8〜1.2 の幅がある．L は曲線の長さ（cm）

図 I.7.5 アルベオグラフ曲線から読み取れるデータ

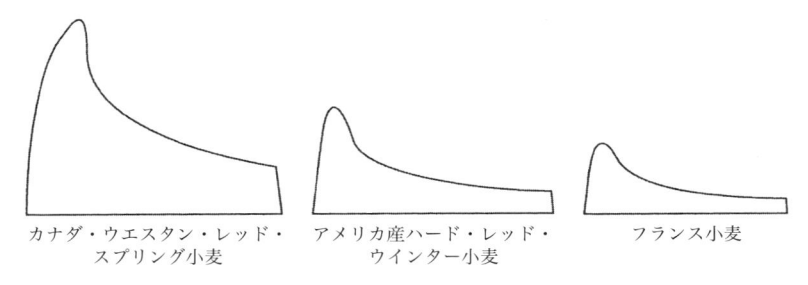

図 I.7.6 典型的なアルベオグラフ曲線

の典型的なアルベオグラフ曲線が示すように，タンパク質の量が多くて製パン性が良い小麦粉の方が，タンパク質が少ない粉よりも大きい．

アルベオグラフの利用価値の限界は，一定吸水（小麦粉の水分14.0%ベースで50%）を使用していることにある．フランス小麦の粉のように力が弱い場合は良いが，吸水が多い（タンパク質が多い）小麦粉では加水不足になるので，生地が硬過ぎて必要な情報を得にくい．そのため，日本では用途が限られており，あまり普及していない．カナダ穀物研究所やアメリカ合衆国の小麦品質報告には，L，P，およびWの値が記されているが，オーストラリアではほとんど使われていない．

アルベオグラフを改良した「コンシストグラフ」を用い，AACC International法(54-50)によると，小麦粉の吸水力に応じた調整ができる．

7.6.4 ミキソグラフ

ナショナル・マニュファクチャリング社（アメリカ）製のミキソグラフは，小型の高速記録式生地ミキサーである．ミキサーには4本の垂直のピンが付いていて，ボールの底に取り付けられた3本のピンの間を回転する．グルテンが形成されるにつれて，生地の間を回転するピンを押すのに力を増す必要がある．増した力をレバーシステムの中央にあるボウルの回転装置で測り，そこに生じたトルクを一定速度で動くチャート上に記録する．得られた曲線から図 I.7.7 のように必要なデータを読み取る．

サンプル35gの常法によると，図 I.7.8 のようなさまざまな曲線が得られる．タンパク質の量が多い小麦粉では力強い曲線になるが，タンパク質が少ないと弱々しい形状になる．サンプルが少なくてすみ，再現性が比較的高いので，アメリカ合衆国の育種関係の試験機関では広く用いられている．日本でもその良さが認められて，最近では研究用に使われるようになってきた．10gのサンプルで試験できる小型の装置もある．

ミキソグラフでは，小麦粉のタンパク質含量に基づいて加水量を決める．デンプン

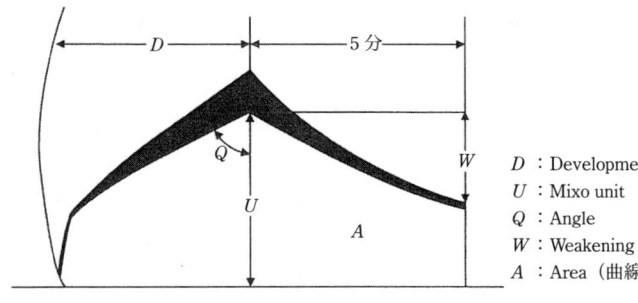

D：Development
U：Mixo unit
Q：Angle
W：Weakening
A：Area（曲線の下，全部）

図 I.7.7　ミキソグラフ曲線の読み方

7. 小麦粉の品質評価

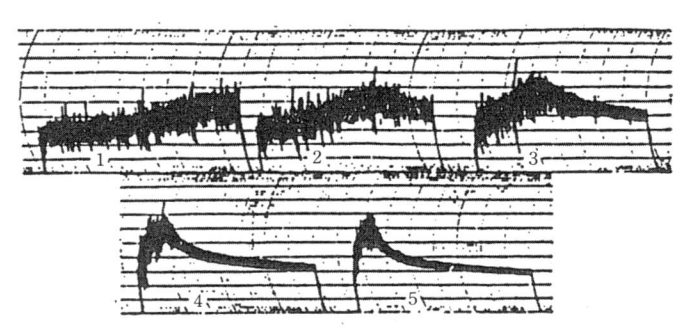

図 I.7.8　ミキソグラフ曲線の例

損傷度や小麦粉の粒度は加水量に反映されないので，試料によっては生地のレオロジー特性の評価で問題を生ずる場合もある．

7.7　糊化性状の測定

小麦粉中のデンプンの糊化性状や α-アミラーゼ活性を小麦粉糊の粘度で調べる機器として，アミログラフ（ビスコグラフ），フォーリング・ナンバー，ラピッド・ビスコアナライザーなどがあり，日本ではアミログラフが多く使われている．

7.7.1　アミログラフ（ビスコグラフ）

アミログラフは，**写真 I.7.1** のような形をしたブラベンダー社製の記録式粘度計である．アミログラフとほぼ同じ機械だが測定範囲が広いビスコグラフも使われている．

小麦粉 65 g に水 450 ml を加えてつくった懸濁液をボウルに入れ，撹拌しながら温度を 25℃ から 1 分間に 1.5℃ ずつ上げていき，その間の粘度変化を自記する．この試験で得られる粘度曲線（図 I.5.2 参照）をアミログラムといい，糊化開始温度，最高粘度とその時の温度を読み取る．粘度の数値には B.U.（Brabender Unit）というこの機械のメーカーが設定した単位が付記される．粘度の高低はデンプンの性質と α-アミラーゼ活性の程度によって決まる．粘度が異常に低いということは，デンプンが正常でないか，α-アミラーゼ活性が高くてデンプンが分解されたことを示している．

日本に導入されている撹拌羽根はプレートタイプ（板状）で，測定法もブラベンダー社の標準法を採用している．一方，アメリカ合衆国やカナダなどにはピンタイプの撹拌羽根が導入されており，測定法も AACC International 法（22-10）を採用している．同じサンプルを測定しても，粘度値に差が出るから要注意である．ただし，カ

7.7 糊化性状の測定

写真 I.7.1 アミログラフ

ナダ穀物研究所の小麦品質報告には，日本と同じサンプルと水の量での試験結果が記載されている．ピンとプレートの違いによる差があるので 100 B.U. くらい高めのデータになっているが，そのことを考慮に入れれば，かなり参考になる．

7.7.2 フォーリング・ナンバー

　フォーリング・ナンバー（スウェーデン製）を用いると，アミログラフよりも簡便に粘度を測定できる．試験管に入れた小麦粉糊中を，先に輪が付いた撹拌棒が落下するのに要する秒数を計測し，その秒数を「フォーリング・ナンバー」と称して，小麦粉中の α-アミラーゼ活性の程度を知る指標にする．サンプルは 1 g でよく，1 点の測定は数分でできるので，ヨーロッパでは普及しており，アメリカ合衆国や北海道などでも小麦の仕分けに使われている．ただし，微妙な領域の品質を判定しにくいため，製粉工場の工程管理にはあまり使われていない．

　フォーリング・ナンバーとアミログラム最高粘度の関係を図 I.7.9 に示した．サンプルの種類や測定の仕方によって，曲線は点線で示したところまで上または下にずれ

7. 小麦粉の品質評価

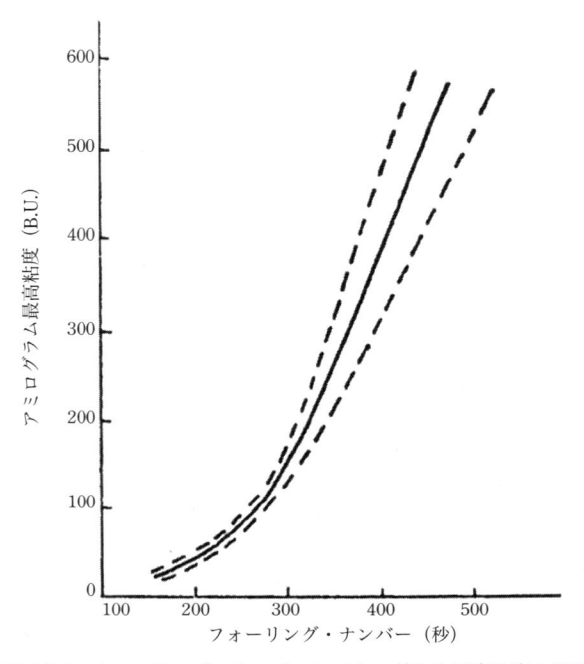

図 I.7.9 フォーリング・ナンバーとアミログラム最高粘度の関係

るが，いずれの場合にもフォーリング・ナンバーが 300 秒のあたりで曲がっており，この付近のフォーリング・ナンバーのわずかの違いが，アミログラム最高粘度では大きな差になることが分かる．

沖崎[1]は，この両者の関係を次のような式で示した．

$$y = 0.0025x^2 - 0.0965x - 47.1207$$

ただし，　y：アミログラム最高粘度
　　　　　x：フォーリング・ナンバー

いくつかの実験データから導いたもので，フォーリング・ナンバーの測定値の偏りやばらつきを考えると，いつもこの式で計算して良いとは言えないと述べている．

7.7.3　ラピッド・ビスコ・アナライザー

ラピッド・ビスコ・アナライザーを用いると，少量の試料から最高粘度，ピーク後の最低粘度，最終粘度，および最高粘度に到達する時間についての情報を短時間で得ることができる．AACC International 法（76-21）に採用されている．

25.0 ml の水を入れた試験用の缶に小麦粉 3.50 g を入れ，撹拌羽根を挿入して上下

に動かしながら激しく10回撹拌する．撹拌羽根と缶を撹拌棒にセットし，モーター部を下げると自動的に測定が始まる仕組みである．

7.7.4　マルトース価

pHを4.6～4.8に調整した小麦粉懸濁液を，30℃で1時間反応させた時に生ずる還元糖の量を，マルトースとして表わす．AACC International法（22-15）に準じた方法が日本では使われている．マルトース価には，デンプン損傷度とアミラーゼ活性の両方が関係する．正常なアミラーゼ活性の小麦粉の場合には，デンプン損傷度を見る尺度になるため，製粉工場の工程チェックに使うことができる．α-アミラーゼ溶液を用いて，デンプン損傷度を直接測る方法もあるが，日本ではあまり使われない．

7.8　加工適性の評価

物理，化学的な測定データだけから小麦粉の二次加工適性を推定することは難しいので，目的に応じて二次加工試験を併用し，総合的に品質評価をする．二次加工試験では，小麦粉を実際に使ってみて，使いやすいか，良い製品ができるかを直接的に判定する．ただし，次のことを十分検討してから，品質評価の際の材料の一つに加えたい．
・調べたい用途を代表するか，推定できる試験法か
・試験の再現性があるか
・判定，評価を的確に行うことができる試験技術者がいるか

製パン，製めん（ゆでめん，中華めん），および製菓（スポンジケーキ，クッキー）の試験法が確立されているので，一般的には，小麦粉の用途によってこれらのうちのどれかを選択し，その結果から幅広い用途への適性を推定する．菓子用粉の用途は広いが，それらのほとんどへの加工適性は，スポンジケーキとクッキーの試験結果を評価することによって推定可能である．また，特殊な用途への適性を見る場合には，それに合う試験法を工夫する必要がある．

7.8.1　製パン試験

小麦粉の総合的な製パン性を最も的確に把握するのには，直捏法（ストレート法）による食パン試験が適している．日本で行われている代表的な方法を紹介する．

8点までの小麦粉サンプルについて，小麦粉300gに対して，イースト6.0g，食塩4.5g，砂糖9.0g，ショートニング6.0g，および捏ね水を準備する．

ボウルにイーストを入れ，捏ね水の一部でよく溶いてから，小麦粉とその他の副材

7. 小麦粉の品質評価

料を入れる．それらを手で混ぜ，生地の硬さを判断しながら適量の水を加えて，余った水がなくなるまで手で捏ね続ける．次に，5クォートの小型ミキサーの高速で2分間ミキシングする．生地を手で軽く丸め，ボウルに入れて，温度27℃，湿度75%の発酵室内に約90分静置する．その後，生地をガス抜きしてから，さらに30分発酵する．発酵が終了した生地を2等分して軽く手で丸め，発酵室内で15分間ねかせる．

この生地をモルダーで棒状に整形し，一端から巻いてパン型に2個並べて型詰する．温度37℃，湿度85%のほいろに入れ，生地の上端がパン型の上縁に達するまで膨張させてから，205℃のロータリーオーブンで約35分間焼く．

製パン操作中に，吸水率，発酵終了時の生地重量を測定し，各段階での生地の性状を観察する．焼き上がったパンを型から取り出し，冷えてから，なたねを用いた置換法または体積測定装置によって体積を測定する．翌日まで室温に置いたものについて，表面の焼色と皮質（硬軟，厚さ，肌の状態）を観察した後，スライサーで切る．その後，内相の色（白さ，光沢），すだち（気泡の形状，大きさ，均一性，気泡膜の厚さ），および触感について，**表 I.7.1**のような品質評価（配点と採点）基準で対照品と比較して評価を行

表 I.7.1 食パンの品質評価基準

評価項目		配点	評価基準
外観 (30)	焼色	10	平均に黄金褐色に着色しているのが良い．着色むら，筋，および斑点があるのは良くない
	形・均整	5	均整がとれた外観が良い．角がとがっているもの，丸みがあり過ぎるもの，側面がへこんだものは良くない．山形食パンでは，元気よく均整がとれたブレークと細糸状のなめらかなシュレットが一様に出ているのが良い
	皮質	5	なめらかで薄く均一なものが良い．厚いもの，硬いもの，革状のもの，火ぶくれしたもの，梨肌状のものは良くない
	体積	10	望ましい大きさに焼き上がっていること．側面がへこむような膨らみ方は良くない．手に持って軽い感じが良い
内相 (70)	すだち	10	気泡膜が薄く，均一に広がっているものが良い．気泡膜が密に詰まっているもの，粗過ぎるもの，不均一なもの，大きな穴があるもの，膜が厚いものは良くない
	色相	10	淡いクリーム色で，輝くような艶があるものが良い．黒っぽい色，灰色系統の色，色むらがあるものは良くない
	触感	15	スライス面を指先で軽く押してみた時，ソフトでなめらかであり，弾力があって指のくぼみがすぐ消えるのが良い．ざらつき，乾き，硬さ，軟らか過ぎなどは良くない
	香り	10	発酵による香りと焼成による香りが感じられるものが良い．イースト臭，アルコール臭，異臭，刺激臭は良くない
	味	25	塩味と甘みがほどよく，発酵による旨みやコクがあるバランスがとれた味が良い．無味，味のバランスが悪いもの，苦味などは良くない
合計		100	

い，サンプルの製パン適性を総合的に判定する．

上記の試験法のほかに，中種法によるやや大量の試験法など，さまざまな製パン試験法が工夫され，目的に応じて使われている．また，酸化剤などの添加物を加えて製パン適性を調べることも行われる．

7.8.2 ゆでめん試験

旧農林水産省食品総合研究所と製粉協会の協同作業でまとめたゆでめん試験法が一般に使われている．1回の試験で比較するサンプル数は6点以内が適当である．

小麦粉サンプル500 g（水分13.5%ベース）に塩水160 ml（小麦粉100に対して食塩を2の割合で加えて溶かしたもの）を振りかけるように加え，回転羽根が付いた横型の試験用ミキサー（容量500 g，回転速度120 rpm）で10分間混ぜて，そぼろ状の生地にする．直径180 mm，幅150〜210 mmの1対のロールを備えた試験用製めん機を用い，回転速度を9 rpm，間隔を3 mmに調節したロールの間にこのそぼろ状の生地を通し，めん帯にする．めん帯を二つ折りにして重ね，同じ間隔のロールの間を通してから，同じ操作をもう一度繰り返す．必要に応じて，生地をポリエチレンの袋に入れて，約1時間，室温でねかせる．ロール間隔を2.7〜2.2，2.3〜2.0，2.1〜1.7 mmと順次狭めてこのめん帯を通し，最終の厚さを2.5 mmにする．「10番角」の切刃を用い，横断面が3.0 mm×2.5 mmのめん線に切り落とし，25 cmの長さにカットする．

4〜6に仕切ったステンレスのゆでかごの各区分に一定量ずつの生めんを入れ，たっぷりめの熱湯を蓄えたゆで槽に沈めて，20〜24分間ゆでる．ゆで上がったら，プラスチックのざるにのせて，ほぐしながら流水でめんの表面をよく洗う．ざるのまま5回たたいて水切りし，計量後，竹製のざるに移す．

ゆでてから室温に30〜120分間置いたものと，ポリエチレン袋に入れて冷蔵庫で24時間保存したものについて，品質評価をする．冷蔵庫に入れたものは，沸騰水で30〜60秒間温めてから供試する．めんつゆに浸けて食べ，食味，食感を評価する．そのほか，生めんの色，24時間後の生めんの色の変化，製めん工程の操作のしやすさ，ゆで溶け率を調べる．ゆで歩留りは次式で求める．

$$\text{ゆで歩留り} = （\text{ゆでめん重量 g}）／（\text{生めん重量 g}）\\ \times（100-\text{生めんの水分\%}）／（100-13.5）\times 100$$

ゆでめんの官能評価の採点は**表 I.7.2**によって行う．試験目的とめん市場を熟知した経験豊かな技術者による慎重な評価が必須である．ある限られた条件下での試験なので，市場テストのように消費者に近い大勢のパネラーで評価して結果を統計処理することは，必ずしも目的に適っているとは言えないことが多い．

海外の多くの研究機関でうどん試験が行われている．それらの多くは，長尾らが紹

7. 小麦粉の品質評価

表 I.7.2　ゆでめんの官能評価の採点基準

項目		配点	不良			普通	良		
			かなり	すこし	わずかに		わずかに	すこし	かなり
色		20	8	10	12	14	16	18	20
外観	（はだ荒れ）	15	6	7.5	9	10.5	12	13.5	15
	（硬さ）	10	4	5	6	7	8	9	10
食感	（粘弾性）	25	10	12.5	15	17.5	20	22.5	25
	（なめらかさ）	15	6	7.5	9	10.5	12	13.5	15
食味	（香り，味）	15	6	7.5	9	10.5	12	13.5	15
合計点（総合）		100	40	50	60	70	80	90	100

介した方法[2,3]をベースに組み立てられた方法で行われているものが多い．

7.8.3　中華めん試験

6点までの小麦粉サンプルの中華めんへの適性を比較するのに使う試験法である．

小麦粉サンプル500gに32％の純水（小麦粉100に対して，かん水1と食塩1の割合になるようにあらかじめ溶かしておいたもの）を振りかけるように加え，試験用ミキサーで10分間撹拌してそぼろ状の生地にする．直径180mm，幅150～210mmの1対のロールを備えた試験用製めん機を用い，間隔を3mmに調節したロールの間にそぼろ状の生地を通して，めん帯をつくる．これを折って2枚重ねし，同じ間隔のロールを通すことを，2回繰り返す．生地をポリエチレンの袋に入れ，約1時間，室温でねかせる．以後は，めん帯を重ねないで，ロール間隔を3段階にわたって絞ったものに通し，最終的には約1.4mmの厚さにする．「20番角」の切刃を用い，横断面が1.5mm×1.4mmのめん線にし，25cmの長さにカットする．この時，25cmの長さの分だけ，めん帯のままでとっておく．

製造2～3時間以内にポリエチレン袋に入れて冷蔵庫で24時間経過した時点で，生のめん帯の色とホシの有無を観察する．24時間冷蔵庫に入れておいた生のめん線を4～6に仕切ったステンレスのゆでかごにそれぞれ入れ，たっぷりめの熱湯を蓄えたゆで槽に沈めて約3分間ゆでる．水切り後，ゆでめんの色，ホシの有無を観察し，スープに浸しながら食味試験を行い，なめらかさ，弾力性，ゆで伸びの程度を評価する．

7.8.4　スポンジケーキ試験

市販のケーキの原材料配合はかなりの幅があるが，小麦粉のケーキ適性を総合的に調べるには，砂糖や卵の配合率が低い3等割（小麦粉，砂糖，全卵が等量）による次のような試験法[2]が適している．アメリカ合衆国では，市販されているケーキが小麦粉以

外のものの配合率が高いこともあって，試験でもそれらを多く配合する方法が使われているが，卵や砂糖の配合率が高いと小麦粉の品質差が分かりにくいという欠点がある．ワシントン州プルマンにあるアメリカ合衆国農務省西部小麦品質研究所などでは，日本向けの小麦の品質評価にこの方法に準じた方法を用いている．

1点の原材料は，小麦粉100 g，砂糖（精製上白糖）100 g，全卵（殻なし）100 g，水40 gである．8点までのサンプルを比較することができる．8点の試験の場合には9点分の卵・砂糖バッターを用意する．殻を除いた卵900 gを20クォートの竪型ミキサーのボウルに入れ，付属のホイッパーを用いて手で均一になるまで混ぜる．砂糖900 gを加え，30℃に温度を調節してから，高速で8～9分間ホイップする．180 mlの水（全体の半分）を加え，高速で2分間，残りの水を加えてさらに高速で2分間，中速で1分間ホイップする．バッターの比重を0.25±0.01になるように調製する．

このバッター240 gをボウル（内径24 cm，深さ0.5 cm程度のもの）に入れ，ふるった小麦粉100 gを加えてから，木製のしゃもじを用いて手で60回混ぜ，容器に付着しているのをゴム製のへらで落として，さらに25回混ぜる．内径15 cm，深さ6 cm程度の焼型の内側に硫酸紙を敷き，このバッター全量を入れて，プラスティックのへらで表面を平らにした後，180℃のオーブンで30分間焼成する．これらの操作中に，ホイッピング後のバッターの比重を測定する．また，バッターの性状やオーブンの中での膨らみを観察する．

焼き上がったケーキを型から取り出し（**写真 I.7.2**），冷えてから，重量と，なたねなどの種子を用いた置換法によって体積を測定する．また，中央および両端の高さも測定する．外観（形，皮質，色）を観察してから，中央で縦に切って，内相の色，気泡膜の状態（均一性，大きさ，厚さ），すだち（しっとりさ，ソフトさ），香りなどを評価する（**写真 I.7.3**）．これらの結果から，小麦粉サンプルのケーキ適性を総合的に判定する．

写真 I.7.2 焼き上がったスポンジケーキ

7. 小麦粉の品質評価

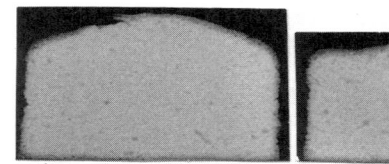

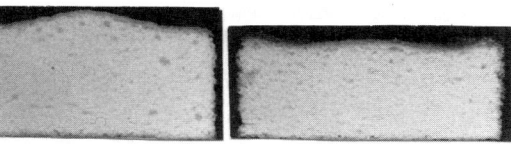

気泡膜が均一で，きめが細かい．　　　　　　　　　　　　　気泡膜が不均一で，粗い．
しっとりしていて，ソフトな触感．　　←——→　　　ぱさつき，ソフトさに欠ける触感．
　　　（好ましい）　　　　　　　　　　　　　　　　　　（あまり好ましくない）

写真 I.7.3　スポンジケーキの品質評価

7.8.5　クッキー試験

　小麦粉の製菓適性を総合的に調べる場合，スポンジケーキ試験とクッキー試験を同時に行うとよい．この2つの試験結果から，さまざまな菓子類への適性を推測することができるからである．クッキー試験については，世界的に AACC International 法（10-50D）に準じた方法が使われている．

　原材料としては，小麦粉サンプル 225 g，ショートニング 64 g，砂糖 130 g，食塩 2.1 g，重炭酸ナトリウム 2.5 g，デキストロース溶液（水 150 ml に 8.9 g のデキストロースを溶かしたもの）33 g，水 16 ml を用意する．

　ホバート C-100（3クォートのボウルと平らなビーターを使用），またはこれと同じようなミキサーを用い，1回の試験に必要な量のショートニング，砂糖，塩，重炭酸ナトリウムを低速で3分間ミキシングしてクリーム状にする．これの 198.6 g にデキストロース溶液 33 g と水 16 ml を加え，低速で1分間，中速で1分間ミキシングしてから，小麦粉を加えて低速で2分間ミキシングする．

　この生地を6個に分割し，クッキー試験用シート（アルミニウム製）に間隔を開けて置く．シートの両端に金属製の厚さ調整用ゲージを並べ，その上を目の細かいガーゼで覆っためん棒で軽くのし，生地の厚さを一定にする．次に，クッキー型のカッターで余分な生地を切り落とし，シートごと6個の生地の重量を測定し，平均生地重量を計算してから，直ちにシートごと 205℃ のオーブンに入れて 10 分間焼く．オーブンから取り出したら，幅の広いへらでクッキーをはがし，吸湿性の紙の上に置く．

室温で 30 分間放冷後，6個のクッキーの縦，横を mm の単位で測定し，平均の幅（W）を求める．6枚のクッキーを順番を変えて2回重ね，全体の厚さを mm の単位で測って，平均の厚さ（T）を求める．これらから，スプレッド・ファクター（W/T）を計算する．厚さが適当で広がりが大きいものが，クッキーとしては良い．W は大きいが T が極端に小さいものは好ましくないこともあるから，W/T よりも W の方がより重要である．これらの数値のほかに，表面のひび割れの状態を観察する．あ

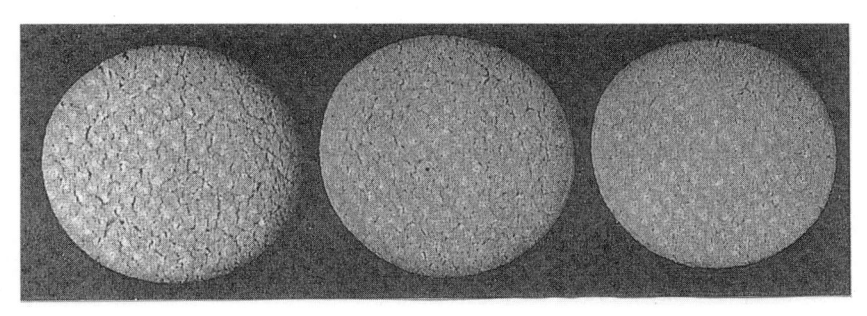

| ひび割れが多く，ソフト． | ←――→ | ひび割れが少なく，硬い． |
| （好ましい） | | （あまり好ましくない） |

写真 I.7.4　クッキーの品質評価

る程度大きめのひび割れがたくさんある方が，食べ口がソフトなクッキーである（写真 I.7.4）．

参 考 文 献

1) 沖崎光市：米国産低アミロ小麦の品質を中心として，食糧管理月報, **21**(5), 27-32 (1969)
2) Nagao, S., Imai, S., Kaneko, Y. and Otsubo, H. : Quality characteristics of soft wheats and their use in Japan, I. Methods of assessing wheat suitability for Japanese products, Cereal Chem., **53**, 988-997 (1976)
3) Nagao, S. : Processing technology of noodle products in Japan, pages 169-194,In: Pasta and Noodle Technology, Kruger, J.E., Matsuo, R.B. and Dick, J.W., Eds., Am. Assoc. Cereal Chem., St. Paul, MN, U.S.A. (1996)

8. 小麦粉の安全性

8.1 微 生 物

　通常，小麦の製粉工程では殺菌処理は行わない．加熱処理などを行うと，グルテンタンパク質が変性するなど，小麦粉本来の特性が失われるし，化学的な処理は食品衛生上好ましくないからである．また，小麦を水洗いすることも行わない．その理由は，水洗いによってかえって微生物増殖の危険があり，排水処理の問題もあるためである．それらに代わるものとして，小麦の精選工程にはさまざまな物理的な方法を活用した精選機が数多く装備されており，これらによる処理を組み合わせることによって，小麦に混ざっているきょう雑物や異物を除去すると共に，小麦の表面を可能な限り磨くことによって，付着している微生物を減少させている．

　小麦の種類や状態にもよるが，製粉工場で原料として使う段階での小麦の一般生菌数は 10^4〜10^7 である．それらは土壌に由来するものがほとんどだが，小麦の生育中に死滅するものや，小麦そのものに生息するものなどもあるので，小麦が生育した土壌の微生物とは必ずしも一致しない．

　このように万全を期した処理を行っても，主として土壌に由来する細菌，かび，および酵母は小麦粉やその他の製粉製品にある程度残ることになる．

　食品衛生法では，各種食品の細菌数，大腸菌群，大腸菌，およびその他病原菌について規格基準が定められているが，小麦，小麦粉に関する規格基準はない．ただし，厚生労働省から提示されている「洋生菓子の衛生規範」には，他の原材料と共に，小麦粉の成分規格として，芽胞形成菌が1,000/g以下と規定されている．

　一般的には，小麦粉中の一般生菌数は 10^2/g から 10^4/g 程度である．また，大腸菌群については陽性になる場合がある．菌数は小麦粉の等級によっても異なり，小麦粒では外皮に菌数が多く，胚乳の中心部に近いほど少ないため，上級粉は菌数が少なめである．また，通常の水分の小麦粉では，これらの菌は増殖することはない．小麦粉はそのまま生で食することはなく，必ず加熱されるので，通常の菌数であれば問題ないと考えられる．

　他の農産物と同じように，小麦粉に最も多い細菌は好気性耐熱性芽胞菌の *Bacillus* 属である．中でも，*B. subtilis*（枯草菌）が多く，グラム陽性の大きい桿菌で，耐熱性の芽胞を形成する．80℃，30分の加熱に耐性があるので，加工食品の腐敗の主役になりや

すい．また，自然界に広く分布する *Micrococcus* 属も多い．これはグラム陽性球菌で，芽胞を形成せず耐熱性はないが，グラム陰性菌に比べると死滅温度は高い．グラム陰性無芽胞桿菌の *Pseudomonas* 属も多く，色素を産生するものがある．腸内細菌属と生理活性が似ているので，腸内細菌と誤って判定されることがある．*Aerobacter* 属は少ない．これらの細菌は，正常な状態の小麦粉中で増殖することはない．相対湿度が 95％ 以上の，条件が非常に悪い倉庫などに保管された場合にのみ増殖する．

かびの *Aspergillus* 属（麹菌）と *Penicillum* 属（青かび）は比較的少ない．*Aspergillus* 属は種類が非常に多く，食品に広く分布しているが，小麦粉中では *A. fumigatus*，*A. repens*，および *A. candidus* が少量検出される程度である．*Aspergillus* 属は相対湿度が 70～80％ で発芽するものが多いが，*Penicillum* 属は 78～90％ の湿度で発芽する．したがって，条件が悪い倉庫に保管した場合には，細菌よりかびが先に発芽する．酵母も小麦粉中には少ない．

8.2 害　　虫

製粉工場では，小麦粉や製粉製品に害虫が付着しないよう，最大限の配慮がされている．設備的には，建物外からの害虫侵入の防止，工場内の汚染箇所の絶滅，および工程内の中間産物の滞留箇所の絶滅が必須である．

工場内および工程内の清掃も定期的に行い，清潔に保つ必要がある．中間製品や製品に直接接触しない状態で，残留の危険がない殺虫効果があるくん蒸剤の効果的な使用も考えられる．

小麦粉につきやすい虫の代表は「コクヌストモドキ」（図 I.8.1）である．卵径は 0.1 mm 程度，老熟幼虫体長は 6 mm 程度，および成虫体長は 3～4 mm である．飛翔す

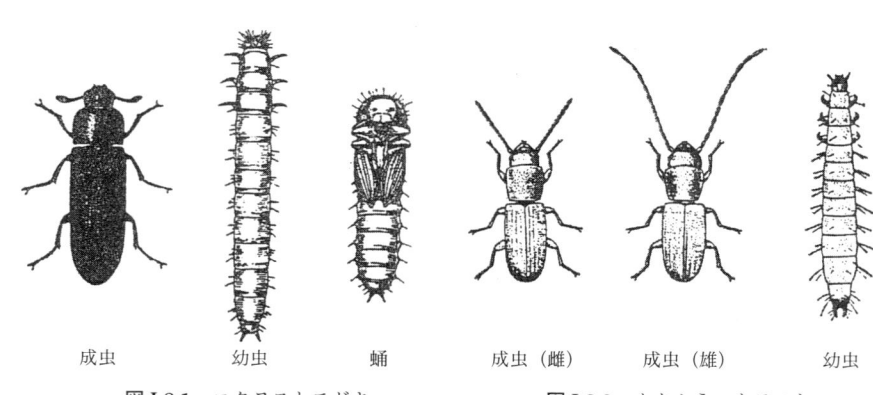

| 成虫 | 幼虫 | 蛹 | 成虫（雌） | 成虫（雄） | 幼虫 |

図 I.8.1　コクヌストモドキ　　　　**図 I.8.2**　カクムネコクヌスト

ることはないが，成虫の歩行速度は速いので，汚染の拡散は速い．繁殖力が強く，環境変化にも耐性がある．「カクムネコクヌスト」(図I.8.2) は古い変質した粉を好む．卵殻は軟弱で潰れやすい．老熟幼虫体長は3 mm程度，成虫体長は雄が2.3 mm前後，雌が2.0 mm前後である．成虫は飛翔力があり，歩行速度は遅いが，コクヌストモドキに少し遅れて蔓延する．

「ノシメマダラメイガ（ノシメコクガ）」(図I.8.3) は，幼虫が糸を張りめぐらせながら食害するので，発見しやすい虫である．成虫は短距離を低速で飛ぶ．成虫期間が短く，年に4回ほど成虫が大発生しやすい．卵は0.35～0.5 mm，老熟幼虫体長は8～10 mm，成虫体長は雄が6 mm，雌が10 mm程度である．ノシメマダラメイガの同類で「コナマダラメイガ（スジマダラメイガ）」(図I.8.4) もある．

他の食品類や他の場所に繁殖して，小麦粉に入ってきやすい虫もある．「オオコクヌスト」(図I.8.5) は老熟幼虫体長が20 mm，成虫体長が6～10 mmである．パレットに食い込んで製粉工場に持ち込まれることがある．「ヒメカツオブシムシ」(図I.8.6) は老熟幼虫体長が10 mm，成虫体長が4.6～6 mm，「ヒメマルカツオブシムシ」(図I.8.7) は老熟幼虫体長が4.5 mm，成虫体長が2.5～3.5 mm，「ハラジロカツオブシムシ」(図I.8.8) は成虫長が9～10 mmで，これらはバラ科やキク科の植物から飛来しやすい．「チャイロコメゴミムシダマシ」(図I.8.9) は老熟幼虫体長が33 mm，成虫体長

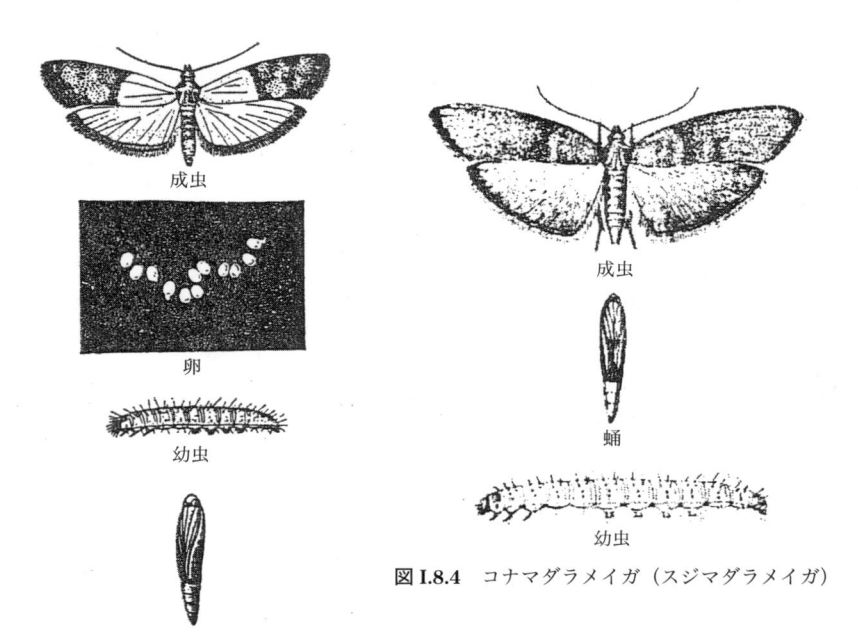

図I.8.3　ノシメマダラメイガ（ノシメコクガ）

図I.8.4　コナマダラメイガ（スジマダラメイガ）

8. 小麦粉の安全性

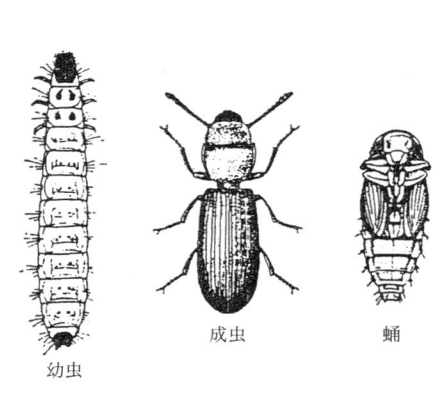

図 I.8.5　オオコクヌスト

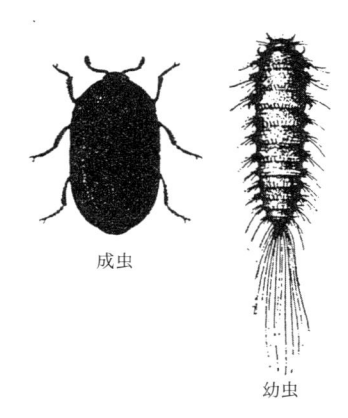

幼虫　　成虫　　蛹

図 I.8.6　ヒメカツオブシムシ

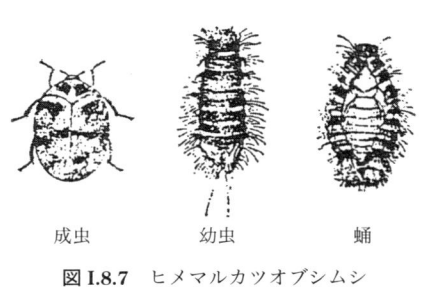

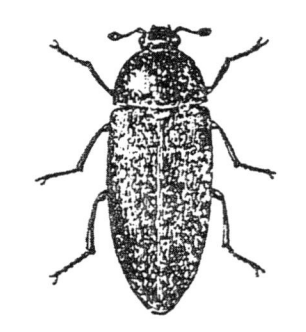

成虫　　幼虫

図 I.8.7　ヒメマルカツオブシムシ

成虫　　幼虫　　蛹

図 I.8.8　ハラジロカツオブシムシ

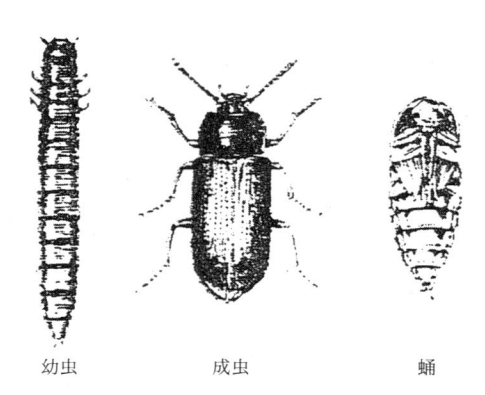

図 I.8.9　チャイロコメゴミムシダマシ

幼虫　　成虫　　蛹

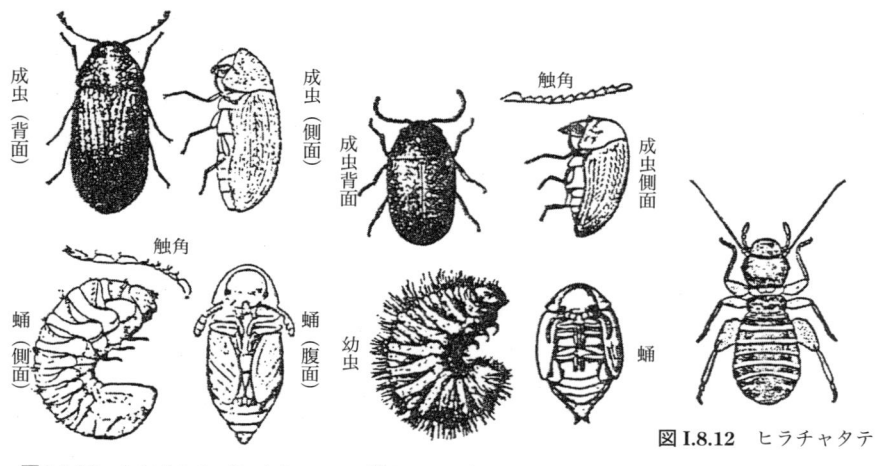

図 I.8.10　シンサンシバンムシ　　図 I.8.11　タバコシバンムシ　　図 I.8.12　ヒラチャタテ

が 15 mm 程度で，湿気が多いところに大きな幼虫がいることがある．「シンサンシバンムシ」（図 I.8.10）と「タバコシバンムシ」（図 I.8.11）は乾めん類に発生する場合があるが，小麦粉も食害する．両者は触角に差がある．いっせいに成虫に羽化し，飛翔するので注意が必要である．「ヒラチャタテ」（図 I.8.12）は成虫体長が 1～1.3 mm で，小麦粉を食べるというより，多湿な場所に生える真菌を食べることが多い．粉に潜り込むことはなく，表面にいる[1]．

8.3　残留農薬

　平成 18 年 5 月に，食品中に残留する農薬等に関してポジティブリスト制度が導入され，食品中に一定量以上の農薬などが残留する食品の販売等が禁止された．小麦については，2010（平成22）年 12 月 13 日現在，食品衛生法で 312 品目の残留農薬について基準値が定められている．

　輸入小麦については，農林水産省が，輸入業者に，着地検査（日本に貨物が到着する前に現品の安全性を確認する船積時の検査）と，サーベイランス検査（定期的に産地・銘柄別に行う船積前の積地検査）を義務付けている．このほかに，厚生労働省が行政検査（貨物到着時の食品衛生法に基づく検査）を実施している．

　国内では，小麦に使用する農薬について，登録制度がある．「農薬取締法」に基づき，人が一生涯食用に供しても影響がない残留量が登録保留基準に定められ，安全性を確保しようとしている．小麦の生産段階では，登録された農薬を適正に使用し，生

8. 小麦粉の安全性

表 I.8.1 食品衛生法で定められている小麦粉と小麦全粒粉の残留農薬基準値

品 目 名	基 準 値（ppm）	
	小麦粉	小麦全粒粉
イミダクロプリド	0.02	
カルバリル	0.2	
クロルピリホス	0.1	
クロルピリホスメチル	2	
クロルメコート	2	5
ジクロルボスおよびナレド	1	2
ジクワット	0.5	2
チオジカルブおよびメソミル	0.03	
デルタメトリンおよびトラロメトリン	0.3	2
ビオレスメトリン	1	1
ビフェントリン	0.2	0.5
ピペロニルブトキシド	10	30
フェニトロチオン	1.0	5
フェンバレレート	0.2	2
ペリメトリン	0.5	2
マラチオン	1.2	
メトプレン	2	5
臭素		50

表 I.8.2 食品衛生法で定められている小麦ふすまと小麦胚芽の残留農薬基準値

品 目 名	基 準 値（ppm）	
	小麦ふすま	小麦胚芽
イミダクロプリド	0.02	
カルバリル	0.2	
クロルピリホス	0.1	
クロルピリホスメチル	2	
クロルメコート	2	5
ジクロルボスおよびナレド	1	2
ジクワット	0.5	2
チオジカルブおよびメソミル	0.03	
デルタメトリンおよびトラロメトリン	0.3	2
ビオレスメトリン	1	1
ビフェントリン	0.2	0.5
ピペロニルブトキシド	10	30
フェニトロチオン	1.0	5
フェンバレレート	0.2	2
ペリメトリン	0.5	2
マラチオン	1.2	
メトプレン	2	5
臭素		50

産工程リスク管理が対応策としてとられている．農林水産省によるモニタリング検査も実施されている．

2010（平成22）年12月13日現在の食品衛生法に基づく残留農薬基準のうち，小麦粉と小麦全粒粉のそれを**表I.8.1**に，小麦ふすまと小麦胚芽のそれを**表I.8.2**に示した．製粉会社では，使う原料小麦の残留農薬量を常時チェックし，問題がないことを確認して使用しているほか，万が一，小麦粒表面に付着している場合に備えて，常に入念な精選を行っている．また，製品についても残留農薬量を測定し，上記基準値以内であることを確認して出荷が行われている．

8.4 その他

生育や保管環境によって，小麦に病気が発生する場合がある．しかし，これらは「農産物検査法」に定められている基準によって検査され，基準外のものは食用から除外される．フザリウム菌による赤かび粒や麦角菌による麦角粒が混入していることがあるが，フザリウム菌が産生するマイコトキシンであるデオキシニバレノールに関しては，暫定的な基準として 1.1 ppm に設定されるなど，安全性確保への努力がされている．

海外では漂白剤の過酸化ベンゾイルを使用して小麦粉を漂白している国も多いが，日本で製造されている小麦はすべて無漂白である．また，国内で製粉されている小麦粉のほとんどが，その他の添加物なども添加していない，いわゆる「無添加」食品である．

異物混入にも細心の注意が払われている．製粉工程では，小麦粉は中間製品から最終製品になるまで数多くのふるいを通るので，異物が万が一入っていても除去されるようになっている．その上，金属探知機の使用などによって，念のために金属類の混入がないことも確認している．

「遺伝子組換え（GM）」小麦の問題は，今後のテーマである．急増する人類の食糧確保という観点から，収量が高い小麦を得るための手段としての遺伝子組換えが注目され，アメリカ合衆国，カナダ，オーストラリア，EU，中国などでは早くから研究が進められている．トウモロコシ，大豆など，小麦以外の作物では実用化され，かなり普及しているものがある中で，日本の製粉業界が「遺伝子組換え小麦は買わない」という意思表示をしていることもあって，2011（平成23）年現在，小麦についてはまだ実用化されていない．実用化の前提として，安全性の科学的な検証と消費者の理解を得る努力が必須である．

以上のことから，小麦粉は，取扱いが適切であれば，安全性が高い食品材料である

8. 小麦粉の安全性

と言える.

　なお，小麦は，乳，卵，ラッカセイ，およびソバと並んでアレルギー発現頻度が高く，アレルギー発症の仕方がアナフィラキシーショックのような重篤性があるということで，平成14年の食品衛生法関連法令の改正で，特定原材料に指定された．これらの食品は，表示をすることが義務化されている．小麦アレルギーの人は，表示に注意をして食品を選択していただきたい．

参 考 文 献

1) 橋本一郎：害虫の防除, In: 製粉振興会叢書 No.25, 製粉工場におけるサニテイションについて, pages 7-18, 製粉振興会 (1982)

9. 栄養源としての小麦粉

　私たちは毎日，かなりの量の小麦粉加工品を食べている．それらは体温の保持や活動のエネルギーになると共に，成長するためや，健康な状態を維持，増進するための栄養源でもある．栄養的に優れたいろいろな食品をおいしく口へ運びやすくする役目もする．小麦胚芽，ふすま，全粒粉なども栄養的に注目されている．

　日本人1人が1年に食べる小麦粉の量は平均で約32 kgであり，1日に約87 g食べていることになる．供給される食料（必ずしも全量食べるわけではないが）を1人・1日当たりの熱量に換算すると約2,600 kcalで，そのうち約320 kcalが小麦粉として供給されている．このように小麦粉の摂取量は多く，しかもさまざまな形でほぼ毎日食べるので，栄養面で重要な意味を持っている．小麦粉の主な栄養成分は，**表 I.2.2** のようである．

9.1　各成分の役割

9.1.1　デンプン

　小麦粉の主成分であるデンプンはエネルギー源として重要だが，その構造と機能性は2つの方法で胃腸の機能性に影響する．すなわち，小腸でグルコースが吸収されるまでの消化管全体での消化速度に影響し，その地点までの消化の程度に影響して，大腸に進むデンプンとデンプン消化産物の量を決める．消化速度は小麦粉加工品の血糖反応に影響し，消化の程度は食品の「難消化性デンプン」の量を制御する．これらは，小麦粉中のデンプンの特性と小麦粉の加工方法の影響を受ける．

　ラットにアミロース含量が70％の高アミロース小麦のデンプンを与えた研究によると，消化物重量が増加し，内腔 pH が低下して，短鎖脂肪酸の生成が増すという利点があった[1]．アミロース含量が35〜40％の *sgp-1* を欠く小麦からつくった製品は，難消化性デンプンの量が少し多い．通常の小麦粉の10，20，および50％を *sgp-1* を欠く小麦の粉で置換してつくったパンの難消化性デンプン含量は，通常の小麦粉の0.9％に比べて，それぞれ 1.6，2.6，および 3.0％だった．また，この *sgp-1* を欠く小麦の粉を貯蔵すると難消化性デンプンの量が少し増えた[2]．

9. 栄養源としての小麦粉

表 I.9.1 小麦粒と小麦粉歩留り別のリジン含量とアミノ酸スコア

	歩留り (%)	リジン (mg/Ng)	アミノ酸スコア
小麦粒		179	53
小麦粉	89〜90	159	47
	70〜80	130	38
	60〜70	113	33

(Betschart, 1982 から抜粋)

9.1.2 タンパク質

小麦粉に 7〜13％含まれるタンパク質は重要な植物性タンパク質源である．エネルギー源としても使われるが，体組織になるほか，酵素やホルモンの材料になり，栄養素を運搬する．

表 I.5.5 のように，小麦のタンパク質は，それを構成するアミノ酸のうち，必須アミノ酸の一つであるリジンが，他の穀類と同じように少なめで，第 1 制限アミノ酸になっており，**表 I.5.6** のように小麦粉でも同じである．**表 I.9.1** に小麦粒と小麦粉歩留り別のリジン含量とアミノ酸スコアを示した[3]．歩留りが低下すると，リジン含量とアミノ酸スコアが低下する．

しかし，小麦粉食品は他のリジンを多過ぎるほど含む動物性タンパク質食品などとの組合せで食べることが多いので，栄養価が高い状態で摂取することができる．パンといっしょに牛乳を飲んだり，めん類を肉や卵といっしょに食べることは，栄養面からみて合理的だといえる．

リジンの必要量は年齢によって差が大きい．10〜12 歳くらいの子供の場合に必要量が最も多く，成人では必要量が低い．成人の場合には，70〜80％歩留りの小麦粉でできた小麦粉製品を毎日食べることで，ほぼ必要量を満たすことができる[4]．

9.1.3 脂　　質

脂質は食物として体内に入ると，生理学的および生化学的な役割を演じ，高エネルギー源であると共に，細胞膜を構成する重要な成分でもある．

小麦粒の脂質含量は約 3％で，小麦粉のそれは 1.7〜2.1％であり，胚芽のそれは 10％を超える．文部科学省科学技術・学術審議会資源調査分科会報告「日本食品標準成分表準拠アミノ酸成分表 2010」[6]から小麦・小麦粉・小麦胚芽の脂肪酸含量を抜粋して，**表 I.9.2** に示した．小麦全粒または小麦粉の全脂肪酸の 58〜59％はリノール酸で，飽和脂肪酸は 28％以下である．パルミチン酸が主要な飽和脂肪酸で，オレイン酸が主な一価不飽和脂肪酸である．リノール酸，パルミチン酸，およびオレイン酸

表 I.9.2 小麦・小麦粉・小麦胚芽の脂肪酸含量

脂肪酸の種類		小麦粉 100 g 中 g			脂肪酸 100 g 中 g							
		飽和脂肪酸	一価不飽和脂肪酸	多価不飽和脂肪酸	飽和脂肪酸					一価不飽和脂肪酸		多価不飽和脂肪酸	
					ミリスチン酸	ペンタデカン酸	パルミチン酸	ヘプタデカン酸	ステアリン酸	アラキジン酸	オレイン酸	イコセン酸	リノール酸	α-リノレン酸
小麦	国産普通	0.56	0.35	1.53	0.2	0.1	21.1	0.2	1.1	0.1	13.8	0.6	58.5	4.1
	輸入軟質	0.60	0.38	1.63	0.2	0.1	21.1	0.2	1.1	0.1	13.8	0.6	58.5	4.1
	輸入硬質	0.54	0.34	1.49	0.2	0.1	21.1	0.2	1.1	0.1	13.8	0.6	58.5	4.1
小麦粉	薄力 1 等	0.39	0.15	0.86	0.2	0.1	26.0	0.1	1.2	0.1	10.4	0.4	58.3	3.1
	中力 1 等	0.41	0.16	0.92	0.2	0.1	26.0	0.1	1.2	0.1	10.4	0.4	58.3	3.1
	強力 1 等	0.41	0.16	0.92	0.2	0.1	26.0	0.1	1.2	0.1	10.4	0.4	58.3	3.1
小麦胚芽		1.84	1.65	6.50	0.2	trace	17.3	0.1	0.6	0.1	15.1	1.3	57.5	7.5

(文部科学省科学技術・学術審議会資源調査分科会報告「日本食品標準成分表準拠アミノ酸成分表 2010」から抜粋)

の 3 つが全体の約 90〜95% を占める．小麦の全脂質の含量は多くないが，多価不飽和脂肪酸が多いので，必須脂肪酸の必要量に貢献するだけでなく，多価不飽和脂肪酸と飽和脂肪酸の比 (P/S) が望ましいレベルなので，血中コレステロールを正常に保つ効果もある[5]．

9.1.4 ビタミンとミネラル

小麦粉中の脂質，ミネラル，ビタミンの量は多くないが，食べる量が多いのでそれぞれ栄養面での役割を果たしている．

小麦全粒粉または小麦粉はチアミン，リボフラビン，ナイアシン，ビタミン B_6，および葉酸の供給源である．研究者たちが報告している小麦全粒粉中のビタミン B 群含有量のデータを基にして，小麦全粒粉を 1 日に 100 g 食べた場合のビタミン B 群摂取量を計算し，アメリカ合衆国の Institute of Medicine が公表している栄養摂取勧告量 (RDA) と対比した．男性の場合には，チアミン，リボフラビン，ナイアシン，ビタミン B_6，および葉酸を，それぞれ RDA の 40%，9%，23%，33%，および 14% に相当する量を摂取していることになる．女性の場合には，同じ数値が，44%，11%，26%，33%，および 14% である[7]．全粒粉でなく小麦粉の場合には，これらの数値が低いのは言うまでもない．

9.2　エネルギー源として

　最大の成分は70％以上の炭水化物で，その大部分はデンプンである．タンパク質も7～13％含まれ，少量だが脂質もある．これら3大栄養素が全部エネルギーとして使われるとすると，小麦粉100gは366～369kcalになる計算である．
　タンパク質や脂質を摂り過ぎると，肥満になったり，生活習慣病になりやすい．栄養素のバランスが重要で，各栄養素を熱量に換算した比率で見た場合に，炭水化物が全体の60％程度であることが望ましいと考えられる．
　日本人の熱量に換算した平均の炭水化物摂取比率は低下気味で，現在約58％だが，これ以下にはしない方が良い．炭水化物が主成分である小麦粉食品を適度においしく食べて，炭水化物の比率の低下を食い止めたいものである．小麦粉食品を食べることによってある程度の満腹感が得られるので，タンパク質や脂質が主体の食品を食べ過ぎないようにすることもできる．

9.3　食物繊維源として

　小麦粉には食物繊維が2.5～2.9％含まれている．そのうち不溶性のものは1.3～1.7％，コレステロールの状態の改善に効果があるとされる水溶性のものは1.2％ほどである．このことから，日本人は1日に小麦粉から平均で約2.4gの食物繊維（うち水溶性のものは約1g）を摂取していることになる．

9.4　日本人の食生活での小麦粉の役割

　パン，めん，菓子などの小麦粉食品は，それだけを食べてもおいしい．さらに，ハンバーガー，サンドイッチ，ホットドッグ，その他の調理パンのように副食と組み合わせて食べるパンは，現代のライフスタイルともマッチしている．具がバランス良く入ったラーメンやうどんもある．お好み焼きでも小麦粉が重要である．
　チャパティやナンのような平焼きパンは，副食を口に運ぶための巧みな器だといえる．フランス料理ではパンは主役ではないが料理の引き立て役で，パンがまずいと料理の魅力は低下する．モーニング・トーストやテーブル・ロールは，牛乳や卵と味わう．
　このように，小麦粉食品は，良質のタンパク質，脂質，ミネラル，ビタミンなどを

豊富に含む副食を，楽しみながらおいしく口へ運ぶ役目を果たす場合が多く，この意味でバランスがとれた栄養に貢献している．

参 考 文 献

1) Regina, A., Bird, A., Topping, D., Bowden, S., Freeman, J., Barsby, T., Kosar-Hashemi, B., Li, Z., Rahman, S. and Morell, M. : High-amylose wheat generated by RNA interference improves indices of large-bowel health in rats, Proc. Natl. Acad. Sci. U.S.A., **103**, 3546-3551 (2006)
2) Hung, P. V., Yamamori, M. and Morita, N. : Formation of enzyme-resistant starch in bread as affected by high-amylose wheat flour substitutions, Cereal Chem., **82**, 690-694 (2005)
3) Betschart, A. A. : Protein content and quality of cereal grains and selected cereal foods, Cereal Foods World, **27**, 395-401 (1982)
4) Simmonds, D. H. : Wheat and flour quality: nutritional quality, In: Wheat and Wheat Quality in Australia, CSIRO, Sydney, NSW, Australia (1989)
5) Lockhart, H. B. and Nesheim, R. O. : Nutritional quality of cereal grains, pages 201-221, In: Cereal '78: Better Nutrition for the World's Millions, Am. Assoc. Cereal Chem., St. Paul, MN., U.S.A. (1978)
6) 文部科学省科学技術・学術審議会資源調査分科会：日本食品標準成分表準拠アミノ酸成分表 2010：全国官報販売協同組合 (2010)
7) Piironen, V., Lampi, A., Ekholm, P., Salmenkallio-Marttila, M. and Liukkonen, K. : Micronutrients and phytochemicals in wheat grain, In: Wheat: Chemistry and Technology, 4th ed., pages 179-222, AACC International, St. Paul, MN, U.S.A. (2009)

10. 胚芽とふすまの利用

10.1 胚芽

10.1.1 胚芽の栄養価

　小麦粒部位の一つである胚芽は，発芽時に幼根や子葉になる生命の中心で，動物の卵に匹敵する栄養の宝庫である．**表 I.2.2** に示したように，小麦胚芽の成分の約3分の1はタンパク質で，脂質を11％強，食物繊維，特に不溶性の食物繊維を約14％含む．**表 I.5.4** と**表 I.5.6** に示したように，必須アミノ酸のリジンやロイシンが多い．**表 I.10.1** に小麦胚芽油の脂肪酸組成を他の植物油のそれと比較して示したが，小麦胚芽中の脂肪酸の約半分は不飽和脂肪酸のリノール酸で，細胞膜成分として重要なほか，血中コレステロール低下作用もあり，さらに，体内で一種のホルモンに変わって，広範な生理作用に関与する．

　ただし，リノール酸は酸化されやすく，過酸化脂質になって細胞膜を劣化させたり，血球膜を壊れやすくするほか，タンパク質と結合すると老化現象を引き起こす．幸い，小麦胚芽中にリノール酸と共存するビタミンEには抗酸化作用があり，リノール酸が過酸化脂質になるのを防ぐ働きがある．両者の摂取量の比率としては，リノール酸などの不飽和脂肪酸1gに対してビタミンE（α-トコフェロールとして）1mgくらいが目安で，日本人は1日に15〜30mgのビタミンEを摂取すればよいとされている．抗酸化作用だけでなく，ビタミンEは血流を良くし，貧血を防ぐ働きや，副作用を伴うことなくホルモンの分泌を促進し，体内の機能を調整する働きがあり，体内の酸素消費を有効にコントロールし，筋肉の持久力を増すといわれている．

表 I.10.1　小麦胚芽油と他の植物油の平均的な脂肪酸組成

	不飽和脂肪酸（％）			その他の脂肪酸
	オレイン酸	リノール酸	リノレン酸	
小麦胚芽油	19	54.5	7	19.5
米ぬか油	45	35.5	0.5	19
大豆油	27.2	50.2	6.3	16.3
トウモロコシ油	34	49	1.5	15.5

（長尾，1995より）

表 I.5.15 と表 I.5.16 に示したように，ビタミン E が多いことも小麦胚芽の特徴で，中でも生理活性が強い α-トコフェロールを多く含む．ビタミンでは，B 群，特に一般の食品に少ない B_1 と B_6 が多い．表 I.5.13 と表 I.5.14 に示したように，リン，カリウム，マグネシウムなどのミネラルも多い．

10.1.2 胚芽の利用

小麦全粒粉として食べれば，胚芽の栄養素をそのまま利用できる．また，製粉工程で胚芽を採り分けることによって，健康食品として積極的に活用できる．粉砕方法とピュリファイヤーの組合せによって，ふすま片や粉が混ざっていない純度が高い胚芽をややフレーク状で効率良く採取可能である．

胚芽は生のままでは変質が速い．製粉直後の純度が高い新鮮な生胚芽を加熱処理し，そのままのややフレーク状か，粉末にして，気密容器に真空包装するか，窒素充填したものが「小麦胚芽」として市販されている．香ばしい風味と軽い食味感があるので，そのまま食べることもできるが，卵焼き，オートミール，味噌汁などの料理に加えてもおもしろい．パン，ビスケット，クッキーなどに加えた「胚芽入り」の製品はその栄養価から健康志向の消費者に好まれている．

抽出法によって生胚芽から胚芽油を生産できるが，その量は胚芽の採取率を考慮すると原料小麦 1 トンから 100 g 程度である．小麦胚芽油はドレッシングなどの料理用としてのほか，ゼラチンカプセルで包んだものが健康食品として市販されている．また，医薬品の原料としても使われる．

胚芽から油を抽出した残渣が「脱脂胚芽」である．脱脂したものも，必須アミノ酸，ビタミン B 群，およびミネラルを豊富に含む．脱脂によって保存性が改良されるが，焙焼したものがフレーク状や粉末で市販されている．料理に混ぜ合わせると，香ばしい風味が出る．きな粉のように使うこともできるし，パン，クッキー，てんぷらの衣に入れる食べ方も工夫されている．微生物の培地として使われるほか，純度がやや低いものは幼動物の飼料にもなる．

10.2 ふ す ま

10.2.1 ふすまの栄養価

小麦から小麦粉と胚芽を採取した残りが「ふすま」である．外皮が主体だが，アリューロン層，胚芽，および胚乳もわずかだが混在している．製粉工程のブレーキ系

統からは粒度が粗い大ぶすまが，リダクション系統からは比較的細かい小ぶすまが得られ，通常，これらを混合した「混合ぶすま」が市販されている．

表 I.5.1 のように，小麦ふすまの成分の 60％強が炭水化物で，食物繊維を約 9％含む．一般的には，タンパク質が 12～18％，脂質が 3～5％，灰分が 4～6％である．表 I.5.8 のように，リジン，アルギニン，アラニン，アスパラギン酸，グリシンなどのアミノ酸を多く含む．表 I.5.14 のように，ミネラル，特に，マンガン，リン，カリウム，マグネシウム，カルシウムを多く含み，表 I.5.15 のように，ビタミンのうち，ビタミン B_6，葉酸，ナイアシン，およびチアミンを多く含む．

10.2.2　ふすまの利用

ふすまは飼料用として幅広く使われている．その形状と味覚が牛の食欲を増進し，便通を良くするので，乳牛用飼料として欠かせないし，肉牛，種牛，および子牛の飼料に用いられる．タンパク質と糖質の比率が，乳牛に適している．豚や鶏用にも使われる．配合飼料用原料としては，その栄養成分だけでなく，見かけ比重が小さい，ペレットにしやすい，液体原料を吸着しやすいなどの物理性状が活用される．養鶏用としては，繊維含量，アミノ酸組成，およびビタミン含量も，ふすまを利用する理由である．

成人病との関連で，食物繊維が注目されている．各種の食物繊維源の中で小麦ふすまが最も濃縮度が高く，人体に合うことが認められつつある．ただし，通常の製粉工程で採取されたふすまをそのまま食品加工には使いにくいので，特別に精製，処理した食用のふすまが一部の製粉会社から市販されている．

欧米では，小麦粉にふすまを配合して焼いたパンやビスケットが市販されている．ただし，繊維を多く含むふすまを混入しただけでは，製品の食味を損ない，加工しにくいので，おいしく食べられるように加工段階で技術面での工夫がされている．

第Ⅱ部　小麦粉加工品

1. パ　　ン

1.1　日本人とパン

　日本にパンが初めて伝来したのは，1543年にポルトガル人が種子島に漂着した時で，その後も南蛮船が次々と来航して彼らのパンのつくり方を伝えた．1842（天保13）年には伊豆韮山の代官の江川坦庵が兵食としてのパンを初めて試作した．その日を記念してパン業界は4月12日を「パンの日」と定め，パン食普及に役立てている．
　パンが普及し始めたのは明治になってからで，徐々に需要が拡大していった．1872（明治5）年に東京の銀座で，今の木村屋総本店の創始者，木村安兵衛が「あんパン」を売り出した．日本古来の酒種によって発酵させた小麦粉生地であずきあんを包み，オーブンで焼いたもので，その珍しさが人気を呼んだ．明治30年代の終わりころには，同じ木村屋から「ジャムパン」が，また東京・本郷にあった中村屋（現在の新宿中村屋）からは「クリームパン」が登場した．
　第二次世界大戦終了後の食糧不足時代に，アメリカからの援助物資の小麦粉や国内産小麦を挽いた粉でつくったコッペパンや食パンを食べるうちに，その味と食べ方が人々に浸透していった．やがて，パンは新しい国民的主食として大きく発展し，世界でも類を見ないほど多くの種類と優れた品質のパンが食生活を豊かにしてくれるようになった．
　「パン」という日本語は，伝来当時の南蛮人が使用していたポルトガル語のPaôからきているといわれ，語源はラテン語のPanisである．英語では「ブレッド (bread)」，フランス語では「パン (pain)」，ドイツ語では「ブロート (Brot)」，イタリア語では「パーネ (pane)」，スペイン語では「パン (pan)」，中国語では「面包」である．

1.2　パンの分類

　「小麦粉，イースト，水を主原料にして，よく捏ねてから発酵して焼いたもの」が一般的なパンだが，酒種，ホップ種，サワー種や膨張剤の力によって膨らませるものもある．また，焼かないで蒸すパン，油で揚げたパン，膨らませない平焼きパンなどもパンの仲間である．小麦粉以外の穀物の粉を使うか，配合するパンもある．糖や油

1. パ ン

表 II.1.1 日本のパンの実用的分類（一例）

食パン	ホワイトブレッド（白食パン）	角食パン，山形食パン，コッペパン
	バラエティブレッド	小麦全粒粉パン スペシャルティブレッド
ロールパン		ソフトロール（バターロールなど） ホットドッグロール，ハンバーガーバンズなど
硬焼きパン	ハード（ハース）ブレッド およびハードロール	フランスパン（バゲット，パリジャン，バタール，ブールなど），ドイツパン（ブレーチヒェンなど），イタリアパン（グリッシーニ，ロゼッタ，ピザクラストなど）
	バラエティハードブレッド およびバラエティハードロール	ライブレッドなど
菓子パン	日本風菓子パン	あんパン，クリームパン，ジャムパン，メロンパン
	欧州風菓子パン	デニッシュペストリー，クロワッサン，ブリオッシュなど
調理パン		サンドイッチ，カレーパンなど
その他のパン	焼きパン	マフィン（イングリッシュマフィンなど），クネッケブロート，ラスク，チャパティ，ナン，トルティーヤ，ベーグルなど
	揚げパン （イーストドーナツを含む）	パン生地をそのまま，またはフィリングを入れて油で揚げたもの（リングドーナツなど）
	蒸しパン	パン生地をそのまま，またはフィリングを入れて蒸したもの

脂などを多く配合した菓子に近いパンもある．

　世界的に統一されたパンの分類法はなく，それぞれの国や地域の実情に応じた分類がされている．日本でのパンの実用的分類（一例）を**表 II.1.1** にまとめた．

1.3　主なパンの種類，特徴と原材料配合

　主なパンについて，小麦粉を 100 とした場合の原材料配合の例を**表 II.1.2** [1,2,3,4]に示した．同じ名称で呼ばれているものでも，日本では原材料配合を工夫した特徴ある製品が数多く市販されている．

1.3.1　食 パ ン

1）白食パン

スライスしたものをトーストして食べる「食パン」（**写真 II.1.1**）は日本の代表的な

1.3 主なパンの種類，特徴と原料配合

表II.1.2 主なパンの主要原料配合

		小麦粉	イースト	塩	砂糖	油脂	脱脂粉乳	卵	水	その他
食パン	食パン	100	2〜3	1.5〜2.5	2〜8	2〜12	0〜6	0〜6	60〜70	モルト 0.2〜0.5
	小麦全粒粉パン	100	2〜2.5	1.5〜2.2	2〜4	2〜3	2〜3	—	55〜65	コーングリッツを水で煮たものの適量
	コーンブレッド	100	1.7〜2.5	1.8〜2	4〜8	4〜8	0〜4	—	50〜60	
	レーズンブレッド	100	1.7〜3.5	1.5〜2	6〜8	4〜10	2〜6	0〜6	55〜65	レーズン 50〜100
ロールパン	バターロール	100	2.5〜3.5	1.0〜1.8	8〜14	8〜30	2〜4	5〜20	45〜55	
	ハンバーガーバンズ	100	1.7〜2.5	1.7〜2.5	2〜8	2〜4	0〜4	0〜5	60〜65	
硬焼きパン	バゲット	100	1.8〜4	1.5〜2.2	—	—	—	—	60〜67	モルト 0.1〜0.3
	プレーチヒェン	100	1.8〜4	1〜2	0〜6	0〜4	—	—	60〜65	
	ピザクラスト	100	2〜5	—	1〜4	0〜2	0〜1.5	0〜5	57〜62	
菓子パン	あんパン	100	3〜5	0.5〜1.5	25〜37	5〜15	0〜6	5〜20	40〜55	生地：あんは 40：60〜60：40
	デニッシュペストリー*	100	6〜12	0.5〜3	10〜25	5〜15	0〜7	12〜30	15〜45	ロールイン油脂 25〜80（牛乳 30〜45）
	クロワッサン	100	2〜5	1〜2	3〜16	5〜25	2〜5	5〜15	45〜60	ロールイン油脂 35〜80
	ブリオッシュ	100	3〜6	1.5〜2	6〜8	40〜60	2〜4	30〜50	25〜35	
その他のパン	イングリッシュマフィン	100	4〜6.5	0〜1.8	0〜6	0〜5	0〜4	—	65〜80	モルト 0.2〜0.5
	チャパティ	100	—	0.5〜1	—	—	—	—	65〜70	
	ベーグル	100	1.5〜2	1.5〜2.2	2〜4	2〜4	—	—	45〜55	
	イーストドーナツ	100	3〜5	0.5〜1.5	10〜15	10〜15	0〜4	10〜25	45〜55	
	蒸しパン	100	2〜2.5	0.5〜0.8	10〜20	0〜6	—	—	45〜55	
	肉まん，あんまん	100	2〜2.5	0.5〜0.8	8〜15	2〜5	—	—	45〜60	

* デニッシュペストリーでは，水の代わりに牛乳を配合するものもある．

1. パ ン

写真 II.1.1　食パン

パンで，糖分が10％以下の箱型で焼くパンの総称である．日本のパンの4割強は食パンである．

　パン食の習慣がなかった日本の消費者においしいと思って食べ続けてもらうために，原材料を吟味し，製造方法を工夫する製パン業界の努力が積み重ねられた．その成果が，現在市販されている食パンだといえる．外皮は比較的薄く，内相はしっとりし，軟らかいが適度の弾力があって，絹のようなきめの細かい食感である．西洋からのパンに，日本人に好まれる食感を組み合わせてつくり出された日本独特の新しい食品で，洋の東西の融合の産物といえる．製造工程の進歩や機械化によって，品質が良いパンを効率良く大量生産できるようになり，買い求めやすい価格で供給されてきたこともパン食の普及に貢献した．

　食パンにもいろいろなものがあるが，強力1等粉100に対して，イーストを2，食塩を2，砂糖を5，油脂を4，脱脂粉乳を1，水を65〜70と，イーストフードを0.1程度加えるのが，最も一般的な食パンで，中種生地法が多く用いられる．箱型に生地を入れてふたをして焼く「角形食パン」と，ふたをしないで焼く「山形食パン」がある．

　通常の食パンもしっとりしていてソフトな食感だが，よりソフトなタイプの山形食パンが開発された．1斤を6枚にスライスして厚くし，オーブントースターでトーストしても，しっとりした食感を保てる．その後，オーブントースターでトーストすると外皮が比較的カリッとし，内相がしっとりした感じに焼き上がる山形食パンが5

枚切りで発売された．さらに，湯種法を使ってモッチリした食感に焼き上げた角形食パン，発酵時間を十分にとってパンらしいフレーバーを持たせた角形食パンなど，白食パンも多様化している．1斤のスライス枚数も4〜8枚のものがあり，半斤の包装品も販売されるなど，消費者ニーズに対応する努力が続けられている．

第二次世界大戦後のパン食導入期に主流だったコッペパンもおいしく変身して，新しい時代の食パン類の一つとして根強い人気がある．原料配合は角形および山形食パンとほとんど同じである．

2) バラエティブレッド

消費者の健康志向に対応する食パンタイプのバラエティとして，「小麦全粒粉パン」，「小麦胚芽入りパン」，「ライ麦パン」などの他種穀粉入りパン，「コーンブレッド」，野菜を混ぜた「ベジタブルブレッド」などが注目されており，食感を追求した「レーズンブレッド」などのフルーツブレッド，各種のナッツ類を混ぜた「ナッツブレッド」なども人気がある．

a) 小麦全粒粉パン

「アメリカ人のための食事ガイドライン」の提言を消費者が受け入れる形で，アメリカでは「小麦全粒粉パン」（写真 II.1.2）の消費が徐々に拡大している．小麦全粒粉パンは食物繊維とビタミン類を多く含むので健康に良い食品だが，普通の方法でつくると白パンとは食感が異なるので，やや食べにくい．全粒粉パンに適した原料小麦を選び，特別な製粉法で挽いた粉を用い，製パン法でも工夫をして食べやすくした製品が市販されている．日本でもその良さが認識されつつあり，需要が伸びると思われる．

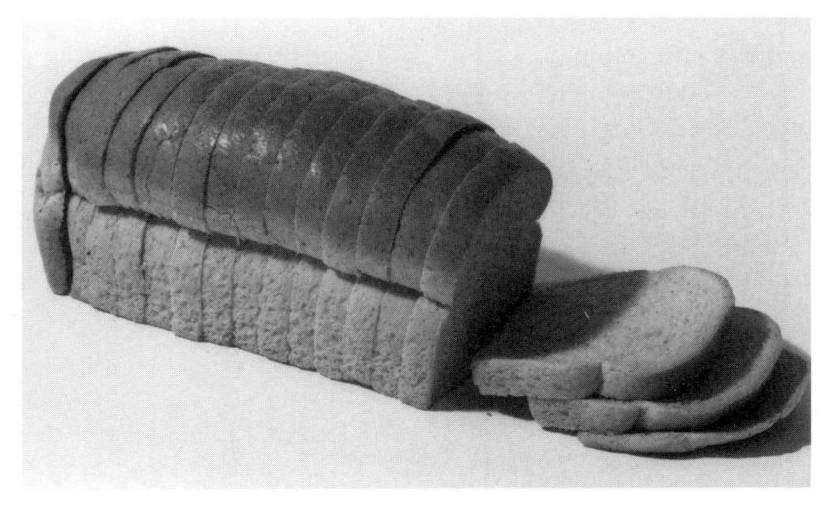

写真 II.1.2　小麦全粒粉パン

1. パ　　　ン

b) ライ麦パン

ドイツ，ポーランド，ロシアなどでは，昔からライ麦が多量に生産されてきたこともあって，ライ麦粉を原料にした硬い黒パンを食べる習慣がある．ライ麦粉だけでつくる「ライ麦パン」(英語では「ライブレッド」，ドイツ語では「ロッゲンブロート」，「黒パン」ともいう)もあるが，ライ麦粉に小麦粉をさまざまな割合で混ぜた「ミッシュブロート (混合パン)」が多い．ドイツでは，ライ麦粉より小麦粉を多く混ぜたものを「ヴァイツェンミッシュブロート (小麦混合パン)」，ライ麦粉の配合量の方が多いものを「ロッゲンミッシュブロート (ライ麦混合パン)」と呼ぶ．また，ライ麦をフレーク状にしたものを使う場合もある．日本ではライ麦粉の形状やライ麦粉と小麦粉の比率に関係なく，ライ麦粉を配合して焼いたものを「ライ麦パン」または「ライブレッド」と呼ぶことが多い．

ライ麦粉のタンパク質には粘性が強いグリアジンが多く，弾性が強いグルテニンは含まれていない．そのため，ライ麦粉だけの生地ではグルテンが形成されないので，普通の発酵を行ってもほとんど膨らまない．別に乳酸発酵でつくっておいたサワードウ (酸性生地) を種として加えて混ぜることによって，グリアジンの粘性が抑えられて少し膨らみやすくなり，さらに小麦粉を加えることによって，ある程度膨張したパンになる．ライ麦パンに酸味があるのはこのためである．

ドイツでは夕食に冷たい料理を食べることが多いが，ライ麦パンにバターやジャムを塗るか，ソーセージやハムをのせて食べる．そうして食べるとおいしく，ワインやウォッカのような酒とも合い，健康にも良いといわれている．アメリカで食べられているライ麦パンには小麦粉が多く配合されており，イーストも加えられるので，ソフトな食べ口のものが多い．

c) 米粉パン

「玄米パン」は昔懐かしい食べものだが，精白米粉100%，または精白米粉を小麦粉に配合したパンも，量は少ないがつくられるようになった．

小麦粉に精白米粉を20〜30%配合する場合には，砂糖，油脂，脱脂粉乳，およびイーストを多めに配合して，製法を工夫すれば，体積はやや小さいが米粉特有の食感のパンになる．精白米粉100%だとグルテンがないのでパンにはなりにくいが，山形大学で開発された技術をベースにした方法などによる「米粉パン」が一部でつくられるようになった．小麦粉100%のパンとは違うが，パンとご飯の中間の新しい食品と見ることができるかもしれない．セリアック病患者向けのパンとしても考えられる．

1.3.2 ロールパン

1) バターロール

糖と油脂を多く配合したソフトで小形の「バターロール」(**写真 II.1.3**) はソフトロ

写真 II.1.3　バターロール

ールの代表ともいえる．表皮は薄くて，なめらかでつやがある黄金褐色で，内相はバターの風味が活きたソフトな食感である．強力1等粉100に対して，イーストを3，食塩を1.5，砂糖を12，油脂を15，脱脂粉乳を2，全卵を10，水を50〜55と，イーストフードを0.1程度加えるのが，一般的な配合である．朝食に食べられることが多い．

2) ハンバーガーバンズ

「ハンバーガーバンズ」はハンバーグとの組合せで食べるパンである．それ自体の食感を楽しむと共に，ハンバーガーの引立て役であることが求められる．ミキシングはグルテンを切るような操作で行われ，さくい食感に仕上げる．同じ厚さの円板形である．ホットドッグロールもロールパンの仲間である．

1.3.3　硬焼きパン

1) バゲットとその仲間

フランス語で棒や杖を意味するように，「バゲット」(**写真 II.1.4**) は細長い形のフランスを代表する食事用のパンである．準強力クラスの小麦粉，塩，イースト，および水だけでつくり，表皮のパリッとした食感や香ばしさ，中身のサクッとした味わいが特徴である．オーブンでよく膨らんで焼けるように，表面にナイフで切込み（クー

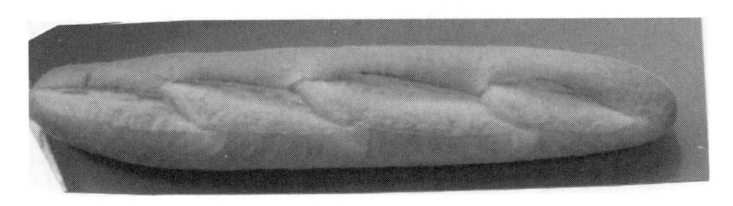

写真 II.1.4　バゲット

1. パ　　　ン

プ）をいくつか入れる．

　フランス都市部の家庭では，手づくりベーカリーから焼きたてのバゲットを買ってきて食べる習慣がある．3〜4 cmの厚さに切って，料理に付け合わせて食べることが多い．砂糖や油脂が入っていないさっぱりした味なので，料理の引立て役として最適である．田舎では，1週間に1回くらい大きな丸いパンを自宅で焼くか，買ってきて，毎日切って食べる家庭が多い．

　本場のフランスでは，手づくりベーカリーが減って，大工場でつくる冷凍生地からスーパーマーケット内のベーカリーなどで焼いて売るパンの消費量が増えている．砂糖や油脂が入らないリーンな配合の冷凍生地なので，品質が良いパンをつくるにはかなりの技術を必要とするため，手づくり製品とは微妙な品質差がある場合が多い．そのためか，フランス人が食べるバゲットの量は減り気味である．

　「パリジャン」，「バタール」，「ブール」，「シャンピニオン」など数多くの硬焼きパンがあるが，これらはバゲットと同じ生地から形と大きさを変えて焼いたものである．フランス文化の影響を受けて発展した国や地域では，バゲットタイプのパンが普及している．形は似ているが，小麦粉や製パン法が違うので，本場のものとは食感が異なるパンが多い．

　日本では，バゲットの人気は上昇中である．フランスのように焼きたてが消費される場合には，本場と同じようなタンパク質含量が少なめの小麦粉が使われ，少し時間が経ってから消費される場合には，タンパク質含量が多めの小麦粉が使われるなど，日本独特の工夫がされている．

2） ブレーチヒェンとカイザーロール

　「ブレーチヒェン」はドイツの代表的な小形硬焼きロールパンで，糖と油脂を少量配合するものが多い．丸形が代表的なものだが，それ以外にもさまざまな形に加工す

写真 II.1.5　カイザーロール

る．パリッとした外皮，しっかりした内相が特徴である．

　小さな丸形で表面に 5 つの折り目を入れた硬焼きパンが「カイザーロール」(**写真 II.1.5**) である．ドイツ語では「カイザーゼンメル」と呼ぶ．外皮が硬くて塩味を付けてあり，内部は軟らかめである．表面にケシの実やゴマを付けたものもある．オーストリアから世界各地に広まったパンの一つで，外観が皇帝の王冠に似ていることもあってか，オーストリア皇帝がこのパンを褒めたと伝えられている．今では，オーストリア，スイス，ドイツ西部などで最も一般的な食卓ロールの一つである．

　強力小麦粉にイースト，塩，粉乳，オリーブ油，水などを加え，直捏法で硬めの生地に仕込むことが多い．専用の焼き型を使うこともできるが，手で成形する時には生地をたたいて薄く伸ばし，中心に向かって折込みを順に 5 回行う．横腹にナイフを入れ，バターやジャムをぬるか，ハムを挟んでサンドイッチにして食べる．

3) グリッシーニ

　「グリッシーニ」(**写真 II.1.6**) はイタリアの代表的なパンの一つである．細長い形の乾パンともいえるもので，表面が硬い．塩味のポリポリした食感なので，本場ではスパゲティとの付け合せや，ビールのつまみとして好まれている．

　製法はいろいろあるが，一例を示すと，小麦粉の半分，イースト，および水を混ぜ，約 27℃で 1 時間 30 分発酵させた中種に残りの小麦粉，砂糖，オリーブ油，塩，および水を加えて，硬めの生地に捏ね上げる．分割，ベンチタイム，成形，およびほいろを経て，蒸気を使ったオーブンで焼く．小麦粉は準強力粉か，準強力粉に中力粉を少し混ぜる．成形では，必要な重量のたんざく形に切って引き伸ばすか，ローラーで圧延してからカッターで切る．

写真 II.1.6　グリッシーニ

1.3.4 菓子パン

1) 日本風菓子パン

　明治時代に誕生した「あんパン」(写真 II.1.7),「クリームパン」,および「ジャムパン」は,西洋と東洋のものを巧みに融合させた,日本人の知恵が生んだ傑作といえる.寿命が長い定番人気商品で,その後に発売された「メロンパン」を含めて,いろいろな工夫が加えられた新製品が次々と出ている.強力または準強力の 1 等粉 100 に対して,イーストを 4,食塩を 0.8,砂糖を 25,油脂を 10,脱脂粉乳を 2,全卵を 10,水を 45～55 と,イーストフードを 0.1 程度加えるのが,一般的な配合である.

2) 欧州風菓子パン

a) デニッシュペストリー

　「デンマークの菓子」という意味の「デニッシュペストリー」(写真 II.1.8) は,オーストリアのウィーンで生まれ,デンマーク経由で世界に広まった菓子パンである.砂糖,バター,卵を多く含む生地に,パイのようにバターを包んで何回か折り込み,生

写真 II.1.7 あんパン

写真 II.1.8 デニッシュペストリー

1.3 主なパンの種類，特徴と原材料配合

地を冷やしながら成形し，発酵させてから焼成する．渦巻状や編目状など形はいろいろある．これに，各種のクリーム，ホワイトソース，チーズ，シナモン，ナッツ，ジャム，果物などで，詰めもの，コーティング，またはトッピングをした多種類の製品がある．

アメリカとヨーロッパのタイプがあり，日本のデニッシュペストリーは両方の長所を採り入れたものが多い．デンマークでは「ヴィエナ・ブロート（ウィーン風パン）」，フランスでは「ガトーダノワ（デンマーク風菓子）」と呼ぶ．

b) クロワッサン

三日月形の「クロワッサン」（**写真 II.1.9**）は，フレッシュ・バターの香りとサクッとした食感が特徴のフランスを代表するパンの一つだが，今では世界中で好んで食べられている．日本でも，朝食に食べる人が増えた．パンそのものの味を楽しめるほか，ファッショナブルなサンドイッチの材料としても，人気がある．

強力粉に薄力粉を3割くらい混ぜることが多い．一例としては，小麦粉100に対して，イーストを5，砂糖を5，食塩を2，バターを5，脱脂粉乳を2，および適量の水の配合で生地をつくり，50分間発酵する．その生地を2cmの厚さになるまで薄く延ばし，約1時間冷蔵する．次に，50〜60に相当する量のフレッシュ・バターを生地の中央にのせて，3つに折りたたむ．そのまましばらくねかせ，再び生地を約2cmの厚さに延ばし，2回目の3つ折りを行い，同じような折りたたみをもう1回繰り返してから，生地をクロワッサンの形に成形する．ほいろ（最終発酵）の時間をとってから，約10分間焼成する．折込みに使うバターの量はかなり多いが，生地そのものに配合する小麦粉以外の材料が比較的少ないこともあって，あまり甘くなくて，あっさりした味である．

クロワッサンの発祥の地は，オーストリアのウィーンだとも，ハンガリーのブタペ

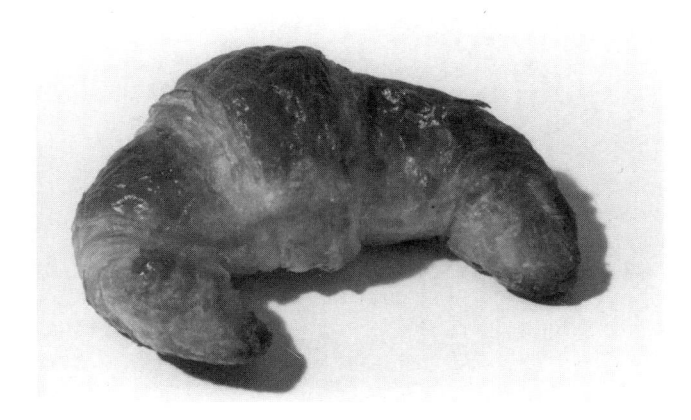

写真 II.1.9　クロワッサン

1. パ　　　ン

ストだともいわれている．1683年に，ウィーンに地下から侵入しようとしたトルコ軍の気配を，深夜に作業を始めたパン屋が気づいて守備軍に通報したことで街が守られたことを記念して，トルコ国旗の三日月紋様に似せてつくられたパンが原形のようで，その約100年後に，オーストリア皇女でフランス王室に嫁いだ，後のマリー・アントワネットが，パン職人と共にその製法をフランスに伝えた．

c) ブリオシュ

オーストリアのウィーン生まれで，フランス育ちの「ブリオシュ」は，今では，クロワッサンと並んでフランスの代表的な軟らかいパンの一つである．小麦粉100に対してバターが40〜60，卵が30〜50と非常に多く配合されているのが特徴で，軽い食べ口で，しっとりした味わいである．フランスでは朝食にコーヒーと共に食べられる．

いろいろな形のものがあるが，「ブリオシュ・ア・テット」が最もポピュラーで，「だるま形ブリオッシュ」とも呼ばれる．中世のフランスで寺院の儀式に用いられたのが始まりで，僧侶が座っている姿をかたどったと伝えられている．30〜50gの小形のものから，400〜500gの大形のものまである．生地の上から1/4くらいのところに手刀でくびれを入れて頭の部分をつくり，花びら型のカップに入れてオーブンで焼く．「ブリオシュ・クローヌ」は，形が寺院の儀式に僧侶がかぶる冠を表わしている．

d) パネトーネ

ミラノ風カステラともいわれる「パネトーネ」（**写真 II.1.10**）は，イタリア北部国境近くのロンバルディア地方で生まれた．パネトーネとは「大きなパンの塊」を意味する．強力小麦粉に砂糖，バター，および卵を豊富に加え，レーズン，レモンやオレン

写真 II.1.10　パネトーネ

ジの皮などをたくさん入れた円筒状の菓子パンである．軽くて比較的淡白な味なので，続けて食べても飽きない．

　ミラノ郊外のコモ湖の天然酵母を用いるのが伝統的な製法だが，現在では，サワー種を使うことが多い．前回の生地の一部を残しておき，それを膨化源として長時間発酵して生地をつくる．このように十分に発酵した生地を内側にパラフィン紙を敷いた円筒形の型に入れ，上部を十文字に切って焼く．

　縦に切って独特の風味と香りを楽しみながら食べるが，少し日数が経った方がよりおいしく食べられる．もともとはクリスマス用だったが，現在のイタリアでは親しい人たちとのコーヒータイムにも食べられている．日本でも人気があり，ティータイムにその独特の味を楽しむか，軽めに焼き上げて朝食に食べることもできる．

e) クグロフ

　中央が空洞になっている釣り鐘型のふっくらした「クグロフ」は，郷土色豊かな，菓子に近いパンである．ライン川をさかのぼった山岳地帯のフランスのアルザス地方では「クグロフ」，オーストリアのクーゲルホッフ地方では「クーゲルホップフ」と呼ぶ．昔から，これらの地方ではクリスマスなどの祝いの時に食べられていた．ルイ15世に娘を嫁がせたポーランド王のスタニスラス・レクチンスキが大好きで，クグロフにラムシロップをかけて食べていた．今では，ポピュラーなパンになって，庶民の朝食やおやつに食べられている．

　斜めの方向のひだがある，やや深い鉢のような形の陶製の型に生地を入れて焼く．焼き型のひだは，キリストの降誕を祝うためにベツレヘムに向かった3人の王が越えた14の谷を表わすともいわれている．

f) シュトーレン

　ドイツのクリスマスには，「シュトーレン」(**写真 II.1.11**)というイーストを使って膨らませるケーキに近い菓子パンがなくてはならない．いろいろ種類がある．「クリス

写真 II.1.11　シュトーレン

1. パ ン

ト・シュトーレン」と呼ばれるクリスマス用のものは，小麦粉にバター，卵，牛乳，レモンのほか，主婦たちが何か月も前からラム酒に漬けて準備したレーズン，オレンジやレモンの皮，アーモンドなどをたっぷり配合して生地をつくり，11月のうちに焼き上げる．すばらしい味と日持ちの良さが特徴である．クリスマスの少し前から，朝食やお茶の時間にスライスして食べる．

その形が，イエス・キリストが降誕した時に初めて寝かされたという揺りかごに似ているとか，キリスト教の神父が首から肩にかける袈裟（シュトール）をかたどったものだとか，いわれている．焼き上がったものの表面にバターを塗り，グラニュー糖や白い粉砂糖をふりかけて仕上げる．それがキリスト降誕の日の雪を表わしているという説もある．包装の上に，きれいな十字形にリボンを結ぶが，これは十字架を表わしている．

1.3.5 調理パン

18世紀のイギリスのジョン・モンタギュー・サンドイッチという貴族が，ゲームをやりながら食べられるようにと，召使に命じて，上等の薄切りのパンにローストビーフを挟んだものをつくらせた．これが「サンドイッチ」という呼び名の起源のようである．クローズドサンドイッチ，ロールサンドイッチ，クラブサンドイッチ，オープンサンドイッチ，カナッペなど，種類が多い．「ハンバーガー」もサンドイッチの一種といえる．

「カレーパン」，焼きソバを挟んだパン，サラダを挟んだパンなど，調理パンの種類は増加傾向である．

1.3.6 その他のパン

1) 焼きパン

a) イングリッシュマフィン

イギリスの田舎で生まれた「イングリッシュマフィン」は，朝食やティータイムに食べられる大衆的なパンである．小麦粉に，イーストかベーキングパウダー，砂糖，および塩を加える単純な配合でつくるのが基本だが，バターやミルクを加えるなど配合にもバリエーションがあるほか，トウモロコシ，ナッツ類，フルーツ，野菜などを入れた製品も多い．丸めた生地をマフィン用の焼き型にのせて焼く．

膨らみは小さいが，内部の気泡が大きいのが特徴である．ナイフで横から2枚に切り開いて，そのまま，またはバター，マーマレード，ハム，ベーコンなどを挟んで，温かいうちに食べるのがおいしい．スナックにも，食事用にも向き，いろいろなバリエーションが可能なマフィンは，アメリカに渡って人気が出た．アメリカのものは配合がリッチで，種類が多く，生地をカップ型に入れてオーブンで焼く．ブルーベリー

を入れたマフィンも人気商品の一つである．日本でも好んで食べられている．

b) チャパティとその仲間

インドなどで主食の「チャパティ」は，小麦全粒粉か，小麦から外皮を5％くらい除いた「アタ」と呼ばれる粉でつくる．これらの粉に微温湯を加えて手で捏ねて生地をつくり，少しねかせてから薄く広げて鉄板の上で焼く．柔らかいせんべい状である．これを適当な大きさにちぎり，親指と2本の指で料理を包み，挟み込むようにして口へ運ぶ．発酵しない平焼きパンの代表的なものである．

インド周辺の小麦はタンパク質の量が多くなく，発酵パンには向かないが，平焼きパンなら問題なくつくれる．暑いところでは温度管理をきちんとしないと発酵パンをつくりにくいということもある．その土地の先祖代々の生活の知恵が生んだ食べ方である．しかし，良質のチャパティをつくるには，軟質系統で，ややタンパク質の量が多めの小麦からの粉が適している．日本では中力2等粉クラスが使われることが多い．

チャパティを油揚げした「ポーリィ」，植物油を生地中にたたみ込み，鉄板上で焼く「パラタ」もある．イラクなどで食べられている「ナン」は，手製の発酵剤を入れ，粘土製の窯で焼く発酵パンである．

c) トルティーヤとタコス

トウモロコシを粗挽きした粉で生地をつくり，鉄板の上で薄く焼く「トルティーヤ」は，メキシコなど中央アメリカで広く食べられている．トウモロコシを石灰水に浸漬し，軽く煮てから粗挽きしたものを使うのが，本来の製法である．一方で，小麦の産地のメキシコ北部では，小麦粉からつくる「粉トルティーヤ」が食べられており，その消費はメキシコ中部の都会へも広がっている．一層で，無発酵の平焼きパンである．

配合は簡単で，本場での一例は，小麦粉100，ショートニング12，食塩1.5～2，および水約40である．これらを混ぜて生地にし，20～30gずつに分割する．室温で10～15分間ねかし，ロールを使うか，圧して，直径が12～15cmの平らな円盤状にする．厚さはさまざまで，0.2～0.5cmの幅がある．これを約200℃のホットグリドルかホットプレート上で15～20秒間焼き，ひっくり返して10～15秒間焼く．焼きたてを布に包んで食卓に出し，肉や野菜などの料理を包むか，料理の下に敷いて食べる．

「タコス」には，トルティーヤに肉，ソーセージ，野菜などを挟んだものと，トルティーヤで肉，野菜，チーズなどを包んで油で揚げたものがある．

メキシコ系の移民が増えたアメリカ南部では，トウモロコシのトルティーヤではなく，粉トルティーヤやそれでつくったタコスが売れ筋商品になっており，移民だけでなく白人や黒人も食べるようになった．本来，トルティーヤはつくったその日に食べ

1. パ　　ン

るのが普通だが，アメリカでは工業的に生産され，冷凍して日持ちを良くしたもの，いろいろなフレーバーや味付けしたものが市販されている．

d) ベーグル

「ベーグル」（**写真 II.1.12**）はニューヨークのユダヤ系の人たちが朝食やブランチに食べていたパンだったが，外食産業のメニューに採り入れられて，あっという間にアメリカ全土に広まり，世界で食べられるようになった．一般的な配合では，強力小麦粉100，イースト 2，食塩 2，砂糖 2～4，油脂 2～4 に水を約 50 加えて硬めの発酵生地をつくり，リング状に成形した後，沸騰した湯に浸漬してから，焼成する．表皮は褐色で，内相は白く硬めで粘り気があり，重い食感である．日本では，いろいろな材料を配合するか，さまざまなトッピングをしたバリエーションが販売されている．

e) ピタパン

中東や北アフリカの人たちが数千年にわたって日常食べてきたパンの一つに，「ピタパン」がある．球形または卵形をした中が空洞のパンで，「アラブパン」とも呼ばれる．パンの分類では平焼きパンの一つだが，チャパティやナンのような一層ではなく，二層に焼き上げるのが特徴である．

本場のものは，小麦粉 100 に対して，イースト 0.5～1.0，食塩 0.75～1.5，および少なめの水を加えてつくられる．これらの原料を捏ねて，やや硬めの生地にし，1 時間程度発酵する．生地を適当な大きさに分割し，丸めてから，10～15 分間ねかせる．ローラーで 1.5～2.5 mm の厚さの平らな生地にし，丸か卵形に成形する．これをほいろ工程で空気にさらし，最後の発酵をする．その後の焼成は高温，短時間（400℃，90

写真 II.1.12　ベーグル

秒間というのが一つの例）で行う．ほいろで形成された生地シートの薄い表面がオーブン中で青白いクラスト（外皮）に変化する．一方で，生地中心部の温度は約99℃に上昇して，蒸気が発生する．その蒸気圧と発酵で発生する二酸化炭素の圧力の複合作用によって，上部と底部の層が離れてポケットができる．このようなポケットの形成は焼成の最初の1/3くらいで起こる．

日本では，このような本場の伝統的な原材料配合や製法をアレンジして，日本人が食べやすいピタパンがつくられることが多い．こうして焼いたピタパンを半分に切り，肉，野菜，豆などからつくった好みの料理を具として詰めて食べることができる．

その他の焼きパンには，「クネッケブロート」，「ラスク」などがある．

2） 揚げパン

a） イーストドーナツ

パン生地を丸く成形して油揚げした「リングドーナツ」と，デニッシュペストリー生地を棒状ツイスト，丸形，四角などの形状に成形して油揚げした「デニッシュドーナツ」がある．リングドーナツは発酵生地の軽い甘さと食感の歯切れの良さが特徴であるが，フィリングを入れて揚げたものもある．デニッシュドーナツは，表面にクリーム，フォンダンなどで仕上げしたバリエーションを楽しむことができる．

b） ピロシキ

ロシア，ウクライナ，ベラルーシを中心に東欧諸国で食べられている「ピロシキ」（**写真 II.1.13**）は，小麦粉に卵，バターなどを加えてつくった生地でいろいろな具を包み，油揚げするか，オーブンで焼成する．生地の原材料配合はさまざまで，つくり方もパン生地，折りパイ生地，または練りパイ生地がある．具も種類が多く，肉，魚，卵，チーズ，穀物，野菜，きのこなどを調理したもののほかに，果物やジャムも使う．スナックとして食べることが多い．伝統的に家庭でつくられてきたが，商業ベースでつくられたものが，ファストフード店やスーパーマーケットなどでも売られるようになった．

写真 II.1.13　ピロシキ

1. パ　ン

日本で食べることができるピロシキは油揚げしたものが多い．日本人が好む具を入れたいろいろな製品が市販されている．

3) 蒸しパン
a) 中華まんじゅう

「蒸す」という方法で小麦粉生地を熱加工することは，西洋ではあまりなく，東洋で多く使われている方法である．日本ではいろいろなタイプの「蒸しパン」が売られており，「肉まん」や「あんまん」などと呼んでいる「中華まんじゅう」(**写真 II.1.14**)と，日本の伝統的な蒸しパンがある．

中国の蒸しパンは，地方によってつくり方や食感がかなり違うが，これらを総称して「饅頭（マントウ）」という．饅頭にも，中に何も入れないものと，肉あんやあずきあんを入れる「包子（パオズ）」と呼ばれるものがあり，華北などでは主食として食べられる．

小麦粉に中国独特の麹（こうじ），砂糖，少量のラード，水を加えて，よく捏ねて生地にし，発酵してから，小さく切って蒸すのが，中に具を入れないものの伝統的なつくり方の一例だが，現在ではイーストやベーキングパウダーを使ってつくることも行われている．

日本で売られている中華風のあんまんじゅうの配合例を示すと，生地は，小麦粉100に対して，ドライイースト1〜2（生イーストの場合は2〜4），砂糖5〜10，食塩0〜0.5，ラード3〜5，牛乳または微温湯50〜60，あんは，生あん100に対して，ラード6，黒ごま2〜4，砂糖70〜80，必要なだけの水を加える．薄力または中力の1等粉クラスのものが主として使われ，準強力ないし強力の1等粉クラスのものを20〜30％混ぜることもある．

b) 伝統的な蒸しパン

小麦粉に，卵や牛乳を入れ，膨剤を加えて蒸したパンは，家庭でよく食べられてき

写真 II.1.14　中華まんじゅう

た伝統食で，今でもプレミックスでよくつくられている．市販されている「チーズ蒸しパン」は「チーズ」と「蒸しパン」という西洋と東洋の食品の組合せでつくり出されたユニークなパンである．黒糖入りの蒸しパン，レーズン入りの蒸しパンなどさまざまな蒸しパンが市販されている．

1.4　原材料の種類と品質

1.4.1　小麦粉

　主原料である小麦粉はパンの製造や品質づくりで中心的な役割を果たし，特に，そのグルテンの量と性状が重要である．そのほかにも，デンプンの性質，デンプンを分解するα-アミラーゼの活性，タンパク質分解酵素の活性，ロール粉砕によって生ずる損傷デンプンの量などが，吸水，生地の状態，およびパンの出来に影響する．

1) 食パン用粉

　食パン用の小麦粉に求められる品質特性は，① 吸水が良い，② 生地をつくりやすく，できた生地が取扱いやすくて，適度の弾力がある，③ 体積が大きくておいしいパンを歩留り良くつくれる，の3点に要約される．

　食パン用の小麦粉は，カナダから輸入する「カナダ・ウエスタン・レッド・スプリング小麦」のNo.1等級で，タンパク質の量が13.5％以上のものを主原料にして製造される．この小麦は世界でも製パン性が最も優れていると評価が高く，品質管理が行き届いているので，安心して使うことができる．アメリカから輸入する「ダーク・ノーザン・スプリング小麦」のNo.2以上の等級で，タンパク質の量が14.0％以上のものも，カナダ小麦に近い製パン性を備えているので，配合して使われる．タンパク質の量や質を調整するために，アメリカ産ハード・レッド・ウインター小麦を少量配合することも多い．

　これらの小麦を配合した原料を挽砕して得られる灰分が0.3～0.4％台の強力1等粉が食パンに使われる．小麦粒の胚乳中のパンづくりに適した部分を集めた粉であり，タンパク質の量は12％程度である．グルテンの性質は「メロータイプ」と呼ばれ，伸展性が良い力強さである．

2) 菓子パン用粉

　菓子パンをつくるのに使う小麦粉は，食パン用粉ほどのグルテンの力を必要としないし，色も食パンの場合ほど白くなくてもよい場合が多い．食パン用粉の場合よりも

1. パ　　　ン

アメリカ産のハード・レッド・ウインター小麦を多めに配合してタンパク質の量を少し減らした準強力粉や，強力の2等粉が使われるが，つくる製品によって粉を使い分けたり，配合したりする．

3) フランスパン用粉

バゲット，パリジャン，バタール，ブールなどのフランスパンには糖分や油脂を使わないから，小麦粉の品質を活かせるパンだといえる．本場のフランスでは，中間質系統でタンパク質の量が多めの小麦から挽いた灰分が多めの粉が使われる．微妙な品質が求められるので，日本では「フランスパン専用粉」が市販されている．タンパク質の量は準強力粉クラスだが，原料小麦の配合や挽き方を工夫することによって，本場と同じようなパンができるような小麦粉になっている．

また，日本では焼きたてを食べる機会が少なく，少し時間が経ってからオーブントースターなどで再加熱して食べることも多いので，そういう食べ方をしても本場のものに近い食感のパンを楽しめるように，タンパク質の量を多めに調整した専用粉もつくられている．

4) その他のパン用粉

チャパティなどの平焼きパンは，中力または準強力粉からつくることができる．どのような食感のものをつくるかによって，小麦粉を選択し，必要に応じて混ぜればよい．灰分が0.5％台の2等粉で十分である．

蒸しパン類は，つくる製品によって小麦粉を選ぶ必要がある．肉まんやあんまんには色の白さが求められるので1等粉がよく，強力粉に薄力粉を混ぜる場合が多い．普通の蒸しパンは準強力粉または中力粉でつくられる．

1.4.2　水

製パンにおける水の役割は大きく，不可欠な原料である．グルテンの形成には良質な水がなくてはならない．砂糖，塩，改良剤などを溶解し，最適な硬さの生地を形成する．温度調節やイーストの発酵にも重要な役割を果たす．硬水が多い外国と異なり，日本では一般的に水道水を仕込み水として使用できるが，製パン用水として適しているかどうかの判断は次の3項目で行う．

① pH：　イーストの発酵はやや酸性で活発であり，グルテンはアルカリ性で軟らかくなりやすいので，仕込み用の水のpHは5〜6が適している．

②硬度：　硬度はグルテンの性状に影響する．軟水はグルテンを軟化するので，生地がべとつきやすく，硬水はグルテンを硬くして伸びにくい生地にする．硬度は炭酸カルシウム（$CaCO_3$）の量（ppmまたはmg/l）によって4段階に分類されており，中程度

の軟水（中硬水，50〜100 ppm）がよい．川，湖，池，および井戸の水を使う場合には，硬度や塩類の混入の程度，ばらつきなどを詳しく調査する必要がある．

③衛生状態：　水道水以外の水を使用する場合には，有害微生物で汚染されていないか，有害微量物質の混入がないかなどを常時検査する必要がある．

1.4.3　塩

日本で海水からつくられる塩には，特級塩，食塩，並塩，および白塩の4種類があり，製パン用には食塩が使われる．塩化ナトリウム99％以上の乾燥塩で，平均粒径は 0.4 mm である．苦汁分が 0.3％くらい含まれている．

製パンでの塩の配合量は，小麦粉に対して食パンやバゲットでは 1.5〜2.5％，菓子パンでは 0.5〜1.5％，クロワッサンでは 1〜2％である．糖や油脂が少ないパンでは塩を少なめにし，糖が多いパンでは糖の量が増えるに従って塩を減らす．油脂や乳製品を多く配合するパンでは，それらが増えるに従い塩の量も多くする．

製パン性が良い小麦粉では塩は少なめでよいが，灰分が多い小麦粉には多めがよい．長く発酵する場合には塩をやや多めにする．小規模の工場では，雑菌繁殖防止の目的で夏期には塩の量を多めにすることもある．仕込み水が軟質の場合も硬質の水よりやや多くする．

製パンにおける塩の役割は次の4つである．

①生地を引き締める：　塩は生地中のグルテンの物理的性質を変える．適量だと，生地をひきしめ，ダレにくくする．食塩がパン生地のレオロジー特性に与える影響についての藤山ら[5]の試験データを引用する．**図 II.1.1** はファリノグラフによるもので，食塩の増加に伴い吸水率が低下し，ミキシング時間が長くなり，バンド幅が拡大（弾性

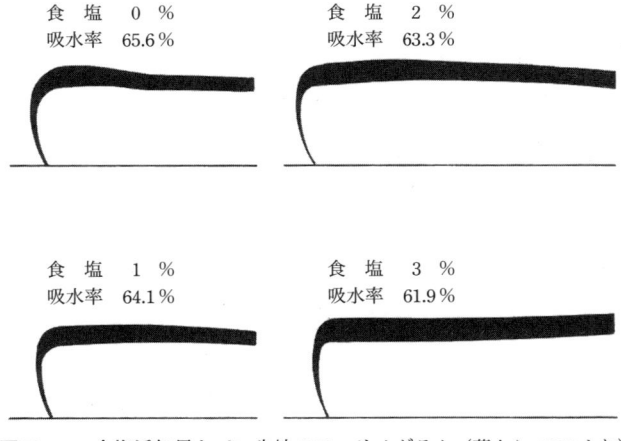

図 II.1.1　食塩添加量とパン生地のファリノグラム（藤山ら，1955 より）

が増加）する．図 II.1.2 のエキステンソグラフでも食塩が増すと吸水率が低下し，抗張力と伸展性共に増加する．

　生地が引き締まると，形が整った，弾力に富み，肌触りの良いパンになりやすい．軟水や熟成が不十分な小麦粉を使う場合には塩の効果が大きい．塩を加えない生地は，粘着性が強くてダレやすく，締まりがなくて，焼成での窯伸びも良くない．力強さがないため，製品の内相膜が厚くなり，食感も劣る．

②パンの味を整える：　穀粉や塩以外の材料の配合が多いパンでは，塩は砂糖の甘

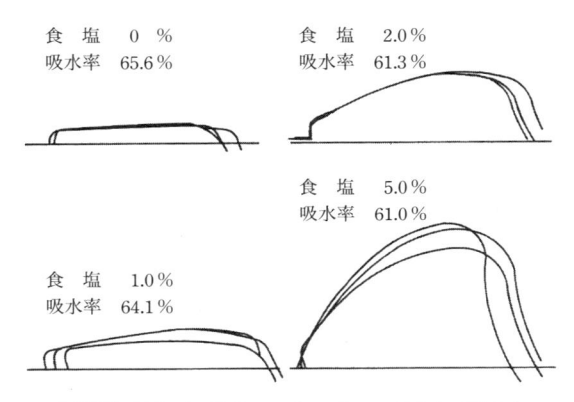

食塩　0 %　　　　　食塩　2.0%
吸水率 65.6%　　　吸水率 61.3%

食塩　5.0%
吸水率 61.0%

食塩　1.0%
吸水率 64.1%

図 II.1.2　食塩添加量とパン生地のエキステンソグラム（藤山ら, 1955 より）

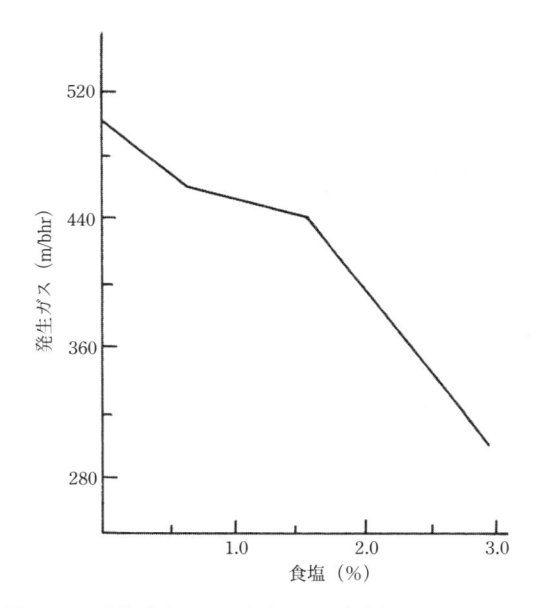

図 II.1.3　食塩濃度とパン生地のガス発生量（Heald, 1932 より）

みを引き立てるなど，他の材料の味を引き立てる．それらの配合が少ない場合には，パンに自然の香りを出させる効果がある．塩を配合しないパンは，味が物足りない．

③発酵を適度に調節する：　浸透作用によってイーストの発酵を抑え，発酵速度を適度に調節する．Heald[6]は食塩濃度とガス発生量の関係を図 II.1.3 のように報告した．発酵（ガス発生量）抑制作用は小麦粉に対して食塩が 0～1.7％では顕著でないが，1.7％を超えると著しくガス発生を抑え，3％以上だと発酵を阻害してパンの味を損なう．このため酵母を用いた通常のパンでは塩を 3％以上配合しない．

④雑菌の繁殖を抑える：　浸透作用によって雑菌の繁殖を抑え，イーストによる発酵を助けるので，パン本来の香りが増す．長時間発酵で酸敗の危険がある時には，塩を少し多めに加えると酸敗を遅らせることができる．塩は小麦粉中のタンパク質分解酵素の作用や少量の発酵阻害物質の効果を抑えて，正常な発酵をさせる働きもする．

1.4.4　イースト

イースト（酵母）は発酵パンの製造で欠かすことができない．酵母とは，単細胞性の真菌類の総称で，自然界には多くの種類が存在するが，パン用には出芽酵母の一種の *Saccharomyces cerevisiae* が使われる．

19 世紀中ごろ，フランスの科学者，パスツールがパン生地の中での酵母の働きを理論的に解明してから，ドイツのフライシュマン社などがイーストを工業的に製造し始めた．日本でも，明治の終わりごろからイーストについての研究や開発が進められ，昭和の初めにパン用の圧搾イーストの工業的な製造が始まった．乾燥イーストがつくられるようになったのは，昭和 20（1945）年ころである．

イーストはパン生地中の糖分（小麦粉中にある糖，副原料として加えられた糖，および小麦粉中の損傷デンプンから出てくる糖）を発酵して，二酸化炭素を発生させる．この二酸化炭素が小さな気泡になって生地中に形成されたグルテンの網目のような膜に包み込まれ，温度が上がると膨張するので，生地全体を中から押し広げる作用をし，パン特有の内相や食感をつくり出す．発酵で同時に生成されたアルコール，エステル，有機酸などはグルテンの伸展性を増すと共に，パンに独特の味と香りを与える．

圧搾生イーストとドライイーストの 2 つの形態で市販されている．圧搾生イーストは，培養増殖した酵母を水分が 66～70％になるよう脱水し，ケーキ状にして成形機で 1 本 500 g の直方体に切断して包装したものである．圧搾工程を省いたものもある．通常，イースト重量の 3～5 倍の水（仕込み水の一部）に溶かして使用する．

活性ドライイーストには粒状，顆粒状，および粉末状の 3 種類がある．生イーストの発酵力を保ったまま，水分 9％くらいまで低温乾燥し，貯蔵性を良くした製品である．粒状と顆粒状のイーストは，5 倍量くらいの微温湯に溶かしてから使う．粉末状や微細な顆粒状のものはそのまま他の原材料と混ぜることができる．使用量を水分

含量から計算すると生イーストの 1/3 でよいことになるが,乾燥工程で一部死滅するので,それより少し多めに使うのがよい.

用途別では,無〜低糖生地用と高糖生地用がある.国内産のイーストは一般にインベルターゼ活性が低いものが多く,高糖濃度生地中でも発酵が抑えられることが少ないので,食パン生地から菓子パン生地までの幅広い用途に適応性がある.日本では,食パン用,冷凍生地用,冷蔵生地用,ピザ用など用途別の専用イーストも市販されている.

1.4.5 油　　脂

バゲットなどのように油脂をまったく使わないパンもあるが,油脂を配合するパンの種類は多い.

1) 練り込み用油脂

バッチ工程では生地に均一に分散するように稠度が適度な可塑性油脂を使うが,自動化の大量生産工程では流動性の油脂も使う.界面活性剤の欠点を抑えて,その機能をフルに活用した新製品が次々と開発されており,つくりたて,焼きたて,およびソフトさを求める消費者志向への対応を可能にしている.

a) 可塑性油脂

練り込み用のショートニング,マーガリン,およびラードには可塑性が付与されている.可塑性の程度は,成分のトリグリセリドの種類と量,およびそれを構成する脂肪酸の種類によって決まるので,精製動植物油脂と精製硬化油脂の配合比を調整してつくられる.生地のミキシング温度に相当する 10〜30℃での固体脂含量が 10〜30% 程度で,適度の硬さの製品が使われている.

b) バルクハンドリング用油脂

4 タイプのバルクハンドリング用ショートニングが市販されている[7].すなわち,可塑性油脂をベースに極度硬化油脂と界面活性剤を配合した溶融型,界面活性剤を配合し結晶形成を抑えて流動性を保たせた流動型,可塑性油脂と水相を水中油型に乳化して流動性を保った乳化型液体ショートニング,および液体植物油に極度硬化油や界面活性剤を配合して分散性を高めた液体ショートニングである.

2) ロールイン用油脂

ロールイン用油脂は生地に薄い油脂層を多くつくり,生地の付着を防ぎ,焼成中に出る水蒸気や二酸化炭素の発散を抑え,層状の独特の食感にする効果がある.

パフペストリー専用の硬い油脂,パフペストリーとデニッシュペストリー兼用のやや軟らかい油脂,デニッシュペストリー用の軟らかい油脂など,用途によって性質が

異なる製品が市販されている．融点が高い硬い油脂は，焼成の初めから中頃にかけて溶解しにくいので，油脂層の間に水蒸気が保持されて，浮きが良くなる．また，融点が高いロールイン油脂を用いると浮きが良くなりやすい．ロールイン油脂が多いと折り回数が多過ぎても浮きが良く，油脂を減らすと薄層になりやすい．ロールイン油脂は結晶構造が変化しやすいので，適温以上に温度を上げないよう配慮が必要である．

1.4.6 糖　　類

ショ糖が主だが，ブドウ糖，水飴，転化糖，異性化糖，フルクトオリゴ糖なども使われる．使う糖の種類と量は製品によって異なるが，小麦粉に対して 1〜2％程度の配合率の場合には発酵でほとんどが消費され，味として残らない．甘いパンにするためには 10％以上配合する．

糖類を配合する主な効果は次の 7 点である．①イーストの作用で二酸化炭素を生成し，それが生地を膨張させ，パンの体積を大きくし，ふっくらした組織をつくる，②イーストの発酵作用で芳香および呈味成分を生成し，パンの風味を良くする，③菓子パンには甘みを与える，④高糖製品の場合に水分活性を下げて微生物の繁殖を抑える，⑤表面に鮮やかな焼き色をつける，⑥内相を軟らかくし，老化を遅らせる，および⑦他の味をマスクするか，中和する作用があり，全体としてのまろやかな味の形成に貢献する．

低齲蝕性，低発酵性，低着色性などの機能を持つ新食品素材も開発されている．

1.4.7 乳　製　品

脱脂粉乳が多く使われる．乳清タンパク質による生地のだれやパン体積の低下を防ぐため，高温処理のドラム乾燥品を使う．

主な効果は，①風味を良くする，②表皮の焼き色を良くする，③内相をソフトにする，④生地のミキシング耐性，安定性，および発酵耐性を向上する，および⑤栄養価を向上する，である．

1.4.8 製パン改良剤

イーストの発酵促進，仕込み水の水質改良，生地性状の改良などの目的で製パン改良剤を使用する．いろいろな製品が市販されているので，目的に応じたものを選んで，適量使用する．

1) イーストフード

イーストの栄養源等になる成分のみからなる製剤は「イーストフード」として一括表示できる．

1. パ　　　ン

2) 無機質タイプ
イーストフードにアスコルビン酸，システインなどの酸化剤や還元剤を配合したもの．

3) 有機質タイプ
酵素剤の α-アミラーゼ，プロテアーゼ，ペルオキシダーゼ，酵素安定剤のデンプンなどを配合したもの．粉末および液状の麦芽もある．

4) 無機・有機混合タイプ
無機質と有機質を配合したもの．

5) 速効性タイプ
無機質または有機質タイプの酸化剤の配合量が多いもので，短時間製パンに使う．

6) 乳化剤
モノグリセリド，レシチンなどを生地性状の改良またはパンの老化防止の目的で使用する．

1.5　パンの製法

1.5.1　製パン法の種類

それぞれの国での製パンの歴史，原料小麦の事情，つくろうとする製品の種類や品質によって，さまざまな製パン法が開発され，活用されてきたが，「直捏生地法」と「中種生地法」が基本である．図 II.1.4 にこの 2 つの製パン法の製造工程をまとめた．この 2 つの方法に「中麺法」と「液種法」を加えた 4 つが代表的な製パン法であったが，これらに改良を加えた新しい製パン法が次々と開発され，実用化されている．

1) 直捏生地法（「直捏法」または「ストレート法」ともいう）
a) （標準）直捏生地法
溶かすか，入れる順番は別にして，すべての原材料を同時にミキシングして生地をつくり，発酵，分割・丸め，ねかし，成形（または，整形・型詰），ほいろ，焼成，および冷却の工程を経て，パンをつくる方法である．手捏ねで生地をつくっていた古代からの方法をミキサーに置き換えた製パン法である．型焼きパンでは，ねかしの後に整

1.5 パンの製法

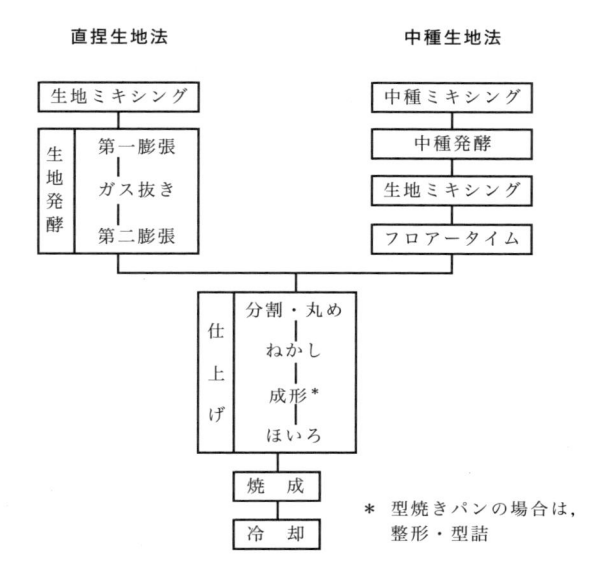

```
    直捏生地法              中種生地法

   ┌─生地ミキシング─┐      ┌─中種ミキシング─┐
   │               │      │  中種発酵      │
生地│  第一膨張      │      │  生地ミキシング │
発酵│  ガス抜き      │      │  フロアータイム │
   │  第二膨張      │      └───────┘
   └───────┘

        ┌─分割・丸め─┐
        │  ねかし    │
     仕上げ 成形*     │
        │  ほいろ    │
        └──────┘

         ┌焼 成┐     * 型焼きパンの場合は，
         │冷 却│       整形・型詰
         └──┘
```

図 II.1.4　直捏生地法と中種生地法の製造工程

形・型詰を行う．また，包装製品の場合には，冷却後にそのまま包装するか，スライスして包装する．

　ミキシングがやや軽いため，生地に抱き込まれる気泡の数が少なめで膜がやや厚いので，やや硬めに仕上がることが多いが，食感とフレーバーが優れており，小麦粉やイーストの特性が活かされやすい．低温で仕込めば発酵耐性があるので，仕上げ工程で時間をかけることができる小規模のベーカリーに向いており，特徴があるパンをつくることが可能だが，一度仕込んだ生地は温度や硬さの修正がきかないため，製品品質の変動には注意が必要である．

b) 短時間直捏生地法

　短時間直捏生地法は，直捏生地法での発酵時間を 40〜60 分に短縮して行う方法である．発酵時間が短いので，イーストと酸化剤の量を増やし，ミキシングをより十分に行う．標準直捏生地法に比べると気泡の数が多くて膜が薄いので，軽くソフトな食感になるが，発酵が短いのでフレーバーは物足りない．

c) ノータイム法

　ノータイム法はさらに発酵時間を 0〜30 分に短縮する直捏生地法である．発酵時間が極端に短い分，イースト（3〜4%）と酸化剤の量を大幅に増やし，ミキシングを十分に行って，ミキシング終了時の生地温度を高め（29〜30℃）にする．気泡の数が多くて膜が薄くなり，生地がよく伸び，体積が大きくてソフトな食感のパンに仕上がる．

1. パ　　　ン

フレーバーが不足するので，ヨーロッパではサワー種を配合することが多い．ノータイム法にも，標準ノータイム法，機械的生地形成法，および化学的生地形成法がある．

標準ノータイム法ではイーストを増やし，捏上げ温度を低めにし，高速のミキシングを十分に行い，発酵時間を15〜20分とる．成形（または，整形・型詰）前の発酵をできるだけ抑えたい冷凍生地や冷蔵生地の場合に用いられる．

機械的生地形成法では，特殊な高速ミキサーを使って短時間にミキシングを行う．イギリスで開発され，普及しているチョリーウッド法が代表的なもので，ボウルの中に設置されたプロペラのような撹拌子が高速回転するミキサーを用い，3分間ほどで生地を形成する．生地にアスコルビン酸を75〜100 ppm添加して，5〜10分のフロアータイムで生地を分割する．

かつてアメリカで普及していたドーメーカー法やアムフロー法などの連続製パン法も機械的生地形成法である．操作はすべて連続的に行われ，プレミキサーで混ぜた原材料をディベロッパーと呼ぶ加圧下で高速ミキシングを行う装置に30〜60秒間通して生地を形成し，分割，整形，型詰する．臭素酸カリウムなどの酸化剤を多く添加する．生産性が高い合理的な製パン法だが，食感が軽過ぎ，フレーバーがほとんどないなどの欠点が多く，消費者離れを招いた．

化学的生地形成法は，システインなどの還元剤を生地に添加して，生地形成を促進し，ミキシング時間を短縮する方法である．グルテンの力が特に強い小麦粉の場合にも使うことができる．

2) 中種生地法（「中種法」または「スポンジ法」ともいう）

a) （標準）中種生地法

小麦粉の一部（使用量の70%が最も一般的），イースト，水，および生地改良剤をミキシングしてできた「中種」（「スポンジ」ともいう）を十分に発酵し，残りの小麦粉や原材料を加えて，「本捏」と呼ぶ生地ミキシングを行う製パン法である．ミキシングが十分なので，伸展性が良い生地ができるため，フロアータイム（発酵）は20分間くらいでよい．生地は機械耐性が優れており，安定性も良いので，大量生産の機械製パンに向いている．窯伸びも良い．パンは気泡数が多く，キメが細かくて，ソフトな食感で，フレーバーも強めであり，老化が遅い．

この方法を応用した100%中種法，長時間中種法，加糖中種法なども使われる．

b) 100%中種生地法

中種に小麦粉の全量を使用する方法である．中種法の特徴を強く出したい場合に用いるが，生地の安定性が低く，捏上げ温度を管理しにくいので，細かい配慮が必要である．

c) 長時間中種生地法

一晩かけて中種を発酵する製パン法である．小麦粉の 70% を中種に使うのが普通だが，中種に加える水とイーストの量を減らし，生地の捏上げ温度を低めにする．生地の安定性が悪いため，あまり使われなくなった．

代わりに，中種を冷蔵庫か氷温庫に入れて長時間熟成する「冷蔵中種法」または「氷温中種法」が開発され，製パン工程の合理化と特徴あるフレーバーを目的に普及している．

d) 加糖中種生地法

日本で菓子パンの製造に広く使われている方法である．砂糖の配合量が多い生地をつくる場合に，中種に砂糖の一部（小麦粉 100 に対して 5）を加えると，本捏以降でイーストの発酵力が低下するのを防ぐことができる．

3) 液種生地法

イーストの全量または一部，糖の一部，塩の全量または一部，イーストの栄養源としてのイーストフード，モルトおよび水の全量または一部などに，pH 緩衝剤として脱脂粉乳または炭酸カルシウムを加えて液種をつくる．これを発酵，冷蔵し，中種生地法と同じように残りの原材料を加えてミキシングして生地をつくり，それ以降の工程を行う．発酵による生地熟成不足を補うため，ミキシングで機械的に生地熟成を進める必要がある．フレーバーにやや欠けるが，ばらつきが少ない製品ができる．

あまり使われなくなったが，緩衝剤として脱脂粉乳を用いる ADMI（アメリカ粉乳協会）が開発した「アドミ法」と，炭酸カルシウムを用いるフライシュマン社が開発した「ブリュー法」があった．

4) その他の製パン法

a) 冷蔵生地法

生地を丸めた後，または成形後に一晩冷蔵し，翌日にそれ以降の工程を行う方法である．生地の冷却や冷蔵中に二酸化炭素によって気泡の数が減るのを防ぐために，生地熟成段階で発酵をできるだけ抑える必要がある．作業の合理化にはなるが，発酵によるフレーバーが不十分な製品になりやすい．

b) 冷凍生地法

生地を冷凍しておき，必要に応じて解凍し，それ以降の工程を行う方法で，「ベイクオフ」と呼ばれる．店頭でも焼きたての製品を販売できるため，世界中で普及している．

冷凍した生地中に氷結晶ができて，イーストの活性が低下し，生地の弾性が弱まりやすいので，生地形成の段階で工夫が必要である．特に，リーンな（糖，油脂などの配

合率が低い）生地の場合には影響が出やすい．日本では優れた冷凍生地用のイーストが市販されており，これを使うことによって，高品質の製品をつくることができる．

生地の分割，丸め後に冷凍する生地玉冷凍生地法，生地を成形後に冷凍する成形冷凍生地法，およびほいろ終了後の生地を冷凍するほいろ冷凍生地法がある．ほいろ冷凍生地法は，解凍して焼くだけで，短時間にパンを焼き上げることができる．生地が不安定（表皮が乾きやすい，気泡膜が収縮しやすい，破損しやすいなど）で，大きな貯蔵や輸送スペースを必要とするなどコスト面に問題があるが，それらを改良できれば，短時間に焼きたてパンを提供できる，イーストのタイプや量に制約されないなどの利点があるので，普及している．

c) パーベイク法

「パー，パート，あるいはパーシャル・ベイク法」と呼ばれ，外皮の着色をできるだけ抑えて「半焼きパン」をつくる方法である．半焼きパンを冷凍するか，不活性ガス充填で貯蔵したものを，店頭や家庭で再焼成（リベイク）して，ちょうど良い外皮の焼色に仕上げる．

パーベイク段階で内相のデンプンの糊化を進めて，収縮するか，表面にしわが寄らないように，パンの骨格をしっかりつくっておく必要があるが，一方で，リベイク時の焼成でフレーバーが多く出るようにするために，パーベイク段階ではできるだけ着色が少なくなるよう焼くのがポイントである．

パーベイク法は 1949 年にアメリカのゼネラル・ミルズ社が開発し，「ブラウン・サーブ」と呼ばれて普及したが，その後，下火になった．近年，ヨーロッパでレストランや家庭向けのフランスパンやハードロールにこの方法が使われているが，ベーカリーでは冷凍生地の方が優れた製品をつくりやすいため，使われていない．

d) サワー種法

野生の酵母，乳酸菌などを主体とした「サワー種」を用いる方法である．酸味と酸臭が強いので，こう呼ばれる．サンフランシスコ・サワードウ・ブレッドなどにはサワー種が使われる．ライブレッドの製造では，サワー種だけか，イーストにサワー種を併用する．サワー種はライ麦粉のタンパク質の水和力と粘りを強めることによって，ガス保持力を改良する力がある．

酒種，ホップス種，パネトーネ種なども，サワー種の一種である．

e) 湯種法

「湯捏法」または「α 種法」ともいい，製法特許が出されている．小麦粉の一部を熱湯で混捏してから，冷却，冷蔵しておき，パン生地調製時に配合する方法である．小麦粉中のデンプンの糊化が進むので，モッチリした食感のパンに仕上がる．

1.5.2 主な製造工程と品質管理

1) 生地の形成

ミキサーに投入した原材料を均一に混ぜる低速ミキシング段階と，小麦粉中のタンパク質が水和してグルテンが形成され，生地中に均一に分散して，生地全体の弾性と伸展性のバランスがとれるようにする中速および高速ミキシング段階がある．

直捏生地法の食パンの場合のミキシングの最適終点は，生地が乾いた感じになって，弾力に富み，薄くなめらかに伸び，光沢が出るあたりである．バゲット，小麦粉以外の穀粉入りのパン，デニッシュペストリーなどは，食パンの場合よりミキシングを短めにし，あんパンのように生地の体積を大きくしたい場合には，ミキシングを長めにする．

2) 生地の熟成と発酵

ミキシングが終わった生地からイーストの発酵作用によって二酸化炭素が発生して，生地が膨張する．風味成分も生成し，生地の伸展性とガス保持力が良くなる．発酵による熟成が不十分な若い生地や熟成が過多な過熟生地はガス保持力が劣り，良い製品にならない．

3) 分割から型詰まで

a) 分 割

機械で生地を一定の大きさ（容積）に分割するか，スクレパーを使って手作業で生地を一定重量に分割する．

b) まるめ

分割によって加工硬化（伸展性が失われている状態）が起こっている生地の切り口を閉じて，ガス保持力を回復させるために，まるめを行う．ラウンダーで機械的に行う方法と，手作業がある．

c) ねかし

まるめを行った生地を10～20分間ねかせて，分割で生じた加工硬化を回復する．

d) 整形または成形

機械整形では，生地を1対以上のローラー間に通してガス抜きしながら，扁平にし，棒状にカーリングまたは方形に折りたたんで圧延して，目的の形に整える．手整形では，生地をめん棒で均一にガス抜きしながら，扁平に圧延して，棒状に巻くか，方形に折りたたんで目的の形に整える．

型詰しない製品の場合には，この段階で最終製品の形に成形する．

e) 型　詰

整形した生地を焼き型に詰めるか，成形した生地を展板上に並べる．オーブンの炉床に直接生地を並べる直焼きパンではこの工程がない．

4) ほいろ

ほいろ（焙炉）は最終発酵工程である．整形（または成形）で加工硬化を起こした生地の状態を回復し，発酵によって焼成に適する生地にする．

ほいろの条件は，パンの種類，原材料配合，製法，および生地の状態で異なる．食パンやあんパンなどでは，温度が38〜40℃，相対湿度が85〜95%の比較的高温高湿にすることが多く，バゲット，ブレーチヒェン，デニッシュペストリー，クロワッサンなどでは温度を30〜32℃，相対湿度を70〜80%にするのが一般的である．ほいろ時間は生地の状態で決まり，生地表面を指で軽く触れるとフワッと軽く，押すとへこむ程度が終点であり，30〜90分の間である．

5) 焼　成

生地の形状，大きさ，および状態によって，焼成条件を決める．リッチな配合の生地は180〜190℃程度，リーンな生地では230〜250℃程度が一般的である．大きな生地の場合には長時間，小さい生地では比較的短時間で焼き上がる．また，リーンな生地ではオーブン投入時にスチームを注入する．

6) 冷却・包装・貯蔵

パンの中心部の温度が30℃近くになるまで，冷却する．自然放冷，または空気循環式の冷却機で行われる．

包装製品の場合は包装し，出荷まで倉庫に貯蔵する．無包装製品は，そのまま店頭に並べることが多い．

1.6　品質評価

測定機器による客観的な品質評価も試みられ，一部の会社などでは実用化しているが，まだ，共通の方法になっていない．依然として，五感による官能評価法が主流である．官能評価法は評価者によって結果に差が出るという欠点はあるが，評価基準を明快にしておくことによって，その差を縮小でき，目的に応じた評価をしやすいという利点がある．

パンの種類や目的によって評価法を作成する必要がある．最も一般的な食パンの場

合の評価法が比較的よく確立されているので，その方法をベースにして個々の場合の評価法をつくることができる．食パンの評価で一般的に行われている方法での評価項目，総点を100とした場合の配点例，および評価のポイントは表 I.7.1 に示した．

1.7　品質保証に向けて

　パンは主食またはそれに近い場面で食べられるので，消費者にとっては非常に重要な食品である．そのような消費者の熱い期待に応えるべく，製パン業者は製品の企画，開発，製造，および流通のすべての面を通して，おいしくて，健康な生活に貢献できる製品を供給し続ける必要がある．

　おいしくて，食べ続けてもらえる製品を供給するために，商品を企画し，具体的に開発作業を進める段階で，消費者ニーズを先取りできるような製品を目指したい．実際の製造に際しては，設計通りの製造ができるよう，原材料の品質が必要とする基準に合致しているかどうかを確認し，各工程での温湿度や時間の管理を徹底する．また，でき上がった製品の包装，保管，貯蔵，および配送に当たっては，品質の保持に万全を期したい．

　消費者が安心して食べ続けられるような，安全で，健康増進に役立つ製品を供給することも，製パン業者の使命である．食品衛生法で使用が認められている以外の添加物を使わないことはもちろんだが，原材料については，供給業者とも連携を密にして，微生物や害虫による汚染がないか，残留農薬などの有害微量成分が許容限度以上混入されていないか，異物混入がないかなどを確認する．製パン工程では微生物の増殖，害虫の侵入，異物の混入などがないよう，設備面で十分な配慮をし，清掃を定期的に行うと共に，製造工程でのチェックポイントを決めて，徹底的に管理する．

　安全な製品を出荷するため，ISO 9001 や 22000，HACCP，AIB 方式などの安全管理システムを導入し，またそれらに準じた各社独自の方法での管理を進めている企業や工場も多くなった．そういう企業や工場の多くでは，ふるいなど各種の選別機，金属検出器，X線検査機などによる異物の除去や検出，表面検査機による外観異常の検出，印字検査機による印字ミスの検出などによる安全性向上への努力が行われている．トレーサビリティへの配慮もされている．

　しかし，製パン業界での品質保証への取組みに関しては，まだ，企業間格差が大きい．それぞれの企業や工場の規模に合った安全への取組みが求められる．設備面では，工場内に不衛生な箇所がないか，工程内に原料や中間産物が滞留する構造になっていないかを常時見直し，管理面では，頻度が高い定期的な清掃によって不衛生なものを排除する必要がある．使用する原料についても，納入業者の力も借りて，安全性を確

259

1. パ　　　ン

認したい．

1.8　今後の製品開発と技術

1)　新需要の掘り起こし

　パンと競合する食品は多い．限られた需要をめぐって食品間の取合いは激しさを増す一方である．消費者の生活パターンの変化の方向を見極め，消費者の意識をパンに向けてもらえるような新製品の開発，PR，および販売が求められる．パンを食べる機会を増してもらえるような，特に，夕食にパンを食べてもらえるような製品開発，工夫，パンを中心としたメニュー提案，パンを中心とした食事をしたくなるようなムード醸成など，やるべきことは多い．

　消費者のできたてのもの，よりおいしいものを求めるグルメ志向に沿う製品や食べ方，昔懐かしい形や味，伝統的なものへの回帰志向を活用した製品や食べ方，手づくり感覚の製品，技術的な工夫が目に見える形の製品，おいしさを保ちながら買いやすい価格の製品などの提供が考えられる．

2)　健康志向への対応

　消費者のパンに対する健康イメージを常にプラスのものにしておく必要がある．パンを食べると太るという誤った情報や，炭水化物摂取を軽視する一部の人たちの風潮を払拭するべく，いろいろな切り口からの業界こぞっての絶えざる努力が求められる．食事全体の中での炭水化物摂取率の低下を防ぐためにパンが果たすことができる役割を見直し，パン食拡大のPRを続けたいものである．

　生活様式の変化から，加工食品に健康要素を求める消費者が増えている．小麦全粒粉パンは食物繊維やビタミン源として需要を伸ばしたい分野である．原材料の選択，製パン法の工夫によって，おいしく食べられる全粒粉製品を提供したい．各種の機能性素材をパンに添加して消費者の要望に応えることもできる．

　需要が高まりつつあるグルテンフリーパン，糖尿病対応パンなどの医療食に結びつくパンも，ニッチ市場ではあるが，今後のテーマである．

3)　安全性の追求

　消費者が安心して食べることができるパンの提供は，常に心がけなければならない永遠のテーマである．異物，微生物，微量有害物質，添加物などに配慮した製造を行うと共に，トレーサビリティも重要である．

4) 技術革新

技術全体の進歩はめざましい．製パン機械メーカーとの協力の下に，他分野の技術も上手に導入することによって，製パン工程のさらなる生産性と品質の向上のための技術革新が求められる．新技術を活用した新製品も期待される．

加工デンプン，酵素，乳化剤などの分野のメーカーとの共同研究によって，新素材を上手に活用することも心がけたい．

参 考 文 献

1) 中江利昭，山本正：パン類，pages 104-148, In: 改訂増補小麦粉製品の知識，柴田茂久，中江利昭編，幸書房 (1995)
2) 内田迪夫：パンの種類と製法，pages 1-26, In: 製パンの科学(I) 製パンプロセスの科学，田中康夫，松本博編．光琳 (1991)
3) 日本麦類研究会：小麦粉の加工（パン），pages 544-622, In: 小麦粉—その原料と加工品—改訂第三版，日本麦類研究会 (1994)
4) 越後和義：世界のパン，pages 79-275, In: パンの研究 文化史から製法まで，柴田書店 (1976)
5) 藤山諭吉，宇野浩平，善本修二，神原邦子：Pain, **2** (6), 16 (1955)
6) Heald, W. L. : Cereal Chem., 9, 603 (1932)
7) 守屋岩夫，遠藤周：製パン用油脂，pages 99-128, In: 製パンの科学(II) 製パン材料の科学，田中康夫，松本博編．光琳 (1992)

2. めん

2.1 日本人とめん

1) 室町時代からのめん

紀元前数千年のアジアおよびエジプトで始まったと伝えられるめんは、中国で発達し、飛鳥朝時代に仏教と共に伝来したと推定されており、今から千年以上も前から、日本人は「めん」を食べていたことになる．

中国からの伝来食品の中にあった「索餅」は「麦縄」とも書き、小麦粉と米粉に塩水を加えて捏ね、縄のように細かくねじったものだった．そうめんやひやむぎの原形と考えられている．

室町時代の『庭訓往来』という書物には、「饂飩」、「素麺」、「碁子麺」などの名前が登場している．このころにめん類は日本独特のものに育っていったようで、この時代の饂飩が現在のうどんの元祖と考えられている．製法も、基本的には現在のうどんのそれとほぼ同じである．

しかし、このころまでのうどん類は公家や武家が仏事の集会などに使ったやや特殊な食べもので、庶民の食べものになったのは、江戸時代からである．その後も、庶民的な小麦粉食品としてめん類は発展を続けた．

2) 手づくりから機械製めんへ

手延べそうめんは、14世紀に奈良の三輪神社の神主によって創り出されたもので、その製造技術が小豆島、島原、播州、および備中に伝えられて、今日見られるような名産品に育っていった．

手打ちめんも、庶民に愛好されてその技術が伝承されてきたが、1883（明治16）年に佐賀県出身の真崎照郷が製めん機と機械製めん法を開発し、やがて機械による製めんが全国的に普及するようになった．当初は「機械製のめん」として区別されていたが、生産のほとんどが機械製めんになると、反対に手作業で製造しためんが「手延べ」とか「手打ち」として区別されるようになった．

3) 広がるめん

めん類の消費量の約三分の一を占める中華めん（ラーメン）は、すっかり日本独特の

2. めん

食べものになり，世代を問わず人気があるが，それがどうして定着したかは定かでない．幕末から明治初期の開港地にできた中華街でつくられたのが始まりだと推定される．大正から昭和の前半に「支那そば」という愛称で親しまれて庶民に浸透していったラーメンは，昭和の後半から各地の名物ラーメンとしてさらに発展した．

「チキンラーメン」という商品名で最初の即席めんが登場したのは，1958（昭和33）年だった．手軽に食べられることが受けて消費が伸び，多くの企業が参入してこの袋入りの味付け油揚げラーメンを製造するようになった．その後，1962（昭和37）年にスープ別添ラーメンが，1969（昭和44）年にはノンフライめんが開発されて，1970（昭和45）年には国内での生産量が36億食になった．

即席めんが新しく発展するきっかけになったのは，1971（昭和46）年に発売された「カップヌードル」という商品名のカップめん（公的な分類での名称は「スナックめん」）だった．やがて，スナックめんは戸外だけでなく，家庭内でも食べられるようになって，このタイプのめんの消費が大きく伸びた．

その後も，カップうどん，カップ焼きそば，ミニカップめん，大盛りカップめん，生タイプうどん，生タイプラーメンなどが次々と開発され，1996（平成8）年には即席めん全体で53億食も消費されるようになった．このころには即席めんの中でスナックめんの比率が約60%になり，袋包装めんの約40%を上回った．

この日本で生まれた即席めんの良さが認められ，世界中で製造されて，消費されるようになった．1人当たりの消費量で見ると，韓国が最も多く，台湾がこれに次いでおり，この両国の人たちは日本人より即席めんを多く食べている．インドネシアの1人当たりの消費量は日本の7割くらいだが，急激に消費が伸びて，第2の主食になった．中国では南部で需要が伸びており，国民1人当たりに平均するとそう多くないが，総消費量はインドネシアと並んで世界のトップレベルである．タイ，マレーシア，シンガポール，ベトナムなどのアジア諸国のほか，アメリカ，ブラジルなどでも食べられている．

スパゲティ・マカロニ類を総称して「パスタ」という．イタリアで12世紀ころから食べられていた．最初のころは家庭や料理店での手づくりだったが，やがて業者が製造するようになって，乾燥品がつくられ，17世紀には押出機が使われるようになった．イタリア各地の特産品を使ったおいしいソースがつくられ，それらとの組合せでいろいろなパスタ料理が生まれた．

このイタリア人にとっての庶民的な食べものの料理法と味はイタリア人の手によって世界中に広められ，日本にも，明治の中ごろに伝えられた．昭和40年代以降，品質が良いデュラム小麦が輸入され，最新鋭の製造設備が導入されて，高品質のパスタが製造されるようになった．日本独特のパスタ料理も生まれて，若者を中心に多くの人に好まれるようになって，消費が伸びている．

2.2　めんの種類

　小麦，ソバなどの穀物の粉に水を加えて捏ね，細長い線状に成形した後，熱を加えて調理するのが「めん」である．加工と調理が比較的簡単なので，アジア諸国を中心にさまざまなめんがつくられ，消費されている．小麦粉を原料にしたものが多いが，ソバや米粉を主原料にしたもの，デンプンやほかの穀粉を配合したものもある．
　日本には非常に多種類のめんがある．それらは公的には生めん類，乾めん類，即席めん類，マカロニ類，その他に分類されている．

2.2.1　生めん類

　生めん類には，形態によって生，ゆで，蒸し，および冷凍めんがある．生，ゆでおよび冷凍めんには，うどん（写真 II.2.1），ひらめん（きしめん，ひもかわ），中華めん（写真 II.2.2），およびそばがあり，そのほかに生と冷凍めんに分類されるものとしてシート状に成形した皮類（餃子およびシュウマイの皮）がある．蒸しめんの代表的なものは，焼きそばに用いられる中華めんである．
　公正競争規約によって生めん類の中華めんの製造にはかん水を使い，そばにはソバ粉を30％以上配合することが定められている．ゆでめんを完全包装したものは長期保存が可能である．

2.2.2　乾めん類

　乾めん類には，生地を圧延し，めん線に切断する干しめん，干しそば，および干し中華めんと，生地を撚延する手延べ干しめんがある．
　乾めん類品質表示基準によって，干しめんの中で，長径を 1.7 mm 以上に成形したものは「干しうどん」，または「うどん」，長径を 1.3 mm 以上 1.7 mm 未満に成形したものは「干しひやむぎ」，「ひやむぎ」，または「細うどん」，長径を 1.3 mm 未満に成形したものは「干しそうめん」，または「そうめん」，幅が 4.5 mm 以上で，厚さを 2.0 mm 未満の帯状に成形したものは「干しひらめん」，「ひらめん」，「きしめん」，または「ひもかわ」と表示できることになっている．
　また，手延べ干しめんについては，長径を 1.7 mm 以上の丸棒状または帯状に成形したものは「手延べうどん」，長径を 1.7 mm 未満の丸棒状に成形したものは「手延べひやむぎ」，または「手延べそうめん」，幅 4.5 mm 以上，厚さ 2.0 mm 未満の帯状に成形したものは「手延べひらめん」，「手延べきしめん」，または「手延べひもかわ」と表示できる．
　干しそばについては，JAS 規格によって，上級はソバ粉50％以上，標準はソバ粉

2. めん

写真 II.2.1 うどん

写真 II.2.2 冷やし中華めん

40%以上と定められている．

2.2.3 即席めん類

即席めん類（**写真 II.2.3**）に分類されるものは，めん線をゆでるか蒸してデンプンを糊化した後，油揚げ，熱風乾燥などによって水分を急速に除去することでデンプンの糊化状態を保持したものである．

即席麺類品質表示基準によって，かん水を用いてつくる「即席中華めん」，小麦粉やソバ粉が原料の「即席和風めん」，食器として使用できる容器にめんを入れ，かやくを添付した「即席カップめん」，および即席めん類のうち小麦粉の中でデュラムセモリナが重量で30％以上の「即席欧風めん」がある．即席和風めんのうち，「そば」と表示できるのはソバ粉の配合率が30％以上のものである．

2.2.4 パスタ（マカロニ類）

世界には500種類以上のパスタがあり，それらの大きさや形からロングパスタ，ショートパスタ，スモールパスタ，および特殊形状パスタに大別することができる．

日本農林規格（JAS規格）では，「マカロニ類とは，デュラム小麦のセモリナまたは普通小麦粉に水を加え，これに卵，野菜を加えまたは加えないで練り合わせ，マカロニ類成形機から高圧で押し出した後，切断し，および熟成乾燥したものをいう．」と定義され，多くが乾燥品であるが，一部に，生またはゆで製品がある．日本で製造されているもののほとんどは，デュラム小麦のセモリナで製造されている．マカロニ類はJAS規格で**表 II.2.1**のように定められている．

写真 II.2.3 即席めん

2. めん

表 II.2.1 JAS 規格のマカロニ類の規格

区 分	基 準
一般状態	1. 色沢および形状が良好であること 2. 組織が堅固であり，折った断面がガラス状の光沢を有するものであること
異 物	混入していないこと
食 味	調理後の香味が良好で，異味異臭がないこと
見かけ比重	1.40 以上であること
粗タンパク質	11.0%以上であること．ただし，卵を加えたものにあっては，12.0%以上であること
灰 分	0.90%以下であること
水素イオン	5.5 以上であること
原材料	次に掲げるもの以外のものを使用していないこと 1. デュラム小麦のセモリナおよびデュラム小麦の普通小麦粉 2. 卵 3. 野菜 　　トマトおよびホウレンソウ
内容重量	表示重量に適合していること

マカロニ類品質表示基準によると，マカロニ類はマカロニ，スパゲッティ，バーミセリー，およびヌードルに分類され，2.5 mm 以上の太さの管状またはその他の形状（棒状または帯状のものを除く）に成形したものは「マカロニ」，1.2 mm 以上の太さの棒状または 2.5 mm 未満の太さの管状に成形したものは「スパゲッティ」，1.2 mm 未満の太さの棒状に成形したものは「バーミセリー」，帯状に成形したものは「ヌードル」と表記できる．なお，本書では，品質表示基準に関する記述以外は，マカロニ類を世界的に使われている用語の「パスタ」，スパゲッティを発音に近い「スパゲティ」と記した．

2.2.5　その他のめん

糊化したデンプンを圧出してめん線状に成形した「デンプンめん」，米粉を糊化し多数の小孔から圧出し，めん線状にして，乾燥させた「ビーフン」，穀粉と海草を原料にした「海藻めん」，大麦の粉を 50%くらい配合した「大麦めん」，米粉を小麦粉の一部に置き換えた「米粉めん」などがある．

2.3 原料の種類と品質

2.3.1 小麦粉

　めん類は，原料として使う小麦粉の特性からみると，日本めん，中華めん，即席めん，パスタ，および日本そばに大別できる．日本そば以外は原材料のほとんどが小麦粉またはセモリナなので，製造方法と共に小麦粉またはセモリナの品質が，めんの食味や食感をつくり出すのに重要な役割を果たしている．めん用小麦粉ではグルテンとデンプンの性状が重要であるが，一応の目安として用途別の灰分とタンパク質含量を

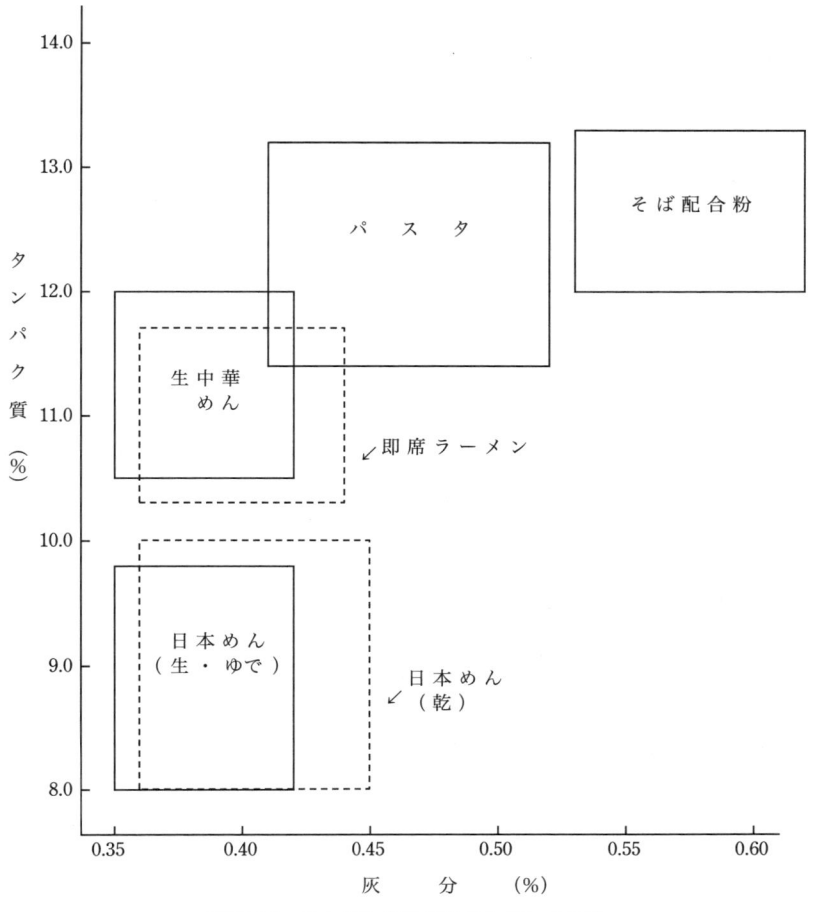

図 II.2.1　めん用小麦粉の灰分とタンパク質

2. めん

図 II.2.1 に示した．品質にはかなりの幅があるので，つくりたい製品に適した小麦粉を選ぶ必要がある．

1) 日本めん用粉

日本めんの種類や流通形態に合わせて，品質に特徴を持たせた小麦粉が市販されている．それらに共通して求められる品質特性は，① ソフトだが弾力があって，なめらかな食感のめんができる，② 冴えた，きれいな色のめんができる，③ ゆで上げ時間が適度で，ゆで伸びしにくいめんができる，の3点である．

グルテンと共に，デンプンの性状がめんの食感形成に重要な役割を果たしている．デンプンは糊化温度が低めで，膨潤度が高いものが良く，デンプンを構成しているアミロースの含量がやや低いものがこの特性を備えている場合が多い．

日本めんは，もともと国内産小麦から挽いた粉でつくられていたが，現在は日本めん用に開発された品種が主体の西オーストラリア州産のASW（オーストラリア・スタンダード・ホワイト）小麦が主原料である．積出港で日本向けに特別に調製されて出荷されるこのASW小麦は，① グルテンの質が中庸，② タンパク質の量が10〜11％，③ 胚乳の色が冴えた明るい色，④ デンプンの性状がめんに向く，という好ましい特性を備えている．

国内産小麦は品種や産地によって差が大きく，総じて粉の色にくすみがあり，食感も現在の消費者の好みには今一歩のものが多かったので，国内産小麦の粉であることを売り物にする場合を除いて，ASW小麦と配合して使われてきた．しかし，北海道で開発された「きたほなみ」のような有望な品種も生産されるようになって，それらを主原料にしためん用粉もつくられるようになった．

2) 中華めん用粉

中華めん用粉からは，非常に多種類の生中華めん，蒸し中華めん，餃子，ワンタンなどがつくられ，製法がさまざまで，いろいろな食べ方がされるので，主原料の小麦粉に求められる品質にもかなりの幅がある．しかし，これらに使う小麦粉に共通して求められる品質特性は，① ゆでためんが特有のしっかりしたコシがある食感で，丼の中でゆで伸びが遅いこと，② 生めんが冴えた色合いで，ホシが少なく，経時的な変色が少ないこと，である．

中華めん特有の食感をつくり出すために，硬質系の小麦が原料として使われる．めんの種類によって小麦粉に求められるタンパク質含量は図 II.2.1 のように10.5％から12.0％くらいまで幅があるので，タンパク質レベルが異なる小麦を配合して数種類の小麦粉がつくられている．

捏ね水に「かん水」を添加することによって，中華めんらしい食味，食感になるほ

か，小麦粉と反応してめんをおいしそうな黄色にする．生中華めんでは，製めんしてから消費されるまでの1日ほどの間に，かん水が小麦粉の成分に作用してめんの黄色が少しずつ変化（変色）する．冴えた，きれいな色の胚乳を持つ小麦を原料として使い，粉砕方法を調節し，きれいな色のめんになる画分（ストリーム）だけを集めることによって，中華めんに適しためんの色がきれいに仕上がり，経時変色が少ない小麦粉がつくられている．粉歩留りも調整し，色にマイナスになる画分を排除する．

3）即席めん用粉

即席めんメーカー各社から特徴ある製品が数多く市販されており，それらの原料として使う小麦粉に求められる品質特性もさまざまである．即席ラーメン用には硬質系小麦の粉が主に使われるが，熱湯で戻しやすくするために，軟質系小麦の粉を少し配合することもある．小麦粉のタンパク質含量も中華めん用粉よりやや低いものが使われることが多い．製めん直後に熱加工処理を行うので，生中華めんの場合のような経時変色の問題はない．このため，小麦粉の色に対する要求度も生中華めん用粉の場合ほどデリケートではない．

日本めんタイプの即席めんには日本めん用粉が使われ，求められる品質特性も日本めんの場合とほぼ同じである．

4）パスタ用セモリナ

パスタの製造にはデュラムセモリナを使う．純度ができるだけ高いセモリナが求められ，ふすま片や黒いスペックが混入しているものは，製品の外観を損なうので嫌われる．デュラム小麦は主にパスタ用のセモリナをつくるのに使われる．そのタンパク質は他の小麦よりもグルテニンを多く含むので，粘りが強いグルテンになり，パスタ独特の食感をつくりやすい．胚乳の黄色色素が多い点も，パスタ製造用としては都合が良い．

2.3.2 ソバ粉，穀粉，デンプン

1）ソバ粉

日本そばの主原料はソバ粉である．ソバ粉はタデ科一年草のソバの種（実）を挽いた粉である．脱穀して得た玄ソバ（殻が付いた状態）を精選，粒度別仕分け，および脱皮（殻）を行って，「ヌキ」と呼ばれる淡い緑色のソバの実を得る．

玄ソバまたはヌキを粉砕して，ふるいで粒度を調製しただけの「ひきぐるみ」と呼ばれる粉を得ることもあるが，多くは粉砕とふるい分けで「一番粉」，「二番粉」，「三番粉」，および「末粉」に分けられる．一番粉は「更科粉」とも呼ばれ，最初に挽き出される粉をふるったものである．ソバの実の胚乳の中心部が主体で，色が白く，う

2. めん

ま味と甘さがあるが，香りや風味は少ない．次に挽き出されてふるわれる二番粉は胚乳の中間部分に胚芽の一部が混ざったもので，薄い緑黄色をしており，香りや風味もある．三番粉はその次に得られる粉で，外側の胚乳，胚芽，および種皮が混ざった粉である．薄い青緑色で，香りが強いが，味と食感はやや劣る．末粉は最後に得られる粉で，主として胚芽と種皮が混ざったものである．色が黒く，風味は強いが，食感は良くない．ソバ粉は食感と風味に特徴があるが，風味は劣化が早い．いかに挽きたての新鮮なソバ粉を入手するかが鍵である．

ソバ粉にはグルテンを形成できるタンパク質が含まれていない．そのタンパク質は水溶性のものが多く，ソバ粉だけでも生地にはなるが，めん線に切り出しにくい．良質で新鮮なソバ粉で上手にめんを打てば，水溶性タンパク質が持つ粘りでおいしいそばができるが，もろくなるのが早いので，打ちたてを食べる必要がある．小麦粉をつなぎとして上手に使うと，おいしいそばをつくりやすい．つなぎに使う小麦粉はつくろうとするそばの品質や使うソバ粉の品質によって差があり，強力または準強力の2等粉クラスから中力2等粉クラスまでさまざまある．配合率もまちまちだが，JAS規格，公正競争規約などを考慮する必要がある．

2) 穀粉

大麦めんに配合する大麦の粉，小麦粉の一部に置き換えた米粉めん用の米粉などがある．米粉にも，原料としてもち米とうるち米があり，生の状態で粉砕したものと，加熱してデンプンを糊化してから粉砕したものがある．粉砕法にも，従来からの米粉製法のほかに，デンプンの損傷度を高めないように微粉砕したものがある．

3) デンプン

めん類でのデンプンの用途は次の2通りである．

a) 打ち粉として

バレイショデンプンやコーンスターチは，製造時にめん線が付着するのを防止するために，打ち粉（とり粉）として使われる．

b) 配合用として

めんの食感の向上およびゆで時間の短縮を目的に，小麦粉の5〜20％程度のデンプンを配合することがある．バレイショデンプン，モチトウモロコシデンプン，タピオカデンプンなどのほか，各種の加工デンプンもそれぞれの特徴を活かして使われる．

なお，加工デンプン11品目（アセチル化リン酸架橋デンプン，アセチル化酸化デンプン，アセチル化アジピン酸架橋デンプン，オクテニルコハク酸デンプンナトリウム，酢酸デンプン，酸化デンプン，ヒドロキシプロピル化リン酸架橋デンプン，ヒドロキシプロピルデンプン，リン酸化デンプン，リン酸架橋デンプン，リン酸モノエステル化リン酸架橋デンプン）は食品添加物に指定されたた

め，表示が必要である．また，これらの化学的な加工デンプンと食品として扱われる物理的・酵素的処理をしたデンプンを使う場合には，両方の表示が必要である．

2.3.3 水

製めん工場では多量の水を使うが，そのうち製品品質に直接関係するのは，① 捏ね水，② ゆで用の水，および ③ ゆで後の冷却水，である．

水道水質基準に適合した水を使用する必要があるが，そのほかにめんの品質への影響を考慮して，① pH とアルカリ度，および ② 硬度，に注目したい．アルカリ度は水に溶解しているアルカリ分を炭酸カルシウムとして表示するもので，1 ppm が 1 度である．カルシウムの重炭酸塩を多く含む（アルカリ度が高い）水をゆで水として使うと，加熱によって二酸化炭素が放出されて炭酸塩になるので，pH が高くなる．このようなゆで水に接しためんの表面ではグルテンの結合が弱くなるので，煮崩れや肌荒れが生じやすい．そのため，アルカリ度は 20 度以下が良く，アルカリ度が高い水の場合には，煮沸した湯の pH が 6 くらいになるよう，中和することが望ましい．

硬度の計算法にはいくつかあるが，日本ではアメリカ硬度が使われている．水に溶けているカルシウム塩とマグネシウム塩の量を炭酸カルシウム（$CaCO_3$）に換算して ppm または mg/l で表わすもので，0〜60 未満が「軟水」，60〜120 未満が「中程度の軟水（中硬水）」，120〜180 未満が「硬水」，180 以上が「非常な硬水」と呼ばれている．硬度が高い水を使うと，グルテン形成とデンプンの膨潤が少し不安定になって，めんが硬めになる．実用上は，硬度が 120 ppm 以下であればほとんど問題ないと思われる．

2.3.4 塩

小麦粉に対する塩の使用量は，機械製めんでは 2〜5％，手打ちや手延べでは 4〜7％である．夏は塩の量を増やし冬は少なくして，生地の絞まり具合を調整する．日本そばに塩を使うことは少ない．塩がソバ独特の香りを消し，小麦粉の「つなぎ」効果を損なうからだが，乾めんでは，急速な乾燥を防ぐため塩を 1〜2％添加することが多い．中華めんには塩を使わない．

日本めんの製造における塩の役割は次の 6 点に要約できる．

① グルテンを引き締め，生地の弾性と伸展性を増す： 塩は生地中のグルテンの網目構造を引き締めるので，生地の弾性が増し，伸展性も少し増して，製めん操作を容易にする．手打ちうどんでは，水と塩を多くし，よく捏ねることでコシがある独特の食感をつくり出すが，適度に増やした塩が生地操作を容易にする．ただし，塩の量が多過ぎると，グルテンが変性して弾性が低下する．多加水製法では，加水量の増加による生地の軟化を防ぐために特殊なミキサーを使用するが，塩を多めに加えること

2. めん

も行われる．

② 酵素の活性を抑制し，生地熟成中の変化を少なくする

③ めんのゆで時間を短くする： ゆで湯に塩水を使うと，浸透圧の作用でゆで湯とめん内部の塩の濃度を同じようにしようとするため，めん内部に塩が入りやすく，塩を入れない場合に比べて，ゆで時間が少し短縮される．小麦粉に対して塩が0％と4％の場合のゆで時間とゆで歩留りの関係についての横塚[1]の実験データを図 II.2.2 に示した．塩を入れないと，めんの表面は軟らかくなるが，中心部は硬いままなので，おいしくない．

④ めんの味を良くする： 加えた塩の90％くらいはゆで湯中に溶出するが，わずかな塩味はめんの味を引き立てる．

⑤ 日持ちを良くする： 塩は水分活性を下げるので，めんの日持ちが良くなる．

⑥ 乾めんの急速な乾燥を防ぐ： 塩が多いと乾燥工程でめんが乾きにくく，急速な乾燥を妨げ，「縦割れ」や「落めん」が少ないため，乾めん製造では生・ゆでめんの場合よりも塩を多めに配合する．乾燥室の温湿度調節ができる工場では，めん表面からの水分蒸発と，めんの中心から表面に水が滲み出す速度のバランスをとりながら乾燥できるが，適量の塩が入っていると，極端な高湿度でなくてもゆっくりバランスがとれた乾燥が可能である．天日乾燥の時代には，大気の温湿度に応じた塩の添加量にすることも行われてきた．

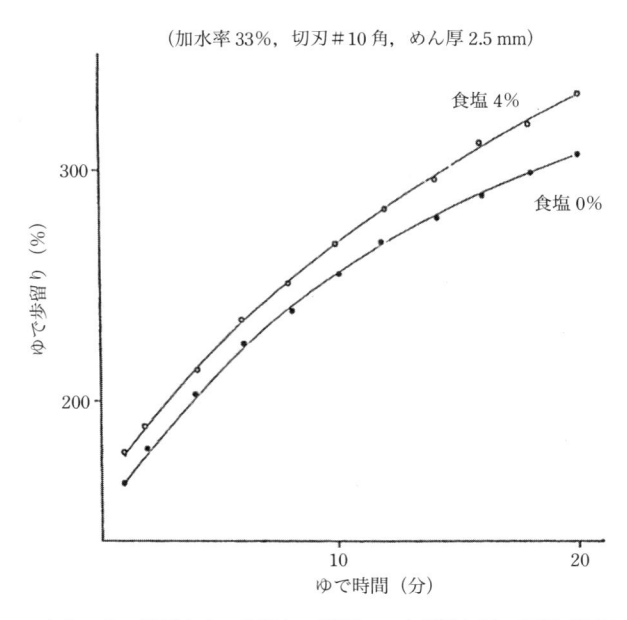

図 II.2.2　めんのゆで時間とゆで歩留りの関係への食塩添加量の影響（横塚, 1992 より）

2.3.5 かん水

　かん水は，炭酸カリウムと炭酸ナトリウムが主成分で，これに各種のリン酸塩が配合されている．食品衛生法で食品添加物になっており，「中華麺類の製造に用いられるアルカリ剤で，炭酸カリウム，炭酸ナトリウム，炭酸水素ナトリウム及びリン酸類のカリウム又はナトリウム塩のうち1種以上を含む．」と定義されている．一般的に，かん水の添加によって，グルテンの形成が促進され，生地がしまって独特の食感になる．また，小麦粉中のフラボノイドはアルカリ性のかん水によって中華めん特有の黄色になる．

　めんの種類によって配合が異なるかん水を使う．炭酸塩はリン酸塩よりしまった生地をつくりやすいが，炭酸ナトリウムより炭酸カリウムの方がしまった状態を持続する．ナトリウム系統はめんの表面のなめらかさを増し，独特の中華めんらしい香りにも貢献する．リン酸塩は金属のキレート作用によって，変色防止作用がある．添加量は季節によって変えるが，一般的には0.2～1.5％くらいで，生めんへの添加量は多いが，即席めんや焼きそばでは少ない．固形かん水，液状かん水，および小麦粉で希釈した希釈粉末かん水が市販されている．

2.3.6 添加物

　めんの品質改良，保存性の向上，栄養強化などを目的として，添加物を少量使うことがある．

　ピロリン酸4カリウム，ポリリン酸カリウム，ポリリン酸ナトリウムなどの重合リン酸塩は，グルテンが硬くなるのを抑え，保水性を高めることでめんを軟らかく保つ効果がある．脂肪酸エステルやレシチンなどの乳化剤はデンプンの老化防止とゆで溶け防止に役立つ．特徴ある食感にしたり，製造工程を安定化することを目的として，加工デンプン，カゼイン，アルギン酸ナトリウム，カルボキシメチルセルロース，グアガム，アルギン酸などの粘度安定剤を添加することもある．

　ゆでめんのpHを調節して細菌増殖を抑制する乳酸，クエン酸，リンゴ酸などの有機酸，生めんの水分活性を下げるプロピレングリコールやソルビトール，静菌効果があるエチルアルコールなどが，保存や殺菌の目的で使われることがある．

2. め　　　ん

2.4　製造工程

2.4.1　主なめんに共通の工程

めん類の製造工程は図 II.2.3 のように分類できる．

1) 混合・混捏による生地形成

　機械製めんの場合には，ミキサーに小麦粉と食塩水またはかん水を溶解した水を入れ，混合して水分を均一に分散させた後に，グルテンをある程度形成させるように適度な混捏を行って生地にする．

　4 タイプのミキサーが使われている．伝統的な「棒型のアームのミキサー」では，小麦粉に対して 30～35％ 加えた水が均一に分散され，少しグルテンが形成される．羽根の形を改良して多めの加水量でも混合できる「混捏型ミキサー」を用いると，グルテンの形成がある程度進む．大型製めん工場では「連続自動混合ミキサー」を使う．いろいろな形式，機能のものが開発されているが，原料供給，混合，および混捏を連続的に行う装置である．真空下で混捏を行う「真空ミキサー」も普及しており，パスタだけでなく，一般的なめん類にも広く使われている．うどんの表面がなめらかになる，細いめん類の食感が良くなる，冷凍耐性が良くなるなどの効果があるとされている．

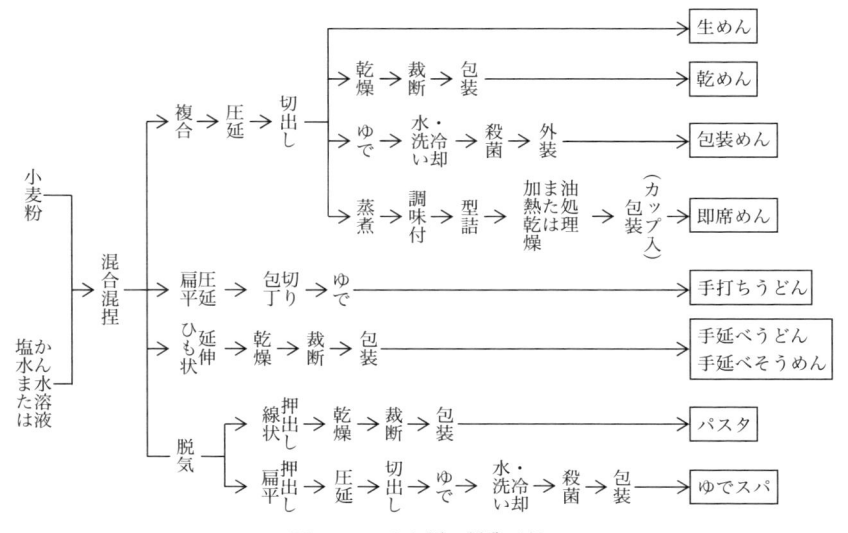

図 II.2.3　めん類の製造工程

手打ちめんでは，たらい状の容器に小麦粉を入れ，その中央にくぼみをつくって食塩水を注ぎ，手で混ぜて水和させて生地の塊にし，シートをかぶせて足で踏んで混合・混捏するか，これらの操作をすべて手で行う．写真 I.6.1 に示したように，機械製めんでは形成されるグルテンが一定方向に向いているが，手打ちではグルテンの網目構造が形成される．

手延べそうめんづくりでは，機械製めんの場合に比べて，小麦粉 100 に対して水 (45～50) と食塩 (5～6) を多く加えるのが特徴である．

2) 複合から成形まで

ミキサーで混合・混捏してつくった生地を次の 3 つの方法のいずれかで成形する．

a) 複合，圧延，めん線切り出しによる成形

複合，圧延，およびめん線切り出しによって成形する方式が最も多く行われており，機械で行う方式と手打ちによる方式がある．

機械製めんでは，ミキサーから出たそぼろ状の生地を一対のロールの間を通してまとまっためん帯にし，さらにいくつかの対になったロール機を順番に通して段階的に圧延して，目標の厚さにした後，切り刃ロールを通してめん線に切り出す．切り刃の 30 mm 幅の部分から等分に切り出されるめんの本数を「番手」といい，**表 II.2.2** のように日本工業規格 (JIS) で定められている．例えば，10 番の切り刃を使うと，幅が 3 mm のめんになる．ひらめんは 4～6 番，うどんは 8～16 番，ひやむぎ，そば，即席めんは 18～24 番，そうめんは 26 番以上の切り刃で切る．

ひやむぎとそうめんの厚さは，幅とほぼ同じか，やや薄めである．ゆでうどんでは厚さと幅がほぼ同じか，やや厚さの方が薄めだが，うどんを乾めんにする場合には，厚さを幅の 1/4 から 3/4 くらいにする．ひらめんでは厚さが 1.2～2 mm 程度である．ひらめん以外では，丸刃を使って切る断面が丸形のめんもある．手延べそうめんはロールや切り刃を使わないで手で何回も繰り返し延ばして細くしていくが，26 番の切り刃で切る以上の均一な細さに仕上がる．

手打ちめんでは，生地をめん棒で扁平圧延し，包丁でめん線に切り出す．

b) 撚延による成形

十分に練って捏ね上げてつくった生地を丸くし，包丁で直径 5～10 cm の細長い帯

表 II.2.2　切り刃によるめん類の分類（日本工業規格 B 9201）

区　分	ひらめん			うどん						ひやむぎ・そばおよび即席めん				そうめん		
番　手	4	5	6	8	10	11	12	14	16	18	20	22	24	26	28	30
線幅 (mm)	7.5	6	5	3.8	3	2.7	2.5	2.1	1.9	1.7	1.5	1.4	1.3	1.2	1.1	1

2. めん

状の生地片を切り出す．これに撚りをかけながら引き延ばし，付着と乾燥を防ぐために少量のゴマ油か綿実油を表面に塗りながら，採桶と呼ばれる容器に渦状に重ねて巻き込む．乾燥しないように覆いをして1晩ねかせ，再び，撚りながら延ばして直径が1〜2 cm程度の紐にし，油を塗る．

2本の竹管にこのめん紐を撚りながら延ばして8字形にかけ，室箱(むろ)に入れて熟成する．再び，撚りながら延ばして室箱に入れることを繰り返し，最終的には断面が丸形の1本ずつのめん線を得る．撚りながらの引き延ばしで，グルテンが細い繊維状になって，手延べめんに特有の食感がつくり出される．

秋田県の「稲庭うどん」の製造工程では，延ばす過程でローラーを用いてめん紐を「つぶす」ので，めん線の断面が角形である．

c) 混捏，押出しによる成形

ミキサーに原料を入れて加水し，ミキシングして生地をつくる．生地を真空ミキサーに送り，撹拌しながら脱気することによって生地中に含まれる空気を除去して圧縮する．これによって密な組織の生地になると共に，透明感がつくり出される．

脱気された生地を水冷ジャケットが付いたシリンダー（エクストルーダー）に送り，ウォームスクリューによって加圧し，ダイス（鋳型）から押し出す．ダイスの孔の形には円形，長方形など非常に多くの種類があり，製品の成形をする．材質はブロンズにテフロンコーティングしたものが多い．

ショートものは，ダイスを出た直後に数mm〜40 mmにカットし，ロングものは乾燥後にカットする．

2.4.2　生・ゆでめん

1) ゆ で

成形しためん線をゆで槽でゆでる．中小規模の工場のゆで槽は長方形で数段の移動式になっており，一方から生めんを入れて，順に移動してゆで上げる．大規模な工場では連続式自動ゆで装置が用いられており，切り刃から出た生めんが1食ずつ金網のバケットに投入され，チェーンコンベヤーでゆで槽を通り，水洗い槽，冷却槽を経て，連続的に包装機に送られる．

使う小麦粉にもよるが，ゆでうどんの歩留りは小麦粉 (25 kg) 1袋から1食250 gのめんが320食程度である．めん線に切り落とす際のロスを減らし，めんのゆで溶けを少なくして，歩留りを上げる努力が求められる．長くゆでてめんの水分含量を増やすと，めんが軟らかくなるので好ましくない．

2) 保存性の向上

ゆでめんは高水分の生鮮食品である．保存性を高めるためには，製造工程を清潔に

保ち，低温で流通することが必須である．

　補助手段として，乳酸，リンゴ酸，クエン酸などの 0.2〜0.25% 溶液にゆでめんを短時間浸して，pH を 5.0〜5.5 に下げることも行われている．蒸気による殺菌は品質低下を招かないようにする必要がある．

2.4.3　乾　め　ん

　静置式乾燥は少なくなり，連続移動式の室内乾燥機が一般的になった．温湿度が調節され空気循環が行われている室内を，竿に架けた生めんがチェーンで移動しながら乾燥される．乾燥温度は 35〜45℃，時間は太さによって異なるが，6 時間くらいの場合が多い．

　折れたり，縦割れが入らないように，予備乾燥，本乾燥，および仕上げ乾燥の 3 段階に分けて行う．予備乾燥では，低湿度の乾燥空気を大量に送って早く乾燥することによって，水分が多くて重い状態のめん線が自重で伸びるのを防ぐ．約 1 時間かけて，めん線の水分を約 40% から約 27% に減らす．本乾燥では，めん線表面から過度に水分が蒸発するのを抑えながら，めんの水分を 15〜16% にまで下げる．めん線内部の水分が表面に移動するが，その際に，生地中の塩がこの作用を促進する作用をする．この段階でのあまり急速な乾燥は好ましくないが，めん線内部の水分移動と表面からの蒸発を促進することは望ましいので，熱風を用いてもよい．仕上げ乾燥では冷風を用い，めん線周囲の湿度を下げて乾燥効果を上げる．

　手延べそうめんは昔から寒い季節につくり，木箱に詰めて，梅雨を越してから出荷するのが一般的だった．こうすると油臭さが消え，シャキッとした食感のめんになる．このように手延べそうめんを貯蔵して梅雨時を越させること，あるいは梅雨時を越すことによっておいしさが増すことを「厄(やく)」と呼ぶ．

　2 本の竿（細竹）に 8 の字にあやがけし，二つ折りして室箱に入れ，ねかす．その間に，竿の一方を固定し，もう一方を手で引いてめん線を細くすることを数回行って，細くする．最後に，屋外の乾燥台に移し，長い箸でほぐしながら竿の間の長さを順に広げてゆき，1.3 mm 以下の太さにする．乾燥後，一定の長さに切断し，箱に入れる．以前は，これらの工程のすべてを手や足で行っていたが，機械化が進んでいる．また，油を使う量を減らし，代わりにデンプンで付着を防ぐことも行われている．

　厄によって，手延べそうめんの硬さが増す．小麦粉中のグルテンになるタンパク質，中でも生地に弾力を与えるグルテニンが厄を経ることによって硬さを増すからである．ぬった油は厄によって加水分解され，脂肪酸の一部がタンパク質に結びつくため，この傾向が強まる．同時に油臭さもなくなる．

　厄に似た現象はすべてのめん類で起こり，貯蔵によって，めんの硬さが増す傾向がある．このことはうどんやひらめんなどの太いめんではマイナスだが，細いそうめん

では食感が良くなる．また，日本中で小麦がつくられていたころ，瀬戸内海や九州などの手延べそうめんの産地でつくられていた小麦はタンパク質の量があまり多くなかったので，厄によって少し硬めの食感にする必要があったと思われる．オーストラリアのめん用として優れたASW小麦を使えるようになった現在では，必ずしも厄を必要としない場合もある．

2.4.4 即席めん

1) 蒸熱，裁断，計量

切り出した生めんをネットコンベヤーに載せ，約95℃に保った函型の蒸気槽中を1〜2分間通過させて，生地中のデンプンをα化する．蒸気槽を出ためん線を自動カッターによって裁断し，1食分ずつに計量する．

2) 乾燥・脱水

油揚げによって短時間で乾燥・脱水する方法と，熱風乾燥によって乾燥する方法がある．湯戻しが速いめんを得ることが最大の目的である．

a) 油揚げ

めんそのものに味を付ける場合には，1食分ずつに計量しためんに調味液を噴霧して味付けし，型詰め後に油揚げする．スープ別添の場合には，計量しためんを直接型詰めして油揚げする．

横に5〜8個連結した揚型（小さい穴が開いており，丸型，角型，小判型などがある）が揚槽の2倍以上の長さで縦方向に連続している．めんが入った揚型に小さい穴がある鉄製のふたがかぶさった後，鉄製またはステンレス製の揚槽に入る．主に植物性の油（パーム油など）を使い，一部にラードなどの動物性のものや，これらの混合油，水添油なども使う．油揚げは140〜160℃の温度で1〜2分間である．揚油の劣化を防ぐため，新油添加率が1時間当たり12％以上になるように，常時新油を加え，揚げかすを除去したり，大豆抽出物のトコフェロール（ビタミンE）などの天然抗酸化剤を加えるなどを行う．

b) 熱風乾燥

小さい穴が開いた金属製乾燥型に詰められためんは，コンベヤーによって熱風乾燥機に入り，乾燥される．熱風の温度は95〜105℃，乾燥時間は40〜50分で，最終製品水分が14.5％以下になるようにする．

3) 冷却・包装

乾燥，脱水されためんを揚型や乾燥型からはずし，ネットコンベヤー上を移動しながら，冷風で強制冷却して，室温まで冷ます．冷却後，自動供給装置で1列に整列

させて，変形，型崩れ，異物混入などの異常がないかを検品する．カップめんの場合には，めんをカップに投入し，調味料およびやくみまたはかやくを自動供給して，ふたをして密封後に，ポリプロピレンフィルムでシュリンク包装して，段ボール詰めするが，これらの工程はすべて自動化されている．味付け油揚げめんの場合には，検品しためんをそのまま包装する．スープ別添油揚げめんとスープ別添α化乾燥めんの場合には，めん，スープ，かやくなどを自動包装する．包装後は段ボール詰めし，製造年月日を刻印して出荷する．

2.4.5 パスタ

前述した混捏，押出しによる成形によってダイスから出た生地片は，それ以降の工程に送られる．

1) 乾燥

a) 予備乾燥

まず，水分が多い生地片をプレドライヤーに入れ，熱風を循環させながら短時間で表面の水分を除去する．次の工程で付着したり，変形するのを防ぐ効果がある．

b) 本乾燥

予備乾燥で表面が硬くなった生地をファイナルドライヤーに移す．ショートものはベルトタイプのドライヤーが多く使われるが，ドラムタイプもあり，製品の種類によって3〜10時間で乾燥する．ロングものはトンネルタイプになっており，成形した生地を吊り下げたステッキが移行しながら乾燥する．温度は50〜90℃だが，90℃前後の高温乾燥が主流になっており，5〜20時間で乾燥する．

表面は水分の蒸発が進み，内部の水分との差が大きくなって内部にひび割れが生じやすいので，表面の乾燥を押さえて，内部からの拡散を促すように温湿度条件を設定する．乾燥は製品の色や調理特性にも影響するので，厳重に管理する．

2) 冷却・包装

乾燥が終わると，冷却する．乾燥工程の後段に設置された安定化ゾーンまたは冷却ゾーンで冷却するか，その設備がない場合には，製品サイロに入れて温度を下げ，品質を安定させる．

冷却・安定化した製品は，自動計量包装機で計量され，ポリエチレンやポリプロピレンなどの包材から自動的につくられた袋に包装される．家庭用は150g〜1kg包装，業務用は1〜4kg包装のものが多い．

包装された個々の製品の一定数が段ボール箱に詰められて，出荷される．

2.4.6 製品の安全管理

安全な製品を出荷するため，企業や工場の中には，ISO 9001 や 22000，HACCP，AIB 方式などの安全管理システムを導入し，またそれに準じた各社独自の方法での管理を進めているところがある．そういうところでは，ふるいなど各種の選別機，金属検出器，X 線検査機などによる異物の除去や検出，表面検査機による外観異常の検出，印字検査機による印字ミスの検出などによる安全性向上への努力が行われ，トレーサビリティへの配慮もされている．

しかし，めん業界全体でみると，製品の安全管理に関して，企業や工場間の格差が非常に大きい．工場内に非衛生な箇所はないか，工程内に原料や中間品が滞留するような設備になっていないかを繰り返し見直して，不具合箇所があれば直ちに改善したい．また，高い頻度で定期的に清掃を行い，不衛生なものを工場内から排除する．使用する原材料についても，納入業者と連携をとって安全であることを常時確認したい．

2.5 規格や表示制度

めん類の規格や表示に関係する制度や規約には次のものがある．

2.5.1 JAS 法に基づく JAS 規格と品質表示基準

「農林物資の規格化及び品質表示の適正化に関する法律」(JAS 法) は，「日本農林規格制度 (JAS 規格制度)」と「品質表示基準制度」から成っている．

JAS 規格制度には，① 乾めん類，② 即席めん，および ③ マカロニ類，の JAS 規格がある．マカロニ類のそれは**表 II.2.1** に示したが，乾めん類と即席めんのそれの要点を抜粋して，**表 II.2.3**，および**表 II.2.4** に示した．なお，即席めんの JAS 規格には食品添加物について詳細に定められているが，紙面の都合で省略する．

品質表示基準制度には，① 乾めん類，② 即席めん，および ③ マカロニ類，の品質表示基準がある．

2.5.2 公正競争規約

「不当景品類及び不当表示防止法」に基づく「公正競争規約」が定められており，公正取引委員会の認定を受けて，事業者または事業者団体が表示または景品類に関する事項について自主的に設定する業界のルールである．

全国生めん類公正取引協議会が定めた「生めん類の表示に関する公正競争規約」と，日本即席食品工業公正取引協議会が定めた「即席めん類等の表示に関する公正競争規

約」がある．

表 II.2.3　JAS 規格の干しめんの規格

区　分			基　準
食　味			調理後の食味が良好であり，かつ，異味異臭がないこと
め　ん	外　観		1. 色沢および形態が良好であること 2. 切損がほとんどないものであること
	原材料	食品添加物以外の原材料	次に掲げるもの以外のものを使用していないこと 1. 小麦粉 2. デンプン 3. 食用植物油 4. 食塩 5. 抹茶および粉末野菜
		食品添加物	次に掲げるもの以外のものを使用していないこと 1. 着色料（長径が 1.7 mm 未満に成形したものに装飾用として加える場合に限る）アカキャベツ色素，クチナシ青色素，クチナシ赤色素，クチナシ黄色素，コチニール色素，シソ色素，ベニバナ赤色素およびベニバナ黄色素のうち 3 種以下 2. めん質改良剤
			酢酸デンプン
異　物			混入していないこと
内容重量			表示重量に適合していること

表 II.2.4　JAS 規格の即席めんの規格

区　分	基　準
一般状態	性状および色沢が良好であること
異　物	混入していないこと
食　味	調理後の香味が良好で，異味異臭がないこと
水　分[1]	油処理により乾燥したもの以外のものにあっては，14.5％以下であること
水素イオン濃度[2]	pH3.8 以上 pH4.8 以下であること
食品添加物	（省略）
添加調味料およびやくに使用される食品添加物	甘味料，着色料，糊料および漂白剤（それぞれ化学的合成品のものに限る）ならびに保存料を使用していないこと
内容重量	表示重量に適合していること
容器または包装の状態	密封されていること．ただし，食器として使用できる容器にめんを入れてあるものにあっては，その容器の破損または変形により熱湯などの内容物がこぼれないものであること

1) 即席めんのうち，めんを蒸しまたはゆで，有機酸溶液中で処理した後に加熱殺菌したもの（「生タイプ即席めん」という）を除く．
2) 生タイプ即席めんに限る．

2.5.3 消費期限と賞味期限の表示

「食品衛生法」と「農林物資の規格化及び品質表示の適正化に関する法律」に基づいて，品質の劣化が速い生めん類には「消費期限」を表示する必要があるが，比較的品質が劣化しにくい乾めん類や即席めん類の場合には「賞味期限」を表示する．

2.5.4 地域での表示への取組み

「三輪素麺」，「播州素麺」，「揖保の糸」，および「稲庭うどん」はデザイン化された文字や図案との組合せで商標登録されている．

平成18年に施行された「商標法の一部を改正する法律」によって「地域団体商標制度」が始まり，幌加内そば，伊勢うどん，和歌山ラーメン，神埼そうめん，五島うどん，五島手延べうどん，沖縄そばなどが登録査定されている．

「地域特産品認証制度」によって，地域で生産され，地域の原材料や地域の技術により製造が行われたと認証された食品を「地域特産品認証食品」（略して，「Eマーク商品」）と呼ぶ．Eは，優れた品質（Excellent Quality），正確な表示（Exact Expression），地域の環境と調和（Harmony with Ecology）の頭文字からきている．都道府県が品質や表示についての基準を定め，申請に基づいて認証基準を満たしているかを審査し，適合するものにEマークの使用を認める制度である．めん類についての基準を定めているところも多く，東京都の「生うどん」と「ゆでうどん」の認証基準では「関東産の小麦を製粉したものを原料とし，都内で製造された生うどん，ゆでうどん．アルコールおよび酸味料以外の食品添加物を使用していないこと．」と定めている．

2.6 今後の製品開発と技術

1) 新需要の掘り起こし

日本人はめん類が好きである．消費者の生活パターンが変化する中で，これまで，めん全体では着実に需要が伸びてきたといえる．しかし，限られた需要をめぐって食品間の取合いが激しくなっている．消費者の生活パターン変化の方向を見極め，消費者が食べたくなるような新製品の開発，食べ方やめんを中心としたメニューの開発，それらのPR，および販売が求められる．

消費者のグルメ志向に沿う製品や食べ方，昔懐かしい形や味，伝統的なものへの回帰志向を活用した製品や食べ方，地元の産品を使った製品，手づくり感覚の製品，技術的な工夫が目に見える形の製品，おいしさを保ちながら買いやすい価格の製品などの提供が考えられる．

2) 健康志向への対応

　消費者のめんに対する健康イメージを常にプラスのものにしておく必要がある．炭水化物摂取を軽視する一部の人たちの風潮を払拭するべく，いろいろな切り口から業界こぞって絶えず努力する必要がある．食事全体の中での炭水化物摂取率の低下を防ぐためにめんが果たすことができる役割を見直し，めん食拡大の PR を続けたいものである．

　生活様式の変化から，加工食品に健康要素を求める消費者が増えている．めんは原材料配合が単純で，機能性素材などを配合するのには適さないが，食べ方の工夫で消費者の要望に応えることが可能であろう．医療食への対応も今後のテーマである．

3) 安全性の追求

　消費者が安心して食べることができるめんの提供は，常に心がけなければならない永遠のテーマである．異物，微生物，微量有害物質，添加物などに配慮した製造を行うと共に，トレーサビリティも重要である．

4) 技術革新

　技術全体の進歩はめざましい．製めん機械メーカーの協力を得て，伝統的な製法の良さを活かしながら，他分野の技術も上手に導入して，製めん工程の生産性と品質の向上を追求していきたい．原材料メーカーからの情報や新技術を活用した新製品も期待される．

参 考 文 献

1) 横塚章治：製めんにおける食塩の役割, 調理科学, **25** (1), 47-50 (1992)

3. 菓　　　　　子

3.1　日本人と小麦粉系菓子

　8世紀ころに，遣唐使たちが中国から「唐菓子」を持ち帰り，菓子が食べられ始めた．平安時代に「八種唐菓子」と呼ばれたものの中に，小麦粉を捏ねて焼くか蒸したものと，小麦粉を捏ねて油で揚げたものがあった．

　「まんじゅう」も中国から伝来の「マントウ」が起源のようである．2系統があったようで，鎌倉時代の1241年と南北朝時代の1349年が伝来年といわれている．それらとは別に，小豆あんを入れたまんじゅうが普及していった．「せんべい」は平安朝のころに弘法大師が中国から伝えたといわれているが，当時のものは米粉や葛でつくったものだった．

　室町時代（16世紀の終わりころ）に伝来したキリスト教といっしょに，ポルトガルやオランダから砂糖を使った菓子が入ってきた．「カスティラ」，「ボーロ」，「コンペイトウ」，「ビスカトウ」，「アルヘイトウ」，「カルメラ」などという名前のもので，その当時，これらの菓子を「南蛮菓子」と呼んでいた．小麦粉のほかに，砂糖，卵，牛乳などを配合する点で，それまでの唐菓子系統のものとは，つくり方，味，および食感がかなり異なるものだった．17世紀前半には，現在も営業している老舗の菓子屋が長崎に誕生し，かすてらをつくって販売した．キリスト教への弾圧があったため，つくり方はひそかに伝えられることが多くなり，そのうちに日本人の好みに合うように少しずつ変化していった．伝来した土地にちなんだ「長崎かすてら」とか「佐賀ボーロ」のような名前が，今でも残っている．

　江戸時代には，鎖国の影響で菓子も日本独自の発展をした．小麦粉せんべいが食べられるようになったのは，江戸時代になってからのようである．庶民的な小麦粉菓子の代表ともいえる「今川焼き」や「たいやき」なども，この時代に登場した．

　明治時代になって鎖国が解かれると，ヨーロッパやアメリカからいろいろな菓子が入ってきた．製造技術や機械も導入され，ビスケットや洋生菓子が庶民の間に普及していった．第二次世界大戦時と直後の食糧難時代にはほとんど生産されなかったが，1950年代以降，経済の復興と食生活の多様化の大きな流れの中で，多種類の小麦粉菓子がつくられ，消費されるようになった．長い歴史を持つ和菓子類に加えて，比較的新しく外国から導入された洋菓子類も，本場そっくりのものと日本人に合うように

3. 菓　　　子

つくり変えられたものが入り混じって，豊かな菓子の世界をつくり出している．

3.2　小麦粉系菓子の種類と特徴

　日本で多く市販されている菓子の中から，小麦粉が原料の主なものを分類してみると，**表II.3.1**のようになる．「焼きもの」，「揚げもの」，および「生菓子」に大きく分けることができ，それぞれに和風と洋風のものがあり，一部に中華風の菓子もある．

表II.3.1　日本での小麦粉菓子のいろいろ

大分類	中分類		代表的な菓子の名称
焼きもの	ビスケット類		ハード・ビスケット ソフト・ビスケット クッキー クラッカー
	焼きもの（小もの）		佐賀ボーロ そばボーロ
	せんべい類		瓦せんべい 南部せんべい
	ウェハース		ウェハース
揚げもの	ドーナツ類		ケーキ・ドーナツ イースト・ドーナツ
	油菓		かりんとう
生菓子	和	焼きまんじゅう	栗まんじゅう 唐まんじゅう どらやき 今川焼き・たいやき
		蒸しまんじゅう	酒まんじゅう 蒸しまんじゅう
		かすてら	長崎かすてら
	洋	ケーキ類	スポンジケーキ バターケーキ ワッフル ホットケーキ シュークリーム パイ バウムクーヘン クレープ
	中華	蒸しまんじゅう	あんまんじゅう 肉まんじゅう

3.2.1 焼きもの

　ビスケットは，世界中で食べられている．語源はラテン語のビス・コクトウ（bis coctus）で，「二度焼かれたもの」を意味している．日本では，このビスケットを「ハード・ビスケット」と「ソフト・ビスケット」に分けている．砂糖やショートニングの配合割合が多いものがソフト・ビスケットだが，その中でも特にそれらの配合量が多いものを分けて，「クッキー」と呼んでいる．アメリカでは呼び名が異なり，日本やイギリスでビスケットと呼んでいるもののほとんどが，アメリカではクッキーと呼ばれる．「サブレ」とは，フランス語でクッキーのことである．「パルミエ」はシュロの葉形をした甘いクッキーで，フランス語でパルミエは「椰子」という意味である．中華菓子のクッキーもあり，西洋から伝来したものとは違う独特の食感，風味である．

　クラッカーには，アメリカタイプの「ソーダクラッカー」，イギリスタイプの「クリームクラッカー」，および「酵素クラッカー」があるが，日本で市販されているものの大部分はソーダクラッカーである．クラッカーが日本で本格的に製造されるようになったのは，1955（昭和30）年である．ソーダクラッカーは，サクサクっとした食感と，発酵で生成した食味が特徴で，おかずを挟むかのせて食事で食べられ，チーズとの組合せで酒のつまみになるほか，スナックとしても食べられている．

　三角形を3つ組み合わせたように見える「プレッツェル」の原形は，紀元前4世紀ころからつくられていた．古代エジプト人が，神と人間と自然のサイクルを表わした三角形（ピラミッド）を特別に崇拝していたことから，古代エジプトがその起源だとも考えられる．中世のヨーロッパの僧院で四旬節用に小麦粉，塩，水だけで捏ねて焼いていた「ブラセルス」という特殊なパンからその名前がきており，両腕を胸のところで交叉して祈りを捧げている姿を表わしているともいわれる．光沢があり，塩味が効いたビスケット状の軽い菓子である．ドイツでは，ビールのつまみとしてなくてはならない．塩味が基本だが，スパイスやチーズで味付けしたもの，チョコレートをかけたものなどもつくられている．11～12世紀ころ，ヨーロッパではギルド制（同業組合）ができ，ドイツやオーストリアのパン屋は，業種を示す看板としてプレッツェルをかたどった紋章を店頭に掲げた．今日でもその地域では，この紋章を店頭に掲げているパン屋が数多くある．

　「乾パン」，「ウェハース」などもビスケットの仲間である．瓦形に焼いた「瓦せんべい」（**写真II.3.1**）は小麦粉せんべいの代表格ともいえるが，瓦の実物大ではなく，小形の製品が多くなった．岩手県南部藩で生まれた糖分を使用しない素朴な味の「南部せんべい」（**写真II.3.2**）は，場所によって「八戸せんべい」，「津軽せんべい」などとも呼ばれて，根強い人気がある．ピーナツ，ゴマなどを加えたバリエーションが楽

289

3. 菓　　　子

写真 II.3.1　瓦せんべい　　　　　　写真 II.3.2　南部せんべい

しめる．「佐賀ボーロ」，「そばボーロ」なども，小麦粉を主原料にした焼きものである．

3.2.2　揚げもの

　揚げものの代表的なものはドーナツである．オランダで「オリークック」と呼ばれていた揚げたボウル状のものの真ん中にクルミをのせた菓子が，英語の「ドー（生地）ナッツ（クルミ）」の起源と考えられている．イギリスの清教徒がメイフラワー号でアメリカ新大陸へ向かう途中でオランダに立ち寄った際に，つくり方を覚えた．アメリカへ渡ってからは，クルミが手に入らなかったため，代わりに真ん中に穴を開けて油で揚げたと伝えられている．

　ドーナツの穴の起源については，もう一つの説がある．19世紀中ごろのアメリカに，グレゴリーという名前の船長がいた．彼が子供のころ，母親が油で菓子を揚げてくれたが，中心部まで火が通っていなかったので，一計を案じて真ん中をくり抜いて揚げてもらったのが始まりだともいわれている．

写真 II.3.3　ソフトかりんとう

3.2 小麦粉系菓子の種類と特徴

その後，アメリカでは，真中に穴を開けた伝統的なドーナツから，さまざまなタイプのドーナツが生まれた．膨剤で膨らませるタイプの「ケーキドーナツ」とイーストで発酵して膨らませる「イーストドーナツ」があるが，後者は前述したようにパンの一種と考えられている．形，色，味，表面の飾りつけ，内部の詰め物などに変化をもたせた多種類のケーキドーナツが市販されている．

日本の伝統的な駄菓子の「かりんとう」には，イーストで発酵させて軽い食感にした「ソフトかりんとう」(**写真 II.3.3**) と，膨剤を使って硬めに捏ね上げた生地から硬めの食感に仕上げた「ハードかりんとう」があり，地域による差もある．

3.2.3 生菓子

1) まんじゅう

まんじゅうは，加熱の仕方で「焼きもの」と「蒸しもの」に分けられる．「栗まんじゅう」，「かすてらまんじゅう」，「唐まんじゅう」，「どら焼き」(**写真 II.3.4**)，「今川

写真 II.3.4　どら焼き 　　　　　　　写真 II.3.5　月　餅

写真 II.3.6　まんじゅう

3. 菓　　　子

写真 II.3.7　かすてら

焼き」，「回転焼き」，「たい焼き」などは焼きもので，中華菓子の「月餅」（写真II.3.5）も焼きまんじゅうである．「酒まんじゅう」，「蒸しまんじゅう」（写真II.3.6），「小麦まんじゅう」，「温泉まんじゅう」などと呼ばれるものは蒸しもので，昔から家庭でもつくられてきたし，観光地の土産品や地方の名産品として味や形に工夫がこらされ，いろいろな名前が付けられて売られている．これらにも，酒種などを使って発酵によってつくるものと，膨剤で膨らませるタイプがある．

2）かすてら

「長崎かすてら」（写真II.3.7）の製法は伝来した長崎から京都に伝えられ，江戸時代になって江戸でも盛んにつくられた．水飴や蜂蜜を使うなど，配合や製法に工夫が加えられ，やや濃厚な味になって，現在のような日本独特のかすてらに変化していった．日本茶にも，紅茶やコーヒーにも合うかすてらは洋菓子をベースにした和菓子と考えられ，今日でも人気がある高級な菓子である．

3）ケーキ類

ケーキには種類が非常に多い．その中でも「スポンジケーキ」が代表的なもので，「スポンジ」とは海綿を意味し，内部に細かい気泡が無数にあり，軽く浮いていて，ふわっとしている．「ショートケーキ」，「デコレーションケーキ」，「レイヤーケーキ」，「ファンシーケーキ」など，スポンジケーキを加工したものは多く，広く使われている．また，その技術は「ロールケーキ」づくりにも応用されている．

スポンジケーキより油脂を多く配合する「バターケーキ」（写真II.3.8）もケーキの代表格の一つである．配合がリッチなので，ケーキそのものの持ち味を活かすため，デコレーションなどを行わないものが多い．

ケーキ類は，伝来の経緯とその性質から，外国語に由来する名前が付けられている．

写真 II.3.8　バターケーキ

　栗のピューレをのせた「モンブラン」は，イタリアとフランスの国境にあるアルプス最高峰のモンブラン山から名付けられ，フランス語でモンは「山」，ブランは「白」を意味する．「ミルフィーユ」はパイにカスタードクリームなどを挟んだもので，フランス語でミルは「千」，フィーユは「葉」や「紙片」を意味し，薄い層がたくさん重なっていることを示している．結婚式の引き出物にも使われる「バウムクーヘン」はドイツに古くから伝わる祝い菓子で，鉄の棒に菓子の生地を巻きつけて回転しながら焼き，幾層にも焼き重ねるため，切り口が樹木の年輪に似た形になっている．ドイツ語でバウムは「樹木」を，クーヘンは「菓子」を意味する．
　「ザッハートルテ」は，オーストリア・ウィーンのオペラ座の隣にあるザッハーホテル横の店で買うことができる．ウィーン会議（1832年）の時の宰相だったメッテルニヒがエドワード・ザッハーに命じてつくらせたのが始まりといわれている．「サバラン」は発酵した生地をリング型に焼き上げ，ラム酒入りシロップをしみ込ませたケーキである．フランスの美食家だったブリア・サバランにちなんで名付けられた．
　貝殻状の型に入れて焼き上げた「マドレーヌ」はバターケーキの一種で，小麦粉に卵，砂糖，バターなどを多く配合してつくる．考案者のマドレーヌ・ポルミエの名前をとったようである．「シャルロット」は型の内側にビスケットやパンを張り付け，果物，クリームなどを詰めたフランス料理のデザートである．シャルロット王妃の名前が付いている．「パウンドケーキ」は小麦粉，砂糖，卵，バターを1ポンド（パウンド）ずつ混合してつくったことから，「ワンパウンドケーキ」と呼ぶ代わりに，短縮形で呼ばれるようになった．イギリスでよく食べられており，生地にレーズンを混ぜ，

3. 菓　　　子

ケーキの表面をチェリー，アンゼリカ，プラム，レモンピールなどで飾ったものが多い．

　パイにも，生地だけを成形して焼いたパイ菓子や料理の飾り，煮リンゴをパイ皮で包んだ「アップルパイ」(**写真 II.3.9**)などのケーキパイのほかに，魚や野菜料理をパイ皮に詰めたパイ，チキンパイ，ミートパイなどがある．つくり方にも，フレンチタイプの折りパイと，アメリカンタイプの練りパイがある．皿形のディッシュパイ，角形のコルネパイ，長方形のアルメットパイ，木の葉形のリーフパイなどがある．イタリア生まれのピッツァ，ロシアのクレビャーカ，中国のスウピンなどもパイの一種である．

　シュークリームは，フランス語では「chou á la créme」である．chou は「キャベツ」を意味し，形が似ているところから名付けられた．つまり，キャベツの形をしたクリーム入りの菓子である．アメリカでは「cream puff」ともいう．

　フランスのブルターニュ地方には，街角にクレープを焼きながら売る店が多くあり，若者たちが立ち食いを楽しんでいる．日本にも，クレープショップが増えた．フランスの家庭では，クレープを手軽に焼いて食べることが多い．「クレープ (crêpe)」というフランス語は「ちりめん」とか「縮み」を意味し，その語源はラテン語の「crépus (縮んで波打つ)」である．クレープデシン (フランスちりめん) のように薄く焼いたもので，パンケーキの一種といえる．

　13世紀にクレープという言葉が使われていたという記録があるようだが，今のようなクレープは16世紀に聖燭祭 (2月2日) の時に焼いて食べたのが始まりのようで，17世紀になってから一般に普及した．菓子として食べられるほかに，料理にも使える．菓子用の生地には少量の砂糖を加える．果物のソースをかけたり，中にジャムやクリームを塗ったり，生や煮た果物，チーズなどを包んで食べる．ハム，加熱処理した肉，生や煮た野菜などをマヨネーズやホワイトソースで和えたものを挟んだり，巻

写真 II.3.9　アップルパイ

いたりすると，料理の一品になる．「クレープシュゼット（crêpe suzette）」という高級デザートがあるが，クレープをバターでソテーし，コニャックを加えたオレンジソースをかけ，火をつけてアルコール分を燃やしたものである．

3.3 原材料の種類と品質

3.3.1 小麦粉

1) ケーキ用粉

ケーキ用粉には，オーブンでよく膨らみ，冷却後も極端に収縮しないで体積が大きく，内相のキメが細かくて，ソフトな食感のケーキができることが求められる．そのためには，① タンパク質の量が少なくてその質がソフトである，② デンプンの糊化特性がケーキづくりに適している，③ デンプン分解酵素の α-アミラーゼ活性が低くて，アミログラム粘度が正常である，および ④ 粒度が細かくて揃っている，ことが必要であり，薄力粉の中からこれらの要件を満たしているものを選びたい．

製菓適性が高いアメリカ産のウエスタン・ホワイト小麦のうちのタンパク質含量が多くないロットを原料にして挽砕し，製粉工程でケーキ適性が高いストリームを選んでケーキ用粉をつくる．ストリームの選び方によって，ケーキ加工適性が微妙に異なる製品がつくられ，市販されている．

2) かすてら用粉

薄力粉の中でも，特にタンパク質の量が少なめのソフトな質の小麦粉が適している．そのため，製粉工程で特別な加工処理をしてかすてらへの適性を高めた「かすてら専用粉」も市販されている．

3) クッキー用粉

クッキー用粉には，よく広がって口溶けが良いクッキーができることが求められる．そのためには，① タンパク質の量が少なくてその質がソフトである，② デンプンの糊化特性がクッキーづくりに適している，および ③ デンプン分解酵素の α-アミラーゼ活性が低くて，アミログラム粘度が正常であることが必要であり，薄力粉の中からこれらの要件を満たしているものを選びたい．

ケーキ適性が高い薄力粉はクッキーにも適性が高いので，ケーキに適する薄力粉の中から選べばよいが，製菓適性が高いアメリカ産のウエスタン・ホワイト小麦のうちのタンパク質含量が多くないロットを原料にして挽砕し，製粉工程でクッキー適性が

295

高いストリームを選んだ「クッキー専用粉」も市販されている．

4) その他の菓子用粉

一般的には，薄力粉（1～2等粉）と菓子用の中力粉（1～2等粉）が菓子製造に使われる．その菓子の製造に適したタンパク質の量と性質の小麦粉を用いたい．業務用には，特定の菓子への適性を備えた何種類かの専用粉も市販されているので，必要な特性を製粉会社に伝えて，最も適した小麦粉を選んでもらうのもよい．

3.3.2 鶏　　　卵

卵殻を取り除いた卵黄と卵白は，菓子類の製造に幅広く使われる．そのタンパク質が熱で変性して凝固する性質は，ケーキやかすてらの内相の組織づくりに利用される．卵黄に約15%含まれるタンパク質の大部分は低密度リポタンパク質（LDL）と高密度リポタンパク質（HDL）として存在しており，LDLは強い乳化性を，HDLはできた乳濁液を安定化する効果がある．卵白に約10%含まれるタンパク質の50%強がオボアルブミンで，起泡性と熱凝固性がある．

全卵，卵黄，または卵白を殺菌し，容器に入れた「液卵」は，8℃以下の低温で流通，保管される．液卵を−18℃以下に冷凍したものが「凍結卵」である．全卵と卵黄の凍結卵では，リポタンパク質の凍結変性を防ぐために砂糖を10～20%加えたものがある．無糖の凍結全卵は起泡力が低めである．また，凍結すると卵黄がゲル化する傾向がある．液卵または凍結卵を噴霧乾燥したものが「乾燥卵」である．乾燥卵白ではタンパク質と糖がメイラード反応を起こしやすいので，脱糖処理がされる．乾燥全卵と乾燥卵黄では脱糖しないものが多いが，乾燥によるリポタンパク質の損傷によって起泡力が低下している．

3.3.3 油　　　脂

ショートニング，マーガリン，バター，およびてんぷら油が使われる．

1) ショートニング

食用油脂を原料として製造した固状または流動状もので，可塑性，乳化性などの加工性が付与されたものがショートニングである．水分と乳成分を含まない点が，マーガリンとの違いである．特性の差を活用して，幅広い使い方がされている．

生地への練込み用に使われるショートニングには，純植物性，動植物油混合，硬化油のみの全水添型などがある．窒素ガスを分散含有させて，軟らかくて生地へ混合しやすくした白色のものである．製菓工程で発生する二酸化炭素や水蒸気が窒素ガスの界面で捕捉されるので，ケーキの内相が均一になるともいわれる[1]．

モノグリセリドを 10〜20％配合した高乳化型ショートニングは砂糖を多く配合するケーキなどに使われる．サラダ油を主原料にし，モノグリセリドなどの乳化剤を 5〜10％添加した液体ショートニングはバタースポンジケーキの連続生産やケーキのオールインミックス法などに有用である．液体ショートニングは常温保管が望ましい．

バタークリーム用のショートニングはクリーミング性，酸化安定性，および口溶けが優れており，無味無臭なので自由な味付けが可能である．ビスケット，せんべいなどのサンドクリームの製造には，酸化安定度が高い硬化油をベースにしたショートニングを使いたい．バタークリーム用ショートニングは冷蔵保管する．

菓子のフライ用ショートニングとしては，植物油脂を原料にした酸化安定性の高いものが使われる．粉末またはパウダーショートニングと呼ばれる油脂をカゼインや糖類でカプセル化したものが，スポンジケーキ，まんじゅうなどに幅広く使われる．保存安定性が高く，取扱いやすくて，生地への分散性が優れている．食感改良効果も期待できる．

2）マーガリン

JAS 規格では，油脂含有率が 80％以上の「マーガリン」と，油脂含有率が 80％未満の「ファットスプレッド」に分けている．

a）マーガリン

マーガリンは食用油脂（乳脂肪を含まないもの，または乳脂肪を主原料としないもの）に水等を加えて乳化したもので，可塑性のものと流動状のものがある．

主にパイに使われる「ロールイン用マーガリン」は，延展性と幅広い温度への耐性が求められる．取扱いやすいシート状，ブロック状，ダイス状，ペレット状などの製品がある．通常のマーガリンは W/O（油中水）型だが，O/W（水中油）型にした「逆相マーガリン」は延展性がさらに優れており，パイなどのロールイン用として適している．

「バタークリーム用マーガリン」は W/O（油中水型）で，クリーミング性，保形性，吸水性，および口溶けの良さが求められる．ケーキのトッピングやサンドに使われる．O/W/O 型の二重乳化マーガリンは，さらにクリーミング性，保形性，および保存性を高めたもので，口溶けや風味も改良されている．

シュー用には生地に適度の粘性を付与する特性が求められるので，マーガリンにカゼインや糊料などを添加したものが使われる．

b）ファットスプレッド

食用油脂に水などを加えて乳化し，急冷練り合わせした「低油分マーガリン」と，食用油脂に水などを加えて乳化した後，風味原料を加えて急冷練り合わせした可塑性のある「風味スプレッド」がある．

3. 菓　　　子

3) バター

　原料乳から分離したクリームを乳酸菌で発酵した「発酵バター」と，発酵しない「無発酵バター」があり，それぞれに塩を含む「有塩バター」と塩無添加の「無塩バター」がある．製菓用には無発酵の無塩バターが使われることが多いが，発酵バターも使われる．

　バターを菓子類に使うと，① 生地が軽く仕上がる，② しっとり感を与える，③ 軽いサクサク感を与える，④ 風味を高める，および ⑤ 老化を遅らせる，ことができるので，これらの特性を活かした使い方がされている．ただし，取扱いや保存方法によっては，その特性が失われたり，変質しやすいので，配慮が必要である．

4) てんぷら油

　ドーナツ，かりんとうなどの揚げものには，大豆油，ナタネ油，綿実油，パーム油などが使われる．安定性が高く，色やにおいが良いことと，熱安定性（コシ）が強く，発煙が少ないことが求められる．フライヤー中の油の鮮度管理には注意が必要である．

3.3.4　糖類と甘味料

1) 砂　　　糖

　砂糖はサトウキビの茎，テンサイの根などからつくられる．主にグラニュー糖と上白糖が使われるが，和菓子類には白双，三温，和三盆，黒糖などを活用したものもある．砂糖の使用上の特徴は，① 上品な甘さ，② 水に溶けやすい，③ 吸湿しにくい，④ 温和な条件では褐変やメイラード反応を起こさない，⑤ 高熱，長時間加熱，または酸性下では分解して還元反応を起こし，色と香りに深みを与えるが，低水分食品ではべたつき（ナキ）の原因にもなる，⑥ 濃厚溶液から再結晶化する性質がある，などである[2]．

2) デンプン糖

　デンプン，またはデンプンを主原料にしてつくられる糖類が「デンプン糖」である．ブドウ糖，異性化糖，マルトース，トレハロース，水飴，ハイマルトテトラオース，カップリングシュガーなどがある．

　ブドウ糖製品には，純度が 97％以上の全糖ブドウ糖と，98.5％以上の結晶ブドウ糖があり，結晶ブドウ糖は水分 0.5％以下の無水物と，水分が 8〜10％の製品がある．甘味度はショ糖の 60〜80％だが，低温で高濃度の場合には甘味度が高めになる．浸透圧が高くて，水分活性や氷点を下げる力があり，結晶の溶解熱は吸熱性なので，これらの性質が利用される．

　異性化糖には，果糖含量によって 42％のブドウ糖果糖液糖，55％の果糖ブドウ糖

液糖，90％の高果糖液糖がある．甘味度はショ糖と同等のものもあるが，高めのものが多い．吸湿性が高く，低水分食品ではべたつきの原因になりやすい．

　マルトースは純度が90〜95％の精製マルトースとして市販されている．精製マルトースは低甘味で，水和力が高く，耐酸性が優れている．粉体は吸放湿に対して安定で，油脂を吸着して粉体としての流動性を保持し，高い保油性がある．120〜130℃で融解する特性を菓子製造で活用できる．無水結晶マルトースも使われている．

　トレハロースは利用の歴史が浅いが，その特性を活用しての用途拡大の可能性がある．上品な低甘味で，非還元性なので褐変や着色の原因になりにくい．耐熱性と耐酸性が優れ，吸湿性が低い．濃厚溶液から再結晶化しやすく，水和力が高い．

　水飴には酸糖化水飴と酵素糖化水飴がある．水飴は，浸透性が低いので，表面の艶出しや組織の硬化を抑える効果がある．また，吸放湿の調節ができ，砂糖やマルトースの結晶析出を抑える効果もある．

　マルトテトラオースを70％以上含む製品が「ハイマルトテトラオース」として市販されている．穏やかな甘味を持ち，粘度が高い．浸透性が低いので，組織の柔軟性を保ち，表面の保湿状態を保つ効果がある．

　リング形状の環状デキストリンは，空洞内が疎水性，リングの外側は親水性の特徴ある糖である．空洞にいろいろな疎水性の化合物を包接することによって，さまざまな特徴を持つ糖がつくられ，いろいろな用途に使われている．

　砂糖と水飴の両方の機能を持つカップリングシュガーは，ひかえめの甘味で，褐変を起こさないで，菓子の味を整える作用があり，低齲蝕性でもある．しかし，耐酸性に乏しいという欠点がある．

3）糖アルコール

　エリスリトール，キシリトール，マンニトール，ソルビトール，マルチトール，ラクチトール，パラチニットなどの糖アルコールは，元の糖類に比べて，甘味度が高い，溶解性が良い，耐熱性が良い，pH変化への耐性があるなどの特徴があるので，それぞれの用途に適したものを選んで使うことができる．

4）蜂　蜜

　蜂蜜中の糖はほとんどが果糖とブドウ糖である．タンパク質，有機酸類，色素化合物，芳香物質，無機物なども少量含まれており，花の種類によって色，芳香，風味，および物理特性が微妙に異なる．ワッフル，ホットケーキ，かすてら，どら焼きの生地などに使われる．しっとり感の向上や焼き上がりの色の調節効果も期待できる．

3. 菓　　子

5) 高甘味度甘味料

甘味度が必要な場合に使われるのが，高甘味度甘味料である．日本で使用が許可されている主なものは，天然系では，甘草，ステビア，甘茶，羅漢果，ソーマチンおよびモネリン，合成系では，アスパルテーム，サッカリン，サッカリンナトリウム，およびグリチルリチン酸二ナトリウムである．これらのブレンド品，デキストリンなどを混ぜたもの，ステビアや甘草に転移酵素を作用させたものなども市販されている．

高甘味度甘味料使用によって低カロリー化が図れるほか，天然系のものには，塩辛味や苦味の緩和，素材の風味の向上，薬効，防かび作用などがあるものがある[2]．

3.4　菓子の製法

3.4.1　ビスケット類

ビスケット類の原料配合例を**表 II.3.2** に示した．種類やつくる製品によって，かなりの差がある．

1) ビスケット

ビスケットの製造工程を**図 II.3.1** に示した．ビスケットの製造では，まず，小麦粉，

表 II.3.2　ビスケット類の原材料配合例

	ハードビスケット	ソフトビスケット	クッキー	クラッカー	乾パン
小麦粉	100	100	100	100	100
砂糖	20～25	30～50	50～90	0.5～0.7	8～10
シラップ	2	2			
ショートニング	18	30～40	30～50	9～15	4
粉乳	2	2			
卵			10～30		
塩	0.6	1～1.2		1.5	0.7
膨張剤	0.7	0.5～0.7	0.1～0.5	0.5～0.7	1
イースト				0.5	適量
香料	0.1	0.1～0.5	適量		
水	適量	適量	適量	適量	適量

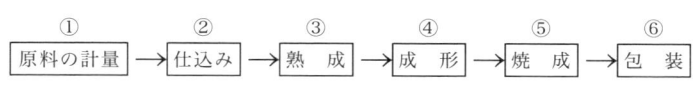

① 原料の計量 → ② 仕込み → ③ 熟成 → ④ 成形 → ⑤ 焼成 → ⑥ 包装

図 II.3.1　ビスケットの製造工程

砂糖，ショートニングなどの原材料を計量する．小麦粉はメーカーや製品によってさまざまで，ハードビスケットには薄力または菓子用の中力の1～2等粉が使われ，ソフトビスケットには薄力の1等粉クラスの小麦粉が適している．小麦粉のタンパク質含量を調整するため，コーンスターチなどのデンプンを数％加えることもある．また，ショートニングとの組合せでバターを使うこともある．

次いで，ハードビスケットの場合にはこれらの原材料を横型または縦型のニーダーに入れ，少なめの油脂と砂糖，および多めの水で小麦粉のグルテンがある程度形成されるように捏ねる．ソフトビスケットではフックまたはビーター付のミキサーを用いて，グルテンが形成され過ぎないように混捏して，生地をつくる．大型工場では連続式の自動ミキサーも使われている．

生地をねかせて熟成した後，ハードビスケットではレシプロカッターまたはロータリーカッターを用い，ソフトビスケットではロータリーモールドワイヤーカッターなどで成形する．

焼成は直接加熱方式のバンド・オーブン，固定窯，ラック式オーブン，キャタピラーオーブンなどか，間接加熱方式の熱循環式，熱風式，それらを組み合わせたハイブリッドオーブンなどで行う．冷却後，包装を行う．

2) クッキー

クッキーの製造工程を**図 II.3.2**に示した．クッキーには，薄力の1等粉クラスの小麦粉が良い．クッキー専用粉も市販されている．

まず，油脂，砂糖，塩，および粉乳を混ぜて泡立てし，これに卵を加えてやや泡立てする．次いで，香料と水（牛乳を使うこともある）を入れて混合し，最後に小麦粉と膨剤で粉合せをする．できあがった生地は，絞るか，シーティングして型抜きするかして成形してから，180～200℃のオーブンで10～12分間焼成し，冷却して製品にする．

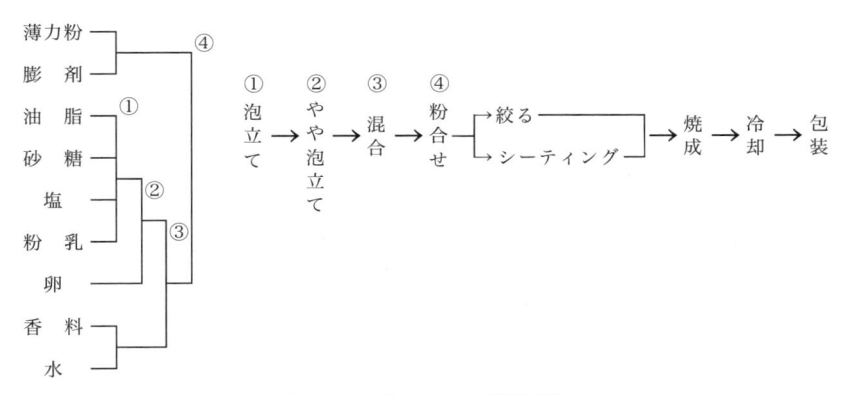

図 II.3.2 クッキーの製造工程

3. 菓　　　子

3) プレッツェル

プレッツェルの生地は，小麦粉（ヨーロッパでは日本の中力粉または準強力粉クラスの小麦粉が使われている）に植物油，塩，イーストなどと水を加え，捏ねてつくる．短めの発酵をしてから，生地を伸ばすか押出してひも状にし，独特の形に編んで成形する．これを薄いアルカリの湯に浸して表面を少し糊化させ，大粒の塩をふりかけて，オーブンで焼き上げる．

4) ソーダクラッカー

イーストで発酵してつくるソーダクラッカーには，準強力粉クラスの小麦粉か，これに中力粉か薄力粉を混ぜたものを使う．グルテンの量と質が製品の食感に微妙な影響を与えるので，配合や製法との絡みでどの程度のグルテン量の小麦粉がよいかを決める．ソーダクラッカーは中種法でつくるのが一般的である．

配合の一例[3]を示しながら製法例を説明すると，まず，小麦粉100にショートニング7，イースト3，および適量の水を加えて，ミキサーで十分混捏し，27℃で約20時間発酵して中種をつくる．これに残りの小麦粉50，ショートニング4，食塩1.1，および炭酸水素ナトリウム（重曹）1.1を加えてやや軽めに混捏して生地をつくり，4〜6時間発酵する．中種発酵中に生成した酸を中和するために本捏で比較的多量の重曹を加えることから，「ソーダクラッカー」という名前が付けられた．

生地を折りたたみ，延展して約1.5 mmのシートにする．打抜きロールによって一辺が50 mm程度の正方形に型抜きし，塩を適量ふりかける．ワイヤーメッシュのバンドオーブンで，前半300℃，後半250℃の比較的高温で焼成する．高周波などを活用した高能率のオーブンも使われている．

3.4.2　洋生菓子

1) スポンジケーキ

つくるケーキの種類，製造工場，使う小麦粉の品質などによって，原材料の配合にはかなりの幅がある．また，生地のつくり方には，図 II.3.3のようにオールインミックス法と別立て法がある．

オールインミックス法では，卵100に対して，砂糖70〜80，水20〜25，乳化剤3〜4を加えて泡立てし，次いで50〜60の薄力小麦粉を加えて，手か低速ミキサーで短時間混ぜると，スポンジケーキ生地ができる．別立て法では，卵100に対して，砂糖70〜80，牛乳10〜15，薄力小麦粉50〜60を使うが，まず，卵黄と砂糖の2/3，卵白と砂糖の1/3をそれぞれ別々に泡立てしてから，この2つを混合し，これに小麦粉を加えて粉合せをした後，最後に牛乳を混ぜる．

これらどちらかの方法でつくった生地を，内部に紙を敷いた焼型に必要量ずつ分注

3.4 菓子の製法

（オールインミックス法）

```
薄力粉  50〜60 ─┐
卵      100    ─┤①
砂糖    70〜80 ─┤
水      20〜25 ─┘
乳化剤  3〜4  ──②
```

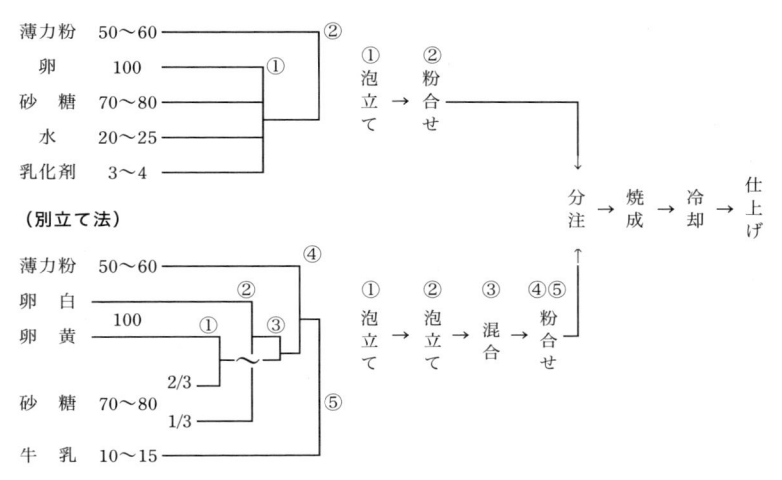

（別立て法）

```
薄力粉  50〜60 ──────④
卵白    ─┐   ②
卵黄    100 ─┤①  ③
              2/3
砂糖    70〜80
              1/3  ⑤
牛乳    10〜15
```

処理フロー：
① 泡立て → ② 粉合せ → 分注 → 焼成 → 冷却 → 仕上げ

別立て法：① 泡立て → ② 泡立て → ③ 混合 → ④⑤ 粉合せ

図 II.3.3 スポンジケーキの製法

し，オーブンに入れて180℃で約30分間焼く．冷却後，裁断やデコレーションなどの必要な加工をすると，製品になる．

砂糖と卵の量を増やすと，よく膨らみ，ソフトで口溶けが良い食感になるが，安定した品質の製品をつくるためには技術が要求される．また，冷却後にケーキの中央が陥没しやすいので注意が必要である．

小麦粉を加えて軽く混ぜるだけだと粉合せが不十分になり，生地の比重が低くなる．このような生地中では小麦粉が均一に分散されていないので，卵と砂糖でできた気泡を小麦粉が包むのではなくて，気泡の表面に部分的に付着する程度である．そのため，種より比重が重い小麦粉がケーキの下方に沈み，軽い気泡が上方に浮くので，よく膨らむが，内相が不均一ですだちが粗くなり，ざらつく食感のケーキになる．逆に，粉合せで必要以上に混ぜ過ぎると，種の気泡が壊されるので，膨らみが悪くなり，体積が小さくて，どっしりと重いケーキになる．

種の気泡を壊さないように小麦粉を均一に分散させる必要がある．そのため，種，粉合せ後の生地，および牛乳合せ後の生地の比重を測定し，それらの変化で粉合せの程度を管理する方法が勧められる[4]．また，生地の温度管理も重要で，18℃では低過ぎ，30℃では高過ぎるので，25℃くらいが最適である[5]．生地に抱き込まれた気泡の一つひとつを小麦粉とその他の原材料が混ざったペースト状のものが包んでいる．熱が加わると気泡は膨張してよく膨らみ，同時に，小麦粉のデンプンも糊化して伸びやすくなるので，気泡はオーブンで大きくなる．気泡は，細かいのが多くあるほど良い．

3. 菓　　　子

　加熱初期にデンプンが水を吸って膨潤する速度は，生地の粘度と安定性に影響する．焼成が進むと，生地は気泡を抱き込んだ懸濁液状から，隙間がたくさんある固形に変わる．この過程でのデンプンの吸水状態がケーキの性状を支配する．小麦粉のデンプンは，卵，牛乳，小麦粉のタンパク質，砂糖などと水を奪い合う．砂糖と小麦粉の関係では，砂糖を溶液状にするのに十分な液体がないと，デンプンの糊化に必要な水を奪うことになる．デンプンが必要な水を吸収できないと，良い構造のケーキにならない．

　ジャガイモ，サツマイモ，米のデンプンが主原料だと，大きな体積が出ないし，食感もねちゃつくか，ぱさつく．コーンスターチだけだとある程度の大きさのケーキになるが，ぱさつく食感で，乾きが早い．小麦粉のデンプンの形，大きさ，吸水力，糊化性状などが，他のデンプンよりもケーキ製造に適しており，タンパク質も重要な役割を果たしている．糊化したデンプンが気泡を外側から包み込んで保護するセメントの役割を果たすが，それだけでは潰れやすい．タンパク質は糊化したデンプン粒子の間にあって，熱によって変性して硬化し，鉄筋のように気泡を守っている．

表 II.3.3　ケーキの好ましくない性状と考えられる原因

原因	ケーキの性状	体積が小さい	キメが粗い	大きな穴があく	オーブンで沈む	粘ばる食感	硬い食感	もろい食感	早く乾く	表面が平らでない	上皮が厚い	ひびが入る
小麦粉	不適当	○	○			○	○		○	○		○
膨剤	過多		○					○				
膨剤	不足	○					○					
砂糖	過多		○	○	○			○			○	
砂糖	不足						○					
油脂	品質不適当	○										
油脂	過多							○				
卵	不足	○				○	○					
水分	過多					○						
水分	不足											○
混合	過多	○			○					○		
混合	不足		○					○				
生地	ねかし過ぎ		○									
オーブン温度	低過ぎ		○		○				○		○	
オーブン温度	高過ぎ	○										○

（おおまかな分類なので，必ずしも当てはまらない場合もある）

ただし，粉合せで必要以上に捏ね過ぎるとグルテンがしっかり形成され，鉄筋が強過ぎて，気泡の十分な膨張が妨げられ，体積が小さい，重い感じのケーキになる．小麦粉中のタンパク質の量が多過ぎる場合にも，同じことが起こる．逆に，タンパク質の量が少な過ぎるか，その性質が極端に弱いと，鉄筋が必要な強さにならないで，気泡が膨張し過ぎ，オーブンから出した後にケーキが収縮する恐れがある．小麦粉に少量含まれる脂質は，種に小麦粉が均一に分散するのを助け，小麦粉が気泡を均一に取り囲むことができるような作用をする．また，脂質はケーキにしっとり感を与える．

ケーキの好ましくない性状と考えられる原因を**表II.3.3**にまとめた．ケーキづくりには良質の薄力小麦粉が欠かせない．小麦粉の使用量も重要で，少ないと浮きが良く，ソフトになるが，少な過ぎると焼成後の冷却によるケーキの陥没が生じやすく，時には，オーブン内で落ちることもある．小麦粉の使用量が多いと，浮きが悪く，膜が厚い，重くしまった硬いケーキになる．

2) パイ

フレンチタイプの折りパイでは，小麦粉（強力粉と薄力粉を半々に混ぜることが多い）と水でつくった生地を延ばし，その中に直方体に切った固形のバターを包み，延ばしと折りたたみを繰り返す．生地とバターの層が交互になるので，オーブンで焼いた時，生地から蒸発した水分が熱で溶けたバター層によって逃げ場を失い，生地を層状に浮き上がらせる．それと同時に，加熱されて溶けたバターが生地に吸い込まれるので，揚げ物にやや似た感じになる．これらが組み合わさって独特の食感のパイ皮に仕上がる．

アメリカンタイプの練りパイでは，小麦粉（薄力粉3に強力粉1くらいの割合で混ぜることが多い）にバター（ショートニングを使うこともある）を切り刻んで加えて混ぜ，冷水を加えて捏ねてから，折って延ばすことを数回繰り返す．折りパイに比べて加えるバターの量は少なめで，膨らみも少ないが，型崩れしにくく，サクッとした食感である．大形の菓子の台にしたり，料理用として詰め物やクリームを流し込んで焼くのに使うことも多い．

3) シュークリーム

シュー生地を天板の上に絞り出し，焼き上げてから切れ目を入れてカスタードクリームか泡立てた生クリームを詰める．シュークリームでは皮が命である．水とバターを火にかけ，湯が沸騰してバターが完全に溶けてから，小麦粉を混ぜてシュー生地をつくる．これを少し冷ましてから卵を加えて天火で焼く．

シュー生地づくりには2つの重要なポイントがある．第1は，生地中で小麦粉のグルテンが形成され過ぎないようにすることである．バターを完全に溶かしておくと，

小麦粉とバターがなじんで，なめらかで適度なグルテンを形成しやすい．第2は，軟らかく，ふっくらと焼き上げるために，小麦粉中のデンプンを十分に糊化させる必要がある．小麦粉を加える時の温度が低いと，生地の温度も低くなり小麦粉中のデンプンが十分に糊化できないので，良い形に焼き上がらない．生地が冷め過ぎないうちに絞り出して焼くことも，糊化したデンプンを活かす上に必要である．小麦粉は薄力粉と強力粉を混ぜて使うのが一般的で，さっくりした食べ口にするのには薄力粉を，大きく膨らませるのには強力粉をそれぞれ増やして使う．

4) クレープ

薄力小麦粉に卵，牛乳，バターなどを合わせて，流れるような軟らかい生地にし，専用の小型で厚手のクレープパンか，ホットプレートやフライパンの上にそれを絹のように薄く流して，やや強火で手早く焼く．片面にレースのような焼き目ができたら，裏返して仕上げる．

3.4.3 和 菓 子

1) かすてら

一般的な配合では，小麦粉：卵：砂糖の比を1：2：2にし，これに水飴と蜂蜜を少量加える．卵を割ってミキサーのボウルに入れ，附属のホイッパーを使って手でよく撹拌し，砂糖を加えて低速で撹拌してから，水飴や蜂蜜を入れて中速で撹拌する．しばらく休ませた後，小麦粉を加えて手か低速ミキサーで短時間混ぜて粉合せを行い，少量の水を加えて種の硬さを調整する．

紙でセットした木枠にこの種を流し入れ，200〜240℃のオーブンで約60分間焼くが，この間に，泡切りを3回程度行い，中枠，上天板を重ねたり，上天板をはずしたり，上枠を重ねたりと，細かい操作を繰り返す．独特の製法であり，つくるのには熟練を必要とし，技術によってでき上がる製品の食感や味に差が出る．

2) まんじゅう

まんじゅう類の原料配合，製法は，実にさまざまである．栗まんじゅうの典型的な配合例は，生地では，小麦粉100に対して，卵35〜55，砂糖50〜60，水飴または蜂蜜5〜15，膨剤（特別に配合したもの）0.5〜1であり，栗あんでは，白あん100に対して，砂糖10〜15，水飴5〜10，蜂蜜に浸して小さく切った栗の実10〜20である．

生地をつくるには，まず卵を割ってミキサーのボウルに入れ，ホイッパーを使って均一になるまで混ぜる．次に，砂糖，水飴，蜂蜜，膨剤を加えて撹拌し，最後に，ふるった小麦粉を入れて低速で混ぜる．栗あんは，白あんに砂糖と水飴を加えて加熱し，最後に，8つぐらいに割った栗の実を入れる．小規模な菓子工場では，手で生地の中

に栗あんを包み込むが，大型の工場では，包あん機を用いて自動的に行う．つやを出すために，卵黄に味りんを少々加えたものを上面に塗り，180℃のオーブンで焼く．

蒸しまんじゅうをつくるには，中力小麦粉100に対して，砂糖65〜70，水30〜35，膨剤2〜2.5を用意する．まず，砂糖と膨剤をそれぞれ別々に水に溶かしてから，この両者と残りの水を混合した後，粉を加えて軽く混ぜる．これを必要な大きさに分割し，包あんしてから蒸すと製品になる．

3) どら焼き

配合の一例を示すと，砂糖100を卵90〜100に溶き，別に蜂蜜10と水飴8を混ぜておいたものを加えて混ぜる．これに，重曹0.8〜1.5を水25に溶いたものを加えて混ぜ，最後に，水25と小麦粉（中力1〜2等粉）100で粉合せをする．強力粉は10〜20％混ぜると，腰持ちが良くなる．生地を20〜60分間ねかし，直径9cmくらいの型に流し入れて，170〜180℃の平鍋で焼成する．微温が残る程度まで冷却し，あんを入れて2枚合わせると製品になる．

4) かりんとう

a) ソフトかりんとう

強力の2〜準2等粉が使われることが多い．小麦粉100に，砂糖2，ショートニング0〜3，イースト2，食塩0.5〜1，炭酸水素ナトリウム（重曹）0〜0.5，適量の水を加え，十分にミキシングして生地にし，2.5〜3時間発酵する．ガス抜き，大玉分割，シーティングを行い，切って成形し，170〜180℃の油で15〜30分間揚げる．油切り，蜜掛け，乾燥を行うと製品になる．

b) ハードかりんとう

強力粉に中力粉を配合して使うことが多い．つくろうとする製品によって強力粉と中力粉の比率を変える．2等粉クラスで十分である．砂糖0〜3に食塩0〜1と脱脂粉乳0〜3を加えて混ぜた後，膨剤（重曹・炭酸アンモニウム）4〜4.5と適量の水を加えてよく混ぜる．これに小麦粉を加えて軽めにミキシングを行い，できた生地は10〜20時間ねかせる．大玉分割，シーティング，およびカッティングを行って，170〜180℃で油揚げする．蜜掛けと乾燥を行って製品にする．

5) せんべい

瓦せんべいの配合例としては，砂糖90〜100を卵60〜65に溶き，水10くらいを加えて混ぜてから，中力粉（1〜2等粉）100を合わせ，最後に重曹0.2〜0.4を水5くらいに溶いたものを加えて，混ぜる．生地を型に入れて，180℃くらいの温度で，片面1.5〜2分間焼成する．

3. 菓　　　子

　南部せんべいの配合例としては，重曹2を水40～45に溶かし，食塩2を加えた後，薄力粉または中力粉（1～2等粉）100を合わせて混ぜ，生地にする．直径3～4 cmの棒状に伸ばし，長さ2～3 cmに切断して，めん棒で平らに延ばす．これを型に入れ，200～220℃で10分間程度焼成する．

3.5　品質管理と表示

　菓子づくりでは多種類の原材料を使用するので，それらの品質管理は重要である．供給メーカーと連絡を密にして，希望する品質特性を備えた原材料が間違いなく入荷するようにすることはもちろんだが，入荷時の品質チェック，および保管後の使用直前の品質チェックに細心の注意を払いたい．また，それらに残留農薬，微生物，腐敗・変敗，自然毒，微量成分，脂肪酸，添加物などの衛生問題がないかどうかも，チェックしなければならない．

　製造工程では，目的の品質特性の製品を安定して，効率良く製造できるような設備を持ち，それを活用した細かい管理が必要である．異物の混入がないか，微生物増殖の恐れがないか，害虫の混入の危険がないかなどの衛生問題への対応も欠かせない．

　消費者が安心して買える，安全でおいしい菓子づくりを目指したい．トレーサビリティも重要なテーマである．

　表示についての主な法規には，食品衛生法，「農林物資の規格化及び品質表示の適正化に関する法律」（JAS法），計量法，および公正競争規約がある．また，JAS法は「日本農林規格制度（JAS規格制度）」と「品質表示基準制度」から成っている．これらの規格や表示制度に準拠した製品を販売する必要があることはいうまでもない．

3.6　今後の製品開発と技術

　菓子は生活に潤いを与える役割を果たす重要な食品であり，楽しい語らいの場やお祝いの席には不可欠な存在のものである．一方で，ライフスタイルの変化によって，食事と間食の境界線がはっきりしなくなってきており，食事に近い分野で菓子の消費拡大の可能性も出てきた．そのような食べ方を拡大し，誘導できるような製品の開発や食べる場面の提案をしてみてはどうだろうか．

　飽食による肥満化からのダイエット志向，少子高齢化による総消費量の低減，消費者の甘み離れの傾向，高カロリーで高脂肪食品であるというイメージが当てはまる商品の今後など，懸念材料はいくつかあるが，それらを逆手にとって消費者を菓子に向

けさせる努力をしてもおもしろいのではないだろうか．菓子の新しい消費構造をつくり出すような商品を提供することによって，売上げを伸ばす可能性は十分にあると思われる．

どの世代にも共通して不足が懸念される食物繊維，ミネラル，ビタミンなどを，食べやすい菓子を通して摂取してもらうことを考えるのも一つの方向であろう．花粉症，腰痛，肩こり，目の疲労などの慢性症状に悩まされている人は多い．次々と開発される機能性食品素材の活用によって，おいしいものを楽しく食べながらそれらの症状を軽減できる菓子を開発したいものである．各種の栄養素をバランス良く含む総合的な栄養食品的な製品も視野に入れたい．

製造工程の改善の歩みも立ち止まることなく進めたい．菓子には，自動化された大工場で大量生産される製品と，手づくりでつくられるものまでさまざまなものがある．機械化工場では他産業で開発，利用されている新しい機械や技術が活用できないかを常に模索し，より効率的で，高品質の衛生的に優れた製品がつくれる工程に改善していく努力が求められる．手づくりの工程では，機械で置き換えても品質上問題がない工程については機械化を検討してもよいが，手づくりの良さは残したい．ただし，手づくり工程でも，衛生的な改善が図れないかどうかは常に念頭に置き，改善を進める姿勢が重要である．

参 考 文 献

1) 安田耕作, 福永良一郎, 松井宣也, 渡辺正男：油脂製品, pages 147-299, In: 新版油脂製品の知識, 幸書房 (1993)
2) 入谷敏：糖類と甘味料, pages 66-103, In: 菓子の事典, 小林彰夫, 村田忠彦編, 朝倉書店 (2000)
3) 石田邦雄：ビスケット類, pages 425-449, In: 菓子の事典, 小林彰夫, 村田忠彦編, 朝倉書店 (2000)
4) 今井茂：ケーキ作りの工程管理と小麦粉の役割, ジャパンフードサイエンス, **21 (11)**, 60-65 (1982)
5) 今井茂：ケーキ作りの温度管理, ジャパンフードサイエンス, **22 (11)**, 23-29 (1983)

4. プレミックス

4.1 プレミックスとは

　小麦粉，その他の穀類の粉や全粒粉，大豆粉，デンプンなどの粉類に，糖類，油脂，粉乳，卵粉，膨張剤（ベーキングパウダー），塩，香料などをあらかじめ混ぜて，ケーキ，パン，惣菜などを簡便につくれるようにしたものが「プリペアードミックス（略して，プレミックス）」である．

　これを使うと，水やその他の特別に必要な副材料を加えるだけで，すぐにミキシング以降の加工を行うことができる．自分でそれぞれの原材料を購入し，保管，計量，および配合を行う場合に比べて，原材料の調達や品質にかかわる面倒な手間とコストが省けること，プレミックス・メーカーが持つ原材料とそれらの配合に関する専門の技術を活用できること，常に安定した製品をつくりやすいこと，計量や配合のミスが起こらないこと，省力および省スペースになることなど，利点が多い．

　1848年にアメリカで，小麦粉に酒石酸と炭酸水素ナトリウム（重曹）を混ぜたプレミックス第1号が誕生し，「セルフライジングフラワー」と呼ばれた．アメリカでは，1800年代後半から，パンケーキミックス，ドーナツミックス，ケーキミックスなどが次々に発売され，プレミックスの良さが認められて需要が伸びた．

　日本では1931（昭和6）年に発売された「ホットケーキの素」が草分けである．第二次世界大戦後の昭和30年代初めには，製粉会社や製菓会社がホットケーキミックスを本格的に製造するようになり，その簡便さが消費者に受け，食生活の洋風化ともマッチして，急速に普及していった．その後，ニーズを掘り起こしながら，ケーキ用と調理用の多種類の家庭用ミックスが市場に出回るようになって，家庭用のプレミックスは小売店の陳列棚で一つの分野を形成している．

　業務用のプレミックスが本格的に生産されるようになったのは，昭和40年代以降である．この分野の先進国のアメリカの会社との技術提携などを通して，製粉会社はプレミックスの製造技術を習得，蓄積し，日本市場のニーズにマッチした製品を次々と開発，発売した．当初は自分たちが持っている二次加工の技術力が活かせないと敬遠しがちだった市場も，次第にその利点を認識するようになって，プレミックスを積極的に活用するようになった．種類も急速に増え，製粉会社にとっても付加価値製品として今後一層の成長が期待される分野の一つである．

4.2 種　　類

　業務用と家庭用の製品がある．また，用途によって，調理食品に使われる「調理用ミックス」と，パンやケーキなどをつくるのに使われる「ベーキングミックス」に分けることができ，ベーキングミックスにもパン類ミックスとケーキ類ミックスがある．輸入関税の適用に使われる分類として，糖類を配合した加糖ミックス（ホットケーキミックス，ケーキミックス，ドーナツミックスなど）と糖を配合しない無糖ミックス（てんぷら粉，から揚げ粉など）がある．

　調理用ミックスには，使い方によって，① 生地として使うもの，② バッターとして使うもの，および ③ 被覆材として使うもの，がある．また，ベーキングミックスには，生地の膨張の方式によって，① イーストの発酵で膨らませるもの，② 化学膨張剤の力で膨らませるもの，③ 卵の起泡力で膨らませるもの，および ④ 膨張させないもの，がある．それらの代表的な製品を**表 II.4.1** にまとめた．

　プレミックス全体の生産量は，2009 年現在で年に約 37 万トンであり，そのうち業務用が約 78％，家庭用が約 22％である．また，加糖ミックスが全体の約 60％，無糖ミックスが約 40％である．

表 II.4.1　プレミックスの種類

用　途	タ　イ　プ	製　品　例
調理用ミックス	生地として使うもの	ピザミックス，餃子ミックス
	バッターとして使うもの	お好み焼き粉，たこ焼きミックス，フライ用バッターミックス，ホットドッグミックス
	被覆材として使うもの	てんぷら粉，から揚げ粉，フライドチキン用ブレッダーミックス
ベーキングミックス	酵母の発酵で膨らませるもの	イーストドーナツミックス
	化学膨剤の力で膨らませるもの	ケーキドーナツミックス，ホットケーキミックス，パンケーキミックス，クレープミックス，ワッフルミックス，クッキーミックス，蒸しパンミックス，どら焼きミックス，たい焼きミックス
	卵の起泡力で膨らませるもの	スポンジケーキミックス，バターケーキミックス，エンゼルフードケーキミックス，シフォンケーキミックス，蒸しケーキミックス
	膨張させないもの	パイクラストミックス

4.3 主な原料

原料はミックス製造にとって非常に重要である．製造工程でも乾燥などの処理を行うが，原料には長期の保管中に変質や機能の低下が起こりにくいことが求められる．また，ミックスという商品形態を可能にする特別な特性が求められる場合もある．

4.3.1 小麦粉とその他の穀粉

その用途に最も適した加工適性を備えた小麦粉を選んで使用する．原料小麦の配合を工夫したり，空気分級，微粉砕，加熱処理，顆粒化，粉混合などの技術を組み合わせて，プレミックス用の特別の小麦粉を用意することも可能である．

他の穀物の粉（コーンフラワー，米粉，大豆粉など）を用いる場合には，粒度が適度に細かいことが要求される．全粒粉も使われる場合があるが，変質が速いので要注意である．デンプン（コーンスターチ，小麦デンプン，タピオカデンプン，化工デンプンなど）も使われる場合が多い．

4.3.2 油　　脂

油脂にも，ショートニング，液体油，粉末油脂などがあり，最も適したものを使用する．パン類のミックスでは，生地の伸展性を増し，機械耐性を強める．ケーキミックスでは，油脂と砂糖の組合せで，クリーミング性が良くなるので，ケーキの体積が大きくなり，製品の触感と口当たりを改良し，ソフトにする．ただし，油脂の添加量が多過ぎると，プレミックスの流動性が減少し，機械適性が低下する．

4.3.3 糖　　類

グラニュー糖，上白糖，ブドウ糖，粉末水飴などが使われ，甘みの付与，酵母の栄養源，着色，保湿などの作用がある．

4.3.4 その他

ベーキングパウダーは炭酸水素ナトリウム（重曹）と酸性剤でできている．膨剤は製品の加工性や味への影響が大きいので，その選択は慎重にする必要がある．脱脂粉乳は，製品の焼色，食感に影響するほか，生地やバッター中で緩衝作用をする．塩は，味への影響のほかに，生地の物理性に影響し，発酵を抑制する作用がある．

乳化剤は乳化，起泡，老化防止などの効果がある．卵粉（全卵粉，卵黄粉，卵白粉），着色料，香料，香辛料なども使うが，それぞれ用途に合う適性が高いものを使用する．

4.4 製　造　法

　ミックスの製造工程は，① 原料処理，② 計量，③ 混合，④ ふるい分け，⑤ 計量，および ⑥ 包装，に分けられる．

4.4.1 配　　　合

　原料配合がそのミックスの加工性を左右し，特徴をつくり出す源泉である．製品の種類ごとに各メーカーが秘策を練っているので，多種多様である．代表的なミックスの基本的と思われる配合例を紹介する．

1) ケーキドーナツミックス

　小麦粉は薄力1等粉クラスを全配合の65%くらい使用する．砂糖の配合量が多いのが特徴で，25%くらい加える．脱脂粉乳 (3%)，ショートニング (3%)，卵黄粉末 (2%)，ベーキングパウダー (2%)，食塩 (0.5%) のほかに，香料を少量配合する．

2) イーストドーナツミックス

　準強力粉を全配合の72～73%使用する．伸展性がよい生地にし，ソフトな食感にするために，乳化タイプのショートニングを10%くらい配合する．ショートニングは老化防止効果もある．求められる品質をつくりやすい融点のショートニングを使う．
　砂糖を9%くらい配合する．砂糖は，甘みを加え，イーストの発酵源になって軟らかさを保持し，揚げ色の付与，水分保持，老化防止など幅広い効果がある．粒子が細かいグラニュー糖が溶けやすいので使われるが，揚げ色調整のためにブドウ糖を併用することもある．
　脱脂粉乳 (4%)，食塩 (1.5%)，ベーキングパウダー (0.5%)，イーストフード (0.5%) と少量の香料を加える．脱脂粉乳は発酵耐性を増し，色や味の改善効果がある．
　ミックスを使用する時点で水とイーストを加えるが，卵を加えてもよい．

3) スポンジケーキミックス

　薄力1等粉と砂糖をそれぞれ全配合の45%くらい用い，小麦デンプンを7～8%加える．ベーキングパウダー (81%)，乳化剤 (1%)，香料を少量加える．

4) ホットケーキミックス

　ケーキ加工適性が優れた薄力1等粉クラスの小麦粉を全配合の72%くらい使用する．コーンフラワーを少量 (2%程度) 加える場合もある．次に多い原料は糖類で，砂

糖を13%くらい，ブドウ糖を4%くらい配合する．砂糖は溶けやすいものが良く，粒子が細かいグラニュー糖が適している．ブドウ糖は焼き色を良くし，食味の良さに貢献する．

脱脂粉乳 (2%)，全卵粉末 (2%)，ショートニング (2%)，ベーキングパウダー (2.5%)，食塩 (0.5%) などを配合し，香料と色素を加える．

5) てんぷら粉

グルテンが出にくい薄力1等粉クラスの小麦粉が主原料で，カラッと揚がるようにコーンスターチなどのデンプン類を配合の10%くらい加えることが多い．デンプンの種類によって微妙な食感の差を生み出すことができる．ベーキングパウダーを1%程度加えることによって，水分の蒸発が促進され，軽い食感になる．

種からころもへの水分移行を抑える目的で，全卵粉末を0.5%程度配合する．色素，塩，調味料などは，製品によって加える場合もある．

6) お好み焼きミックス

薄力小麦粉85%にトロロイモ粉5%くらいを加える．食塩 (2%)，砂糖 (2%)，卵白粉 (2%)，調味料 (2%)，ベーキングパウダー (1.5%)，香辛料 (0.5%) を配合し，色素を少量加える．

4.4.2 原料処理と計量

主原料の小麦粉と砂糖はばらの状態で，油脂の多くは固型ショートニングの形でミックス工場に受け入れることが多い．異物が混入していないか，使用予定の品質の原料かどうかを確認する．長期の保存性が求められる家庭用ミックスや，ドライイーストを混入するパンミックスの場合には，主要な粉体原料をミックスとしての限界水分まで乾燥処理する必要がある．

数多くの原料の必要量を正確に，迅速に，しかも自動的に計量することが非常に重要であり，それぞれの工程に合う自動計量システムを使って計量を行う．

4.4.3 混合とふるい分け

混合は最も重要な工程で，主としてバッチ方式で行われる．半だ円形の横型のリボンミキサーが多く使われている．水平の中心軸にらせん状に取り付けられた大小2本のリボン状の撹拌帯鉄（リボンフライト）がミキサーの内壁に沿ってそれぞれ逆方向に回転することによって，均一に混ぜられる．混合機にはいろいろな工夫，改良が加えられており，圧縮空気を利用した混合機，縦型のスクリューミキサーなども使われる．

油脂以外の粉体原料を十分に混ぜた後，あらかじめ溶解しておいたショートニングを圧力によってミキサー中に取り付けられたスプレーノズルを通して霧状に噴霧して粉体に添加する．この添加したショートニングを小粒子の状態に分散し，サラサラにするために，エントレーター，ハンマーミル，仕上げミキサーなどを使う．ミックスの種類に応じた特性を持つショートニングが開発され，添加方法にも工夫，改良が加えられた．

原料が均一に混ざっているか，異物混入がないかを確認するため，最終段階でふるいにかける．

4.4.4 計量と包装

完成した製品は計量し，包装する．家庭用はラミネートされたグラシン紙などの中袋に充填し，ヒートシールをしてカートンに入れる．業務用には数層のクラフト紙が使われるほか，ショートニングを多く含む製品にはラミネート紙，吸湿しやすい製品には最内層にビニール袋を用いる2重包装にする．

いろいろな材料が混入されているミックスの包装では，外部からの虫の侵入と吸湿を防げる素材の使用が不可欠である．

4.4.5 品質検査と衛生管理

原料の受入れ検査，工程の衛生検査，異物混入防止検査，および製品品質の加工性と衛生検査を計画的に行い，品質保証に万全を期す必要がある．

4.5 今後の製品開発と技術

小麦粉加工品のメーカーにとって，プレミックス使用のメリットは大きいと思われる．また，消費者にとっても，手軽にいろいろな菓子や料理を楽しくつくれるプレミックスは，毎日の暮らしに欠かせない食材であり，常備しておきたいものである．一方で，製粉企業にとってもプレミックスは付加価値向上につながるので伸ばしたい分野であり，家庭用は製粉以外の食品企業にとっても可能性がある分野である．

消費者や実需者が望む特性やメリットを持つ製品を開発できるかどうかが，販売を伸ばせるかどうかの鍵をにぎると思われる．市場がどういう製品を求めているか，それにどういう特性が求められているか，どういう製品を出したら市場を開拓できるかをよく見極めた開発が必須である．それには他の原材料メーカーや機械メーカーとの共同研究も早道かと思われる．

一方で，冷凍生地の技術開発や使用場面の拡大によって，プレミックスから冷凍生

地への移行の流れも一部にあるので，分野によっては上手なすみ分けを考える必要があるかもしれない．

5. 調理における小麦粉

5.1 小麦粉調理の種類

　小麦粉は調理に欠かせない材料である．欧米を中心とした小麦で栄えた文化の土地では，さまざまな使われ方がされている．日本でも，第二次世界大戦以降，小麦粉が豊富に出回るようになって，小麦粉を活用した多くの調理加工品が開発され，小麦粉を用いた料理が普及して，家庭でもよく使われるようになった．

　それらを小麦粉が利用される状態と加熱方法で大まかに分類してみると，**表 II.5.1** のようである[1]．

表 II.5.1　調理で小麦粉が利用される状態と加熱方法

小麦粉が利用される状態		加熱方法	調理加工品
生　地	生地そのもの	ゆでる	めん，すいとん，ダンプリング
		焼く	パン，ケーキ，ホットケーキ，シュー，クッキー，チャパティ，ピザ
	生地で他の材料を包む	ゆでる	餃子
		蒸す	餃子，シュウマイ，まんじゅう
		焼く	餃子，パイ
バッター	バッターそのもの	焼く	クレープ
	他の材料を包む	焼く	たこ焼き
		揚げる	てんぷら
	他の材料と混ぜる	焼く	お好み焼き
糊　状	増粘剤またはつなぎ剤		ソース，スープ，フラワーペースト
パン粉		揚げる	フライ
グルテン			生麩
粉	粉そのもの		ムニエル，手粉
	粉を加工	炒る	ルー

5.2 主な小麦粉調理の技術

昔は，ほとんどの小麦粉加工が家庭で調理の形で行われていた．その後，それらの中の多くのものが商業ベースで製造，販売されるようになり，家庭では完成品を購入してきてそのまま食べるか，素材として買ってきて途中から調理することが多くなった．それらの中で，現在でも家庭で調理されることが多い品目について以下に述べる．

5.2.1 てんぷら

「てんぷら」（**写真 II.5.1**）という言葉の由来にはいくつかの説がある．ポルトガル語の「テンペロ」（調理）がなまったものだとか，宣教師によって伝えられた寺（テンプル）料理からきているとか，定説がない．中国から渡来した油による加熱料理から発展したというより，16世紀に南蛮船が持ち込んだ料理が基本になって，日本人に合うようにアレンジされたもののようである．

てんぷらを揚げる場合のコツは，「1粉，2たね，3油」だといわれている．たねと油の間に高水分の壁をつくって，味が逃げないようにすると共に，カラッとした食感に仕上げるために，衣をつける．冷水か卵入り冷水中にふるった薄力小麦粉を入れ，太めの箸で手早く軽く混ぜる．衣に粘りが出ないようにすることが重要で，タンパク質の含有量が少ない薄力粉が適している．また，衣は揚げる直前に用意したい．「てんぷら粉」として売られているものにはデンプンなどが予め混ぜてあるので，これを使うと衣に粘りが出にくく，カラッと揚げやすい．

写真 II.5.1 てんぷら

一定の温度を保つために，油をたっぷり使い，一度に多く揚げないことが肝心である．魚では180℃，野菜では170〜175℃くらいが良く，揚げたらすぐ油を切り，重ねて置かないようにする．加熱し過ぎると硬くなるイカやエビの場合には揚げ温度を高くして，短時間で油と水の入れ替えをする．サツマイモのような煮るのに時間がかかる材料の場合には，揚げ温度を低めにして，時間を十分かけて中が軟らかくて，からりとした衣にする．

時間の経過と共に水分が均一になるように広がって，カラッとした食感でなくなるので，揚げ直後に食べるようにしたい．

5.2.2 ムニエルとフライ

ムニエルをつくる時には，下ごしらえした魚に塩，コショウをふって少し置き，水気を拭き取ってから薄力小麦粉をまぶす．シタビラメのような身が薄くて脂肪が比較的少ない魚がムニエルには向いているが，サバ，サンマ，イワシのような味が比較的濃い魚でも，小麦粉をまぶすと美味しいムニエルに仕上げることができる．

魚のうま味成分や脂肪は，熱が加わると溶け出してくる．表面に小麦粉をまぶしてやると，その小麦粉が中から滲み出してくる水分，うま味成分，脂肪などを吸ってくれる．小麦粉が水分を吸って加熱されると，その主成分であるデンプンが糊化して膜のようになるので，吸ったうま味，脂肪，その他の栄養成分が外に逃げるのを防ぐ．

「ムニエル」という料理法の名前は，フランス語のà la meunière（ア・ラ・ムニエール，粉屋風）からきている．つまり，「魚肉が粉まみれになる」という意味がある．フライをつくる時，小麦粉をまぶしてから衣をつけるのも，同じ作用を期待している．

小麦粉は魚肉が身崩れするのも防ぐし，小麦粉が油によって炒められて生じた香ばしい香りが，魚の味を引き立てる役割もする．

ただし，魚に小麦粉をまぶして長い時間置くと，滲み出した水分で小麦粉がべとべとの状態になるので，フライパンなどに付着しやすくなる．また，味も悪くなる．あまり厚く小麦粉がつかないように余分の小麦粉を軽くはたき落とし，つけたらなるべく早く焼きたい．

5.2.3 ルーとソース

バターまたはサラダ油と小麦粉を1：1〜1.5の比率で炒めたものが「ルー」である．ルーに牛乳やブイヨンなどを加えて均質に延ばして，ソース，スープ，および西洋風の煮込み料理の濃度づけに使う．

油脂は，サラダ油よりバターの方が呈味，香り，総合評価の点で優れている[2]．バターと小麦粉の場合には1：1のものが操作しやすく，風味が良い．サラダ油を用いる場合には1：1.5くらいの方が油脂の分離が少ない．工業的な製造ではサラダ油を

用い，配合と製法を工夫することによって，品質が良いルーをつくることができる．加熱温度によって，最終加熱温度が120～130℃の白色（ホワイト）ルー，140～150℃の淡黄色ルー，および180～190℃の褐色（ブラウン）ルーの3種類がある．

ふるった生の小麦粉とバターを混ぜ合わせて団子状にしただけの「ブールマニエ」は，ルーより簡便な増粘剤である[3]．

炒めることによって風味が向上し，分散性が良くなる．粘性は小麦粉中のデンプンによるものだが，水分がほとんどないので糊化はせず，120℃近辺で生より少し高くなる程度であり，130℃以上ではグルテンの変性も加わって粘性が低下する．低めの温度で炒めると冷却後の粘性が高い．

ルーを低い温度に冷却するほど，それからできるソースは粘性が高くて流動性が少ないものになる．なめらかなベシャメルソースをつくるには，120℃で炒めたルーを80～30℃に冷却し，60℃に温めた牛乳と併せるとよい[3]．

5.2.4 クスクス

「セモリナ」は，小麦を粗挽きして採り出した胚乳の粗い粒である．アルジェリア，リビア，モロッコ，チュニジアなどの北アフリカでは，このセモリナを加工した「クスクス」を主食として週に2～3回食べている．主としてデュラム小麦のセモリナが使われるが，普通小麦のセモリナを使うこともある．

クスクスは永い間，家庭でつくられてきた．家庭では，1年中食べられるように，夏の間に天日乾燥で水分を飛ばして，乾燥しておくことが多い．1979年に，チュニジアで初めてクスクスが工業的に製造された．工場での製法も伝統的なつくり方を大規模にしただけである．セモリナと水をミキサーで混ぜ，水分が30～40％の均一なそぼろ状にする．これをデタッチャーという装置に入れてほぐしてから，120℃の蒸気で4分間蒸す．大きな塊をほぐしてから，水分が10～12％になるまで乾燥する．ふるいで，粒度別に細，中，および粗粒に分ける．市販品は中粒が主流なので，細粒と粗粒は中粒に再加工されることが多いが，そのままの形で市販されているものもある．

クスクスの調理には蒸し器に似た「クスクス鍋」が使われる．2段重ねの鍋で，上段の底に小さな穴がたくさん開いている．下の鍋でソースを煮ながら，それから出る蒸気で上の鍋に入れたクスクスを蒸し，スープのうまみを浸み込ませる．蒸したクスクスにスープをかけて食べる．

クスクスは味が淡白なので，いろいろなソースが合う．肉や魚をトマトで煮たものが多いが，レストランや家庭では味を工夫したスープがつくられている．フランス料理の付け合せにも，クスクスが使われることがある．

参考文献

1) 島田淳子, 調理と小麦粉, pages 175-184, In: 小麦の科学, 長尾精一編, 朝倉書店 (1995)
2) 和田淑子：ルウおよびソース, pages 105-118, In：植物性食品 I, 島田淳子, 下村道子編, 朝倉書店 (1994)
3) 茂木美智子, 村山篤子, 村田安代, 神長和子, 山本美枝子, 永山スミ子, 山本誠子共著, 小麦粉, pages 100-111, In: 調理科学, 建帛社 (1983)

6. その他の加工品

6.1 麩

　小麦グルテンでつくる「麩」は日本が生んだ伝統的な植物タンパク質食品で，料理の材料として活用されている．栄養的にも価値が高い．比較的小規模な工場でつくられている場合が多い．市販品のほとんどが焼麩だが，一部に生麩も使われている．

6.1.1 焼　　麩

　焼麩（図 II.6.1）は，本来はローカル色豊かな食品で，産地によってつくり方が違う．山形県庄内地方の「庄内麩」（「板麩」ともいう），山形県東根市や長井市の「車麩」，新潟県の「車麩」と「白玉麩」，京都の「京小町麩」，「花麩」などが有名である．

　図 II.6.2 に伝統的な製造工程を示した．初めに小麦粉からグルテンを取り出す作業がある．強力または準強力の2～3等粉に1%食塩水を70～80%加え，十分混捏してグルテンを形成した後，2～3倍の水を加えて撹拌し続けると，デンプンが水の方に溶出する．白く濁った水を別の容器に入れ，残った固形物に水を加えて撹拌してデンプンを洗い出すという操作を数回繰り返すことによって，グルテンの塊が得られる．この操作は場所を必要とし，排水処理の問題もあるため，専門の工場で採取したグル

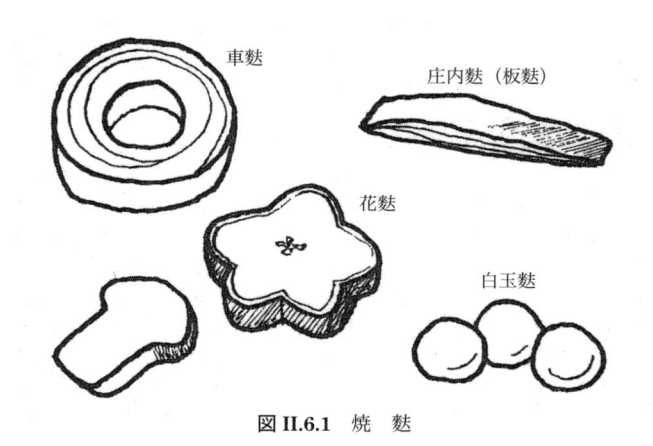

図 II.6.1　焼　　麩

6. その他の加工品

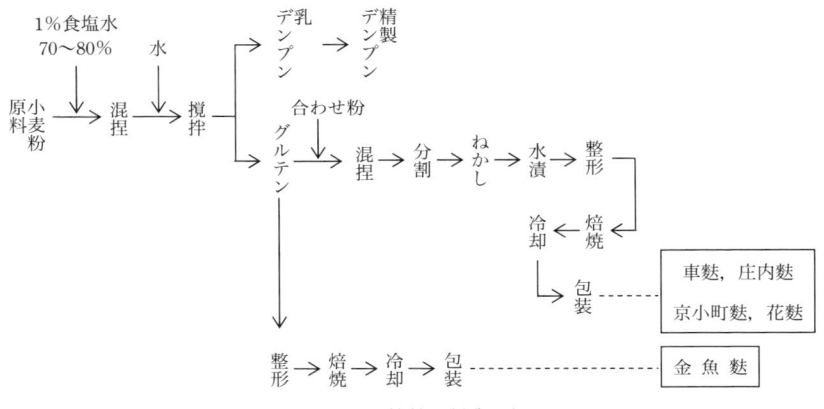

図 II.6.2 焼麩の製造工程

テンを冷凍したものを購入して，必要に応じて解凍して使っている工場が多くなった．

　このグルテンに小麦粉（「合わせ粉」という）を加えて，十分に混捏する．車麩の場合の合わせ粉としては強力または準強力の2～3等粉を使い，庄内麩や白玉麩には中力の2等粉クラスを使うか，これに強力または準強力の2～3等粉を混ぜることもある．焼麩の種類によって加える合わせ粉の量が違うが，重量で生グルテン1に対して0.5～1の割合のことが多い．麩の種類によって膨剤を少し加えることもある．

　捏ね上がった生地を適当な重量に分割し，しばらくねかせた後，水にいったん漬けてから成形する．専用の回転式または固定式の窯の中に成形した生地をセットして焙焼し，冷却，包装する．金魚麩のように，グルテンをそのまま成形し，焙焼して製品にするものもある．

　グルテンから分離したデンプンの懸濁液は，沈降法で処理して固形物だけを取り出し，精製して販売する．小規模の工場の場合は生の水分が多いままで販売するが，大工場では乾燥して出荷する．

6.1.2　生　　麩

　生グルテンに少し加工した生麩は，料理屋で使われており，各地に特徴のあるものがある．代表的なものとしては，生グルテンに少し小麦粉か餅粉を入れ，さらに，アワ，ソバ，ヨモギなどを混ぜた京生麩，生グルテンをゆで，冷水におろした津島麩などがある．

6.2 パン粉

パン粉は年に約15万トン製造されている．乾燥の程度によって，「生パン粉」，「ソフトパン粉」，および「ドライパン粉」があるが，ソフトパン粉が主流である．ソフトパン粉の特徴は，さっくりした大きなパンの破片で，比容積も大きく，口当たりが良い点である．中でも，色が冴えていて光沢があり，よく乾燥されていて，比容積が大きいものが良品と評価される．特に，比容積が大きいと，揚げ物での吸油が少なくて軽く揚がり，食味，食感が良い製品をつくりやすい．冷凍食品用としては，一般生菌数やその他の菌数が少ないことが要求される．

食パン製造と基本的には似たような工程でパンをつくり，冷却，粉砕，乾燥，ふるい分けによる粒度調整，秤量，包装をして出荷する．ただし，各種の副材料が豊富に入っている食パンの配合とは原材料配合が異なり，パンを大きく膨らませるのに基本的に必要な原材料である小麦粉 (100)，イースト (2〜3)，イーストフード (0.1〜0.2)，食塩 (1.5〜2.0)，水 (適量) が中心で，砂糖 (0.5〜1.5) や油脂 (1.5〜2.0) は少量使う程度である．

生地調製は，中種法による場合と，直捏法の場合がある．焼成方法にも，通常の製パンのようにオーブンを使う焙焼式と，電極式パン焼き機による通電式があり，通電式の方が表面に焼き色がつかないから，白いパン粉ができる．生パン粉は風味が優れているが，水分活性が高いので，特殊な包装をし，低温で流通などの配慮がされる．

小麦粉は必ずしも高級パン用粉である必要はなく，幅広い種類，等級のものが使われる．強力2等粉が多く用いられるが，中力や薄力の2等粉を配合すると，パン粉のソフトさを増すことができる．

6.3 小麦デンプン

6.3.1 用途と特性

小麦デンプンは，「浮粉（うきこ）」，「しょうふ」などと呼ばれて，古くからいろいろな用途に使われてきた．現在でも，繊維，紙，段ボールの接着，サイジング用，水産練り製品や畜肉練り製品の配合用，菓子の配合用，めんの打ち粉，医薬用，生分解性プラスチックなどに幅広く利用される．しかし，小麦デンプンの構造上の特性から，化工デンプン，糖化，醸造用などの原料としてはほとんど使われていない．

日本農林規格 (JAS) では，魚肉ソーセージの場合に結着補強剤として10％まで，

6. その他の加工品

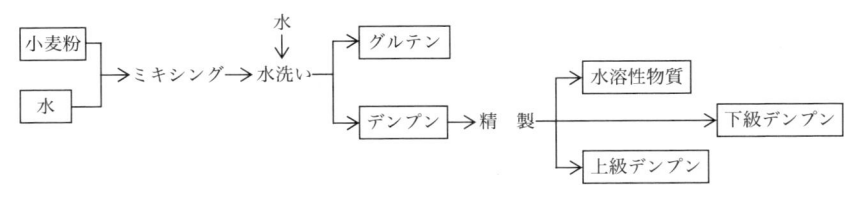

```
小麦粉 ┐                      水
        ├→ミキシング→水洗い┬→グルテン
水   ┘                      │                    ┌→水溶性物質
                             └→デンプン→精 製─┼→下級デンプン
                                                  └→上級デンプン
```

図 II.6.3　マーチン法改良法によるデンプンの採取工程

ケーシング詰めかまぼこの場合に練りつぶし肉の 8% まで，プレスハムの場合につなぎ剤として他の材料と合わせて 3% まで使用できると定められている．関西のかまぼこにはソフト感を出すために小麦デンプンが多く使われる[1]．

小麦デンプンは加熱中の粘度変化が比較的少なく，老化しにくい．また，その糊はやや耐塩性と耐酸性がある．

6.3.2　種類，原料，製法

市販されている小麦デンプンの品質はさまざまで，粒度や純度によって，特上，特等，1 等，並 (2) 等などの等級をつけて販売される．

デンプン採取用の小麦粉としては，グルテンの採取率を考慮して強力の 2〜3 等粉が使われることが多いが，小麦の種類によってデンプンの性質が異なるので，デンプンの品質を重視する場合には，用途に適した小麦粉を使うことが望ましい．

1835 年にフランスで考案されたマーチン法を改良した方法で，小麦デンプンを採取している工場が多い．この方法では，図 II.6.3 に示すように，小麦粉と水を十分に捏ねてグルテンを形成し，水和後，水洗いしてグルテンからデンプンを分離，精製する．この精製工程で，上級デンプンと下級デンプンを分離する．

アメリカやカナダの一部では，アメリカ農務省北部利用研究所が開発したバッター法が用いられている．マーチン法が少なめの水で「生地」をつくるのに対して，バッター法では多めの水を加えて「バッター」にしてからグルテンとデンプンを分離する点に特徴があり，連続操作が可能という長所がある．

6.4　活性グルテン

活性グルテンは「バイタルグルテン」とも呼ばれる．マーチン法かバッター法によって小麦粉から分離したグルテンは，生のままか，それを急速に冷凍したものが，焼麩や水産練り製品に使われる．還元剤処理して利用することもある．

乾燥して粉末にする技術が発達したため，活性（バイタル）グルテンを製造し，パン，

めん，畜肉ソーセージ，水産練り製品，健康食品などに活用されている．直接乾燥法と分散乾燥法があり，遠藤[2)]によると前者には ① 真空乾燥法，② 気流乾燥法，③ バンド乾燥法があり，後者にも ① ドラム乾燥法と ② 噴霧乾燥法があって，それらの技術を活用して活性度が高い製品が製造されている．

タンパク質の量が多い小麦を生産しにくいヨーロッパや西オーストラリアなどでは，乾燥活性（バイタル）グルテンが多く製造されており，パンの製造で配合して小麦粉の力の弱さを補っている．

これらのほかにも，グルテンは，塩酸などで加水分解してアミノ酸化し，液体，粉末状あるいは顆粒状の加水分解植物タンパク質（H.V.P.）にしたり，その物理的性質を活用して新タンパク食品としても利用されている．

6.5　フラワーペースト

小麦粉を主原料にして味付けしたペースト状のものは「フラワーペースト」と呼ばれ，パンや菓子の中に包み込むか，表面に塗布することが多い．小麦粉，デンプンを主原料にして，砂糖，油脂，粉乳，卵等を加えて加熱殺菌した「フラワーペーストミルク」，チョコレート（またはカカオ），小麦粉，デンプンを主原料にして，砂糖，油脂，粉乳等を加えて加熱殺菌した「フラワーペーストチョコレート」，ナッツ類とその加工品を主原料にして，砂糖，油脂，小麦粉等を加えて加熱殺菌した「フラワーペーストピーナツ」などがあり，年に約7万トンも生産されている．

6.6　合板用接着剤

合板製造での接着には，尿素樹脂などの樹脂に末粉を混ぜてつくった糊を使うことが多い．原料の板の性状やつくろうとする製品の品質，特に耐水性への要求度によって，使う樹脂の種類と小麦粉の配合率が異なる．樹脂100に対して小麦粉20，水10くらいで接着剤（グルー）をつくる場合から，樹脂の2倍くらいの小麦粉と，小麦粉の2倍くらいの水を加える場合まで，さまざまである．グルーには硬化剤として塩化アンモニウムなどを加える．

ミキサーでこれらの材料が混ぜられると，ペースト状になる．ロールを用いてこのグルーを板の表面に均一になるように塗布した後，板を重ね合わせて，加熱しながら加圧する．板と板の間に樹脂液が厚くつき過ぎると，時間の経過と共に老化するおそれがあるが，小麦粉を配合することによって粘度を調整できるので，樹脂液が薄く広

がり，老化防止に役立つ．このようなことから，合板用の小麦粉としては，抱水力が大きく，水と混ぜてつくったペーストの粘度が常温でも高く，粗い粒子があまり多く混ざっていないものが良い．一般的には，灰分が1.5～2.5％の末粉クラスのものが適している．

6.7 そ の 他

小麦粉は意外なところで使われている．少し前までは，障子紙を貼る時に，小麦粉でつくった糊を使っていた．陶磁器などがこわれた時の接着に用いる糊として，昔から伝わる「麦漆（むぎうるし）」がある．小麦粉を生漆に混ぜたものだが，接着力は強い．

画家が木炭画を描き直す時に，食パンの中身で消すこともある．チベットでは，小麦粉を水で練った生地をじゅうたんにたたきつけて，これに小さいごみをくっつけて取り除くことも行われているという．

李時珍の『本草綱目』には，小麦粉製の膏薬（こうやく）のつくり方が記されている．背中のおでき，無名のできもの，熱を持ったはれものなど，何にでも「効あること神の如し」だとのことである．

参 考 文 献

1) 遠藤明：小麦でんぷん，pages 271-285, In: 改訂小麦粉製品の知識，幸書房 (1995)
2) 遠藤悦雄：小麦蛋白質―その化学と加工技術，pages 137-153, 食品研究社 (1980)

付　　録

附1.　小麦・小麦粉関係主要単位換算表　　　　　　　　　　　　　　*333*
附2.　国内の小麦・小麦粉関連主要団体・機関　　　　　　　　　　　*335*
附3.　海外の小麦・小麦粉関連主要団体・機関　　　　　　　　　　　*338*

附 1. 小麦・小麦粉関係主要単位換算表

　国際的にはメートル法が主流で，日本でもそれが用いられているが，アメリカ合衆国ではヤード・ポンド法が使われているため，同国のデータを見る場合には換算が必要である．日常的に使われている単位に関する換算の仕方をまとめた．

1. 重　量
　(1) ポンド (lb)：グラム (g)
　　　1 lb ＝ 453.6 g
　(2) ハンドレッド・ウエイト (cwt)：キログラム (kg)
　　　1 cwt ＝ 100 lb ＝ 45.36 kg
　(3) ブッシェル (bu)（小麦の場合）：キログラム (kg)，トン (t)
　　　1 bu ＝ 60 lb ＝ 27.2155 kg　　　1 t ＝ 36.7437 bu

2. 長　さ
　インチ (in)：センチメートル (cm)
　　　1 in ＝ 2.54 cm

3. 容　量
　クォート (quart)：リットル (l)
　　　1 qt ＝ 1.101 l

4. 面　積
　エーカー (acre)：ヘクタール (ha)
　　　1 acre ＝ 0.4047 ha　　　1 ha ＝ 2.4710 acre

5. 温　度
　摂氏 (℃)：華氏 (℉)
　　　℃ ＝ (℉ － 32) × 5/9　　　℉ ＝ ℃ × 9/5 ＋ 32

6. 小麦の収量
　ブッシェル／エーカー (bu/acre) ＝ キログラム／ヘクタール (kg/ha)
　　　1 bu/acre ＝ 67.25 kg/ha　　　1 t/ha ＝ 14.87 bu/acre

附1. 小麦・小麦粉関係主要単位換算表

7. 容積重

ポンド／ブッシェル（lb/bu）：キログラム／ヘクトリットル（kg/hl）

lb/bu	kg/hl	lb/bu	kg/hl	lb/bu	kg/hl	lb/bu	kg/hl	lb/bu	kg/hl	lb/bu	kg/hl
57.0	73.3	58.2	74.9	59.4	76.4	60.6	78.0	61.8	79.5	63.0	81.0	64.2	82.6
57.1	73.4	58.3	75.0	59.5	76.5	60.7	78.1	61.9	79.6	63.1	81.2	64.3	82.7
57.2	73.6	58.4	75.1	59.6	76.7	60.8	78.2	62.0	79.8	63.2	81.3	64.4	82.8
57.3	73.7	58.5	75.3	59.7	76.8	60.9	78.3	62.1	79.9	63.3	81.4	64.5	83.0
57.4	73.8	58.6	75.4	59.8	76.9	61.0	78.5	62.2	80.0	63.4	81.6	64.6	83.1
57.5	74.0	58.7	75.5	59.9	77.1	61.1	78.6	62.3	80.1	63.5	81.7	64.7	83.2
57.6	74.1	58.8	75.6	60.0	77.2	61.2	78.7	62.4	80.3	63.6	81.8	64.8	83.4
57.7	74.2	58.9	75.8	60.1	77.3	61.3	78.9	62.5	80.4	63.7	81.9	64.9	83.5
57.8	74.3	59.0	75.9	60.2	77.4	61.4	79.0	62.6	80.5	63.8	82.1		
57.9	74.5	59.1	76.0	60.3	77.6	61.5	79.1	62.7	80.7	63.9	82.2		
58.0	74.6	59.2	76.2	60.4	77.7	61.6	79.2	62.8	80.8	64.0	82.3		
58.1	74.7	59.3	76.3	60.5	77.8	61.7	79.4	62.9	80.9	64.1	82.5		

附2. 国内の小麦・小麦粉関連主要団体・機関

1. 小　麦

全国農業協同組合連合会（全農）	100-0004	東京都千代田区大手町 1-8-3	03-3245-7040
全国農協中央会	100-0004	東京都千代田区大手町 1-8-3	03-3245-7500
全国農業会議所	105-0001	東京都港区虎ノ門 1-25-5	03-5251-3901
(社)全国米麦改良協会	102-0094	東京都千代田区紀尾井町 3-29	03-3262-1325
(財)全国瑞穂食糧検査協会	140-0015	東京都品川区西大井 6-1-31	03-3782-0011
輸入食糧協議会事務局	103-0027	東京都中央区日本橋 2-1-16	03-3274-0172
飼料輸出入協会	104-0061	東京都中央区銀座 4-3-13	03-3563-6441
アメリカ合衆国小麦連合会	107-0052	東京都港区赤坂 1-1-14	03-3582-7911
カナダ小麦局東京事務所	105-0001	東京都港区虎ノ門 2-6-4	03-3519-2288

2. 小麦粉

製粉協会	103-0026	東京都中央区日本橋兜町 15-6	03-3667-1011
(財)製粉振興会	103-0026	東京都中央区日本橋兜町 15-6	03-3666-2712
協同組合全国製粉協議会	101-0023	東京都千代田区神田松永町 16	03-5298-5905
全国小麦粉卸商組合連合会	103-0016	東京都中央区日本橋小網町 16-14	03-3666-4009

3. 小麦粉加工

(社)日本パン工業会	103-0026	東京都日本橋兜町 15-12	03-3667-1976
全日本パン協同組合連合会	160-0022	東京都新宿区新宿 1-34-9	03-3352-3341
(社)日本麺類業団体連合会	101-0051	東京都千代田区神田神保町 2-4	03-3262-5206
全国製麺協同組合連合会	135-0004	東京都江東区森下 3-14-3	03-3634-2255
日本冷凍めん協会	135-0004	東京都江東区森下 3-14-3	03-3634-2275
全国めん類衛生技術センター	135-0004	東京都江東区森下 3-14-3	03-3634-1954
全国乾麺協同組合連合会	103-0026	東京都中央区日本橋兜町 15-6	03-3666-7900
日本即席食品工業協会	111-0053	東京都台東区浅草橋 5-5-5	03-3865-0811
(社)日本パスタ協会	103-0026	東京都中央区日本橋兜町 15-6	03-3667-4245
全日本菓子協会	105-0004	東京都港区新橋 6-9-5	03-3431-3115
日本菓子BB協会	105-0004	東京都港区新橋 6-9-5	03-3431-3115
(社)全国ビスケット協会	105-0004	東京都港区新橋 6-9-5	03-3433-6131
全日本菓子工業協同組合連合会	105-0004	東京都港区新橋 6-9-5	03-3437-2531

附2. 国内の小麦・小麦粉関連主要団体・機関

団体名	郵便番号	住所	電話番号
全国菓子工業組合連合会	107-0062	東京都南青山 5-12-6	03-3400-8901
協同組合全日本洋菓子工業会	105-0012	東京都港区芝大門 1-16-10	03-3432-3871
日本プレミックス協会	103-0026	東京都中央区日本橋兜町 15-6	03-3669-0251
全国パン粉工業協同組合連合会	170-0003	東京都豊島区駒込 1-40-4-403	03-3945-6521
全日本カレー工業協同組合	111-0051	東京都台東区蔵前 3-20-1-502	03-5687-1793
日本冷凍食品協会	103-0024	東京都中央区日本橋小舟町 10-6	03-3667-6671
(社)日本植物蛋白食品協会	105-0003	東京都港区西新橋 2-4-1	03-3591-2524
日本スナック・シリアルフーズ協会	104-0031	東京都中央区京橋 2-11-11	03-3562-6090
全国小麦粉分離加工協会	101-0034	東京都千代田区神田東紺屋町 30-606	03-6411-0171

4. 小麦粉以外の原材料

団体名	郵便番号	住所	電話番号
全国蕎麦製粉協同組合	170-0003	東京都豊島区駒込 1-40-4	03-3944-5461
(社)日本植物油協会	103-0027	東京都中央区日本橋 3-13-11	03-3271-2705
日本マーガリン工業会	103-0027	東京都中央区日本橋 3-13-11	03-3242-3770
全国マーガリン製造協同組合	103-0027	東京都中央区日本橋 3-13-11	03-5203-2111
(財)日本食品油脂検査協会	103-0008	東京都中央区日本橋浜町 3-27-8	03-3669-6723
(財)日本油脂検査協会	164-0012	東京都中野区本町 4-19-13	03-3382-5311
(社)日本油料検査協会	658-0044	兵庫県神戸市東灘区御影塚町 1-2-15	078-841-4931
精糖工業会	102-0075	東京都千代田区三番町 5 番地 7	03-3288-1151
全日本糖化工業会	105-0003	東京都港区西新橋 1-1-21	03-3503-0876
日本精糖協会	103-0013	東京都中央区日本橋人形町 2-34-5	03-3661-2530
全国加工澱粉工業協同組合	101-0038	東京都千代田区神田美倉町 10	03-3256-9114
全国澱粉協同組合連合会	107-0052	東京都港区赤坂 6-5-38-211	03-3585-2428
日本スターチ・糖化工業会	107-0052	東京都港区赤坂 1-1-16	03-3560-5300
日本イースト工業会	103-0026	東京都中央区日本橋兜町 15-6	03-3666-0626

5. 二次加工機械

団体名	郵便番号	住所	電話番号
(社)日本食品機械工業会	108-0023	東京都港区芝浦 3-19-20	03-5484-0981
(社)日本包装機械工業会	104-0033	東京都中央区新川 2-5-6	03-6222-2275
(社)日本包装技術協会	104-0045	東京都中央区築地 4-1-1	03-3543-1189
日本製パン製菓機械工業会	101-0027	東京都千代田区神田平河町 1 番地	03-3862-8478
日本製麺機材工業会	212-0055	神奈川県川崎市幸区南加瀬 4-39-1	044-588-2055

6. 学会・研究，分析機関

AACCInternational 日本支部	日清製粉㈱が事務局	
日本穀物科学研究会	三宅製粉㈱が事務局	
(社)日本食品科学工学会	305-8642　茨城県つくば市観音台 2-1-12　食品総合研究所内	029-838-8116
日本調理科学会	112-8610　東京都文京区大塚 2-1-1　お茶の水女子大学 生活科学部 調理学研究室内	www.soc.nii.ac.jp/jscs/
(社)日本家政学会	112-0012　東京都文京区大塚 2-1-15-502	03-3947-2627
(社)日本農芸化学会	113-0032　東京都文京区弥生 2-4-16	03-3811-8789
(社)日本栄養・食糧学会	171-0014　東京都豊島区池袋 3-60-5-203	03-6902-0072
独立作物行政法人農業・食品産業技術総合研究機構　作物研究所 305-8518　茨城県つくば市観音台 2-1-18		029-838-8260
独立作物行政法人農業・食品産業技術総合研究機構　食品総合研究所 305-8517　茨城県つくば市観音台 3-1-1		029-838-8988
(財)日本食品分析センター（東京本部） 151-0062　東京都渋谷区元代々木町 52-1		03-3469-7131
日本穀物検定協会	103-0026　東京都中央区日本橋兜町 15-6	03-3668-0911
日本パン技術研究所	134-0088　東京都江戸川区西葛西 6-19-6	03-3689-7571

附3. 海外の小麦・小麦粉関連主要団体・機関

	（メールアドレス）	（ホームページ）
1. 小　麦		
GAFTA (Grain & Feed Trade Association) (U.K.)		www.gafta.com
International Grains Council (U.K.)	igc@igc.org.uk	www.igc.org.uk
Canadian Grain Commission (Canada)	contact@grainscanada.gc.ca	www.grainscanada.gc.ca
National Association of Wheat Growers (United States)	wheatworld@wheatworld.org	www.wheatworld.org
U.S. Grains Council	grains@grains.org	www.grains.org
U.S. Wheat Associates, Inc.	info@uswheat.org	www.uswheat.org
Canadian Wheat Board	questions@cwb.ca	www.cwb.ca
2. 製　粉		
The European Flour Millers (Belgium)	secretariat@flourmillers.eu	www.flourmillers.eu
Federación Argentina de la Industria Molinera (Argentina)	faim@faim.org.ar	www.faim.org.ar
Flour Millers Council of Australia (Australia)	fmca@flourmillers.com.au	www.flourmillers.com.au
Austrian Milling Association (Austria)	g.benedikter@dielebensmittel.at	www.dielebensmittel.at
Associação Brasileira da Indústria do Trigo (Brazil)	abitrigo@abitrigo.com.br	www.abitrigo.com.br
Canadian National Millers Association (Canada)	gharrison@canadianmillers.ca	www.canadianmillers.ca
Caribbean Millers' Association (Jamaica)	caribmill@cwjamaica.com	www.caribmillers.com
Association Industrial Mills of Czech Republic (Czech Republic)	info@svazmlynu.cz	www.svazmlynu.cz
Finish Flour Milling Association (Finland)	info@etl.fi	www.etl.fi
National Association of French Flour Milling (ANMF) (France)	anmf@anmf.com.fr	www.meuneriefrancaise.com
National Association of French Export Millers (SYMEX) (France)	symexport@wanadoo.fr	
German Milling Association (Germany)	vdm@muehlen.org	www.muehlen.org
Hungarian Grain and Feed Association (Hungary)	gabonaszov@mail.datanet.hu	www.gabonaszovetseg.hu
Federation of Iranian Associations of Flour Milling Industry (Iran)	info4@iranflour.com	www.iranflour.com
The Israel Association of Flour Mills (Israel)	etim@iindustry.org.il	www.industry.org.il

Associazione Nazionale trai Produttori di Alimenti Zootecnici (Italy)	assalzoo@assalzoo.it	www.assalzoo.it
Cámara Nacionale de la Industria Molinera del Trigo (Mexico)	harinadetrigo@harina.org	www.harina.org
Association of Flour Millers (Netherkands)	j.dekeijzer@graan.com	
New Zealand Flour Millers Association (NewZealand)	enquiries@flourinfo.co.nz	www.flourinfo.co.nz
Info-Pak Flour Mills Confederation (Pakistan)	basufi@brain.net.pk	
Philippine Association of Flour Millers (Philippine)	pafmil@info.com.ph	
Polish Millers Association (Poland)	smrp@stowarzyszenie-mlynarzy.pl	www.stowarzyszenie-mylnarzy.pl
Romanian National Association of Flour Milling and Baking Industries (Romania)	vmarin@anamob.ro	www.anamob.ro
Russian Union of Flour Mills and Cereal Plants	(20, Pervyi Schipkovsky Pereulok, Moscow 115093, Russia)	
National Chamber of Milling, Inc. (Wheat) (South Africa)	info@grainmilling.org.za	www.grainmilling.org.za
Korean Flour Millers Industrial Association (South Korea)	pjsinkyu@hanmail.net	
Associacion de Fabricantes de Harinas y Semolas de Espana	afhse@afhse.com	www.afhse.com
Swedish Flour Milling Association	(P.O. Box 16141, Södra Blasieholmshamnen 4A, Stockholm S-10323, Sweden)	
The Swiss Milling Federation (Switzerland)	info@thunstrasse82.ch	www.dsm-fms.ch
Taiwan Flour Mills Association (Taiwan)	chinghohuang@yahoo.com.tw	
Turkey Flour Industrialists' Federation (Turkey)	bilgi@usf.org.tr	www.usf.org.tr
Turkish Millers Association (Turkey)	info@usd.org.tr	
Flour Advisory Bureau (United Kingdom)	fab@nabim.org.uk	www.fabflour.co.uk
National Association of British & Irish Millers (United Kingdom)	info@nabim.org.uk	www.nabim.org.uk
North American Millers' Association (United States)	generalinfo@namamillers.org	www.namamillers.org

3. 学会・教育，研究機関・技術団体

(1) 国際的

AACC International (MN, U.S.A.)	www.aaccnet.org
International Association for Cereal Science & Technology (ICC) (Vienna, Austria)	www.icc.or.at
International Association of Operative Millers (IAOM) (KS, U.S.A.)	www.iaom.info

附3. 海外の小麦・小麦粉関連主要団体・機関

(2) 北 米

Canadian International Grains Institute (MN, Canada)	egeddes@cigi.ca	www.cigi.ca
Grain Research Laboratory (MN, Canada)	contact@grainscanada.gc.ca	www.grainscanada.gc.ca
AIB International		www.aibonline.org

(3) ヨーロッパ

Bundesanstalt für Getreide-, Kartofel- und Fettforschung (Detmold, Germany)	
Laboratoire de Technologie des Céréales, I.N.R.A. (Montpellier, France)	www.international.inra.fr
Campden BRI (Gloucestershire, United Kingdom)	www.campden.co.uk

(4) その他

Australian Technical Millers Association (ATMA) (Vic., Australia)	atma@flourmillers.com.au	www.atma.asn.au
Crop & Food Research, Grain Foods Research Unit (Christchurch, New Zealand)		www.crop.cri.nz
BRI Australia (NSW, Australia)		www.biotechnology.nsw.gov.au
C.S.I.R.O. Grain Quality Research Laboratory (NSW, Australia)		www.csiro.au

索　引

〈ア　行〉

赤かび粒　213
赤小麦　43
上り粉　97, 100
秋播性　41
アグトロン直読式反射分光光度計
　　　　188
アグルチニン　134
アシルグリセロール　134
アスコルビン酸オキシダーゼ　148
アスパラギン酸ペプチダーゼ　145
アタ　22
圧延　277
圧搾生イースト　249
油揚げ　280
アミノ酸スコア　216
アミノ酸組成　118, 120, 121, 122, 123
網目状構造　26
アミロース　107, 143
　──含量　108
アミログラフ　110, 196
　──最高粘度　111
アミロペクチン　107, 143
アメリカ合衆国産小麦　69, 82
　──の等級規格　72
　──の銘柄　71
アメリカ合衆国小麦連合会　70
アラビノキシラン　114
アラブパン　242
アリューロン（糊粉）層　52
アルコール可溶酸度　189
アルゼンチン産小麦　84
α-アミラーゼ　111, 143, 187
　──インヒビター　132
　──活性　196
α-1,4 グリコシド結合　143
α-L-アラビノフラノシダーゼ　144
α 化　110

α-トコフェロール　222
α-らせん構造　179
アルベオグラフ　84, 193
アレルギー　133, 214
合わせ粉　326
安全性　260, 285
安定度　192
アンバー　43
あんパン　12, 236
あんまんじゅう　244

イースト　249
　──フード　251
イーストドーナツ　243, 291
　──ミックス　314
イエロー　43
イギリス小麦　40
石臼　6
萎縮粒　61
異性化糖　251
一粒系　38
　──小麦　39
1 等粉　17
一般生菌数　207
一般分析　185
遺伝子組換え　213
稲庭うどん　284
イネ科　37
異物　60
　──混入　213
揖保の糸　284
色　49
イングリッシュマフィン　240
インド産小麦　87

ウエスタン・ホワイト小麦　73
ウェハース　289
打ち粉　272
うどん　265

341

索　引

うどん粉　15

栄養摂取勧告量　217
エージング　33
エキステンソグラフ　192
液種生地法　255
液卵　296
S-S結合　124, 168, 177
SH・S-S交換反応　168
SHブロック試薬　170
SDS可溶性タンパク質　167
SDS抽出不能タンパク質　177
エステラーゼ　146
SBS方式　64
エチルアルコール　275
NIR技術　187
N-エチルマレイミド　170
N-末端領域　129
FY反応型試験法　190
L-アスコルビン酸　169, 170
エンマー小麦　39

オーストラリア産小麦　79, 83
　　——の銘柄，等級区分　80
　　オーストラリア・スタンダード・ホワイト小麦　81
　　オーストラリア・ソフト小麦　83
　　オーストラリア・デュラム小麦　84
　　オーストラリア・プライム・ハード小麦　81
　　オーストラリア・プレミアム・ホワイト・ヌードル小麦　81
　　Gamenya　81
おかゆ　4
　　大麦の——　4
お好み焼きミックス　315
押出し　278
オズボーン画分　123
オリゴ糖　144
オレイン酸　216

〈カ　行〉

カイザーロール　234
害虫　57, 208

オオコクヌスト　209
カクムネコクヌスト　209
コクヌストモドキ　208
コナマダラメイガ　209
シンサンシバンムシ　211
スジマダラメイガ　209
タバコシバンムシ　211
チャイロコメゴミムシダマシ　209
ノシメコクガ　209
ノシメマダラメイガ　209
ハラジロカツオブシムシ　209
ヒメカツオブシムシ　209
ヒメマルカツオブシムシ　209
ヒラチャタテ　211
回転式石臼（ロータリーカーン）　6
回転速比　97
外皮　50, 54
角形食パン　230
加工適性　199
カザフスタン産小麦　86
過酸化反応　148
過酸化ベンゾイル　29, 213
菓子　287
　　——の原材料　295
　　——の製法　300
　　揚げもの　290
　　焼きもの　289
菓子パン　236
　　——用粉　245
過熟成　34
加水　26
　　——量　94
かすてら　292, 306
　　——用粉　295
可塑性油脂　250
型詰　258
カタラーゼ　148
学校給食　13
滑面ロール　97
家庭用粉　18
カテコールオキシダーゼ　147
加糖中種生地法　255
加糖ミックス　312
カナダ穀物庁　75

カナダ小麦局　75
カナダ産小麦　74, 83
　　──の銘柄, 等級区分　76
　　カナダ・ウエスタン・アンバー・デュラム小麦　78
　　カナダ・ウエスタン・エクストラ・ストロング・レッド・スプリング小麦　83
　　カナダ・ウエスタン・ソフト・ホワイト・スプリング小麦　83
　　カナダ・ウエスタン・レッド・スプリング小麦　77
果皮　50
かび　56, 207
芽胞形成菌　207
硝子質　44
カラー・バリュー　188
カリウム　139
顆粒　32
かりんとう　307
　ソフト──　307
　ハード──　307
カレーパン　240
カロチノイド系色素　29
皮性　38
皮離れ　61
還元型グルタチオン　177
関税相当量　64
乾燥　279, 280
乾燥卵　296
官能評価法　258
乾パン　289

生地　31
　──生成時間　191
　──の形成　257
　──の比重　303
　──のひずみ硬化　173
キシラナーゼ　144
キタノカオリ　69
きたほなみ　68
機能性タンパク質　133
気泡　172
　──表面　174

吸水率　191
きょう雑物　60, 71
強力粉　17
強力小麦　66
極性脂質　137

クグロフ　239
クッキー　289, 301
　──試験　204
　──用粉　295
クピン　124
クラスター　109
クラッカー　289
クラブ小麦　40
グリアジン　25, 123, 127, 128, 130, 175
　──サブユニット　124
クリープ粘度　176
クリームパン　236
クリスト・シュトーレン　239
グリッシーニ　235
グルコマンナン　114
グルタチオン・デヒドロアスコルビン酸塩酸化還元酵素　149
グルタミン酸　121
グルテニン　25, 123
　不溶性──　176
グルテニンサブユニット　127, 124, 130
　──1Dx5+1Dy10　167, 173
　──1Dx2+1Dy12　167
　──Bx17+1By18　173
　高分子量（HMW）──　127, 129, 167
　低分子量（LMW）──　128, 167
グルテン　25, 126
　──巨大重合体　173
　──指数　190
　──とその成分　25
　ウエット──　190
　活性──　328
グルテンタンパク質　123, 126, 167
グルトマティック　190
Glu-1（グルワン）遺伝子　127

343

索　引

グレーディング　98
クレープ　294, 306
グロブリン　131
黒穂病菌　49
黒穂病粒　61
クロワッサン　237

鶏卵　296
ケーキドーナツ　291
　　──ミックス　314
ケーキ用粉　295
結合脂質　134
結合水　142
血中コレステロール　217
月餅　292
ゲノム　38
ケルダール法　186
けん化性脂質　134
健康志向　260, 285
原料小麦　91
　　──の配合　91
　　──の前処理　91

高温灰化法　186
高甘味度甘味料　300
抗酸化活性　136
硬質小麦　44, 68
公正競争規約　282
酵素　143
　　──活性　187
　　　グルカン分解──　145
　　　酸化還元──　148
　　　タンパク質分解──　145
　　　デンプン分解──　143
　　　分枝──　110
　　　非デンプン多糖分解──　144
硬度　49, 273
硬度（HA）遺伝子座　44
合板用接着剤　329
酵母　207, 249
糊化開始温度　196
糊化特性　110
国内産普通小麦の等級規格　67
穀粉　272

粉採取率　62
小麦粉
　　──系菓子　288
　　──の安全性　207
　　──の栄養成分　31
　　──の化学組成　52
　　──の熟成　32
　　──の種類　15, 16
　　──の賞味期限　35
　　──の貯蔵　32
　　──調理の技術　320
　　──調理の種類　319
　　──の等級　16
　　──の特性　15, 25
　　──の用途　13
　　──の粒子　30
　　──の品質評価　185
（各国の小麦粉）
　　アメリカ　19
　　アルゼンチン　23
　　イギリス　20
　　イタリア　21
　　インド　22
　　エジプト　23
　　韓国　21
　　中国　22
　　ドイツ　20
　　フランス　21
　　南アフリカ　23
小麦粉生地
　　──の構造　165
　　──の性状　165
小麦全粒粉　217
　　──パン　231
コムギ族　37
コムギ属　37
小麦
　　──の植物学的分類　37
　　──の染色体による分類　38
　　──デンプン　327
　　──胚芽油　222
小麦粒　46
　　──の大きさ　46
　　──の重さ　47

——の炭水化物組成　106
——のタンパク質含量　115
　　　気象条件　117
　　　降雨量　117
——の貯蔵性　55
　　　気温　56
——の内部構造　49, 50, 51
——の物理的特性　46
米粉パン　232
コレステロール　218
混合　276
混合ぶすま　223
コンディショニング　94
混捏　26, 276

〈サ　行〉

細菌　207
　Bacillus subtilis　207
　Micrococcus　208
　Pseudomonas　208
　Aspergillus　208
　Penicillum　208
　Saccharomyces cerevisiae　249
最高粘度　196, 198
サイジング　99
最適ミキシング時間　177
栽培　4
——型　38
——種　39
細胞壁多糖類　113
酢酸マグネシウム　186
ザッハートルテ　293
砂糖　298
サドルカーン　5
サワー種法　256
酸化反応　148
残渣タンパク質　124
産地品種銘柄　66
サンドイッチ　240
3等粉　17
3等割　202
サンプル　185
——等級　70
残留農薬　211

——基準　213
C-末端領域　129
Gpc-B1遺伝子　115
直捏生地法　252
ジガラクトシルジグリセリド　137
示差走査熱量測定　111
脂質　134
——転移タンパク質　133
——の変化　57
システインペプチダーゼ　146
ジスルフィド結合　124, 168
自然酸化　33
ジチロシン橋かけ結合　129, 169
シフター　96
脂肪酸　216
脂肪酸度　138, 189
ジャムパン　236
シャルロット　293
シャンピニオン　234
収穫時期　42
シュークリーム　294, 305
重合リン酸塩　275
自由水　142
臭素酸カリウム　169, 170
重熱損粒　61
熟成　257
珠心層　50
シュトーレン　239
種皮　50
準強力粉　17
準硬質小麦　44
小穂　38
焼成　258
小繊維　174
蒸熱　280
ショート・パテント粉　20
ショートケーキ　292
ショートニング　137, 296
食塩　247
食パン用粉　245
食物繊維　113, 223
ショ糖　251
ショパン・エキステンシメーター

索　引

193
白小麦　43
白食パン　228
伸張抵抗　192
伸張度　192

水酸化反応　148
水道水質基準　273
水不溶性タンパク質　173
水分　55, 62, 141
水溶性酸度　189
スーパーファミリー　124
末粉　17
スクウェアーシフター　96
スクシニル化　179
スクラッチ　100
すだち　203
ステアリン酸　136
ステリルエステル　134
ストレート粉　19, 100
スパゲッティ　268
スプレッド・ファクター　204
スペルト小麦　41
スポンジケーキ　292, 302
　──試験　202
　──ミックス　314

整形　257
成形　257
生長リング　109
製パン試験　199
製パン性　199
生物活性タンパク質　134
製粉　8
　──技術　91
　──工程　24
　──性　60
　──の仕組み　95
　──用小麦　59
施肥　118
セモリナ　18
セリアック病　133
セリンペプチダーゼ　146
セルフライジングフラワー　311

セルロース　112, 113
染色体　38
せんべい　289, 307
千粒重　48
全粒粉　17

ソフト・レッド・ウインター小麦　82
ソーダクラッカー　302
即席カップめん　267
即席めん用粉　271
粗繊維　187
ソバ粉　271
ソフト・ビスケット　289
ソフト・ホワイト小麦　74
ソフトパン粉　327
ソルビトール　275
損失率　176

〈タ　行〉

ダーク　43
ダーク・ノーザン・スプリング小麦　73
褪色　49
大腸菌群　207
多価不飽和脂肪酸　147, 217
タコス　241
多重チャンネルレーザー光散乱装置　189
脱アミド　179
脱脂胚芽　222
脱水　280
縦割れ　274
タフ　142
段階式製粉　8
短時間直捏生地法　253
単純脂質　134
炭水化物の変化　57
タンパク質含量　115, 119
　──の範囲　116
タンパク質の変化　58
ダンプ　142

チアミン　217

地域団体商標制度　284
地域特産品認証制度　284
チーズ蒸しパン　245
チキンラーメン　264
窒素肥料　119
チモフェービ系　38
チャキ　22
チャパティ　241
中華まんじゅう　244
中華めん　265
　——試験　202
中華めん（ラーメン）用粉　18, 270
中間質小麦　44
中国産小麦　87
抽出性　178
中力粉　17
長時間中種生地法　255
調理用ミックス　312
直接灰化法　186
貯蔵可能期間　58
貯蔵条件　58
貯蔵中の品質変化　57
貯蔵率　176
沈降価　190
沈降法　189

低アミロース　108
テイリング　100
デザート・デュラム　83
デニッシュドーナツ　243
デニッシュペストリー　236
手延べそうめん　265
デュラム小麦　40, 82
テンパリング　94
てんぷら油　298
てんぷら粉　315
デンプン
　——脂質　134
　——損傷　111
　——損傷度　199
　——糖　298
　——表面脂質　134
　——の糊化　28
　A 粒——　107

　B 粒——　107
デンプンシンターゼ　110
ドイツ小麦　85
糖アルコール　299
唐菓子　11, 287
凍結卵　296
ドウコーダー　170
糖脂質　134, 137
糖類　251
ドーナツ　290
特殊分析　185
トコール　136
土壌　118
ドライイースト　249
ドライグルテン　190
ドライパン粉　327
どら焼き　307
トリアシルグリセロール　136, 138
トリアシルグリセロールアシルヒドロ
　ラーゼ　146
採り分け　24, 100
トルティーヤ　241

〈ナ　行〉

ナイアシン　217
中種生地法　254
生菓子　291
生パン粉　327
ナン　241
軟質小麦　44
難消化性デンプン　215
南蛮菓子　11, 287

二次加工試験　185
二次加工性　62
二次構造　179
二重らせん配列　109
2 等粉　17
日本で使用される小麦　65
日本めん用粉　270
乳化剤　252
乳牛用飼料　223
二粒系　38

索　引

――小麦　39
ヌードル　268
ヌードル小麦　81

ねかし　257
熱損粒　49
熱転移　177
熱風乾燥　280
練り込み用油脂　250
撚延　277
燃焼窒素分析法　187
粘弾性　26

農林61号　68
ノータイム法　253

〈ハ　行〉

ハード・ビスケット　289
ハード・ホワイト小麦　83
ハード・レッド・ウインター小麦　73
パーベイク法　256
バーミセリー　268
パイ　294, 305
胚芽　52, 55, 221
バイタルグルテン　328
胚乳　52, 54
灰分量　139
バウムクーヘン　293
パウンドケーキ　293
包子（パオズ）　244
歯型　98
薄力粉　17
バゲット　233
橋かけ結合　178
パスタ　267, 281
　　――用セモリナ　271
バター　298
バターケーキ　292
バタール　234
バターロール　232
裸種　39
蜂蜜　299
麦角粒　61, 213
発酵　257

――パン　5
バッター　32
バッター法　328
パテント・フラワー　9
パネートネ　238
バラエティブレッド　231
パラタ　241
baladi（バラデイ）粉　23
パリジャン　234
はるきらり　69
バルクハンドリング用油脂　250
春小麦　41
春播性　41
パルミチン酸　136, 216
パン　227
　　――体積　116
　　――の原材料の種類　245
　　――の種類　228
　　――の製法　252
　　――の分類　227
パン粉　327
パン小麦　40
播州素麺　284
ハンバーガー　240
　　――バンズ　233
反復領域　129

pHの低下　33
挽臼　96
非極性脂質　134, 138
非けん化性脂質　134
ビスケット　289, 300
ビスコグラフ　196
ピタパン　242
ビタミン　140
　　――B_6　217
　　――E　221
必須アミノ酸　121, 216
必須脂肪酸　217
非デンプン脂質　134
一粒小麦　39
ピューロチオニン　134
ピュリファイヤー　9
ピュリフィケーション　98

348

漂白　29, 213
表面活性タンパク質　133
ひらめん　265
ピロシキ　243
品質検査　101
品質表示基準　282
品質変化　33

麩　325
　車麩　325
　庄内麩　329
　白玉麩　325
　生麩　326
　花麩　325
　焼麩　325
ファットスプレッド　297
ファリナ　18
ファリノグラフ　191
フィターゼ　146
フィチン酸塩　147
フィトステロール　136
fino（フィノ）粉　23
ブール　234
複合　277
複合脂質　134
副銘柄　70
フザリウム菌　213
ふすま　221, 222
　――除去　101
　――除去機　102
普通系　38
　――小麦　40
普通小麦　40, 66, 67
不飽和脂肪酸　221
冬小麦　41
フライアビリン　44, 132
フラワー・カラー・グレーダー　188
フラワーペースト　329
ブランシフター　96
フランス小麦　85
フランスパン専用粉　18, 246
ブリオシュ　238
ふるい分け　95
　――法　189

フルクタン　113
フルクトオリゴ糖　251
ブレーキ　96
ブレーキング　98
ブレーチヒェン　234
ブレーン空気透過粉末度測定器　189
プレッツェル　289, 302
プレミックス　311
　――の原料　313
　――の種類　312
　――の製造法　314
ブロックレット　109
プロテイナーゼ　145
プロピレングリコール　275
プロラミン　124
プロリン　121
分割　257
粉砕　95
粉状質　44

平衡水分　142
ベーキングミックス　312
ベーグル　242
β-アミラーゼ　130, 144
β-D-キシロシダーゼ　145
β-D-グルカン　114
ヘキソサン　113
ペッカーテスト　188
ペプチダーゼ　145
ヘミセルロース　112
ペルオキシダーゼ　148
ペントサン　113

ほいろ　258
膨潤　111
飽和脂肪酸　136, 216
ポーランド小麦　40
ポーリィ　241
ホクシン　68
穂軸　38
ポジティブリスト制度　211
ホスファチジルイノシトール　137
ホットケーキの素　311
ホットケーキミックス　314

索引

ポリフェノールオキシダーゼ　147,187
ホワイト・クラブ小麦　74
本乾燥　281
ポンペイのパン焼き窯　7

〈マ　行〉

マーガリン　297
マーチン法　328
マイダ　23
マカロニ　268
マカロニ小麦　40
マグネシウム　139
マドレーヌ　293
マルトース　144
まるめ　257
まんじゅう　291,306
饅頭（マントウ）　244

ミキサー　276
ミキシング耐性指数　191
ミキソグラフ　195
ミドリング　100
ミネラル　139
ミルフィーユ　293
三輪素麺　284
民間流通　64

麦漆　330
麦の食文化　4
蒸しパン　244
無糖ミックス　312

銘柄区分　66
目立ロール　97
メタロペプチダーゼ　146
メリケン粉　15
メロンパン　236
めん　263
　──線切り出し　277
　──の原料の種類　269
　──の種類　265
　──の製造工程　276
乾めん類　265

即席めん類　267,280
生めん類　265
モチ性小麦　108
モンブラン　293

〈ヤ　行〉

厄　279
野生型　38
山形食パン　230

有機酸　275
有稃種　39
有芒種　39
遊離SH　177
遊離脂質　134,137,138
遊離脂肪酸　138
油脂　250,296
湯種法　256
ゆで　278
　──溶け率　201
　──歩留り　201
　──試験　201

溶解性　167
葉酸　217
容積重　48,62
ヨウ素酸カリウム　169,170
用途別品質特性　63
洋生菓子　302
　──の衛生規範　207
ヨーロッパ産小麦　85
予備乾燥　281

〈ラ　行〉

ライ麦パン　232
落めん　274
ラッカーゼ　147
ラピッドビスコアナライザー　111
ランダム構造　179

リジン　121,216,221
リダクション　98
リノール酸　137,147,216,,221

350

リパーゼ　146
リベット小麦　40
リポキシゲナーゼ　147
リボフラビン　217
粒溝（クリーズ）　3, 46
流通上の等級　44, 45
リン　139
リン酸肥料　119
リン脂質　134
リングドーナツ　243

ルー　32

冷却　258, 280, 281
冷蔵生地法　255
冷凍めん　265

レオロジー　172, 174
　——性状　191

ロシア産小麦　86
老化　112
ロール　96, 97
　——機　96
　——式製粉機　9
　——製粉　6
ロールイン用油脂　250
ロング・パテント粉　20

〈ワ　行〉

和菓子　306
Wx（ワキシー）遺伝子　108

■著者略歴

長尾 精一（ながお・せいいち）

1935 年	東京都豊島区に生まれる.
1959 年	東京大学農学部農芸化学科卒業.
1959～2001 年	日清製粉株式会社, 本社試験課長, 製粉業務部次長, 中央研究所穀物科学研究室長, 食品研究所長, 製粉研究所長, 製粉分析センター所長, 理事, 顧問. その間, 東京大学, 京都大学, 東北大学, 日本大学, 中央大学の非常勤講師, 日本栄養食品協会副会長, AACC 本部理事などを兼務.
1982 年	筑波大学から農学博士号.
1990 年	一級パン製造技能士.
1997～2000 年	製粉協会 理事 製粉研究所長.
1985～2000 年	ICC（国際穀物科学技術協会）日本代表.
1987～2007 年	AACC 日本支部長.
現 在	（財）製粉振興会参与, IFT ジャパンセクション監事, AACC インターナショナル日本支部顧問など

AACC から, ブラベンダー賞, ゲディス記念賞, フェロー賞, 日本調理科学会から功労賞を受賞. 日本食品科学工学会終身会員.

著 書 「小麦とその加工」（建帛社）,「最新の穀物科学と技術」（訳）（パンニュース社）,「粉屋さんが書いた小麦粉の本」（三水社）,「小麦の科学」（編著）（朝倉書店）,「世界の小麦の生産と品質」（上, 下巻）（輸入食糧協議会）,「食商品学――焼きいもからグルメツアーまで」（共著）（日本食糧新聞社）,「話題のバスケット：小麦粉とパン・めん・菓子・料理」（製粉振興会）,「小麦・小麦粉の科学と商品知識」（製粉振興会）ほか, 国の内外で共著書, 論文, 講演など多数.

小麦粉利用ハンドブック

2011 年 10 月 15 日 初版第 1 刷 発行

著 者 長尾精一
発行者 桑野知章
発行所 株式会社 幸書房
〒101-0051 東京都千代田区神田神保町 3-17
TEL03-3512-0165 FAX03-3512-0166
URL http://www.saiwaishobo.co.jp

組版：デジプロ
印刷/製本：平文社

Printed in Japan. Copyright © 2011 by Seichi NAGAO
無断転載を禁ずる.

ISBN978-4-7821-0354-8 C3058